"十四五"职业教育国家规划教材

 高等职业教育电类课程
智慧职教 新形态一体化教材

电路基础

（第5版）

◎主 编 王慧玲

中国教育出版传媒集团

高等教育出版社·北京

内容提要

本书是"十四五"职业教育国家规划教材。本书根据教育部制定的高等职业院校电路基础课程纲要以及现代企业对电类专业高技能人才的培养要求编写而成,适用于各电类专业。本书共10章,介绍电路的基本概念和基本定律、电路的基本分析方法、正弦交流电路、三相正弦交流电路、互感耦合电路、谐振与非正弦、线性动态电路分析、磁路与变压器、异步电动机、电路基础实验等内容,并设有新知识专栏——电路新视界。书中配有例题、思考与练习、小结和习题,方便教师授课和学生自学。

本书采用彩色印刷,版面精美,章前有思维导图,结构清晰,在介绍核心知识点和技能点的位置提供了对应的配套学习资源类型标志或二维码链接。全书配套教学动画、微课视频、技能训练视频、高清实物图、延伸学习和阅读资料等学习资源,除用书中二维码访问以外,也可以通过本书配套数字化课程网站来观看和使用。本书还提供仿真实验素材、习题答案与详解、演示文稿等,授课教师如需本书配套教学资源,请登录"高等教育出版社产品信息检索系统"(https://xuanshu.hep.com.cn)免费下载。

本书可作为高等职业院校相关专业"电路基础"课程的教学用书,也可作为电子电气技术人员的培训教材和学习参考资料。

图书在版编目（CIP）数据

电路基础 / 王慧玲主编. -- 5 版. -- 北京 ：高等教育出版社，2025. 8. -- ISBN 978-7-04-064142-4

Ⅰ. TM13

中国国家版本馆 CIP 数据核字第 2025FG4269 号

电路基础（第 5 版）

Dianlu Jichu

| 策划编辑 | 郭　晶 | 责任编辑 | 郑期彤 | 封面设计 | 赵　阳 | 版式设计 | 杜微言 |
| 责任绘图 | 裴一丹 | 责任校对 | 吕红颖 | 责任印制 | 刘思涵 | | |

出版发行	高等教育出版社	网　　址	http://www.hep.edu.cn
社　　址	北京市西城区德外大街 4 号		http://www.hep.com.cn
邮政编码	100120	网上订购	http://www.hepmall.com.cn
印　　刷	高教社（天津）印务有限公司		http://www.hepmall.com
开　　本	889 mm × 1194 mm　1/16		http://www.hepmall.cn
印　　张	14.75	版　　次	2004 年 4 月第 1 版
字　　数	390 千字		2025 年 8 月第 5 版
购书热线	010 - 58581118	印　　次	2025 年 8 月第 1 次印刷
咨询电话	400 - 810 - 0598	定　　价	49.80 元

本书如有缺页、倒页、脱页等质量问题,请到所购图书销售部门联系调换

物　料　号　64142 - 00

"智慧职教"（www.icve.com.cn）是由高等教育出版社建设和运营的职业教育数字教学资源共建共享平台和在线课程教学服务平台，与教材配套课程相关的部分包括资源库平台、职教云平台和 App 等。用户通过平台注册，登录即可使用该平台。

- 资源库平台：为学习者提供本教材配套课程及资源的浏览服务。

登录"智慧职教"平台，在首页搜索框中搜索"电路基础"，找到对应作者主持的课程，加入课程参加学习，即可浏览课程资源。

- 职教云平台：帮助任课教师对本教材配套课程进行引用、修改，再发布为个性化课程（SPOC）。

1. 登录职教云平台，在首页单击"新增课程"按钮，根据提示设置要构建的个性化课程的基本信息。

2. 进入课程编辑页面后，在"教学任务"的"课程设计"中"导入"教材配套课程，可根据教学需要进行修改，再发布为个性化课程。

- App：帮助任课教师和学生基于新构建的个性化课程开展线上线下混合式、智能化教与学。

1. 在应用市场搜索"智慧职教+" App，下载安装。

2. 登录 App，任课教师指导学生加入个性化课程，并利用 App 提供的各类功能，开展课前、课中、课后的教学互动，构建智慧课堂。

"智慧职教"使用帮助及常见问题解答请访问 help.icve.com.cn。

　　党的二十大报告指出："教育、科技、人才是全面建设社会主义现代化国家的基础性、战略性支撑。必须坚持科技是第一生产力、人才是第一资源、创新是第一动力，深入实施科教兴国战略、人才强国战略、创新驱动发展战略，开辟发展新领域新赛道，不断塑造发展新动能新优势。"培养职业技术人才是职业教育服务产业发展的重要任务，教材则是培养人才的媒介之一，因此教材的编写尤为重要。

　　本书是"十四五"职业教育国家规划教材，根据教育部制定的高等职业院校电路基础课程纲要以及现代企业对电类专业高技能人才的培养要求编写而成，适用于高等职业教育"电路基础"课程。本书第 1 版、第 2 版、第 3 版、第 4 版连续获得教育部"十一五""十二五""十三五""十四五"国家规划教材，一直广泛应用于各地高职院校的"电路基础"课程教学中，有着很好的声誉和质量基础。

　　本书贯彻《"十四五"职业教育规划教材建设实施方案》精神，借鉴国内外先进的职业教育教学的经验和理念，应对"电路基础"课程教学目标"在培养高技能人才专业能力的同时，还要培养学生的社会能力、方法能力和职业综合能力"的要求，以新的课程观变革教材开发理念，从学科立场向教育立场转型，建立多样化、个性化的工程教育培养模式，吸收行业企业先进技术、先进工艺，教材内容与时俱进，教材开发校企合作、产教融合，吸纳企业一线的技术技能，促进课程教学与产业一线的技能要求相对接。

　　为了适应信息化时代教学模式的发展，本书以彩色版新形态教材的形式出版。配套数字化资源包含微课视频、教学动画、仿真实验素材、技能训练视频、延伸学习和阅读资料、实物图、习题答案与详解、演示文稿等。除此之外，各章都设有"章前絮语"和"电路新视界"栏目，前者是在知识学习和技术训练的基础上体现人文素养和素质教育；后者是打开专业发展格局，展示时代热点新技术。所有信息化教学资源在书中相应位置都有资源标注，并借助现代信息技术在书中的关键知识点和技能点的配套资源旁插入了二维码标签，可以通过手机扫描二维码，观看各类视频及文本资源等，让学习变得轻松方便。

　　本次修订除了保持第 4 版以新形态一体化的形式体现数字化、网络化、智能化的"互联网+"时代特点外，还增加了"学习内容思维导图""学习目标"和"电路新视界"栏目。通过"学习内容思维导图"展示各章节的内容全貌，梳理知识点之间的逻辑关系，帮助学生建立联想和增强记忆，提高学习效率；通过"学习目标"明晰教学知识目标、能力目标和素养目标要求；通过"电路新视界"打开学生的眼界，使其了解电工电子技术领域的新动态，提升其专业格局。

　　本书具有以下特点：

　　1. 采用强、弱电知识融合体系，培养复合型人才

　　根据电子电气行业职业岗位群技能需求分析，融合强、弱电技术确定本教材的知识、技能内容的深度、广度，培养知识面宽、适应性强的高技能人才。

　　2. 精心安排教学内容，突出能力培养

　　根据"电路基础"课程标准设置教学内容。重视基本概念、基本定律、基本分析方法，淡化理论推导和复杂的数学分析；教学思路清晰、内容层次清楚，循序渐进，重点、难点处理得当；认真进行知识点、技能点的选取，精心设计例题、思考与练习题、习题，精讲多练，注重知识的应用，重视解决问题能力的培养；特别注意联系实际应用，突出实用性，强调技能性，体现职业性等，强化工程技术应用能力的培养。

　　3. 增加四新内容，培养创新能力

　　引入电子电气技术领域相关的新知识、新技术、新材料、新器件，优化学生的知识结构，培养学生的创新精神。

　　4. 更新教材形态，方便学生学习，提高教学效率

　　在教学内容上，除知识递进符合认知规律外，对某些抽象难懂的知识点配以微课讲解、动画演示等形象化教学手段，帮助学生理解。应用现代信息技术，配套在线开放课程，通过演示文稿、仿真实验素材、技能训练视频等帮助学生学习，提升学习效率。通过延伸阅读与拓展资源，延展学生的知识面，提高学习兴趣。

5. 语言表述流畅，版式设计新颖

本书语言表述流畅、概念表达清楚准确，内容深入浅出、通俗易懂、图文并茂，加上精心设计的彩色版式，版面布局合理，便于阅读。

6. 注重文化濡染，体现素质教育

本书十分重视教书育人，积极挖掘思政元素。每章前面的"章前絮语"不但呈现整章内容的技术背景，还体了中华民族的自信，以浓厚的人文色彩感染学生，体现素质教育。

本书由王慧玲担任主编，王潇、胡逸凡参编。其中王慧玲编写第 1~10 章主要内容；王潇编写"电路新视界"栏目内容；胡逸凡编写若干延伸学习内容，并录制技能训练视频。全书由王慧玲统稿，由纪兆华教授主审。

由于编者水平有限，书中难免存在不妥之处，欢迎广大读者批评指正。

编　者

2025 年 6 月

第 4 版前言

本书是"十二五"职业教育国家规划教材的修订版,根据教育部制定的高等职业院校电路基础课程纲要以及现代企业对电类专业技能型人才的培养要求编写。本书在结构、内容安排等方面,吸收了编者多年来在教学改革、教材建设等方面取得的经验,力求全面体现高等职业教育的特点,满足当前教学的需要。

本书自第 1 版开始,一直广泛应用于各地高职院校的"电路基础"课程教学中。为了适应信息化时代教学模式的发展,本书的第 4 版以彩色版新形态教材的形式出版。其数字化资源包含微课视频、动画、仿真实验素材、技能训练视频、延伸学习和阅读资料、实物图、习题答案与详解、演示文稿等。所有信息化教学资源在书中相应位置都有资源标注,并借助现代信息技术在书中的关键知识点和技能点的配套资源旁插入了二维码标签,可以通过手机扫描二维码,观看动画、微课等,让学习变得轻松方便。

本书按照高等职业教育"十三五"发展规划提出的高职高专人才培养要求,借鉴国内外先进的职业教育教学的经验和理念进行编写,体现"电路基础"课程教学目标:在培养高技能人才专业能力的同时,还要培养学生的社会能力、方法能力和职业综合能力。

本次修订在保持原书主要内容的基础上,力求以新形态一体化的崭新形式体现"互联网+"时代特点。

1. 采用强、弱电知识融合体系,培养复合型人才

根据电子电气行业职业岗位群技能培养职业分析,融合电气电子强、弱电技术确定本教材的知识、技能内容的深度、广度,培养知识面宽、适应性强的复合型人才。

2. 精心安排教学内容,突出能力培养

根据"电路基础"课程标准处理教学内容。重视基本概念、基本定律、基本分析方法,淡化理论推导和复杂的数学分析;教学思路清晰、内容层次清楚,循序渐进,重点、难点处理得当;精心设计例题,思考、练习题,习题,精讲多练。注重知识的应用,重视解决问题能力的培养。特别注意联系实际讲应用,突出实用性,强调技能性,体现职业性等,强化工程技术应用能力的培养。

3. 增加四新内容,培养创新能力

引入电子、电气技术领域相关的新知识、新技术、新材料、新器件,优化读者的知识结构,培养学生创新精神。

4. 更新教材形态,方便学生学习,提高教学效率

在教学内容上,除知识递进符合认知规律外,对某些抽象难懂的知识点配以微课、动画等形象化教学手段,帮助学生理解。应用现代信息技术,配套在线开放课程,通过演示文稿、仿真实验素材、技能训练视频等帮助读者学习,提升学习效率。通过延伸学习和阅读资料等拓展资源,延展知识面,提高学习兴趣。

5. 教材语言表述流畅,版式设计新颖

本书语言表述流畅,概念表达清楚准确,内容深入浅出,通俗易懂,图文并茂。彩色版式经过精心设计,版面布局合理,便于阅读。

6. 注重文化濡染,体现素质教育

在课程教学中,通过演示文稿,提出明确的知识、技能培养目标。本书还十分重视教书育人。例如,每章前面的"章前絮语"的内容,不但呈现整章内容的技术背景,还具有浓厚的人文色彩和感染力,以文化的濡染影响学生,以体现素质教育。

本书由王慧玲担任主编,樊会灵等参编。其中王慧玲编写了第 1、2、3、4、5、6、7、8、10、11 章;王慧玲、樊会灵编写了第 9 章;董微、陈强参加了部分工作。全书由王慧玲统稿。

由于编者水平有限,书中难免存在不妥之处,欢迎广大读者批评指正。

编　者

2019 年 3 月

第 3 版前言

本书是"十二五"职业教育国家规划教材,是根据教育部《高等职业教育专业教学标准》和"高职高专教育电路基础课程教学基本要求"编写的。

本书在第 1 版、第 2 版发行期间,一直深受广大师生的欢迎,累计印次达 20 余次。这次修编再版,以打造精品、创立品牌为目标,按照高等职业教育"十二五"发展规划提出的高职高专人才培养要求,借鉴国内外先进的职业教育教学的经验和理念,编写思路体现职业教育规律和高端技能型人才成长规律,在强化培养学生专业能力的同时,还重视培养学生的社会能力、方法能力和职业综合能力。

为了进一步巩固课程教学改革的成果。本书继承前两版"知识内容组织得当,深浅度适宜高职高专层次教学,注重知识的应用,突出实用性,强调技能性,体现职业性"等优点,进一步在追求完美、锤炼精品上下功夫,使教材具有如下特色:

1. 反映产业技术升级情况,通过对电子/电气行业职业岗位群的职业技能需求分析,并对接职业标准和岗位要求,确定本教材的知识、技能及素质培养目标。

2. 教材融合电气电子强、弱电技术,有利于培养知识面宽、适应性强的复合型人才。

3. 教学内容的深度、广度适应高职高专层次,教材内容的组织安排适应教学改革需要,并遵循职业教育规律和高端技能型人才成长规律。

4. 体现时代特征,更新教材内容。注意引入电子、电气技术领域相关的新知识、新技术、新材料、新器件,优化学生的知识结构,有利于培养学生创新精神。

5. 根据"电路基础"课程标准处理教学内容。教材重视基本概念、基本定律、基本分析方法,淡化理论推导和复杂的数学分析;教学思路清晰,内容层次清楚,循序渐进,重点、难点处理得当;精心设计例题,思考题与习题,精讲多练,重视解决问题能力的培养。

6. 强化工程技术应用能力的培养,特别注意联系实际讲应用。例如:第 4 章的电路参数和电路性质测量电路;第 5 章的三相功率的测量,安全用电;第 6 章的同名端的测量;第 7 章的谐振电路的应用;第 8 章的非正弦电路的测量,滤波器;第 9 章的微分电路与积分电路;第 10 章的常用变压器;第 11 章的异步电动机的使用等。此外,教材在讲述理论时,随时引入应用实例,使得教学内容更加生动实用,体现了课程教学的职业教育特色。

7. 体现技能培养。教材注重将理论讲授与实践训练相结合,通过其配套的《电路基础实验与综合训练》实现对学生的动手能力和操作能力的培养。

8. 文笔流畅,概念表达清楚准确,深入浅出,通俗易懂,图文并茂。

9. 本教材参考学时数为 90 学时,带"＊"号的内容为选学内容,各校、各专业可根据自己的实际情况制定教学方案。

10. 内容调整说明。与教材第 2 版比较,这一版的第 3 章删去了替代定理的内容;第 9 章删去了一阶电路的阶跃响应;第 10 章删去了二端口网络,第 8 章非正弦电路中引入 T 参数的内容,第 11 章更加突出了磁路与变压器应用,等等。特别值得一提的是在每章的前面都增加了"章前絮语",絮语内容不但呈现相关章的技术背景,还具有浓厚的人文色彩,有感染力和教义,体现素质教育。

教材的主要内容如下:

全书共 11 章。第 1 章电路的基本概念和基本定律;第 2 章电路的基本分析方法,内容包括:等效变换的概念,网络方程法;第 3 章电路的基本定理,内容包括:叠加定理、戴维南定理和诺顿定理、最大功率传输定理和含受控源电路的分析;第 4 章正弦交流电路,内容包括:正弦交流电的表示方法,单一参数正弦交流电路,典型正弦交流电路的分析,用相量法分析正弦交流电路,功率因数的提高;第 5 章三相正弦交流电路;第 6 章互感耦合电路;第 7 章谐振电路;第 8 章非正弦周期电流电路;第 9 章线性动态电路分析,内容包括:换路定律,一阶电路的响应与三要素法,微分电路与积分电路;第 10 章磁路与变压器;第 11 章异步电动机。

本书由王慧玲担任主编,樊会灵等参编。其中王慧玲编写了第 1、2、3、4、5、6、7、8、9、11 章;王慧玲、樊会灵编写了第 10 章;魏玉敏、董微等参加了部分工作。全书由王慧玲统稿。

由于编者水平有限,错误与不妥之处在所难免,恳请同行和读者指正。

编　者
2013 年 2 月

第 2 版前言

本书是普通高等教育"十一五"国家级规划教材（高职高专教育）。

本书的第 1 版作为"新世纪高职高专教改项目成果教材"出版后，深受广大师生欢迎。为了更好地满足高职高专培养生产、建设、管理、服务第一线的职业性、应用型、技能型人才的要求，我们仔细地进行了电子电气行业职业岗位群技能培养需求分析、"电路基础"课程任务与教学目标分析，以及高职高专学生特征分析，以便准确地把握"电路基础"课程标准。

本书继承第 1 版"知识内容组织得当，深浅度适宜高职高专层次教学"的优点；同时，注重知识的应用，并使"电路基础"课程的教学突出实用性，强调技能性，体现职业性。

本书的编写思想如下：

1. 为适应现代电气电子强、弱电技术互相渗透、融合的发展趋势，有利于培养知识面宽、适应性强的复合型人才，本书采用强、弱电知识合一体系，适合电子和电气专业教学选用。

2. 体现时代特征，更新教材内容。注意引入电子、电气技术领域相关的新知识、新技术、新材料、新器件，优化学生的知识结构，有利于培养学生的创新精神。

3. 根据"电路基础"课程标准处理教学内容。重视基本概念、基本定律、基本分析方法，淡化理论推导和复杂的数学分析；教学思路清晰，内容层次清楚，循序渐进，重点、难点处理得当；精心设计例题、思考题与习题，精讲多练，重视解决实际问题能力的培养。

4. 强化工程技术应用能力的培养。特别注意联系实际讲应用，如：第 3 章的等效电源定理在调试电路中的应用；第 4 章的电路参数和电路性质测量电路；第 5 章的三相功率的测量、安全用电常识；第 6 章的同名端的测量；第 7 章的谐振电路的应用；第 8 章的非正弦电路的测量、滤波器；第 9 章的微分电路与积分电路；第 11 章的常用变压器、充磁与消磁；第 12 章的三相异步电动机的使用等。除此之外，在讲述理论时，随时引入应用实例，使得教学内容更加生动实用，体现了课程教学的职业教育特色。

5. 体现技能培养。注重将理论讲授与实践训练相结合，通过其配套教材《电路基础实验与综合训练》完成对学生的动手能力和操作能力的培养。

6. 文笔流畅，概念表达清楚准确，深入浅出，通俗易懂，图文并茂。

7. 本教材参考学时数为 90 学时，各校、各专业可根据自己的实际情况制定教学方案。

8. 内容调整说明。比较第 1 版，第 2 版将"直流电阻性电路的分析"分成"电路的基本分析方法"和"电路的基本定理"两章，并增加了替代定理的内容；删去 RLC 串联电路的零输入响应，增加一阶电路的阶跃响应；降低"磁路与交流铁心线圈"的理论难度，突出应用；用简短的篇幅介绍了异步电动机的转动原理和使用。

教材的主要内容如下：

全书共 12 章。第 1 章电路的基本概念和基本定律；第 2 章电路的基本分析方法，内容包括：等效变换的概念、电路方程法；第 3 章电路的基本定理，内容包括：叠加定理、戴维南定理和诺顿定理、最大功率传输定理、替代定理和含受控源电路的分析；第 4 章正弦交流电路，内容包括：正弦交流电的表示方法、单一参数正弦交流电路、典型正弦交流电路的分析、用相量法分析正弦交流电路、功率因数的提高；第 5 章三相正弦交流电路；第 6 章互感耦合电路；第 7 章谐振电路；第 8 章非正弦周期电流电路；第 9 章线性动态电路分析，内容包括：换路定律、一阶电路的响应与三要素法、一阶电路的阶跃响应、微分电路与积分电路；第 10 章二端口网络；第 11 章磁路与交流铁心线圈；第 12 章异步电动机。

本书由王慧玲担任主编并负责统稿。其中，第 11 章由董微编写，其余各章由王慧玲编写，刘炳辉、李梅参加了部分章节的编写工作。

本教材由庄效桓教授主审，她认真仔细地审阅了全书，并为本书提出了许多宝贵意见，在此表示诚挚的谢意。

由于编者水平有限，错误之处在所难免，敬请读者批评指正。

编　者

2007 年 5 月

第1版前言

本书是新世纪高职高专教改项目成果教材,是根据教育部制定的《高职高专教育电工技术基础课程教学基本要求》编写的。

高职高专教学改革要求:注重素质教育,注重应用型人才能力的培养,把立足点放在工程技术应用上,课程内容应删繁就简、突出主线、突出重点,做到既为后续课程服务,又能强化工程技术应用能力的培养。

本书在结构、内容安排等方面,吸收了编者多年来在教学改革、教材建设等方面取得的经验,力求全面体现高等职业教育的特点,满足当前教学的需要。

本书主要特点有:

1. 为适应现代电气电子强、弱电技术互相渗透、融合的发展趋势,以及培养知识面宽、适应性强的复合型人才的要求,本书采用强、弱电知识合一体系。

2. 教材的结构采用模块式,教材整体分为基础模块和选用模块两大部分。基础模块(前四章)是必学模块,其教学要求对于各类学校、不同学制、不同专业基本一致。选用模块(后六章)是在必学模块基础上向专业方向进行的拓展与加深。尽量使两模块之间、各章节之间、各知识点之间构成从易到难、循序渐进的逻辑体系。

3. 体现时代特征,更新教材内容。本书注意删去老化的知识点,尽量多介绍电气、电子技术领域的有关新知识和技术,使学生能学到新颖的、适用的知识,有利于培养学生创新精神。

4. 根据电路基础课程教学的特点,在内容选取上,重视基本概念、基本定律、基本分析方法的介绍,淡化复杂的理论分析,如对电路的暂态分析,采用分离变量法,避免了微分方程的求解,降低了理论难度。每节之后辅以适量的思考与练习题,并精选了每章的习题。全书内容层次清晰、循序渐进,力求使学生对基本理论能系统、深入地理解,为今后的学习奠定基础,同时注重分析问题、解决问题能力的培养。

5. 强化工程技术应用能力的培养,如:第4章三相电路功率的测量,第5章同名端的测量,第7章非正弦电路的测量,第9章实验参数的测定等,在叙述了电路原理的同时又介绍了具体的测量方法。再如:第6章谐振电路的应用,第7章的滤波器,第8章的微分电路与积分电路等,体现了理论与实际的结合。第10章通过介绍查基本磁化曲线和硅钢片的比损耗,引入了工程手册的图表查法。

6. 本书力求文字深入浅出,通俗易懂,版面设计图文并茂。

7. 体现职教特色,重视实际应用。注重将理论讲授与实践训练相结合,通过配套教材《电路基础实验与综合训练》完成对学生工程素质和动手能力的培养。

8. 本书的参考学时数为90~100学时,各校、各专业可根据自己的实际情况制定教学方案。

本书由王慧玲担任主编,刘炳辉担任副主编,李梅、樊会灵参编。其中王慧玲编写了第5、6、7、8、9章,并参加了第3章的编写;刘炳辉编写了第1、2章;李梅编写了第3、4章;樊会灵编写了第10章。全书由王慧玲统稿。

本书由薛涛主审,他认真仔细地审阅了全书,并提出了许多宝贵意见,在此表示诚挚的谢意。

编　者
2003 年 8 月

目录

◇ 开篇语　　　　　　　　　　　　　　　　1

◇ 第 1 章　电路的基本概念和基本
　　　　　　定律　　　　　　　　　　　　3

学习内容思维导图　　　　　　　　　　　3
学习目标　　　　　　　　　　　　　　　4
1-1　电路和电路模型　　　　　　　　　4
　1-1-1　电路　　　　　　　　　　　　4
　1-1-2　电路模型　　　　　　　　　　4
　思考与练习　　　　　　　　　　　　　5
1-2　电路的基本物理量　　　　　　　　6
　1-2-1　电流　　　　　　　　　　　　6
　1-2-2　电压、电动势、电位　　　　　6
　1-2-3　电功率与电能　　　　　　　　8
　思考与练习　　　　　　　　　　　　　9
1-3　电阻、电感、电容元件　　　　　　10
　1-3-1　电阻元件　　　　　　　　　　10
　1-3-2　电感元件　　　　　　　　　　11
　1-3-3　电容元件　　　　　　　　　　12
　思考与练习　　　　　　　　　　　　　13
1-4　电源元件　　　　　　　　　　　　13
　1-4-1　电源元件　　　　　　　　　　13
　1-4-2　实际电源模型及其等效变换　　15
　思考与练习　　　　　　　　　　　　　17
1-5　电路的三种状态　　　　　　　　　17
　1-5-1　开路　　　　　　　　　　　　18
　1-5-2　短路　　　　　　　　　　　　18
　1-5-3　有载　　　　　　　　　　　　18
　思考与练习　　　　　　　　　　　　　19
1-6　基尔霍夫定律　　　　　　　　　　19
　1-6-1　基尔霍夫电流定律　　　　　　20
　1-6-2　基尔霍夫电压定律　　　　　　20
　思考与练习　　　　　　　　　　　　　21
1-7　电位分析　　　　　　　　　　　　22
　思考与练习　　　　　　　　　　　　　23
本章小结　　　　　　　　　　　　　　　23
习题 1　　　　　　　　　　　　　　　　24

电路新视界 1　初识电阻、电感和电容　　27

◇ 第 2 章　电路的基本分析方法　　　　31

学习内容思维导图　　　　　　　　　　　31
学习目标　　　　　　　　　　　　　　　32
2-1　电阻串联、并联和混联电路　　　　32
　2-1-1　电阻的串联及分压　　　　　　32
　2-1-2　电阻的并联及分流　　　　　　34
　2-1-3　混联电路等效电阻的计算　　　35
　思考与练习　　　　　　　　　　　　　36
2-2　电阻的星形与三角形联结及等效变换　37
　思考与练习　　　　　　　　　　　　　38
2-3　支路电流法　　　　　　　　　　　39
　思考与练习　　　　　　　　　　　　　41
2-4　结点电位法　　　　　　　　　　　41
　2-4-1　结点电位方程的一般形式　　　41
　2-4-2　弥尔曼定理　　　　　　　　　43
　思考与练习　　　　　　　　　　　　　44
2-5　叠加定理　　　　　　　　　　　　44
　2-5-1　线性电路的叠加性　　　　　　44
　2-5-2　叠加定理与齐性定理　　　　　45
　思考与练习　　　　　　　　　　　　　46
2-6　等效电源定理　　　　　　　　　　47
　思考与练习　　　　　　　　　　　　　50
2-7　最大功率传输定理　　　　　　　　50
　思考与练习　　　　　　　　　　　　　51
本章小结　　　　　　　　　　　　　　　52
习题 2　　　　　　　　　　　　　　　　53
电路新视界 2　电子管与晶体管　　　　　58

◇ 第 3 章　正弦交流电路　　　　　　　59

学习内容思维导图　　　　　　　　　　　59
学习目标　　　　　　　　　　　　　　　60
3-1　正弦交流电的表示方法　　　　　　60
　3-1-1　正弦交流电的瞬时值表示　　　60
　3-1-2　正弦交流电的相量表示　　　　63
　思考与练习　　　　　　　　　　　　　64

3-2 单一参数正弦交流电路 ... 64
　3-2-1 纯电阻电路 ... 65
　3-2-2 纯电感电路 ... 65
　3-2-3 纯电容电路 ... 67
　思考与练习 ... 69
3-3 典型正弦交流电路分析 ... 70
　3-3-1 相量形式的基尔霍夫定律 ... 70
　3-3-2 RLC 串联交流电路 ... 72
　思考与练习 ... 75
3-4 用相量法分析正弦交流电路 ... 76
　3-4-1 阻抗电路的计算 ... 76
　3-4-2 移相电路的计算 ... 78
　3-4-3 结点电位法题例 ... 79
　3-4-4 戴维南定理题例 ... 79
　3-4-5 电路参数和电路性质测量电路 ... 80
　思考与练习 ... 81
3-5 功率因数的提高 ... 81
　思考与练习 ... 82
本章小结 ... 83
习题 3 ... 84
电路新视界 3　集成电路与芯片 ... 88

◇ 第 4 章　三相正弦交流电路 ... 91
学习内容思维导图 ... 91
学习目标 ... 92
4-1 三相电源 ... 92
　4-1-1 三相电源的星形联结 ... 93
　4-1-2 三相电源的三角形联结 ... 94
　思考与练习 ... 94
4-2 三相负载的连接 ... 94
　4-2-1 三相负载的星形联结 ... 94
　4-2-2 三相负载的三角形联结 ... 97
　思考与练习 ... 99
4-3 三相电路的功率 ... 99
　思考与练习 ... 100
本章小结 ... 100
习题 4 ... 101
电路新视界 4　电力能源转型与源网荷储一体化 ... 103

◇ 第 5 章　互感耦合电路 ... 105
学习内容思维导图 ... 105
学习目标 ... 106

5-1 互感耦合的概念 ... 106
　5-1-1 互感耦合 ... 106
　5-1-2 互感系数 M 与耦合系数 k ... 106
　5-1-3 互感电压 ... 108
　思考与练习 ... 108
5-2 同名端 ... 109
　思考与练习 ... 110
5-3 互感线圈的串联、并联 ... 110
　5-3-1 互感线圈的串联 ... 110
　5-3-2 互感线圈的并联 ... 112
　5-3-3 T 形等效电路 ... 113
　思考与练习 ... 113
本章小结 ... 113
习题 5 ... 114
电路新视界 5　电磁研究与应用新领域 ... 116

◇ 第 6 章　谐振与非正弦 ... 117
学习内容思维导图 ... 117
学习目标 ... 118
6-1 串联谐振电路 ... 118
　6-1-1 谐振现象 ... 118
　6-1-2 串联电路的谐振条件与谐振频率 ... 118
　6-1-3 串联谐振电路的基本特征 ... 119
　思考与练习 ... 121
6-2 并联谐振电路 ... 121
　6-2-1 并联电路的谐振条件 ... 121
　6-2-2 并联谐振电路的基本特征 ... 122
　思考与练习 ... 124
6-3 谐振电路的频率特性 ... 124
　6-3-1 串联谐振电路的频率特性 ... 124
　6-3-2 选择性与通频带 ... 125
　6-3-3 并联谐振电路的频率特性 ... 127
　思考与练习 ... 127
6-4 非正弦周期波 ... 127
　6-4-1 非正弦周期波 ... 127
　6-4-2 非正弦周期波的谐波分析 ... 129
　6-4-3 非正弦周期电路的计算题例 ... 130
　* 6-4-4 串联谐振电路与非正弦周期信号的
　　　　　分解与合成 ... 132
　思考与练习 ... 134
6-5 滤波电路 ... 134
　6-5-1 滤波电路原理 ... 135
　* 6-5-2 滤波电路题例 ... 136

思考与练习 137
本章小结 138
习题 6 139
电路新视界 6　信号发生器 142

◇ **第 7 章　线性动态电路分析** 143

学习内容思维导图 143
学习目标 143
7-1　换路定律 144
　7-1-1　电路的动态过程 144
　7-1-2　换路定律 144
　7-1-3　电压、电流初始值的计算 145
　思考与练习 146
7-2　一阶电路的响应 146
　7-2-1　一阶电路的响应规律 147
　7-2-2　时间常数 148
　思考与练习 149
7-3　三要素法求解一阶电路 150
　思考与练习 153
7-4　一阶电路的典型应用 153
　7-4-1　微分电路 153
　7-4-2　积分电路 154
　思考与练习 155
本章小结 156
习题 7 157
电路新视界 7　超级电容 160

◇ **第 8 章　磁路与变压器** 161

学习内容思维导图 161
学习目标 162
8-1　磁路 162
　8-1-1　磁路的基本物理量 163
　8-1-2　磁路定律 164
　思考与练习 166
8-2　磁性材料的磁性能及应用 166
　8-2-1　磁性材料的磁性能 166
　8-2-2　磁性材料的分类与应用 168
　思考与练习 170
8-3　变压器 170
　8-3-1　变压器的基本结构 170
　8-3-2　变压器的工作原理 170

8-3-3　常用变压器 174
　思考与练习 177
8-4　电磁铁 177
　8-4-1　直流电磁铁 177
　8-4-2　交流电磁铁 177
　思考与练习 178
本章小结 179
习题 8 180
电路新视界 8　电磁炮 181

◇ **第 9 章　异步电动机** 183

学习内容思维导图 183
学习目标 184
9-1　三相异步电动机 184
　9-1-1　三相异步电动机的结构 184
　9-1-2　三相异步电动机的转动原理 185
　9-1-3　旋转磁场的产生 185
　9-1-4　三相异步电动机的磁极对数与转速 186
　9-1-5　三相异步电动机的铭牌 187
　思考与练习 188
9-2　三相异步电动机的使用 189
　9-2-1　三相异步电动机的起动 189
　9-2-2　三相异步电动机的制动 190
　9-2-3　三相异步电动机的调速 190
　9-2-4　三相异步电动机的反转 191
　思考与练习 191
9-3　单相异步电动机 191
　9-3-1　单相异步电动机的起动转矩 192
　9-3-2　电容起动电动机的工作原理 192
　思考与练习 193
本章小结 193
习题 9 193
电路新视界 9　直线电动机 194

◇ **第 10 章　电路基础实验** 195

学习目标 195
实验一　直流电路的测量 197
实验二　电位测量与基尔霍夫定律实验 199
实验三　叠加定理实验 201
实验四　戴维南定理实验 202
实验五　交流信号的观察与测量 203

实验六　*RL*、*RC* 串联电路　　206

实验七　感性负载功率因数的提高　　208

实验八　串联谐振电路　　210

实验九　三相电路　　212

实验十　一阶动态电路响应　　214

◇ 附录　部分电路基础实验设备介绍　217

◇ 参考文献　　　　　　　　　　　219

电本是一种自然现象,人们发现它、利用它,它给人类的生产、生活方式带来了巨大的改变。

公元前 600 年左右,古希腊的哲学家泰勒斯(Thales,公元前 624—546 年)发现摩擦会使琥珀吸引绒毛或木屑,这种现象称为静电。1660 年,德国科学家格里克(Otto von Guerick,1602—1686 年)制造了摩擦起电机。到 18 世纪时西方开始探索电的种种现象。美国科学家富兰克林(Benjamin Franklin,1706—1790 年)做了多次实验,并首次提出了电流的概念。1752 年,他在一个风筝实验中,将系上钥匙的风筝用金属线放到云层中,被雨淋湿的金属线将空中的闪电引到手指与钥匙之间,证明了空中的闪电与地面上的电是一回事。1800 年,意大利物理学家伏特(A. Volta,1745—1827 年)用铜片和锡片浸于食盐水中,并接上导线,制成了第一块电池,首次提供了连续性的电源。1821 年,英国化学家戴维(H. Davy,1778—1829 年)发明电弧灯,使电可以用来照明。1831 年,英国科学家法拉第(M.Faraday,1791—1867 年)发现电磁感应现象,并利用电磁感应现象制成发电机。1834 年,德国雅科比(M.H.Jacobi,1801—1874 年)制成电动机。发电机和电动机的发明为电力的应用奠定了基础。1876 年,美国贝尔(A.G.Bell,1847—1922 年)发明电话。1895 年,意大利工程师马可尼(G.Marconi,1874—1937 年)发明无线电,由此开启了通信的电子技术时代。二十世纪四五十年代,半导体和集成电路的发明使人类进入微电子时代,如今轻巧的电子产品几乎人人都会携带。计算机和互联网的出现,使信息高速公路联通了整个世界,提高了工作效率,拉近了人与人之间的时空距离。

现代生活中人们对电的依赖就像对水和空气的依赖,已经离不开它。电灯、电话、计算机、电视、洗衣机、电冰箱、电水壶、电饭煲、电磁炉、微波炉、电暖气、空调、汽车、医疗设备、电动工具、电气设备等,无不用电,无不由电路所组成。

进入二十一世纪以来,我国在电力生产、电力工程和电子信息工程应用等方面都得到了迅猛发展。2023 年,我国年发电量达到 94 564 亿千瓦·时,是美国 44 940 亿千瓦·时的两倍,占全球发电量的 31.6%。在电力工程方面,我国建成长江上游梯级电站,三峡水电站、白鹤滩水电站等成为世界水电站的标志性工程;2024 年,我国风电、光伏发电累计装机超过了 11 亿千瓦,装机规模占全球的 40%;我国特高压输电工程形成"西电东输"大动脉,其技术成为特高压输电的国际标准;我国电力驱动的高速铁路工程形成 4 万多公里的高速铁路网,占世界高铁里程的三分之二;我国的电动汽车产业异军突起、蓬勃发展,2024 年销量达 1 288.8 万辆,占世界总销量的 30% 以上。这样的案例数不胜数,中国在发电、输电以及电气工程应用方面已经走在了世界前列。在电子信息工程方面,我国主导发展的 5G 通信技术与应用工程走在了世界前沿;我国独立发展建设的北斗卫星导航系统,其导航精度和功能胜过美国的 GPS 系统;我国的互联网覆盖面和移动支付应用世界领先;在物联网、大数据、人工智能等方面的发展也与美国并驾齐驱。以上这些成就都为我国数字经济的快速发展奠定了坚实的基础。

　　所有的电力工程和电子信息工程都离不开电路原理及其应用实践。"合抱之木,生于毫末;九层之台,起于累土;千里之行,始于足下。"对电路的学习,就从《电路基础》开始。

学习内容思维导图

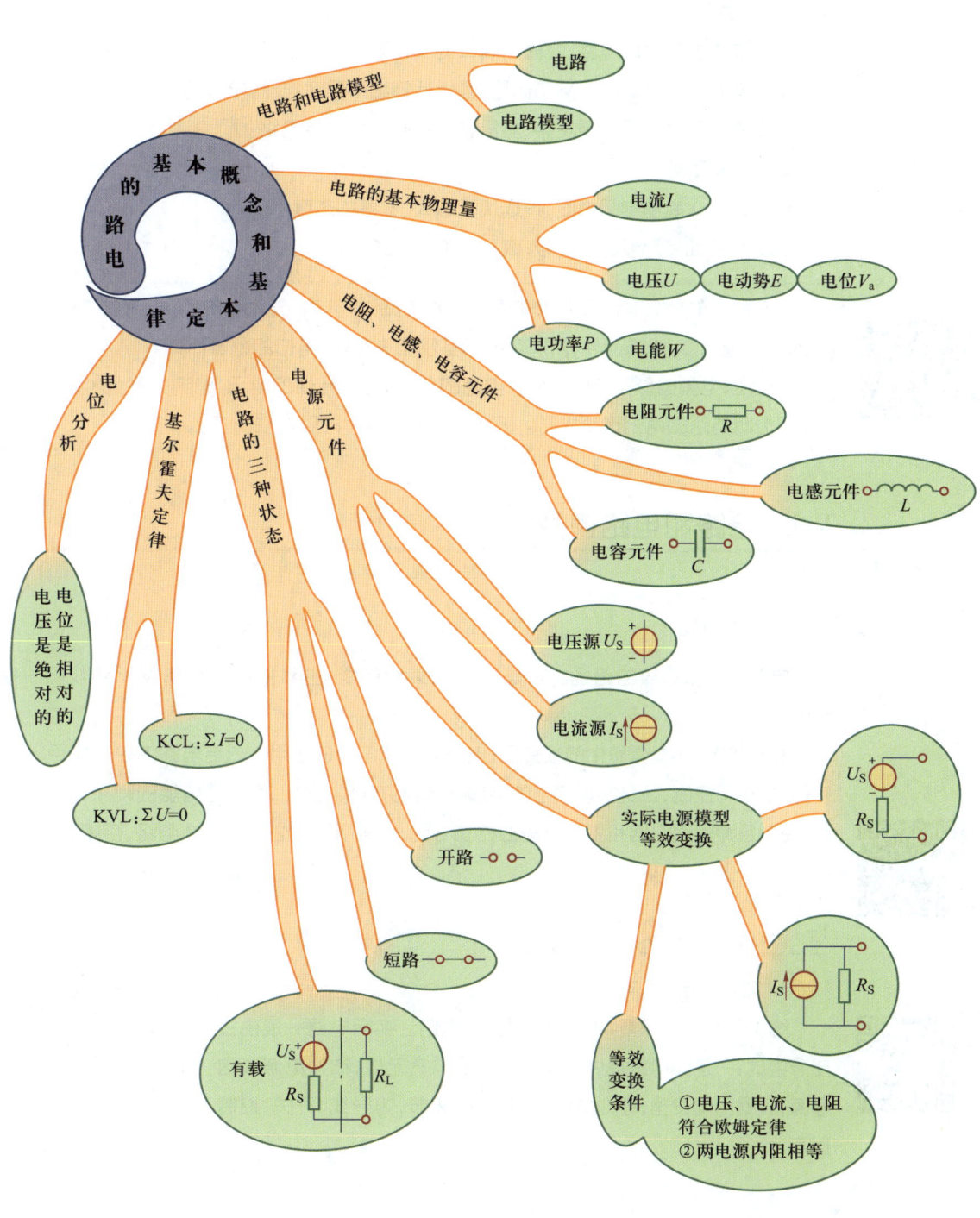

学习目标

1. 知识目标

（1）了解电路的概念和电路的基本组成；掌握电流、电压、电动势、功率、电能的定义和单位。

（2）了解电阻、电感、电容的伏安特性及元件属性和作用。

（3）掌握电压源、电流源的伏安特性；理解两种实际电源模型的等效变换，了解受控源的四种电路模型。

（4）掌握欧姆定律、基尔霍夫定律；掌握电位的分析计算。

2. 能力目标

（1）能够识读简单电路，会根据简单的实物电路画出电路图。

（2）理解参考方向的含义和作用，会用计算结果确定电压、电流的实际方向和判断功率的性质。

（3）能够灵活应用欧姆定律、基尔霍夫定律分析计算电路。

3. 素养目标

（1）培养认真的学习态度，养成认真做人、做事的态度。

（2）培养细致严谨的作风，养成科学的基本素养。

> 本章主要介绍电路与电路模型的概念，电路的基本物理量，电压、电流参考方向的概念，电阻、电感、电容元件，电源元件，欧姆定律和基尔霍夫定律，电位的分析计算。
>
> 电压、电流的参考方向是分析电路的前提；理想元件的电压、电流关系（VCR）以及基尔霍夫定律是分析电路的两个重要依据。因此，本章内容是学习电路的基础。

章前絮语

1-1　电路和电路模型

1-1-1　电路

演示文稿
电路和电路模型

电路是电流流通的路径。它是为实现某种功能，由某些电气设备或元件按照一定方式连接而成的。

在现代电气化、信息化的社会里，电路得到了广泛的应用。总结电路的主要作用，一是实现电能的转换、传输和控制，二是实现信号的传递、处理和存储。例如，有进行电能的转换、传输与分配的电力电路，控制各种家用电器和生产设备的控制电路，传送与处理信息的通信电路，存储信息的计算机存储电路等。

1-1-2　电路模型

微课
手电筒结构及电路图

1. 实际电路

图 1-1 所示为最简单的手电筒实际电路。实际电路一般由三部分组成：一是向电路提供电能或信号的电气元件，称为**电源或信号源**；二是用电设备，称为**负载**；三是**中间环节**，如导线、开关、控制器等。

微课
电路模型

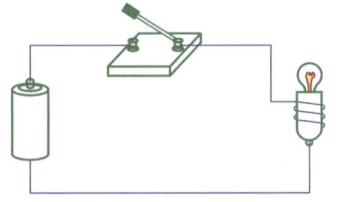

图 1-1　手电筒实际电路

2. 电路模型

实际电路的几何形态差异很大,电子元件的电磁性质较为复杂。为了便于对电路进行分析计算,人们对电子元件进行了理想化处理,忽略其次要特性,突出其主要特性,并用统一规定的电路符号表示,称为**理想元件**。由理想元件构成的电路称为**电路模型**。图 1-2 所示为手电筒的电路模型,图中 U_S 是电压源,表示干电池(忽略内阻);S 是开关;R 是电阻元件,表示小灯泡。

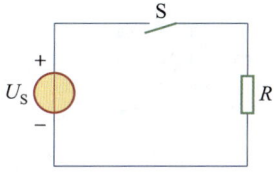

图 1-2　手电筒电路模型

表 1-1 给出了部分电子元件及连线的电路符号。用这些电路符号绘制的电路模型称为电路图。电路图为电路的分析研究带来了方便。

表 1-1　部分电子元件及连线的电路符号

名称	符号	名称	符号	名称	符号
独立电流源	⊖	理想导线	——	电　容	⊣⊢
独立电压源	⊕	连接的导线	┼	电　感	⌇⌇⌇
受控电流源	◇	电位参考点	⊥	理想变压器 耦合电感	⧙⧘
受控电压源	◇	理想开关	⁄	电压表	Ⓥ
电　阻	▭	开　路	○ ○	电流表	Ⓐ
可变电阻	▱	短　路	○—○	二端元件	▢
非线性电阻	▱	理想二极管	▷		

常用的理想元件有消耗电能的电阻元件 R、储存磁场能量的电感元件 L、储存电场能量的电容元件 C、输出恒定电压的理想电压源 U_S、输出恒定电流的理想电流源 I_S 等。

3. 电路的分类

应当指出,按电路的几何尺寸 l 和电路的信号波长 λ $\left(\lambda = \dfrac{c}{f}, c \text{ 为光速}\right)$ 的关系,电路可分为集中参数电路和分布参数电路两种。**集中参数电路**其 $l \ll \lambda$,如低频电路;**分布参数电路**其 $l \approx \lambda$ 或 $l > \lambda$,如微波电路。集中参数电路又分为线性电路和非线性电路。本书讨论的是集中参数线性电路的分析方法。

思考与练习

1-1-1　举一生活中的电路实例,分析它由哪几部分组成,各部分的作用是什么。

1-1-2　画出一个简单的实际电路的电路模型。

1-1-3　一个音频放大电路的最高频率为 25 kHz,求其信号波长 λ。与放大电路比较可知该电路是哪种电路?

思考与练习 1-1
解答

演示文稿
电路的基本
物理量

阅读
安培

动画
电流的定义

阅读
合力

动画
电流的大小

动画
电流的方向

微课
直流电压表和
交流电压表的
使用

交互动画
电流、电压的
测量

1-2 电路的基本物理量

1-2-1 电流

带电粒子的定向移动形成电流。电流用 i 表示,定义为**单位时间内通过导体横截面的电荷量**,即

$$电流 \qquad i = \frac{\mathrm{d}q}{\mathrm{d}t} \tag{1-1}$$

大小和方向都不随时间变化的电流为恒定电流,常称为**直流**,用 I 表示,即

$$I = \frac{Q}{t} \tag{1-2}$$

国际单位制(SI)中,电荷量的单位是库[仑](C);时间单位是秒(s);电流单位是安[培](A)。如果需要使用较大或较小的单位,可以在基本单位前加上词头,见表 1-2。

表 1-2 常用的国际单位制词头

表示的因数	词头	符号	表示的因数	词头	符号
10^{12}	太	T	10^{-3}	毫	m
10^{9}	吉	G	10^{-6}	微	μ
10^{6}	兆	M	10^{-9}	纳	n
10^{3}	千	k	10^{-12}	皮	p

习惯上将**正电荷移动的方向规定为电流的实际方向。** 在分析电路时,复杂电路中某一段电路上电流的实际方向很难判定,甚至电流的实际方向还在不断改变,因此在电路中很难标明电流的实际方向。为了解决这一问题,引入了**参考方向**这个概念。

在电路中,元件的电流参考方向可用箭头表示,如图 1-3 所示。在文字叙述时也可用电流符号加双下标表示,如 i_{ab} 表示电流由 a 流向 b,并有 $i_{ab} = -i_{ba}$。

电流的实际方向可由下面的方法判断。

(1)在分析电路之前,先设定电流的参考方向。

(2)按选定的参考方向计算电流。若计算结果为正($i>0$),说明电流的参考方向与实际方向一致;若计算结果为负($i<0$),说明电流的参考方向与实际方向相反,如图 1-4 所示。

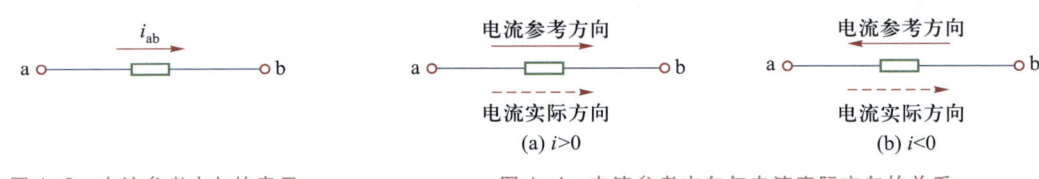

图 1-3 电流参考方向的表示　　图 1-4 电流参考方向与电流实际方向的关系

(3)没有设定参考方向,电流的正、负就没有意义。

1-2-2 电压、电动势、电位

1. 电压

电压用来反映电场力做功的能力。 电压用 u 表示,定义为**电场力把单位正电荷从电场的 a 点移**

到 b 点所做的功，即

$$\text{电压} \qquad u_{ab} = \frac{dW}{dq} \tag{1-3}$$

在匀强电场中，正电荷 Q 在电场力 F 的作用下，由 a 点移到 b 点，电场力所做的功为 W，则 a 点到 b 点的电压即为

$$U_{ab} = \frac{W}{Q} \tag{1-4}$$

习惯上将**电场力对正电荷做功时电位降落的方向规定为电压的实际方向**，因此电压也称为电压降。

2. 电动势

电动势用来反映电源力做功的能力。电动势用 e 表示，定义为**电源力将单位正电荷从电源负极移到正极所做的功**。

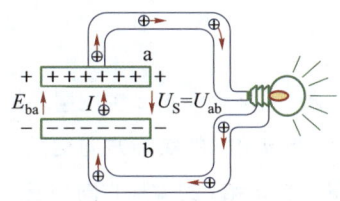

图 1-5　电压与电动势

如图 1-5 所示，a、b 是电池的两个电极，a 极板带正电，b 极板带负电。带正、负电荷的两极之间存在电场，电场的方向由 a 指向 b。将负载连接到 a 和 b 两极，构成闭合回路。电场力做功将正电荷从电源正极通过负载移到负极，而电源力（如电池的化学力）克服电场对正电荷做功，在电源内部将正电荷从负极板移到正极板，因此形成持续电流。

与电压相反，**电动势的方向规定为电位升的方向。** 因此，电动势与电压的关系为

$$E_{ba} = U_{ab} \tag{1-5}$$

电压参考方向可用箭头、"+""−"极性、双下标 3 种方法表示，如图 1-6 所示。

判断电压实际方向的方法与判断电流实际方向的方法类似：先选定某一方向作为电压参考方向，若计算结果为正值（$u>0$），则电压参考方向与实际方向一致；若计算结果为负值（$u<0$），则电压参考方向与实际方向相反。

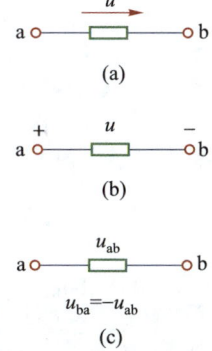

图 1-6　电压参考方向的表示

3. 电位

在电路中任选一点为参考点，则**某点 a 到参考点的电压称为 a 点的电位**，用 V_a 表示。 通常规定参考点的电位为零，因此参考点又称为**零电位点**，用接地符号"⊥"表示。

根据电位的定义，有

$$V_a = U_{a0} \tag{1-6}$$

如图 1-7 所示，以电路中的 0 点为参考点，则有 $V_a = U_{a0}$，$V_b = U_{b0}$。

$$U_{ab} = U_{a0} + U_{0b} = U_{a0} - U_{b0} = V_a - V_b \tag{1-7}$$

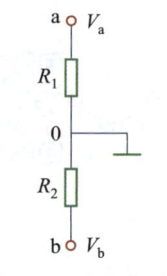

图 1-7　电位表示图

式（1-7）说明，**电路中 a 点到 b 点的电压等于 a 点电位与 b 点电位之差。** 当 a 点电位高于 b 点电位时，$U_{ab}>0$；反之，当 a 点电位低于 b 点电位时，$U_{ab}<0$。一般规定电压的实际方向为由高电位点指向低电位点。

参考点是可以任意选定的（在电子线路中常选择很多元件汇集的结点，在工程技术中则选择大地、机壳"接地"）。一经选定，电路中的各点电位也就确定了。选择不同参考点，电路中各点电位将随参考点的变化而变化，但任意两点间的电压是不变的。也就是说：**电压是绝对的，电位是相对的。**

国际单位制中，功的单位是焦[耳]（J）；电荷的单位是库[仑]（C）；电压、电动势、电位的单位是伏[特]（V）。

阅读
伏特

阅读
瓦特

1-2-3 电功率与电能

1. 电功率

电功率简称功率,定义为**单位时间内元件吸收或发出的电能**,用 p 表示。设 dt 时间内元件转换的电能为 dW,则

$$\boxed{\text{功率}}\qquad p=\frac{dW}{dt} \qquad\qquad (1\text{-}8)$$

国际单位制中,功率的单位是瓦[特](W)。此外,常用的功率单位还有千瓦(kW)、毫瓦(mW)等。

对式(1-8)进一步推导得

$$p=\frac{dW}{dt}=\frac{dW}{dq}\cdot\frac{dq}{dt}=ui \quad 或 \quad p=ui \qquad (1\text{-}9)$$

在直流电路中,功率

$$P=UI \qquad\qquad (1\text{-}10)$$

可见,**电路的功率等于该电路电压与电流的乘积。**

分析电路时,不但需要计算功率的大小,有时还需要判断功率的性质,即该元件是产生能量还是消耗能量。根据电压和电流的实际方向可以确定电路元件的性质。例如,当 u 和 i 的实际方向相同,即**电流从元件"+"极流入,从"−"极流出,则该元件消耗或吸收能量**;当 u 和 i 的实际方向相反,即**电流从元件"−"极流入,从"+"极流出,则该元件产生或发出能量。**

阅读
电能表简介

微课
单相电度表

交互动画
电功率、
电能的测量

阅读
中国能效标识

前面已讲过,很多情况下,判断电路中电压、电流的实际方向需要借助参考方向。而功率的计算则要用到关联参考方向。当某元件的电流方向和电压方向选取相同时,称为关联参考方向;反之,当电流方向和电压方向选取不同时,称为非关联参考方向。

在电压和电流为关联参考方向时,用公式 $p=ui$ 或 $P=UI$ 计算功率;在电压和电流为非关联参考方向时,用公式 $p=-ui$ 或 $P=-UI$ 计算功率。当计算出的功率 $p>0$ 时,表示元件吸收功率;当计算出的功率 $p<0$ 时,表示元件发出功率。

2. 电能

电能定义为**功率与时间的乘积**。在国际单位制中,电能的单位是焦[耳](J)。在实际应用中,电能的另一个常用单位是千瓦·时(kW·h),1 kW·h 就是1度电。

$$1\text{度电}=1\text{ kW·h}=3.6\times10^{6}\text{ J}$$

电流做功的过程实际是电能转化为其他形式能的过程。电能可以直接测量,图1-8所示为家用电能表(俗称电度表)及接线。电能表是记录电路(用电设备)消耗电能的仪表。

由图1-8可见,电能表上方的计数器用于记录电能的多少。计数量显示5个数字,最后一位是小数,其他4位分别是个位、十位、百位、千位。表面板上标有"2 500 r/(kW·h)"字样,表示用电设备每消耗1千瓦·时(1度)

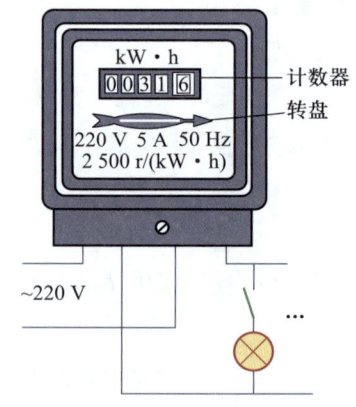

图1-8 家用电能表及接线

电能时,电能表的转盘转过2 500转。据此记录下转盘转数和时间,也可粗略测出用电设备的功率。

技术发展到今天,数字智能电表已经普及,许多智能电表可显示用电量和电费余额,想了解其他信息可按动表上的按钮,可显示用户号、表号、电费和读取时间等,非常方便。

【例 1-1】　一台 65 in(英寸,1 in = 2.54 cm)彩电的额定功率是 200 W,若按北京目前一档电价,每千瓦·时的电费为 0.488 3 元,彩电共计工作 5 h,电费为多少?

【解】
$$电费 = 千瓦数 \times 用电小时数 \times 每千瓦·时费用$$
$$= 0.20 \times 5 \times 0.488\ 3\ 元$$
$$= 0.488\ 3\ 元$$

【例 1-2】　图 1-9 所示电路中,已知元件 A 的 $U = -4$ V,$I = 2$ A;元件 B 的 $U = 5$ V,$I = -3$ A,求元件 A、B 的功率是多少,并说明元件 A、B 是吸收还是发出功率。

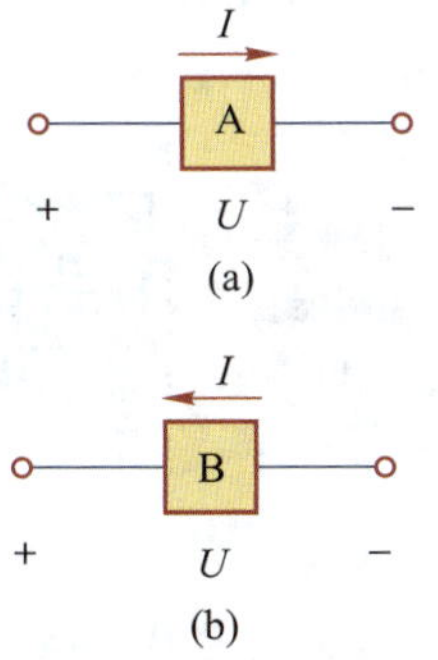

【解】　(1)对于元件 A,U、I 为关联参考方向,有
$$P_A = UI = -4 \times 2\ W = -8\ W < 0$$
计算出的功率 $P_A = -8$ W<0,表示元件 A 发出 8 W 功率。

(2)对于元件 B,U、I 为非关联参考方向,有
$$P_B = -UI = -[5 \times (-3)]\ W = 15\ W > 0$$
计算出的功率 $P_B = 15$ W>0,表示元件 B 吸收 15 W 功率。

图 1-9　例 1-2 图

【例 1-3】　图 1-10 所示电路中,已知 $U_1 = 5$ V,$U_2 = 3$ V,$U_3 = -1$ V,$U_4 = 1$ V,$U_5 = 2$ V,$I_1 = 4$ A,$I_5 = -1$ A,$I_3 = -3$ A。试判断各元件是电源还是负载,并验证能量守恒。

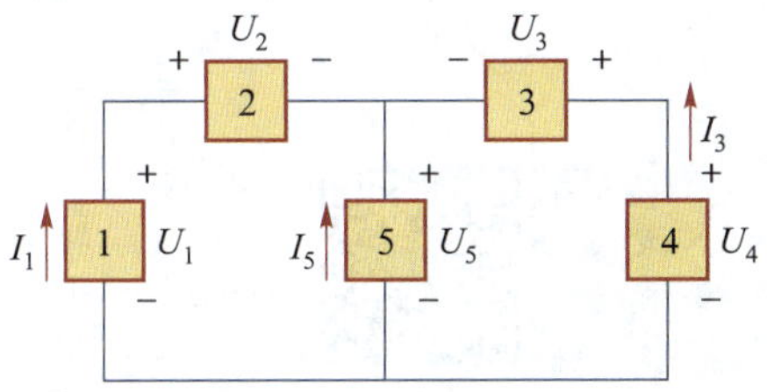

【解】　因为元件 1 上的电压、电流是非关联参考方向,所以
$$P_1 = -U_1 I_1 = -5 \times 4\ W = -20\ W < 0 \quad (元件 1 是电源)$$
因为元件 2 上的电压、电流是关联参考方向,所以
$$P_2 = U_2 I_1 = 3 \times 4\ W = 12\ W > 0 \quad (元件 2 是负载)$$
因为元件 3 上的电压、电流是关联参考方向,所以
$$P_3 = U_3 I_3 = (-1) \times (-3)\ W = 3\ W > 0 \quad (元件 3 是负载)$$
因为元件 4 上的电压、电流是非关联参考方向,所以
$$P_4 = -U_4 I_3 = -(1) \times (-3)\ W = 3\ W > 0 \quad (元件 4 是负载)$$
因为元件 5 上的电压、电流是非关联参考方向,所以
$$P_5 = -U_5 I_5 = -(2) \times (-1)\ W = 2\ W > 0 \quad (元件 5 是负载)$$

图 1-10　例 1-3 图

可见,元件 1 是电源,发出功率 $P_发 = P_1 = 20$ W;元件 2、3、4、5 是负载,吸收功率 $P_吸 = P_2 + P_3 + P_4 + P_5 = 12$ W+3 W+3 W+2 W=20 W。发出功率等于吸收功率,证明能量守恒。

思考与练习

1-2-1　在图 1-11 所示电路中,指出电流、电压的实际方向。

1-2-2　已知某电路中 $U_{ab} = -8$ V,说明 a、b 两点中哪点电位高。

1-2-3　图 1-12 所示电路中,已知 $V_a = 5$ V,$V_c = -2$ V,求 U_{ab}、U_{bc}、U_{ca}。

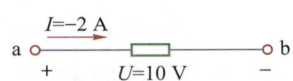

图 1-11　思考与练习 1-2-1 图

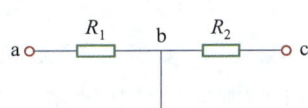

图 1-12　思考与练习 1-2-3 图

思考与练习 1-2
解答

1-2-4 若将上题电路的参考点改为 c 点，求 V_a、V_b、U_{ab}、U_{bc}、U_{ca}。与上题的结果相比较，可以说明什么道理？

1-2-5 一实习室有 45 把 100 W、220 V 的电烙铁，每天使用 6 h。求 24 天用电多少度。

1-2-6 图 1-13 所示电路中，求各电源的功率，并说明是吸收还是发出功率。

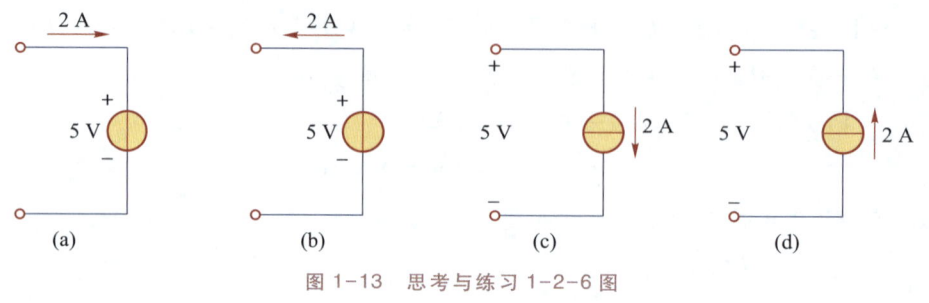

图 1-13 思考与练习 1-2-6 图

1-3 电阻、电感、电容元件

电路分析中常见的电路元件有电阻元件 R、电感元件 L、电容元件 C 等。它们的参数为常数时，称为线性元件。由于它们都有两个端子，因此也称为二端元件。下面分别介绍。

1-3-1 电阻元件

1. 电阻

电阻通常用来表征**导体对电流的阻碍作用**。阻碍电流流通似乎是坏事，然而人们却利用电阻来调节电路中的电流、分配电路中的电压、转换电能成为热能等。

在电气工程中根据不同的用途，用不同的材料可制成各种形式的电阻器。当电流流过电阻器时，电阻器会发热，消耗电能。电阻是电阻器的电路模型，用符号 R 表示，单位是欧［姆］（Ω）。工程上也常用千欧（kΩ）、兆欧（MΩ）作单位。

实验证明：横截面均匀的导体在温度一定的条件下，其电阻与导体的长度成正比，与导体的横截面积成反比，还与导电材料有关，即

$$R = \rho \frac{l}{S} \tag{1-11}$$

式中，ρ 是导体的电阻率，单位是欧［姆］·米（Ω·m）；l 是导体的长度，单位是米（m）；S 是导体的横截面积，单位是平方米（m²）。

电阻率是导体材料的特性，其值在一定程度上受到温度的影响。实验证明：阻值与温度的关系可用电阻温度系数 $\alpha = \dfrac{R_2 - R_1}{R_1(t_2 - t_1)}$ 表示。它等于温度升高 1 ℃时，导体电阻所产生的变动值与原电阻值的比值，单位是 1/℃。金属材料的 α 可在相关手册中查找。

通常情况下几乎所有的金属材料的电阻值都随温度的升高而增大，如银、铜、铝、铁、钨等材料。但有些材料的电阻值随温度的升高而减小，如碳、石墨和电解液等，将其制成热敏电阻，用于电气设备中可以起自动调节和补偿的作用。还有某些合金材料，如康铜、锰铜等，温度变化时电阻值变化极少，所

以常用来制作标准电阻。

电导是表示材料导电能力的参数。电导与电阻是倒数关系,它用符号 G 表示,即

$$G = \frac{1}{R} \qquad (1-12)$$

在国际单位制中,电导的单位是西[门子](S)。

2. 电阻的伏安关系

在关联参考方向下,电阻元件的电压与电流的关系由**欧姆定律**描述,即

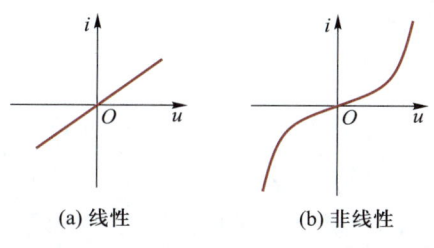

(a) 线性　　(b) 非线性

图 1-14　电阻元件的伏安特性曲线

$$u = Ri \quad 或 \quad i = \frac{u}{R} \quad R = \frac{u}{i} \qquad (1-13)$$

如果 $R = \dfrac{u}{i}$ 是常数,则电阻元件的伏安特性呈一条直线,如图 1-14(a) 所示,该电阻元件称为**线性电阻元件**;如果 R 不是常数,则伏安特性是一条曲线,如图 1-14(b) 所示,该电阻元件称为**非线性电阻元件**。今后若未加说明,本书中所有电阻元件均指线性电阻元件。

3. 电阻的功率

电阻元件是耗能元件,它消耗的功率是

$$P = ui = \frac{u^2}{R} = i^2 R \qquad (1-14)$$

关于电阻的更多知识,可阅读本章"电路新视界"栏目中"初识电阻、电感和电容"的"电阻"部分。

1-3-2　电感元件

1. 电感

当电流通过导线绕成的线圈时,线圈中就有磁通。磁通 $\varPhi$ 表示穿过单匝线圈的磁感应线的多少,而 N 匝均匀紧密绕制的线圈,其总磁通为 $N\varPhi$。总磁通也称磁链 $\varPsi$,如图 1-15 所示。**电感量为线圈的磁链 $\varPsi$ 与产生磁链的电流之比**,简称**自感**或**电感**,用符号 L 表示,即

$$L = \frac{N\varPhi}{i} = \frac{\varPsi}{i} \qquad (1-15)$$

国际单位制中,磁通和磁链的单位是韦[伯](Wb);电流的单位是安[培](A);电感的单位是亨[利](H),实际线圈的电感不大,常用毫亨(mH)或微亨(μH)作单位。

具有 L 参数的电路元件称为电感元件(也称为电感),其作用是把电能转换为磁能储存起来。

2. 电感的伏安关系

根据电磁感应定律,线圈的电流发生变化,磁链也随之变化,变化的磁链使线圈中产生感应电动势。这种由于线圈本身电流发生变化而产生的感应电动势,称为**自感电动势**。若磁链 $\varPsi$ 的参考方向与产生它的电流 i 的参考方向满足右手螺旋关系,并且自感电动势的参考方向与电流的参考方向一致,如图 1-16 所示,则电磁感应定律可表示为

$$e = -L\frac{\mathrm{d}i}{\mathrm{d}t} \qquad (1-16)$$

当选取线圈的电流 i、电压 u 的参考方向为关联参考方向时,$u = -e$,则有

$$u = L\frac{\mathrm{d}i}{\mathrm{d}t} \qquad (1-17)$$

微课
电路元件
伏安特性

实物图
电感器

提示

当线圈中间和周围没有铁磁性物质时,电感 L 是一个常数,与电流的大小无关,只与线圈的形状、匝数和几何尺寸有关,这种电感称为线性电感。

提示

习惯上,电感器和电感量均简称电感,所以文字符号 L 具有双重意义,既代表电感器元件,也代表它的重要参数电感量。

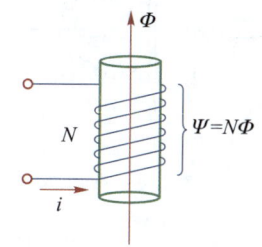

图 1-15　线圈的磁链

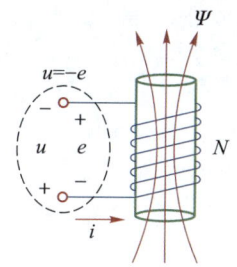

图 1-16　电感元件的电压与电流

式（1-17）是**电感元件的伏安关系**。其物理意义：交变电流 i 流过电感 L 时，使电感两端出现交变的自感电动势 $e = -L\dfrac{\mathrm{d}i}{\mathrm{d}t}$；反过来，为了驱使交变电流流过电感 L，必须外加一个交变电压 u，这个电压与交变电流在线圈中引起的自感电动势 e 相平衡，即 $u = -e$。

因为电感两端的电压与通过该电感中电流的变化率成正比，所以电感电流变化越快，电压越高；电感电流变化越慢，电压越低。对于直流电路，因为 i 为常数，$\dfrac{\mathrm{d}i}{\mathrm{d}t} = 0$，所以 $u = 0$，即电感元件在直流电路中相当于短路。电感元件在交流电路中具有**通低频阻高频的特性**。

3. 电感储能

电感是储能元件，其储存的磁场能量为

$$W_L = \frac{1}{2}Li^2 \tag{1-18}$$

关于电感的更多知识，可阅读本章"电路新视界"栏目中"初识电阻、电感和电容"的"电感"部分。

1-3-3　电容元件

1. 电容

电容器的典型结构是由两块中间隔以绝缘材料（电介质）的金属极板构成。电容器在加上电源后，两极板上分别聚集等量异号的电荷，在电介质内建立起电场并储存电场能量。

电容器的电容量为其所带的电荷量 q 与两极板间的电压 u 之比，即

$$C = \frac{q}{u} \tag{1-19}$$

在国际单位制中，电量 q 的单位是库［仑］（C）；电压 u 的单位是伏［特］（V）；电容 C 的单位是法［拉］（F），是个很大的单位，在实际应用中常用微法（μF）和皮法（pF）。

具有 C 参数的电路元件称为电容元件（也称为电容），其作用是储存电场能量或电荷。

如图 1-17 所示，平行板电容器的电容与平行板的面积 S 成正比，与两平行板间的距离 d 成反比，与电介质的介电常数 ε 成正比（介电常数 $\varepsilon = \varepsilon_r \varepsilon_0$，其中 $\varepsilon_0 \approx 8.86 \times 10^{-12}$ F/m，是真空中的介电常数；$\varepsilon_r = \varepsilon/\varepsilon_0$，是相对介电常数，常用电介质的 ε_r 可以在相关手册中查到），即平行板电容器的电容为 $C = \dfrac{\varepsilon S}{d}$。

2. 电容的伏安关系

根据电流的定义 $i = \dfrac{\mathrm{d}q}{\mathrm{d}t}$，将式（1-19）的 $q = Cu$ 代入，可得

$$i = C\frac{\mathrm{d}u}{\mathrm{d}t} \tag{1-20}$$

因为电容电流与电容两端电压的变化率成正比，所以电容电压变化越快，电流越大；变化越慢，电流越小。对于直流电路，因为 u 为常数，$\dfrac{\mathrm{d}u}{\mathrm{d}t} = 0$，所以 $i = 0$，即电容元件在直流电路中相当于开路。电容元件在交流电路中具有**隔直通交和通高频阻低频的特性**。

3. 电容储能

电容是储能元件，其储存的电场能量为

$$W_C = \frac{1}{2}Cu^2 \tag{1-21}$$

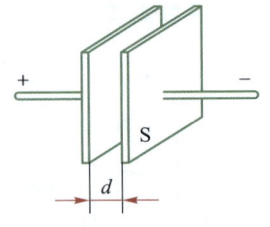

图 1-17　平行板电容器

关于电容的更多知识,可阅读本章"电路新视界"栏目中"初识电阻、电感和电容"的"电容"部分。

思考与练习 1-3 解答

思考与练习

1-3-1　某灯泡的额定电压为 220 V,额定功率为 40 W,求该灯泡的电阻值。

1-3-2　如果某一电感两端的电压为零,其储能是否一定为零?如果某一电容中的电流为零,其储能是否一定为零?

1-3-3　直流情况下,电感相当于短路,则电感量 $L=0$;电容相当于开路,则电容量 $C=\infty$ 。这种说法对吗?

演示文稿 电源元件

1-4　电源元件

常用电源有各类电池、发电机和各种信号源。电源中能够独立向外电路提供电能的电源称为独立电源,包括电压源和电流源;不能独立地向外电路提供电能的电源称为非独立电源,又称受控源。

提示

电路在电源或信号源作用下,才会产生电压、电流,因此在某种场合又把电源或信号源称为**激励**,由激励所产生的电压和电流称为**响应**。

1-4-1　电源元件

实际电源总会存在内阻(或内电导),电源内阻总会消耗部分能量,降低电源的输出功率。所以,人们努力制作没有损耗(损耗可以忽略)的"理想电源"。

微课 电池结构及工作原理

1. 电压源

分析电路时,若假设实际电压源的内阻为零,就抽象出其理想化电路模型——理想电压源,简称电压源。

电压源的电路符号如图 1-18(a)所示,直流电压源的外特性如图 1-18(b)所示。

实物图 直流电源

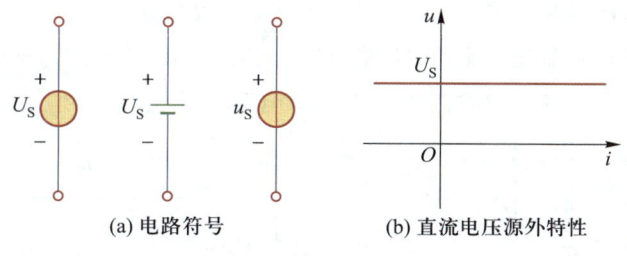

(a) 电路符号　　　　(b) 直流电压源外特性

图 1-18　电压源

电压源具有以下两个特点。

(1)电压源的端电压是恒定的值 U_s 或确定的时间函数 $u_s(t)$,与流过它的电流无关。

(2)流过电压源的电流取决于它所连接的外电路,电流的大小和方向都由外电路决定。视电流方向的不同,电压源可以对外电路提供能量,也可以从外电路吸收能量。

由电压源的特点可知,其端电压与流过它的电流无关。所以,电压源与任何二端元件(不包括不同值的电压源)并联,都可以(就外特性而言)等效为该电压源,如图 1-19 所示。

这里我们讨论两种情况:第一种情况是两个电压源并联,如图 1-20(a)所示;第二种情况是两个电压源串联,如图 1-20(b)所示。

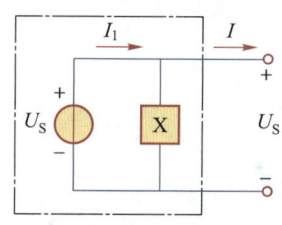

(a) 电压源与元件并联

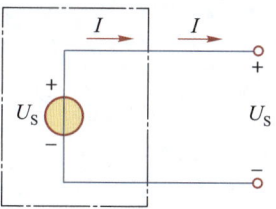

(b) 等效电压源

图 1-19　直流电压源与二端元件并联的等效电路

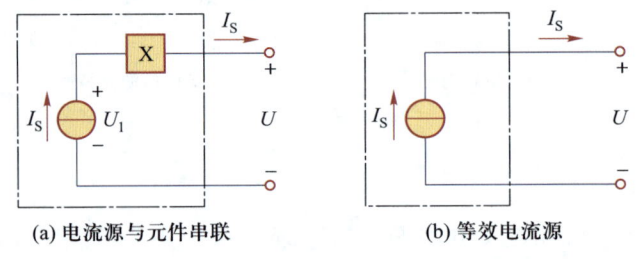

(a) 两个电压源并联   **(b) 两个电压源串联**

图 1-20   两个电压源

根据电压源的特点分析如下。

（1）若两个电压源并联，只有当两并联电压源的电压值相等时，可得到等效电压源的电压为 $U_S = U_{S1}$ 或 $U_S = U_{S2}$；当两并联电压源的电压不相等时，无法确定等效电压源的电压值，因为这与理想电压源的特点相悖，实践中也不允许这样连接。

（2）两个电压源同向串联，可对应到手电筒中两节 1.5 V 的电池以"+""-""+""-"的顺序相连，总电压等于 3 V。当两串联电压源的电压方向如图 1-20（b）所示时，可算出等效电压源的电压为 $U_S = U_{S1} + U_{S2}$ 和 $U_S = U_{S1} - U_{S2}$。

在 1-6 节学习基尔霍夫电压定律后，对这一点的理解会更深刻，即**电压源串联可以叠加**。

2. 电流源

分析电路时，若假设实际电流源的内电导为零，就抽象出其理想化电路模型——理想电流源，简称电流源。

电流源的电路符号如图 1-21（a）所示，直流电流源的外特性如图 1-21（b）所示。

电流源具有以下两个特点。

（1）电流源输出的电流是恒定的值 I_S 或确定的时间函数 $i_S(t)$，与它两端的电压无关。

（2）电流源两端的电压取决于它所连接的外电路，电压的大小和极性都由外电路决定。视电压极性的不同，电流源可以对外电路提供能量，也可以从外电路吸收能量。

由电流源的特点可知，其输出电流与它两端的电压无关。所以，电流源与任何二端元件（不包括不同值的电流源）串联，都可以（就外特性而言）等效为该电流源，如图 1-22 所示。

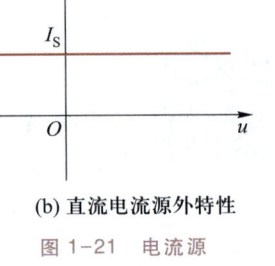

(a) 电路符号

(b) 直流电流源外特性

图 1-21   电流源

图 1-22   直流电流源与二端元件串联的等效电路

(a) 电流源与元件串联   **(b) 等效电流源**

动画
理想电压
源的串联

这里我们讨论两种情况：第一种情况是两个电流源串联，如图 1-23（a）所示；第二种情况是两个电流源并联，如图 1-23（b）所示。

根据电流源的特点分析如下。

（1）若两个电流源串联，只有当两串联电流源的电流值相等时，可得到等效电流源的电流为 $I_S = I_{S1}$

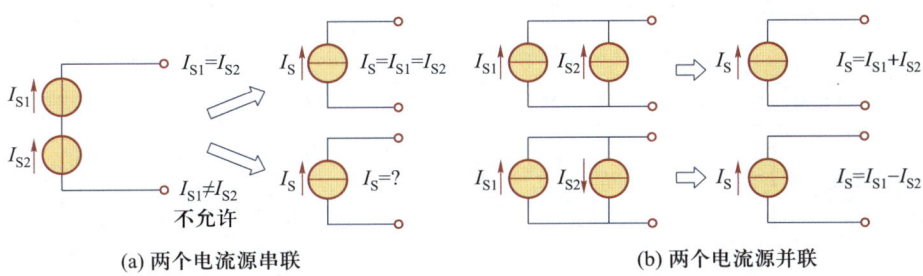

(a) 两个电流源串联　　　　　　　　(b) 两个电流源并联

图 1-23　两个电流源的连接

或 $I_s = I_{s2}$；当两串联电流源的电流不相等时，无法确定等效电流源的电流值，因为这与理想电流源的特点相悖，实践中也不允许这样连接。

（2）若两个电流源并联，且电流方向如图 1-23（b）所示，可以把电流看成两股水流，前者是同向流动，后者是逆向流动，从而算出等效电流源的电流为 $I_s = I_{s1} + I_{s2}$ 和 $I_s = I_{s1} - I_{s2}$。

在 1-6 节学习基尔霍夫电流定律后，对这一点的理解会更深刻，即**电流源并联可以叠加**。

【例 1-4】　电路如图 1-24 所示，分析各元件的功率。

【解】　流过电压源的电流由与它相连接的电流源决定，$I = 1$ A。电压源的电压、电流为关联参考方向，其功率

$$P_U = U_s I = 5 \times 1 \text{ W} = 5 \text{ W} > 0 （吸收）$$

电流源的端电压由与它相连接的电压源决定，$U = 5$ V。电流源的电压、电流为非关联参考方向，其功率

$$P_I = -U I_s = -5 \times 1 \text{ W} = -5 \text{ W} < 0 （发出）$$

根据能量守恒定律，在电路中，一部分元件发出的功率一定等于其他部分元件吸收的功率。或者说，整个电路的功率代数和为零，即功率平衡 $\sum P = 0$。例如，该电路中电流源发出的功率全部被电压源所吸收，达到功率平衡（此时电压源为该电路的负载）。

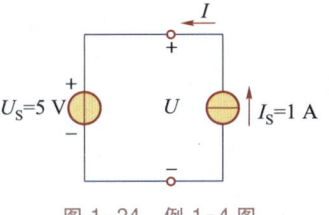

图 1-24　例 1-4 图

【例 1-5】　求图 1-25（a）所示电路的最简等效电路。

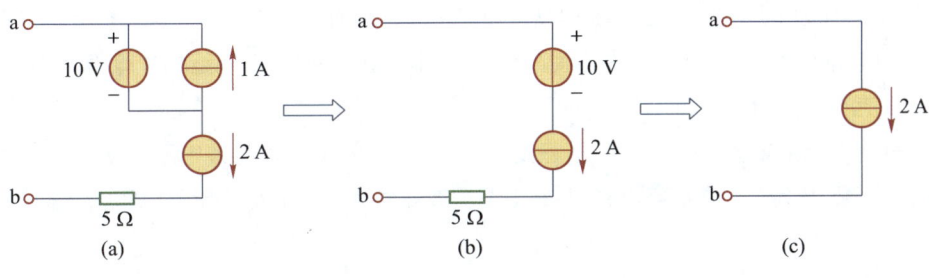

图 1-25　例 1-5 图

【解】　根据电源串、并联等效概念，按图 1-25 中箭头所示顺序逐步化简，便可得到最简等效电路，如图 1-25（c）所示。

仿真实验
电源等效变换

1-4-2　实际电源模型及其等效变换

实际电源的电路模型也有两种形式：**实际电压源可以用一个电压源 U_s 和内阻 R_s 相串联的电路模型来表示，实际电流源可以用一个电流源 I_s 与内阻 R_s 相并联的电路模型来表示**，如图 1-26（a）、（c）

所示,它们的伏安特性如图 1-26(b)、(d)所示。

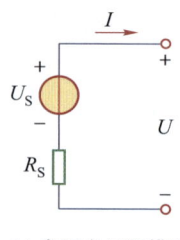

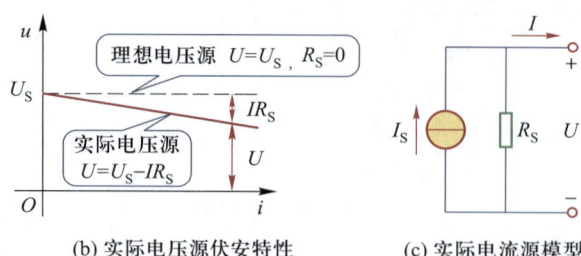

(a) 实际电压源模型　　(b) 实际电压源伏安特性　　(c) 实际电流源模型　　(d) 实际电流源伏安特性

图 1-26　实际电源模型及其伏安特性

由图 1-26(b)可见,实际电压源的内阻 R_s 越小,其特性越接近理想电压源。由图 1-26(d)可见,实际电流源的内阻 R_s 越大,其特性越接近理想电流源。

注意在实际应用中,**不能将电压源短路或将电流源开路**。前者会因为短路电流过大,烧毁电源;后者会因为开路电压过高,损毁电源。

实际电源究竟用哪种模型表示,视其向外电路供电的主要形式而定。在分析电路时,一个实际电源的电路模型原则上可以任意选择,但对其连接的外电路的作用效果应该相同。这就引出两种模型之间的等效变换的概念。

(1)当实际电压源模型等效变换为实际电流源模型时,电流源的内阻 R_s 等于电压源的内阻 R_s,电流源的电流 $I_s = \dfrac{U_s}{R_s}$。

(2)当实际电流源模型等效变换为实际电压源模型时,电压源的内阻 R_s 等于电流源的内阻 R_s,电压源的电压 $U_s = I_s R_s$。

另外,两种电源模型等效变换时,还应注意下列问题。

(1)两种电源模型之间的等效变换是对外电路而言的,对电源内部电路并不等效。

(2)理想电压源($R_s = 0$)与理想电流源($R_s = \infty$)之间不能等效变换。

(3)两种电源模型进行等效变换时应注意电压源电压 U_s 和电流源电流 I_s 的参考方向关系,U_s 与 I_s 的参考方向应相反(因为电源内的电流是从负极向正极流动的)。

(4)两种电源模型进行等效变换是非常简便的。它可以使一些复杂电路的计算简化,是一种很实用的电路分析方法。

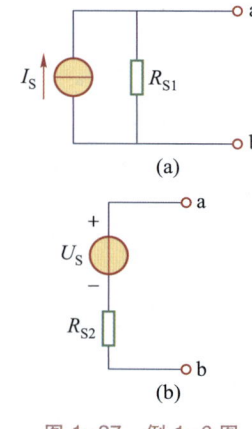

图 1-27　例 1-6 图

【例 1-6】　电路如图 1-27(a)所示,已知 $I_s = 3$ A,$R_{S1} = 5$ Ω,求其等效电压源模型。

【解】　将图 1-27(a)中 I_s 与 R_{S1} 的并联电路等效变换成 U_s 与 R_{S2} 的串联电路,如图 1-27(b)所示,其中

$$U_s = I_s R_{S1} = 3 \times 5 \text{ V} = 15 \text{ V}$$

$$R_{S2} = R_{S1} = 5 \text{ Ω}$$

所以,等效电压源模型中,电压源的电压 $U_s = 15$ V,电压源的内阻 $R_{S2} = 5$ Ω。

【例 1-7】　将图 1-28(a)所示电路化简为一个电压源模型。

【解】　图 1-28(a)所示电路的化简过程如图 1-28(b)~(e)所示。

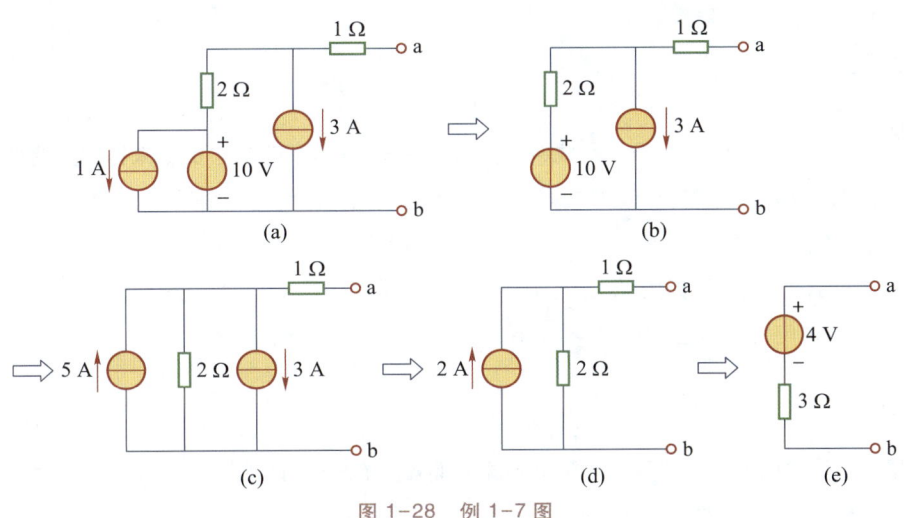

图 1-28　例 1-7 图

思考与练习

1-4-1　当实际电压源内阻为零时,表示该电源没有损耗,所以该电压源是理想的。因此,当实际电流源内阻为零时,也表示该电源没有损耗,所以该电流源是理想的。这种说法对吗?说明理由。

1-4-2　如果实际电源的两种模型的端口电压和电流的大小和方向均相等,它们的元件参数关系如何?

1-4-3　能否用图 1-29 所示两电路模型分别表示实际直流电压源和实际直流电流源?

1-4-4　化简图 1-30 所示电路。

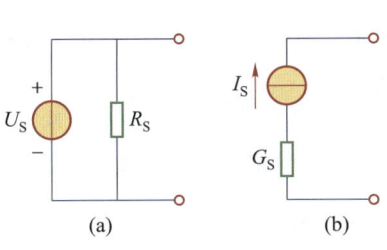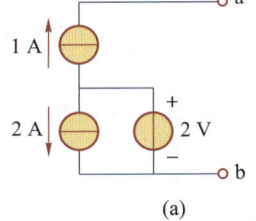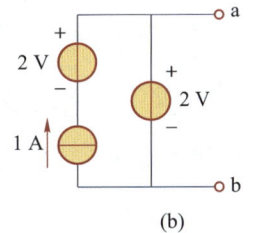

图 1-29　思考与练习 1-4-3 图　　　　　图 1-30　思考与练习 1-4-4 图

1-4-5　根据图 1-31 所示的伏安特性,画出电源模型图。

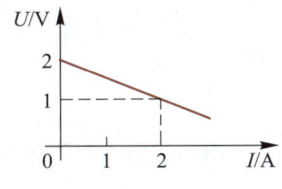

图 1-31　思考与练习 1-4-5 图

1-5　电路的三种状态

电源与负载相连接时,根据所接负载的情况不同,电路的状态不同。本节以简单直流电路为例分别讨论电路在开路、短路和有载状态时的特征。

1-5-1　开路

图 1-32（a）所示为实际电压源对负载供电。当开关 S 断开时，**电源与负载未构成闭合电路，即电路处于开路状态。** 电路开路时，外电路电阻可视为无穷大，此时电路的特征如下。

（1）电路中电流为零，即 $I = 0$。

（2）电源端电压等于理想电压源电压，$U_{oc} = U_S$，称电源端电压 U_{oc} 为开路电压。

（3）因为 $I = 0$，电源的输出功率 P_S 和负载吸收的功率 P_L 均为零。

1-5-2　短路

短路是指电路中电位不等的两点由于某种原因而短接在一起的现象。 图 1-32（b）所示为电源短路。此时，外电路电阻可视为零，电路的特征如下。

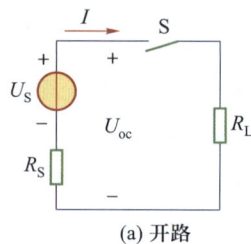
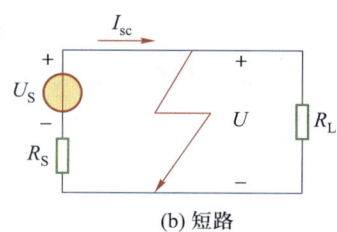

图 1-32　开路与短路

（1）电源和负载的端电压均为零，即 $U = 0$。

（2）电源的电压全部降落在电源的内阻上。因为电源内阻一般都很小，所以电源中电流最大，其值为 $I_{sc} = \dfrac{U_S}{R_S}$，此电流称为短路电流 I_{sc}。

（3）因为端电压为零，电源对外的输出功率为零，也使负载无法获得功率 P_L。电源的全部功率被电源内阻所消耗，其值为 $P_S = U_S I_{sc} = \dfrac{U_S^2}{R_S} = I_{sc}^2 R_S$。

短路是电路的一种故障。最严重的是电源短路，由于短路电流过大，使电源温度迅速上升，从而使其烧毁。所以，在实际工作中应经常检查电气设备和线路的绝缘情况，尽量防止短路事故的发生。通常还在电路中接入熔断器等保护装置，以便在发生短路时能迅速切断电路，保护电源及电路器件。

1-5-3　有载

将图 1-32（a）电路中的开关闭合，该电路就处于有载状态。 此时电路的特征如下。

（1）当 U_S 和 R_S 一定时，电路中的电流取决于负载电阻 R_L，即 $I = \dfrac{U_S}{R_S + R_L}$。

（2）电源的端电压总是小于理想电压源电压，有 $U = U_S - R_S I$。若忽略线路电压降，负载的端电压等于电源的端电压，即 $U_L = U$。

（3）电源对外的输出功率（即负载获得的功率）等于理想电压源发出的功率减去内阻消耗的功率，即 $P_L = UI = (U_S - R_S I)I$ 或 $P_L = U^2/R = I^2 R$。

在实际工作中，电路器件和电气设备均标注有额定值。要使电路正常运行需满足其额定值的条

提示
　　由于电路中的电源往往是恒压源，人们常常根据电流的大小判断负载的情况。当电源输出的电压为额定值时：电流等于额定电流，称为满载；电流小于额定电流，称为轻载；电流超过额定电流，称为过载。

件。额定电压、额定电流、额定功率和额定电阻分别用 U_N、I_N、P_N、R_N 表示。一般来说，电气设备在额定状态工作时是最经济合理和安全可靠的，并能保证电气设备有合理的使用寿命。

电气设备的额定值常标在铭牌上或写在说明书中。例如，一盏电灯上标注的电压 220 V，功率 100 W，就是额定电压 220 V，额定功率 100 W。习惯上，电气开关标注 U_N 和 I_N，电烙铁、电炉等标注 U_N 和 P_N，一般金属膜电阻和线绕电阻标注 P_N 和 R_N，电动机专用的铸铁调速电阻标注 I_N 和 R_N。

【例 1-8】 某一电阻元件为 10 Ω，额定功率 $P_N = 40$ W。（1）当加在电阻两端的电压为 30 V 时，该电阻能正常工作吗？（2）若要使该电阻正常工作，外加电压不能超过多少伏？

【解】 （1）根据欧姆定律，流过电阻的电流

$$I = \frac{U}{R} = \frac{30}{10} \text{ A} = 3 \text{ A}$$

此时电阻所消耗的功率

$$P = UI = 30 \times 3 \text{ W} = 90 \text{ W}$$

由于 P 大于 P_N，该电阻将被烧毁。

（2）根据

$$P_N = \frac{U^2}{R}$$

可得

$$U = \sqrt{P_N R} = \sqrt{40 \times 10} \text{ V} = 20 \text{ V}$$

可见，要使该电阻正常工作，外加电压不能超过 20 V。

思考与练习

1-5-1 什么是电路的开路状态、短路状态、有载状态、满载状态、轻载状态、过载状态？

1-5-2 电气设备额定值的含义是什么？

1-5-3 有一只额定值为 5 W、500 Ω 的线绕电阻，求其额定电流 I_N 和额定电压 U_N；如果将它接到 10 V 电源上，则其实际消耗的功率为多少？

1-5-4 电路如图 1-33 所示，已知 $U_S = 10$ V，$R_S = 10$ Ω，$R_L = 10$ Ω。问：开关 S 处于 1、2、3 位置时，电压表和电流表的读数分别是多少？

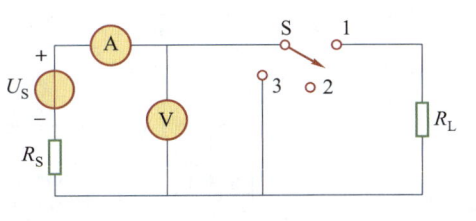

图 1-33 思考与练习 1-5-4 图

思考与练习 1-5 解答

1-6 基尔霍夫定律

基尔霍夫定律包含两个内容：**基尔霍夫电流定律**用来确定连接在同一结点上的各支路电流间的关系；**基尔霍夫电压定律**用来确定回路中各段电压间的关系。它们是分析计算电路的理论基础。

演示文稿 基尔霍夫定律

阅读 基尔霍夫

在叙述基尔霍夫定律之前，先介绍几个有关的电路术语。

（1）**支路**：电路中通过同一电流的电路分支称为支路。图 1-34 中，abc、adc、aec 都是支路，但 ae 不是支路，因为其上无元件。

（2）**结点**：3 条或 3 条以上支路的连接点称为结点。图 1-34 中，a、c 点都是结点，b、d、e 点不是结点。

（3）**回路**：由支路构成的闭合路径称为回路。图 1-34

图 1-34 电路名词定义用图

中，adcba、aecda、aecba 都是回路。

（4）**网孔**：内部不含支路的回路称为网孔。图 1-34 中，adcba、aecda 都是网孔。

1-6-1　基尔霍夫电流定律

基尔霍夫电流定律（Kirchhoff's Current Law）简称 KCL，叙述如下：

任一时刻在电路的任一结点上，所有支路电流的代数和恒等于零，即

$$\sum i = 0 \quad 或 \quad \sum I = 0 \tag{1-22}$$

式中，若规定流入结点的电流前面取"+"号，则流出结点的电流前面取"−"号；或反之。电流是流入结点还是流出结点，均按其参考方向来判断。如图 1-35 所示，对结点 a 有

$$I_1 - I_2 + I_3 + I_4 - I_5 = 0$$

可以整理为

$$I_1 + I_3 + I_4 = I_2 + I_5$$

表明：**在任一时刻，流入任一结点的电流之和等于流出该结点的电流之和。**

图 1-35　KCL 的说明

KCL 实际上是电流连续性原理在电路结点上的体现，也是电荷守恒定律在电路中的体现。也就是说，到达任何结点的电荷既不可能增加也不可能消失，电流必须连续流动。

KCL 不仅适用于电路中的任一结点，而且适用于包围电路任一部分的封闭面。图 1-36（a）所示为电子电路中常用的三极管的电路符号，其 b、c、e 三极的电流分别为 i_b、i_c、i_e。用假想的封闭面把三极管包围起来，根据 KCL，有

$$i_e = i_b + i_c$$

图 1-36（b）所示电路表示两个网络相连的两种情况。用假想的封闭面把其中一个网络包围起来，根据 KCL 可得电流，若两网络之间只有一根导线相连，则该导线中无电流。同理，若某网络只有一个接地点，则该接地线中无电流，如图 1-36（c）所示。

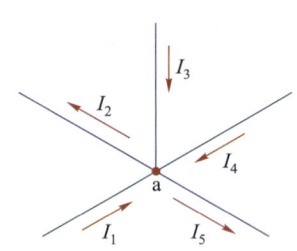

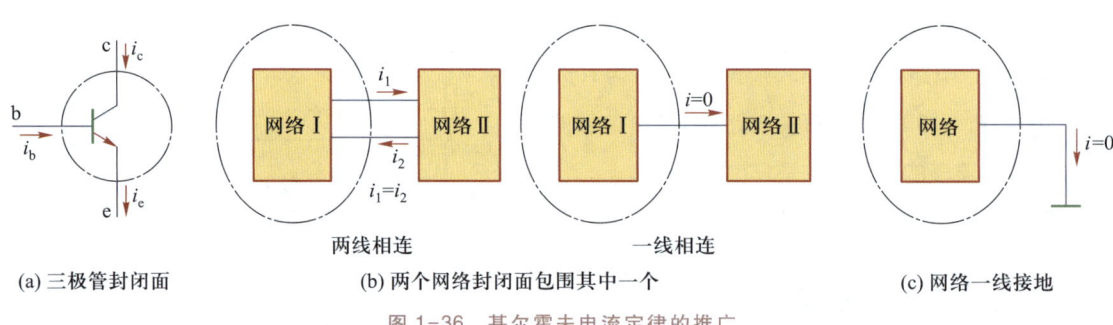

(a) 三极管封闭面　　　　　(b) 两个网络封闭面包围其中一个　　　　　(c) 网络一线接地

图 1-36　基尔霍夫电流定律的推广

1-6-2　基尔霍夫电压定律

基尔霍夫电压定律（Kirchhoff's Voltage Law）简称 KVL，叙述如下：

任一时刻沿任一回路，各段电压的代数和恒等于零，即

$$\sum u = 0 \quad 或 \quad \sum U = 0 \tag{1-23}$$

应用 KVL 列电压方程时，首先需要选定回路的绕行方向。当回路内电压的参考方向与回路绕行方向一致时，该电压取"+"号；反之取"−"号。例如，图 1-37 所示电路中的 abcda 回路，若选定顺时针方向绕行，根据式（1-23）可列出该回路电压方程为

$$-U_S + U_1 - U_2 + U_{I_S} = 0$$

或

$$-U_S + I_1 R_1 - I_S R_2 + U_{I_S} = 0$$

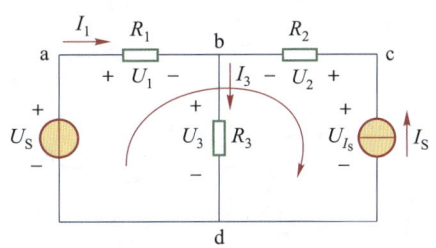

图 1-37　KVL 图示与应用

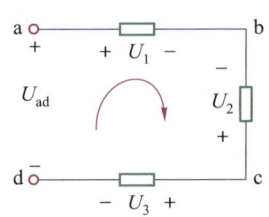

图 1-38　KVL 的推广与应用

在电路中,对于电流源往往需要先设定其上电压的参考方向(如图 1-37 中的 U_{I_S}),再列电压方程。

KVL 不仅适用于闭合回路,而且还可以推广到任意未闭合的回路,但列电压方程时,必须将开口处的电压也列入方程。如图 1-38 所示,由于 ad 处开路,abcd 不构成闭合回路。如果添上开路电压 U_{ad} ,就可形成一个"闭合"回路。此时,沿 abcda 绕行一周,列出回路电压方程为

$$U_1 - U_2 + U_3 - U_{ad} = 0$$

整理得

$$U_{ad} = U_1 - U_2 + U_3$$

有了 KVL 这个推论,就可以很方便地求电路中任意两点间的电压。

【例 1-9】 图 1-39 所示电路中, $U_{S1} = 16$ V, $U_{S2} = 4$ V, $U_{S3} = 12$ V, $R_2 = 2$ Ω, $R_3 = 7$ Ω, $I_{S4} = 2$ A,应用 KCL 求电流 I_1 、I_2 、I_3 。

【解】 首先选定回路 1、回路 2 并设定其绕行方向如图所示。对回路 1,根据 KVL 列电压方程有

$$R_2 I_2 + U_{S2} - U_{S1} = 0$$

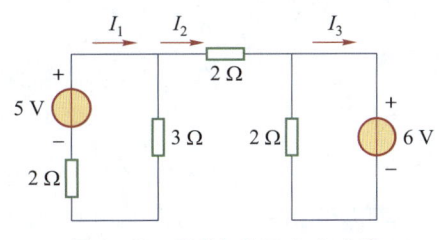

图 1-39　例 1-9 图

解得

$$I_2 = \frac{U_{S1} - U_{S2}}{R_2} = \frac{16-4}{2} \text{ A} = 6 \text{ A}$$

对回路 2,根据 KVL 列电压方程有

$$R_3 I_3 - U_{S3} - U_{S1} = 0$$

解得

$$I_3 = \frac{U_{S1} + U_{S3}}{R_3} = \frac{16+12}{7} \text{ A} = 4 \text{ A}$$

对结点 a,根据 KCL 列电流方程,可得

$$I_1 - I_2 - I_3 + I_{S4} = 0$$

解得

$$I_1 = I_2 + I_3 - I_{S4} = (6+4-2) \text{ A} = 8 \text{ A}$$

思考与练习

1-6-1　什么是电路的支路、结点、回路、网孔?

1-6-2　电路如图 1-40 所示,试求电流 I_1 、I_2 、I_3 。

1-6-3　图 1-41 所示是某电路的一部分,试求电路中的 I 、U_{ab} 。

1-6-4　电路如图 1-42 所示,已知 $I_a = 3$ A, $I_b = 1$ A, $U_{ab} = 1$ V,试求 I_1 、I_2 、I_3 及 U_{bc} 、U_{ca} 。

思考与练习 1-6 解答

图 1-40　思考与练习 1-6-2 图

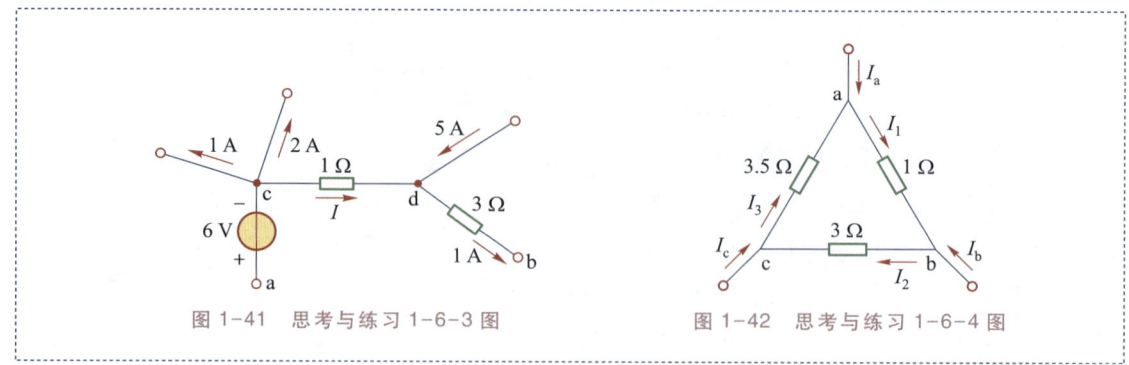

图 1-41　思考与练习 1-6-3 图　　　　　图 1-42　思考与练习 1-6-4 图

1-7　电位分析

在电子电路中，一般都把电源、信号输入和输出的公共端接在一起作为参考点，因而电子电路中有一个习惯画法，即电源不再用符号表示，而改为标出其电位的极性和数值。例如，图 1-43（a）可画成图 1-43（b）的形式，图 1-43（c）可画成图 1-43（d）的形式。

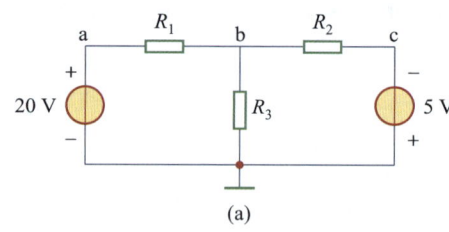

（a）

（b）

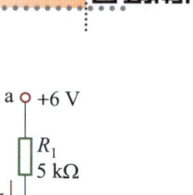

（a）

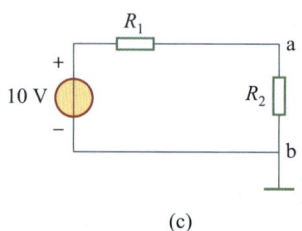

（c）

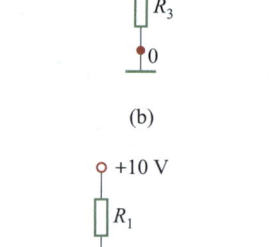

（d）

图 1-43　电子线路的习惯画法

【例 1-10】　计算图 1-44（a）所示电路中 b 点的电位。

【解】　回路电流

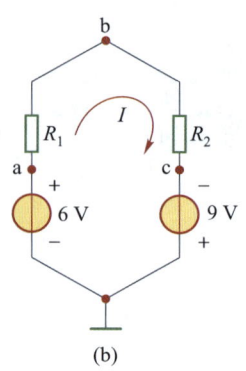

图 1-44　例 1-10 图

$$I=\frac{V_a-V_c}{R_1+R_2}=\frac{6-(-9)}{(5+10)\times10^3}\ A=\frac{15}{15\times10^3}\ A=1\ mA$$

因为　　　　　　　　　　　　　$U_{ab}=V_a-V_b=R_1I$

所以　　　　　$V_b=V_a-R_1I=\left[6-(5\times10^3)(1\times10^{-3})\right]\ V=(6-5)\ V=1\ V$

也可以将图 1-44（a）所示电路画成图 1-44（b）的形式进行计算。

思考与练习

1-7-1　电路如图 1-45 所示,试求 b 点电位 V_b。

1-7-2　电路如图 1-46 所示,计算开关 S 断开和闭合两种状态下 a、b、c 三点的电位。

思考与练习 1-7
解答

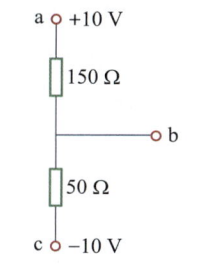

图 1-45　思考与练习 1-7-1 图

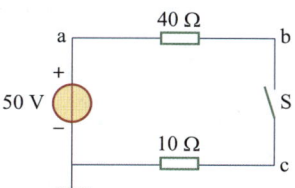

图 1-46　思考与练习 1-7-2 图

本章小结

1. 电路的结构与作用

任何一个完整的电路都是由电源、负载和中间环节这三部分按照一定方式连接而成的。其作用是:实现电能的转换、传输和控制,信号的传递、处理和存储。

2. 电路模型

电路模型是实际电路结构及功能的抽象化表示,是用理想元件的组合模拟实际电路。

3. 电路的基本物理量

在电路中常使用电压、电流、电位、功率等物理量。在分析电路时,只有先标定电压、电流的参考方向,才能对电路进行计算,算得的电压、电流的正、负号才有意义。

4. 电阻、电感、电容元件

电阻是耗能元件,当元件上的电压与电流取关联参考方向时,对电阻有 $u=Ri$。电阻的功率 $p=ui=\dfrac{u^2}{R}=i^2R$。

电感是储存磁场能量的元件,当元件上的电压与电流取关联参考方向时,对电感有 $u=L\dfrac{di}{dt}$。电感储能 $W_L=\dfrac{1}{2}Li^2$。

电容是储存电场能量的元件,当元件上的电压与电流取关联参考方向时,对电容有 $i=C\dfrac{du}{dt}$。电容储能 $W_C=\dfrac{1}{2}Cu^2$。

5. 电源元件

理想电压源的电压恒定不变,电流随外电路而变化。理想电压源串联叠加。

理想电流源的电流恒定不变,电压随外电路而变化。理想电流源并联叠加。

实际电源的电路模型有两种:实际电源的电压源模型由理想电压源和电阻串联组成,实际电源的电流源模型由理想电流源和电阻并联组成。

实际电源模型等效变换条件:$R_{S1}=R_{S2}=R_S$,电源电流与电源电压的关系为 $I_s=\dfrac{U_s}{R_s}$。

* 受控的电压或电流不是独立的,而是受电路中某个电压或电流控制的。理想的受控源可分为电压控制电压源(VCVS)、电压控制电流源(VCCS)、电流控制电压源(CCVS)和电流控制电流源(CCCS)。

6. 基尔霍夫定律

（1）基尔霍夫电流定律（KCL）：$\sum I = 0$ 或 $\sum i = 0$，它不仅可以应用于具体电路中的某一结点，还可以推广应用于任一广义结点。

（2）基尔霍夫电压定律（KVL）：$\sum U = 0$ 或 $\sum u = 0$，它应用于电路中任一闭合回路。

7. 电位分析

在电路计算中常用到电位的概念。电路中任一点的电位就是该点与参考点（也称为零电位点）之间的电压。确定电路中各点的电位时必须选定参考点。若参考点不同，则各点的电位值就不同。在一个电路中只能选一个参考点。电路中任意两点间的电压值不随参考点变化，即与参考点无关。

习题1

1-1　计算图 1-47 所示电路中的 U 和 I。

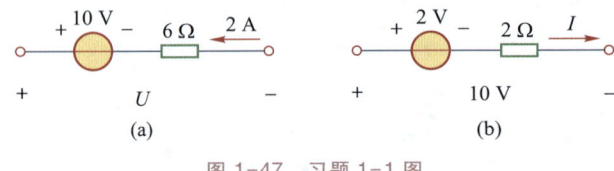

图 1-47　习题 1-1 图

1-2　电路如图 1-48 所示，（1）元件 A、B、C 均吸收功率 20 W，试求 U_A、I_B、U_C；（2）试求元件 D 的功率。

1-3　电路如图 1-49 所示，试求电流 I，并计算各元件发出或吸收的功率。

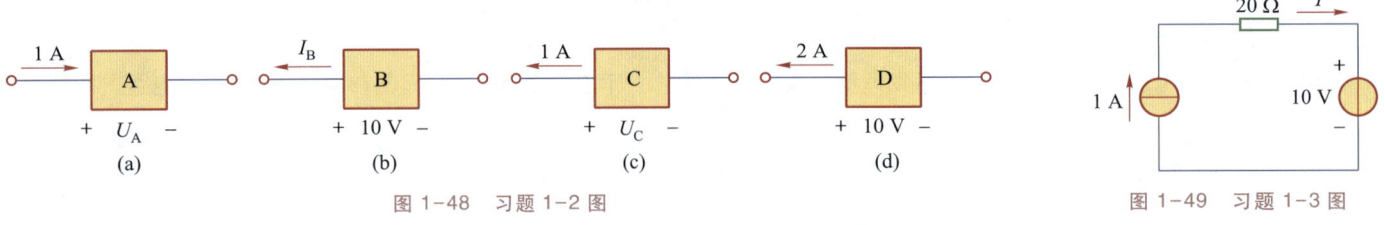

图 1-48　习题 1-2 图

图 1-49　习题 1-3 图

1-4　电路如图 1-50 所示，已知 $I_1 = 1$ A，$I_2 = -3$ A，$I_4 = 2$ A，$U_1 = 5$ V，$U_2 = -5$ V，$U_3 = 10$ V，$U_4 = 15$ V，试求各二端元件的功率，并说明是发出功率还是吸收功率。

1-5　电路如图 1-51 所示，试求电流 I 和电压 U。

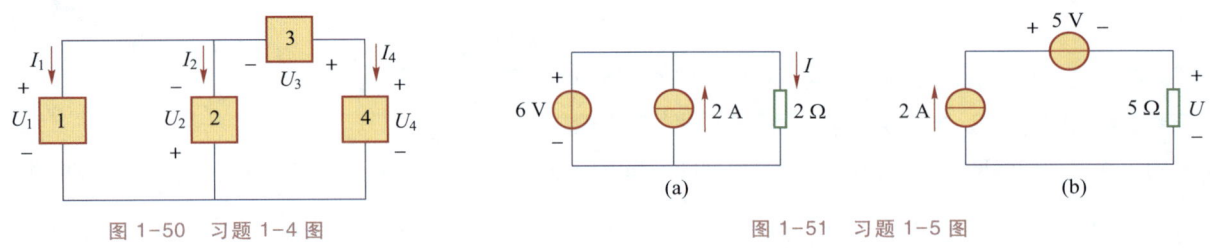

图 1-50　习题 1-4 图

图 1-51　习题 1-5 图

1-6 化简图 1-52 所示电路。

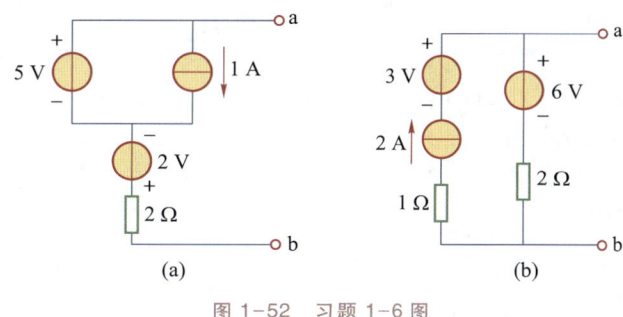

图 1-52 习题 1-6 图

*1-7 电路如图 1-53 所示,试用电源等效变换法求电流 I(提示:要应用到电阻的串、并联)。

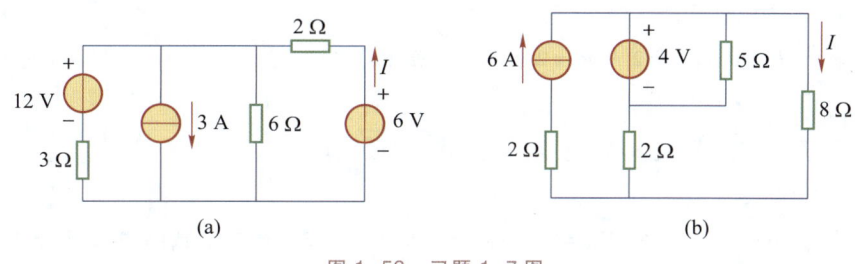

图 1-53 习题 1-7 图

1-8 电路如图 1-54 所示,已知 $U_s = 100$ V,$R_s = 2$ Ω,若负载电阻 R_L 可调,当其值为 0 Ω、0.5 Ω、2 Ω、23 Ω、48 Ω、98 Ω、∞ 时,试列表写出对应的电流表和电压表的读数。

1-9 电路如图 1-55 所示,已知 $I_1 = 3$ A,$I_2 = 1$ A。试确定电路元件 3 中电流 I_3 和其两端的电压 U_3,并说明它是电源还是负载。

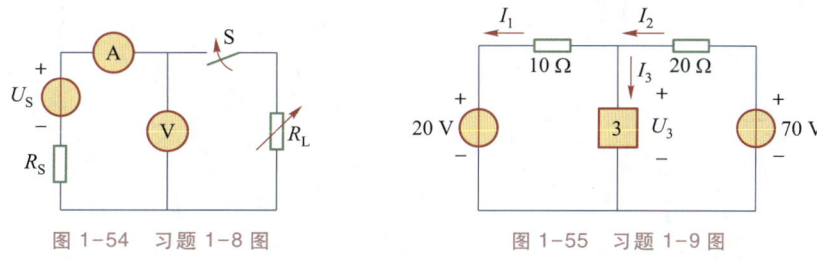

图 1-54 习题 1-8 图   图 1-55 习题 1-9 图

1-10 求图 1-56 所示电路中的电阻 R_1、R_2。

1-11 电路如图 1-57 所示,试求电流 I_1、I_2、I_3 以及电阻 R。

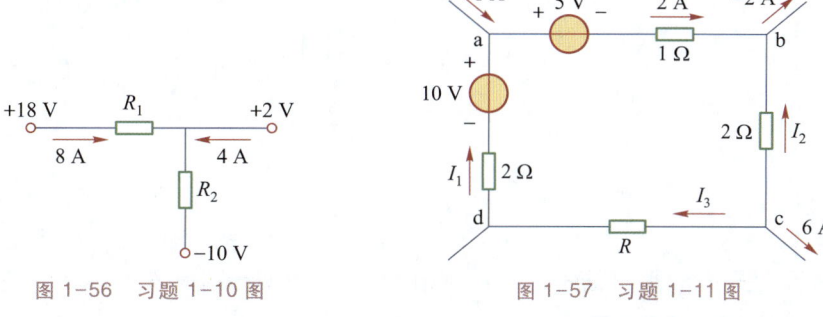

图 1-56 习题 1-10 图   图 1-57 习题 1-11 图

1-12 电路如图 1-58 所示，试求开路电压 U_{ab}。

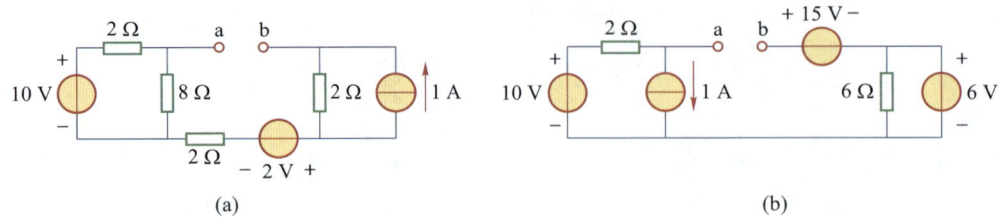

图 1-58 习题 1-12 图

1-13 电路如图 1-59 所示。试求：（1）开关 S 打开时的电压 U_{ab}；（2）开关 S 闭合后流过 R_3 的电流及实际方向；（3）开关 S 闭合前后 R_1、R_2 上电流有无变化？为什么？（4）流经各电压源的电流有无变化？为什么？

1-14 电路如图 1-60 所示，试求电流 I 和 a 点的电位 V_a。

1-15 电路如图 1-61 所示，$I_{S1} = 6$ A，$I_{S2} = 2$ A，$R_1 = 2$ Ω，$R_2 = 3$ Ω，以 0 点为参考点，试求 a、b 两点的电位。

1-16 电路如图 1-62 所示，试求在开关 S 断开和闭合的两种情况下 a 点的电位 V_a。

1-17 某三极管电路如图 1-63 所示。已知 $U_{BE} = 0.7$ V，$I_C = 50I_B$。试求电位器滑动端移动时，电流 I_C 和 U_{CE} 的变化范围。

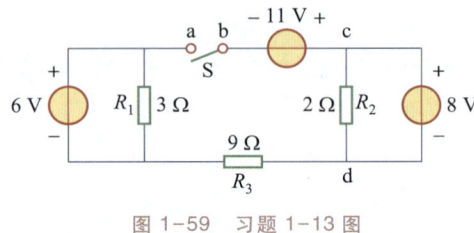

图 1-59 习题 1-13 图

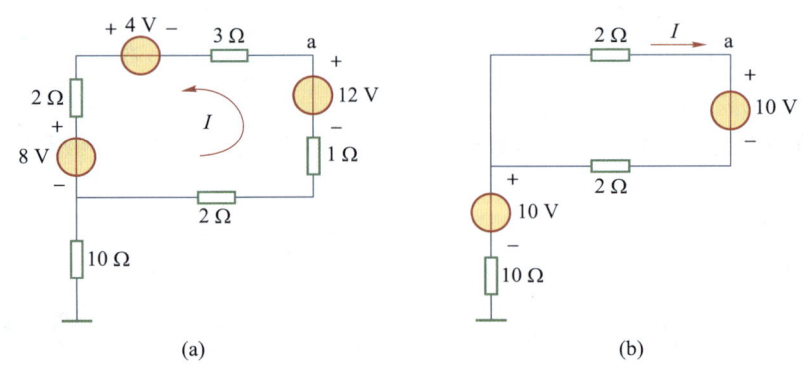

图 1-60 习题 1-14 图

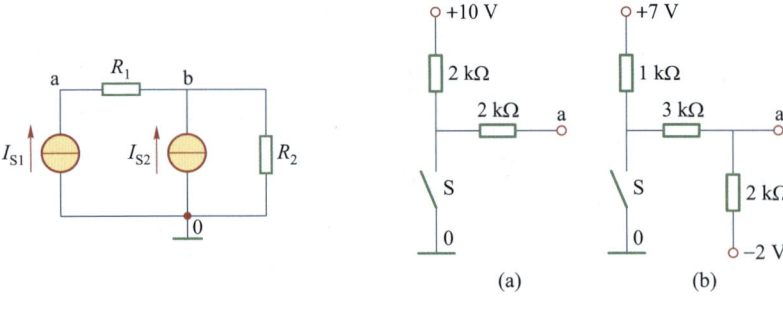

图 1-61 习题 1-15 图

图 1-62 习题 1-16 图

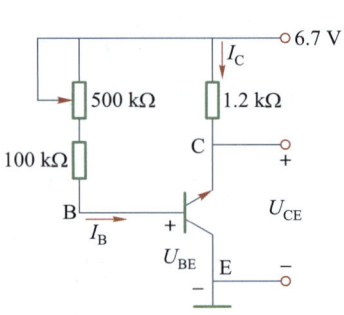

图 1-63 习题 1-17 图

1-18 电路如图 1-64 所示，在开关 S 闭合和断开时，20 V 电压源输出的功率分别是多少？

1-19 求图 1-65 所示各网络的等效电源模型。

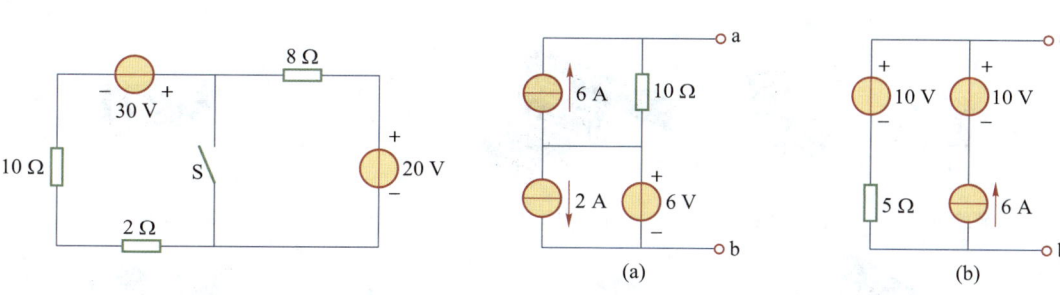

图 1-64　习题 1-18 图　　　　　图 1-65　习题 1-19 图

1-20　电路如图 1-66 所示,求电流源的电压 U 及电压源的电流 I。

1-21　试求图 1-67 所示电路中的 U_1、U_2、I。

1-22　二端网络如图 1-68 所示,求开路电压 U_{ab}。

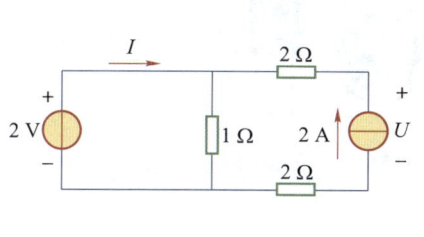

图 1-66　习题 1-20 图

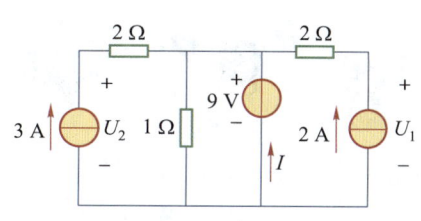

图 1-67　习题 1-21 图

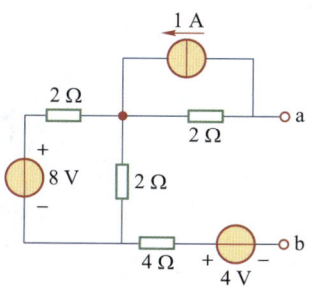

图 1-68　习题 1-22 图

习题 1 详解

电路新视界1

初识电阻、电感和电容

组成电路的基本元件是电阻、电感和电容,再结合二极管、三极管、传感器等器件就可以构成千变万化、性能各异的功能电路了。下面对基本元件进行介绍。

1. 电阻

电阻器简称电阻,是组成电路的基本元件之一,广泛应用于各种电子电路中,主要用来稳定和调节电路的电流和电压,起限流、降压、分流、分压、阻抗匹配等作用。

电阻种类繁多,按结构可分为固定电阻、可变电阻和特种电阻。固定电阻按材料和工艺分为碳膜电阻、金属膜电阻、陶瓷电阻、水泥电阻、金属线绕电阻、电阻排、贴片电阻等;可变电阻分为电位器和滑线式变阻器,常用于调节电路的电压或电流,如图 1-69(a)所示。

特种电阻有保险电阻、光敏电阻、热敏电阻、压敏电阻、气敏电阻、湿敏电阻等,它们均利用材料电阻率随物理量变化而变化的特性制成,常用于控制电路,如图 1-69(b)所示。例如,光敏电阻的阻值与光照强度有关,光照越强,阻值越小。一般无光照射时,阻值

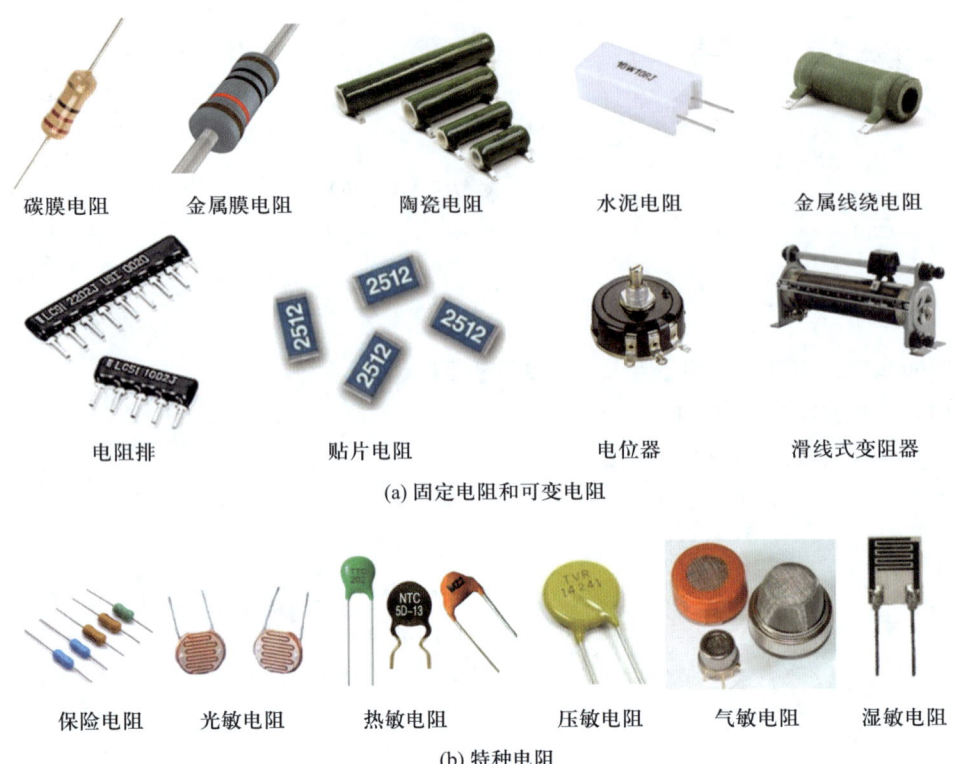

碳膜电阻　　金属膜电阻　　陶瓷电阻　　水泥电阻　　金属线绕电阻

电阻排　　　　贴片电阻　　　电位器　　　滑线式变阻器

(a) 固定电阻和可变电阻

保险电阻　　光敏电阻　　热敏电阻　　压敏电阻　　气敏电阻　　湿敏电阻

(b) 特种电阻

图 1-69　各种电阻

达几十千欧以上；受光照射时，阻值降为几百欧乃至几十欧。光敏电阻主要用于光控开关、计数电路及光控自动控制系统中。

　　不同类型电阻的性能特点不同。碳膜电阻成本较低，性能一般，应用于没有特殊要求的一般电子线路中，如小家电、玩具等，以降低成本。金属膜电阻比碳膜电阻的精度高，稳定性好，噪声、温度系数小，但成本较高，常常作为精密和高稳定性的电阻而广泛应用，同时也通用于各种无线电电子设备中。水泥电阻是用水泥灌封的电阻，具有外形尺寸较大、耐震、耐湿、耐热及散热良好、价格低等特性，广泛应用于电源适配器、音响设备、音响分频器、仪器、仪表、电视机、汽车等设备中。线绕电阻具有较低的温度系数，阻值精度高，稳定性好，耐热、耐腐蚀，主要作为精密大功率电阻使用。

　　2. 电感

　　电感器简称电感，是用表面绝缘的导线绕制而成的电磁感应元件。电感具有通低频阻高频的特性，其主要作用是对交流信号进行隔离、滤波，或与电容、电阻等组成谐振电路。典型电感如图 1-70 所示。

色环/色码电感　　空心电感　　铁心电感　　磁芯电感　　贴片电感　　贴片共模电感　　可调电感

图 1-70　典型电感

　　实际应用的电感种类繁多，如深圳某电感制造公司的电感产品有色环/色码电感、空心线圈、磁棒线圈、射频线圈、磁环线圈、扼流线圈、工字电感、共模电感、可调电感、功率电感、滤波电感、贴片电感、EMI 滤波器、磁珠电感、匹配线圈、振荡线圈等。其产品应用于汽车电子、电视机、DVD/VCD 机、电子玩具、移动通信设备灯饰、医疗仪器、计算机产品和外围设备、网络 xDSL 滤波器、调制解调器、全球定位系统、AC-DC/DC-DC 转换器、升压/降压转换器、放大器、视听设备、音频设备、噪声滤波器、电源、分析器、显示器、开关稳压器、晶闸管控制电路、自动化系统、电磁干扰/射频干扰扼制滤波器、扬声器伺服网络、输入滤波器、语音处理器、开关模式电源和开关交流适配器、功放等。

当我们深入学习或进入实际工作中后,我们会掌握关于电感的更多知识,见识更多形制的电感,如图 1-71 所示。

图 1-71　其他形制的电感

3. 电容

电容器简称电容,可由彼此绝缘而又相互靠近的导体组成,用以储存电荷和电能。电容具有隔直通交和通高频阻低频的特性,主要用于信号耦合、能量转换、退耦、滤波,或与电感、电阻等组成谐振电路。

根据是否可调,电容可分为固定电容和可调电容。典型固定电容如图 1-72 所示。可调电容可在某一范围内调整,若仅可在小范围内调整则为微调电容。各类可调电容如图 1-73 所示。

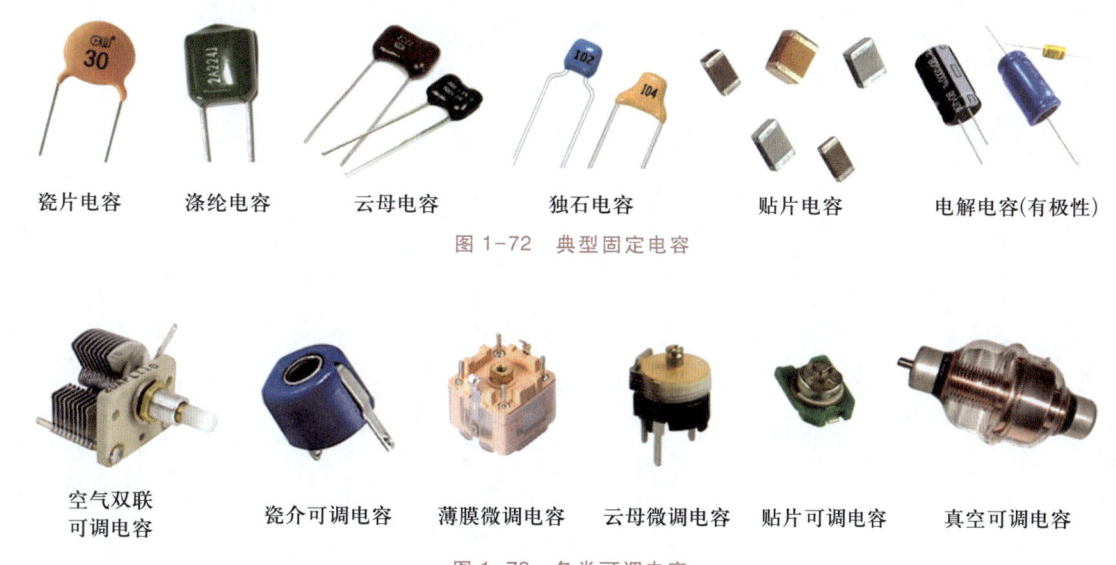

瓷片电容　　涤纶电容　　云母电容　　独石电容　　贴片电容　　电解电容(有极性)

图 1-72　典型固定电容

空气双联
可调电容　　瓷介可调电容　　薄膜微调电容　　云母微调电容　　贴片可调电容　　真空可调电容

图 1-73　各类可调电容

电容的种类繁多,因其参数和性能的差异,按电路工作要求正确选择和使用电容就成为工程技术人员的基本工作。例如,铝电解电容通常在直流电源电路或中、低频电路中起滤波、退耦、信号耦合及时间常数设定、隔直流等作用。微调电容的容量变化范围较小,通常只有几皮法到几十皮法,调整后一般就固定下来。云母微调电容应用于晶体管收音机、电子仪器、电子设备中。真空可调电容具有耐压高、体积小、损耗低、性能稳定可靠等特点,不容易产生飞弧、电晕等现象,一般应用于军用广播通信设备、高能粒子加速器、半导体制造设备、医疗分析仪及治疗仪等设备中。

学习内容思维导图

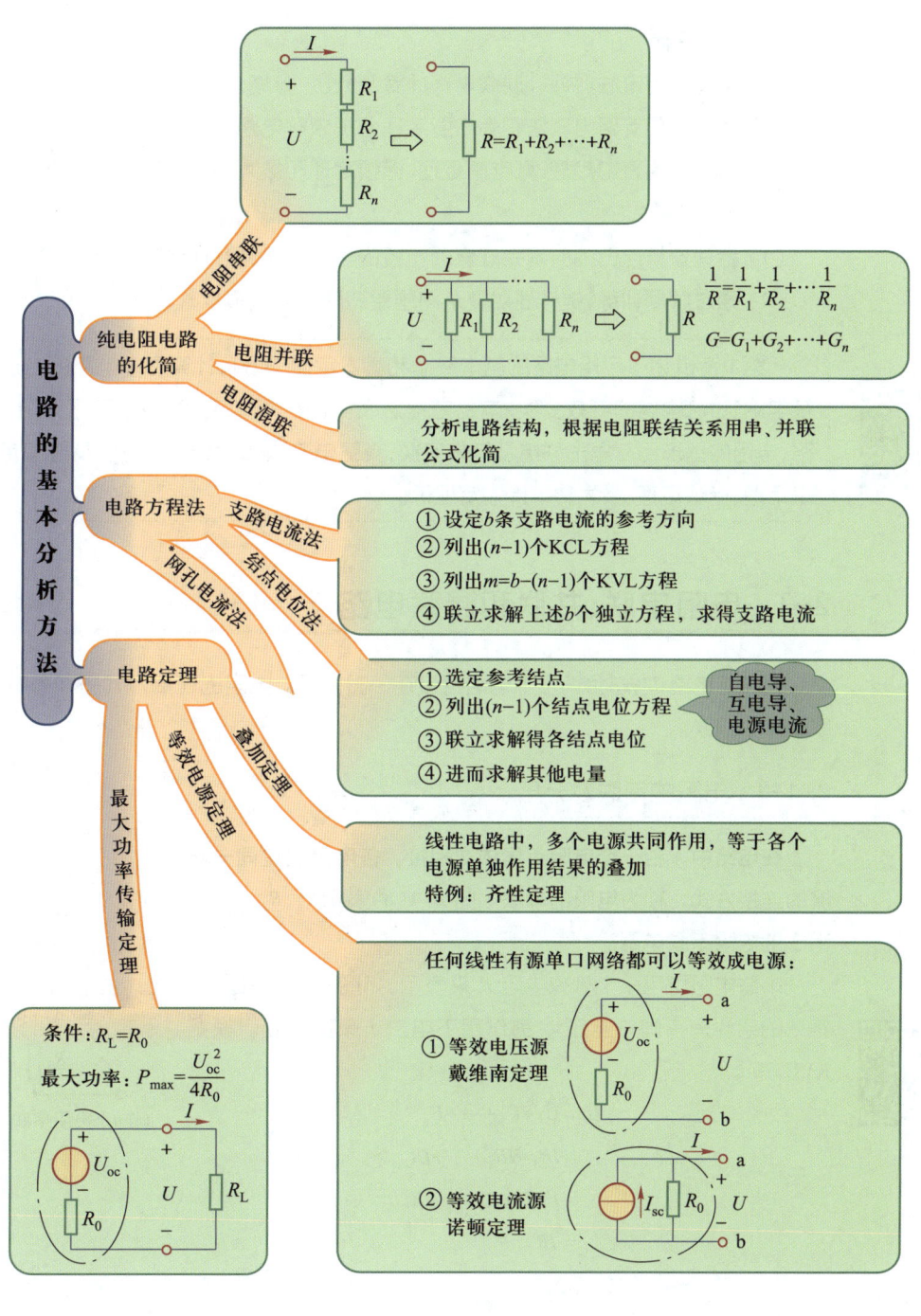

学习目标

1. 知识目标

（1）深入理解等效电阻电路的内容；了解电阻星形联结和三角形联结的等效变换及等效电阻的计算方法。

（2）了解电路方程法：了解支路电流法、结点电位法、* 网孔电流法。

（3）理解线性电路的叠加性和比例性。

（4）深入理解等效电源的内容。

（5）深入理解最大功率传输定理。

2. 能力目标

（1）掌握电阻串联、并联、混联电路计算及分压、分流公式的应用。

（2）熟练应用支路电流法和弥尔曼定理分析求解电路。

（3）熟练应用叠加定理、戴维南定理、诺顿定理和最大功率传输定理分析计算电路。

3. 素养目标

（1）合理安排自己的时间完成教师布置的学习任务，提升自我管理和自我发展的自觉意识。

（2）通过解题训练，提升面对复杂问题厘清脉络的逻辑素养。

第1章讲述了应用电路的基本概念和基本定律去分析计算简单电路的方法。本章主要针对复杂电路，讨论电路的等效变换、电路方程法及电路的基本定理，内容包括电阻串联、并联和混联电路，电阻的星形与三角形联结及等效变换，支路电流法，结点电位法，以及叠加定理、齐性定理、戴维南定理、诺顿定理、最大功率传输定理等。

章前絮语

2-1 电阻串联、并联和混联电路

在实际电路中，总会有多个电阻连接在一起使用。电阻的连接方式多种多样，最常用的是串联、并联和串并混联。

演示文稿
电阻串联、并联和混联电路

2-1-1 电阻的串联及分压

在电路中，若干个电阻首尾依次相接，各电阻流过同一电流的连接方式，称为电阻的串联。图2-1（a）表示R_1、R_2、$\cdots$、R_n组成的电阻串联电路。

串联电阻可用一个等效电阻 R 来表示，如图2-1（b）所示。等效的条件是在同一电压 U 的作用下电流 I 保持不变。根据KVL，有

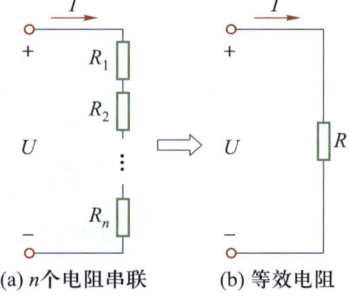

(a) n个电阻串联   (b) 等效电阻

图2-1 电阻的串联

动画
电阻的串联

$$U = U_1 + U_2 + \cdots + U_n$$
$$= IR_1 + IR_2 + \cdots + IR_n$$
$$= I(R_1 + R_2 + \cdots + R_n)$$
$$= IR \tag{2-1}$$

因此　　　　　　　等效电阻　　　　$R = R_1 + R_2 + \cdots + R_n = \sum_{i=1}^{n} R_i$ 　　　　　（2-2）

式（2-2）说明，**串联等效电阻等于各个串联电阻之和**。

电阻串联时，每个电阻上的电压分别为

$$\left.\begin{array}{l} U_1 = IR_1 = \dfrac{R_1}{R}U \\[2mm] U_2 = IR_2 = \dfrac{R_2}{R}U \\[2mm] \vdots \\[2mm] U_n = IR_n = \dfrac{R_n}{R}U \end{array}\right\} \qquad （2\text{-}3）$$

或　　　　　　　电阻分压　　　　$U_i = \dfrac{R_i}{R}U \quad (i = 1, 2, \cdots n)$

式（2-3）说明，在串联电路中，当外加电压一定时，各电阻端电压的大小与电阻的阻值成正比。式（2-3）称为**电压分配公式**，简称分压公式。

提示

　　在应用分压公式时，应注意到各电压的参考方向。

如果将式（2-1）两边同乘电流 I，则有

$$P = UI = I^2 R_1 + I^2 R_2 + \cdots + I^2 R_n \qquad （2\text{-}4）$$

式（2-4）说明，**n 个电阻串联吸收的总功率等于各个电阻吸收的功率之和**。

电阻串联时，每个电阻的功率与电阻的关系为

$$P_1 : P_2 : \cdots : P_n = R_1 : R_2 : \cdots : R_n \qquad （2\text{-}5）$$

式（2-5）说明，**电阻串联时，电阻的功率与电阻的阻值成正比**。

提示

　　电阻串联实质是分压，各电阻上分配的电压与电阻的阻值成正比，各电阻的功率也与电阻的阻值成正比。

电阻串联的应用很多，例如，节日期间用于装饰的忽灭忽亮的小电灯，采用的就是串联电路。将小电灯一个接一个地串联起来，在其中一个电灯内装有双金属片结构的自动开关（用热膨胀系数高低不同的两种金属粘合成一体）。当双金属片因灯丝发热而弯曲时，双金属片脱开，电灯就全部熄灭；冷却后双金属片复原，电路又重新接通……所以小电灯就一会儿灭，一会儿亮。

为了调节电路中的电流，通常可在电路中串联一个变阻器。

当负载的额定电压低于电源电压时，也可以通过串联一个电阻来分去一部分电压，以使负载工作在额定电压情况下。

再如，为了扩大电压表的量程，可以采用将电压表与电阻串联的方式。

【例 2-1】　如图 2-2 所示，要将一个满刻度偏转电流 I_g 为 50 μA，内阻 R_g 为 2 kΩ 的电流表，制成量程为 50 V/100 V 的直流电压表，应串联多大的附加电阻 R_1、R_2？

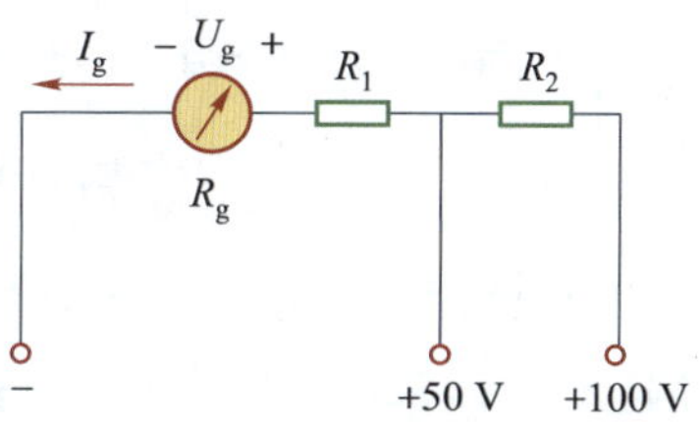

【解】　满刻度时，表头所承受电压为

$$U_g = I_g R_g = 50 \times 10^{-6} \times 2 \times 10^3 \ \text{V} = 0.1 \ \text{V}$$

为了扩大量程，必须串联附加电阻来分压，可列出方程

$$\begin{cases} 50 = I_g(R_g + R_1) \\ 100 - 50 = I_g R_2 \end{cases}$$

图 2-2　例 2-1 图

即　　　　　　$\begin{cases} 50 = 50 \times 10^{-6} \times (2\,000 + R_1) \\ 50 = 50 \times 10^{-6} R_2 \end{cases}$

延伸学习
光控灯电路
（电阻串联应用）

动画
电阻的并联

解得附加电阻 $\qquad R_1 = 998 \text{ k}\Omega, R_2 = 10^6 \ \Omega = 1\ 000 \text{ k}\Omega = 1 \text{ M}\Omega$

2-1-2 电阻的并联及分流

在电路中，若干个电阻首尾分别相连，各电阻处于同一电压下的连接方式，称为电阻的并联。图2-3(a)表示 R_1、R_2、$\cdots$、R_n 组成的电阻并联电路。

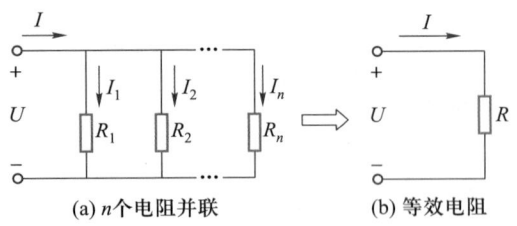

(a) n个电阻并联　　(b) 等效电阻

图 2-3　电阻的并联及等效电阻

并联电阻也可用一个等效电阻 R 来表示,如图2-3(b)所示。根据KCL,图2-3(a)所示电路有下列关系:

$$\begin{aligned} I &= I_1 + I_2 + \cdots + I_n \\ &= \frac{U}{R_1} + \frac{U}{R_2} + \cdots + \frac{U}{R_n} \\ &= U\left(\frac{1}{R_1} + \frac{1}{R_2} + \cdots + \frac{1}{R_n}\right) \\ &= \frac{U}{R} \end{aligned} \tag{2-6}$$

因此　　等效电阻的倒数　　$\dfrac{1}{R} = \dfrac{1}{R_1} + \dfrac{1}{R_2} + \cdots + \dfrac{1}{R_n} = \displaystyle\sum_{i=1}^{n} \dfrac{1}{R_i}$ $\tag{2-7}$

式(2-7)说明,**并联等效电阻的倒数等于各个并联电阻的倒数之和**。

若以电导表示,并令

$$G_1 = \frac{1}{R_1}, G_2 = \frac{1}{R_2}, \cdots, G_n = \frac{1}{R_n}$$

则有　　等效电导　　$G = G_1 + G_2 + \cdots + G_n = \displaystyle\sum_{i=1}^{n} G_i$ $\tag{2-8}$

式(2-8)说明,**n 个电导并联,其等效电导等于各电导之和**。

如果将式(2-6)两边同乘以电压 U,则有

$$P = UI = \frac{U^2}{R_1} + \frac{U^2}{R_2} + \cdots + \frac{U^2}{R_n} \tag{2-9}$$

> **提示**
> 在应用分流公式时,应注意到各电流的参考方向。

式(2-9)说明,**n 个电阻并联吸收的总功率等于各个电阻吸收的功率之和**。

电阻并联时，各电阻的功率与电阻阻值的倒数成正比，或与电阻的电导成正比。

$$P_1 : P_2 : \cdots : P_n = \frac{1}{R_1} : \frac{1}{R_2} : \cdots : \frac{1}{R_n} = G_1 : G_2 : \cdots : G_n \tag{2-10}$$

> **提示**
> 电阻并联实质是分流,各支路分配的电流与电阻的阻值成反比,各支路电阻的功率也与电阻的阻值成反比。

并联电阻具有分流作用。对于 n 个电阻并联的情况,有

电阻分流　　$I_i = \dfrac{R}{R_i} I \quad (i = 1, 2, \cdots, n)$ $\tag{2-11}$

式(2-11)说明,**在并联电路中，阻值越大的电阻分配到的电流越小，阻值越小的电阻分配到的电流越大**,这就是并联电阻电路的分流原理。通常把式(2-11)称为电阻并联的分流公式。

两个电阻并联,如图2-4所示,通常记为 $R_1 // R_2$。

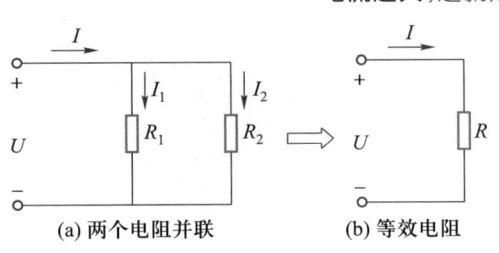

(a) 两个电阻并联　　(b) 等效电阻

图 2-4　两个电阻的并联

由于 $\qquad \dfrac{1}{R} = \dfrac{1}{R_1} + \dfrac{1}{R_2} = \dfrac{R_1 + R_2}{R_1 R_2}$

则有

等效电阻　　$R = R_1 // R_2 = \dfrac{R_1 R_2}{R_1 + R_2}$ $\tag{2-12}$

两个电阻并联的分流公式为

$$\left.\begin{array}{l} I_1 = \dfrac{R_2}{R_1+R_2}I \\[3mm] I_2 = \dfrac{R_1}{R_1+R_2}I \end{array}\right\} \tag{2-13}$$

分析式(2-13)可知,两电阻并联时,如果 $R_1 > R_2$,则 $I_1 < I_2$;如果 $R_1 < R_2$,则 $I_1 > I_2$;如果 $R_1 = R_2$,则 $I_1 = I_2$。该公式也经常使用。

电阻并联电路的应用很多。例如,日常生活中的家庭照明电路就采用并联方式。采用这样的方式时灯与灯之间互不影响,一灯的亮、暗(通、断)并不影响其他灯的亮、暗(通、断)。

在实际电路中,常常遇到电阻串、并混联电路。对于这一类电路可以用串、并联公式进行化简。

并联电路分流作用的应用之一是电流表扩大量程。

【例2-2】　如图 2-5 所示,要将一个满刻度偏转电流 $I_g = 50\ \mu A$,内阻 R_g 为 $2\ k\Omega$ 的表头,制成量程为 $50\ mA$ 的直流电流表,并联分流电阻 R_S 应为多大?

【解】　依题意,已知 $I_g = 50\ \mu A$,$R_g = 2\ k\Omega$,由式(2-13)得

$$I_g = \frac{R_S}{R_S+R_g}I$$

分流电阻
$$R_S = \frac{I_g R_g}{I-I_g} = \frac{50\times10^{-6}\times2\times10^3}{50\times10^{-3}-50\times10^{-6}}\ \Omega \approx 2.00\ \Omega$$

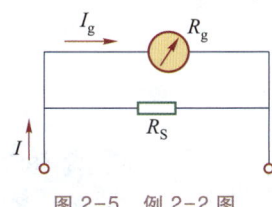

图 2-5　例 2-2 图

2-1-3　混联电路等效电阻的计算

既含有串联又含有并联的电路,称为混联电路。 这一类电路可以用串、并联公式化简,具体方法如下。

(1)正确判断电阻的连接关系。串联电路所有电阻流过同一电流,并联电路所有电阻承受同一电压。

(2)将所有无阻导线连接点用结点表示。

(3)在不改变电路连接关系的前提下,可根据需要改画电路,以便更清楚地表示出各电阻的串、并联关系。

(4)对于等电位点之间的电阻支路,必然没有电流通过,所以既可将它看作开路,也可看作短路。

(5)采用逐步化简的方法,按照顺序简化电路,最后计算出等效电阻。

【例2-3】　电路如图 2-6(a)所示,计算 ab 两端的等效电阻 R_{ab}。

【解】　在图 2-6(a)中,a 点连着 $1\ \Omega$ 电阻和两个 $4\ \Omega$ 电阻的首端,c 点连着 $1\ \Omega$ 电阻的尾端和两个 $2\ \Omega$ 电阻的首端,b 点连着两个 $4\ \Omega$ 电阻和两个 $2\ \Omega$ 电阻的尾端,即电路可画成图 2-6(b)所示形式,电路结构并没有改变,则有

$$R_{ab} = R_4 /\!/ R_5 /\!/ (R_1+R_2 /\!/ R_3)\ \Omega = 1\ \Omega$$

【例2-4】　图 2-7(a)所示为一桥式电路,若已知 c、d 两点等电位,$R_1 = 1\ \Omega$,$R_2 = 2\ \Omega$,$R_3 = 2\ \Omega$,$R_4 = 4\ \Omega$,$R_5 = 5\ \Omega$。求 a、b 两端的等效电阻 R_{ab}。

【解】　由于 c、d 两点等电位,所以 $I_5 = 0\ A$,R_5 支路可看作开路,则原电路可等效为图 2-7(b),可得

$$R_{ab} = \frac{(R_1+R_3)(R_2+R_4)}{R_1+R_2+R_3+R_4} = \frac{(1+2)(2+4)}{1+2+2+4}\ \Omega = 2\ \Omega$$

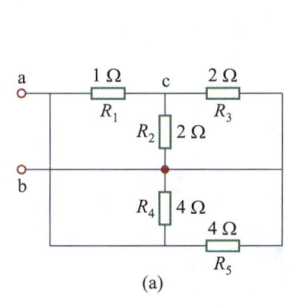

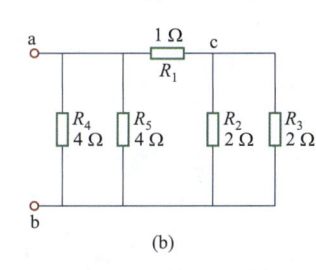

图 2-6　例 2-3 图

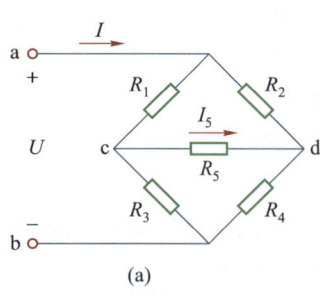 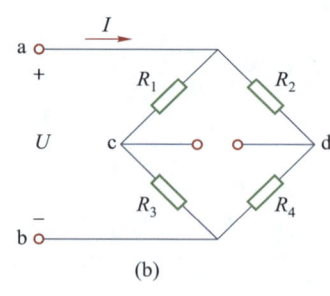 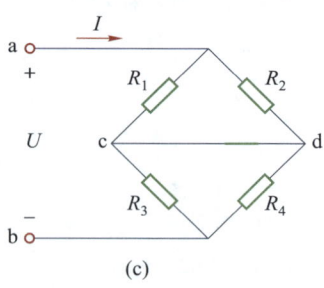

（a）　　　　　　　　（b）　　　　　　　　（c）

图 2-7　例 2-4 图

或者，由于 c、d 两点等电位，所以 R_5 支路可看作短路，则原电路可等效为图 2-7（c），可得

$$R_{ab} = \frac{R_1 R_2}{R_1 + R_2} + \frac{R_3 R_4}{R_3 + R_4} = \left(\frac{1 \times 2}{1 + 2} + \frac{2 \times 4}{2 + 4} \right) \Omega = 2\ \Omega$$

显然，以上两种计算方法得到的结果是相同的。

思考与练习

思考与练习 2-1
解答

2-1-1　试证明两个电阻并联时的等效电阻为 $R = \dfrac{R_1 R_2}{R_1 + R_2}$，分流公式为 $I_1 = \dfrac{R_2}{R_1 + R_2} I$，$I_2 = \dfrac{R_1}{R_1 + R_2} I$。

2-1-2　电路如图 2-8 所示，试求 a、b 两端的电阻 R_{ab}。

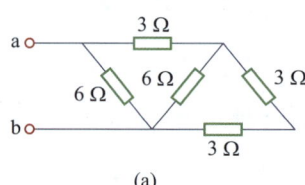 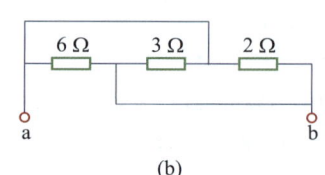

（a）　　　　　　　　　　　　（b）

图 2-8　思考与练习 2-1-2 图

2-1-3　图 2-9 所示为惠斯通直流电桥测量电阻的电路原理图。图中 R_1、R_2、R_3、R_x 构成电桥的四个臂，G 为检流计。当调节电桥桥臂电阻，使检流计 G 指示为零时，c、d 两点电位必然相等，即 $U_{cd} = 0$，此时电桥平衡。若 R_x 为待测电阻，则电桥平衡时其值可由 R_1、R_2、R_3 确定。试分析电路，写出 R_x 的表示式。

2-1-4　图 2-10 所示为步级分压电路。已知 $U_1 = 100\ \text{V}$，要求输出电压 U_O 分别为 100 V、50 V、10 V，限定总电阻 $R_1 + R_2 + R_3 = 100\ \Omega$，试计算各电阻值。

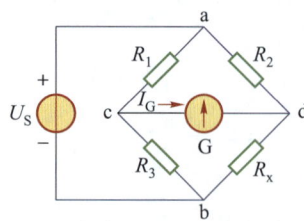 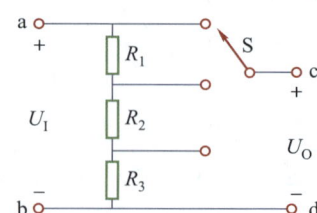

图 2-9　思考与练习 2-1-3 图　　　　　图 2-10　思考与练习 2-1-4 图

2-2　电阻的星形与三角形联结及等效变换

在电力系统中,三相交流电的三相负载常采用星形或三角形联结。在电子电路中,电阻构成的衰减网络也有 T 形(星形)或 Π 形(三角形)之分。电阻的星形(Y)联结如图 2-11(a)所示,三个电阻的一端接在同一点上,另一端分别接到三个不同端钮上。电阻的三角形(△)联结如图 2-11(b)所示,三个电阻分别接到三个端钮的每两个之间。

演示文稿
电阻的星形
与三角形联结
及等效变换

图 2-11　电阻的星形联结与三角形联结

电路分析中,常需要利用 Y/△联结的等效变换对电路进行简化。这里介绍 Y/△联结的等效变换方法。

若图 2-11 所示两电路的三个端钮 1、2、3 的电流 I_1、I_2、I_3 及三个端钮之间的电压 U_{12}、U_{23}、U_{31} 对应相等,则这两个电路等效。经推导得出 Y/△联结的等效变换公式如下:

动画
电阻星形联结
与三角形联结
等效变换

$$Y \to \triangle \quad R_{12} = \frac{R_1 R_2 + R_2 R_3 + R_3 R_1}{R_3}, \quad R_{23} = \frac{R_1 R_2 + R_2 R_3 + R_3 R_1}{R_1}, \quad R_{31} = \frac{R_1 R_2 + R_2 R_3 + R_3 R_1}{R_2}$$

(2-14)

动画
电阻三角形联
结与星形联结
等效变换

$$\triangle \to Y \quad R_1 = \frac{R_{31} R_{12}}{R_{12} + R_{23} + R_{31}}, \quad R_2 = \frac{R_{12} R_{23}}{R_{12} + R_{23} + R_{31}}, \quad R_3 = \frac{R_{23} R_{31}}{R_{12} + R_{23} + R_{31}}$$

(2-15)

将 Y 联结等效变换为△联结,即已知电阻 R_1、R_2、R_3,求电阻 R_{12}、R_{23}、R_{31};将△联结等效变换为 Y 联结,即已知电阻 R_{12}、R_{23}、R_{31},求电阻 R_1、R_2、R_3。

提示
为便于记忆,Y/△联结的等效变换公式可概括为

$$三角形联结电阻 = \frac{星形联结电阻中各电阻两两相乘之和}{星形联结中另一端钮所连电阻}$$

$$星形联结电阻 = \frac{三角形联结电阻中两相邻电阻之积}{三角形联结电阻之和}$$

当 $R_{12} = R_{23} = R_{31} = R_\triangle$ 或 $R_1 = R_2 = R_3 = R_Y$ 时,为对称三角形联结或星形联结,其等效变换的电阻也对称,有

对称三角形或星形联结　　　$R_Y = \frac{1}{3} R_\triangle, \quad R_\triangle = 3 R_Y$　　　(2-16)

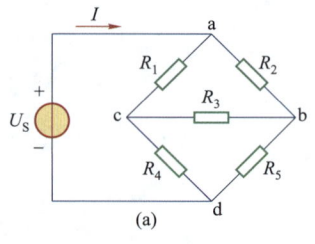

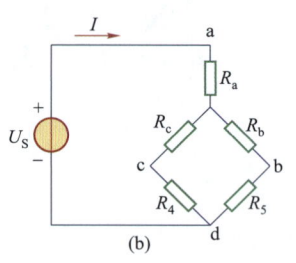

图 2-12 例 2-5 图

【例 2-5】 电路如图 2-12(a)所示,已知 $U_S = 100$ V,$R_1 = 100$ Ω,$R_2 = 20$ Ω,$R_3 = 80$ Ω,$R_4 = R_5 = 40$ Ω,求电流 I。

【解】 将三角形联结电阻 R_1、R_2、R_3 等效变换成星形联结电阻 R_a、R_b、R_c,原电路变换成图 2-12(b)所示电路,根据式(2-15)可计算得

$$R_a = \frac{R_1 R_2}{R_1 + R_2 + R_3} = \frac{100 \times 20}{100 + 20 + 80} \ \Omega = 10 \ \Omega$$

$$R_b = \frac{R_2 R_3}{R_1 + R_2 + R_3} = \frac{20 \times 80}{100 + 20 + 80} \ \Omega = 8 \ \Omega$$

$$R_c = \frac{R_3 R_1}{R_1 + R_2 + R_3} = \frac{80 \times 100}{100 + 20 + 80} \ \Omega = 40 \ \Omega$$

由图 2-12(b)所示电路可得

$$R_{ad} = R_a + \frac{(R_c + R_4)(R_b + R_5)}{R_c + R_4 + R_b + R_5} = \left[10 + \frac{(40 + 40)(8 + 40)}{40 + 40 + 8 + 40} \right] \ \Omega = 40 \ \Omega$$

$$I = \frac{U_S}{R_{ad}} = \frac{100}{40} \ A = 2.5 \ A$$

思考与练习

2-2-1 将图 2-13(a)所示的 T 形电路等效变换为图 2-13(b)所示的 Π 形电路。已知 $R_a = R_b = 4$ Ω,$R_c = 8$ Ω,试求 R_{ab}、R_{bc}、R_{ca}。

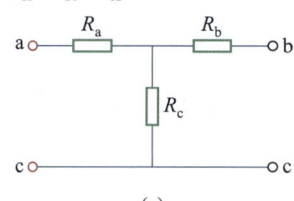 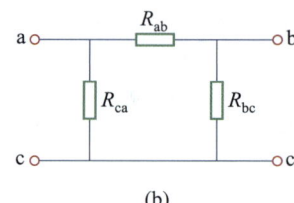

图 2-13 思考与练习 2-2-1 图

2-2-2 将图 2-14(a)所示的电路等效变换为图 2-14(b)所示的 T 形电路。已知 $R_1 = 4$ Ω,$R_2 = 8$ Ω,$R_3 = 12$ Ω,$R_4 = 4$ Ω,试求 R_a、R_b、R_c。

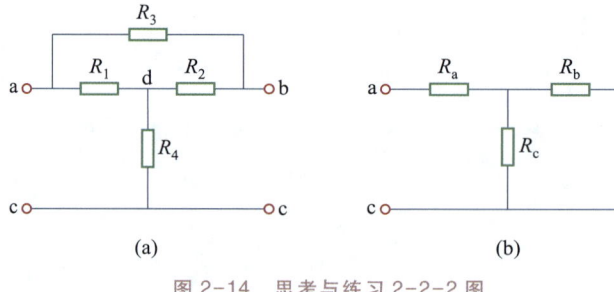

图 2-14 思考与练习 2-2-2 图

讲到这里,我们把常用的等效变换法做一个列表归纳,如表 2-1 所示,以利于读者学习记忆。

表 2-1 常用等效变换法

序号	名称	等效电路	描述
1	电阻串联		电阻串联叠加
2	电导并联	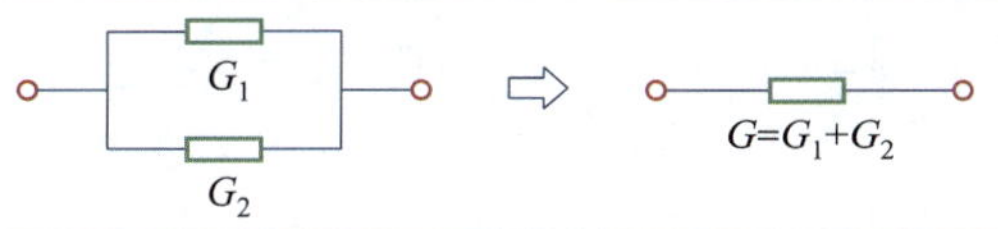	电导并联叠加
3	电压源串联	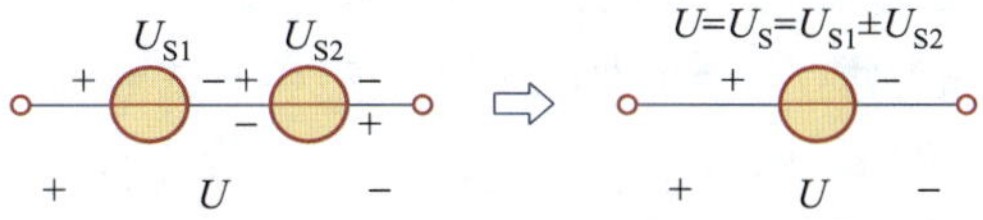	电压源串联叠加
4	电流源并联	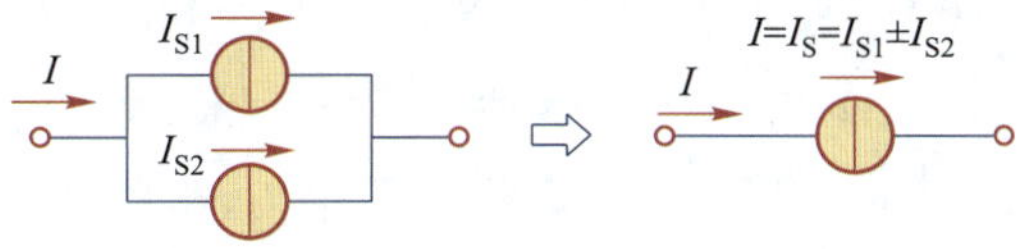	电流源并联叠加
5	多余元件	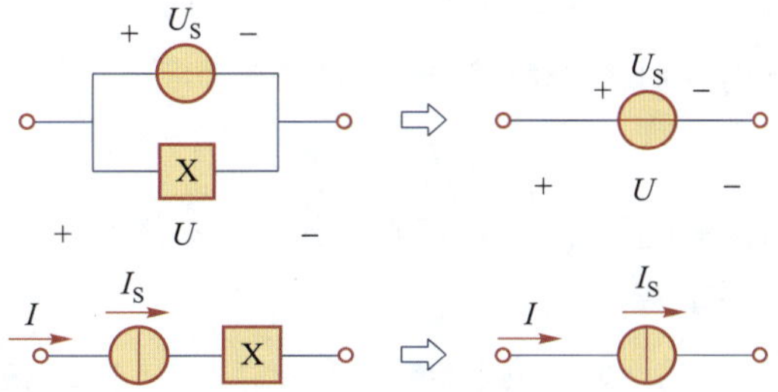	电压源并联其他元件,端电压依旧是电压源电压;电流源串联其他元件,支路电流依旧是电流源电流
6	实际电源模型	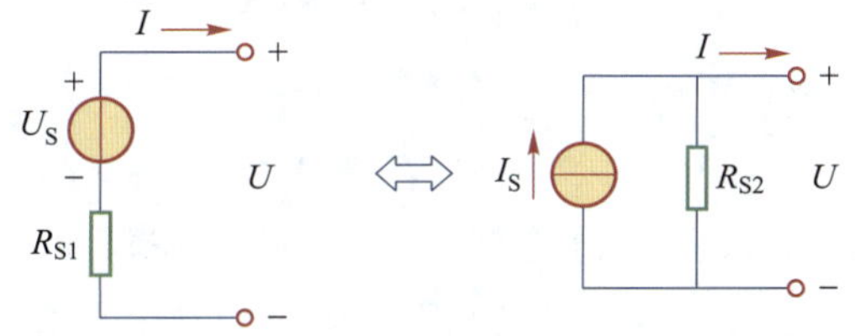	实际电压源模型与电流源模型互换,有 $U_s = I_s R_s$ 之关系 其中,$R_{S1} = R_{S2} = R_s$
7	对称星形电阻联结和对称三角形电阻联结	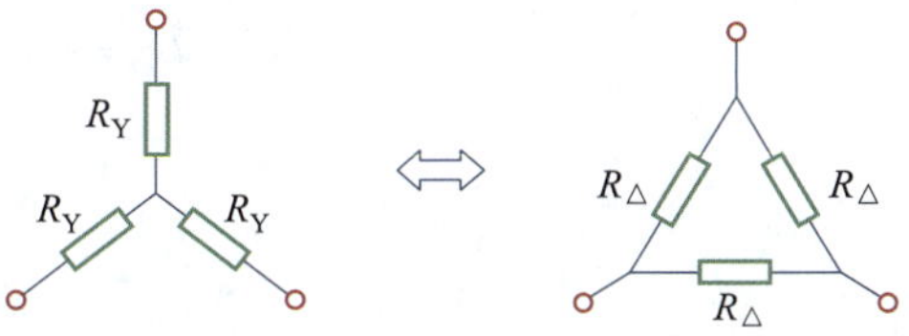	$R_Y = \dfrac{1}{3} R_\triangle$ $R_\triangle = 3 R_Y$
8	桥式电路中,当 $\dfrac{R_1}{R_3} = \dfrac{R_2}{R_4}$ 时,c、d 等电位或 $I_5 = 0$	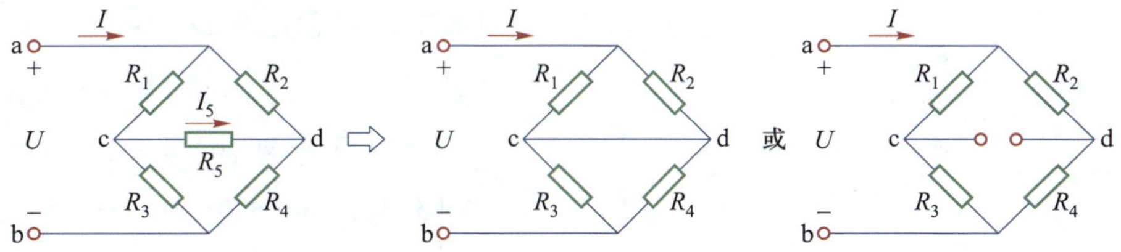	

2-3 支路电流法

演示文稿
支路电流法

电路方法,又称为网络方程法,包括支路电流法、网孔电流法和结点电位法。

支路电流法是以支路电流为未知量,通过列写结点的 KCL 方程和回路的 KVL 方程构成方程组,从而求解得出各支路电流。

支路电流法的一般步骤:

(1)设定 b 条支路电流的参考方向,标明在电路图上。

(2)应用 KCL 列出 $(n-1)$ 个独立结点电流方程(n 为结点数)。

(3)选取 $m=b-(n-1)$ 个独立回路,设定这些回路的绕行方向,标明在电路图上,应用 KVL 列出回路电压方程。

(4)联立求解上述 b 个独立方程,求得待求的各支路电流。

应当说明,独立结点的选取比较方便,只要选取 $(n-1)$ 个便可。而独立回路通常可按网孔列出,或在选取 m 个回路时使所选回路中至少含有一条新支路,以使方程独立。

【例2-6】 图2-15 所示电路中,设 $U_{S1}=140$ V,$U_{S2}=90$ V,$R_1=20$ Ω,$R_2=5$ Ω,$R_3=6$ Ω,用支路电流法求各支路电流。

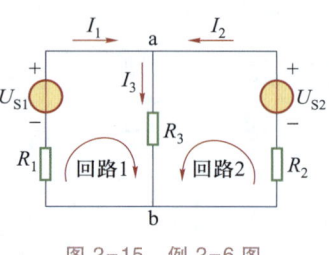

图 2-15 例 2-6 图

【解】 (1)设定 3 条支路电流 I_1、I_2、I_3 的参考方向如图 2-15 所示。

(2)应用 KCL 列出结点 a 的电流方程为

$$I_1+I_2-I_3=0 \qquad (1)$$

(3)选取独立回路,其绕行方向标明在电路图上,应用 KVL 列出回路电压方程。

回路 1 　　　　$R_1I_1+R_3I_3=U_{S1}$ 　　代入已知数据→　　$20I_1+6I_3=140$ 　　(2)

回路 2 　　　　$R_2I_2+R_3I_3=U_{S2}$ 　　　　　　　　　　$5I_2+6I_3=90$ 　　(3)

(4)联立求解上述 3 个方程,得

$$I_1=4 \text{ A}, \qquad I_2=6 \text{ A}, \qquad I_3=10 \text{ A}$$

解出的结果是否正确,必要时可以验算。验算方法一般有下面两种。

(1)选用求解时未用过的回路,应用 KVL 进行验算,如本例的外围回路有

$$U_{S1}-U_{S2}=R_1I_1-R_2I_2$$

代入数据,得

$$(140-90)\text{ V}=(20×4-5×6)\text{ V}, \quad 即 50 \text{ V}=50 \text{ V}$$

结果正确。

(2)用电路中的功率平衡关系进行验算,有

$$U_{S1}I_1+U_{S2}I_2=I_1^2R_1+I_2^2R_2+I_3^2R_3$$

$$(140×4+90×6)\text{ W}=(4^2×20+6^2×5+10^2×6)\text{ W}$$

$$(560+540)\text{ W}=(320+180+600)\text{ W}, \quad 即 1\ 100 \text{ W}=1\ 100 \text{ W}$$

两个电源产生的功率等于各个电阻上消耗的功率,功率平衡。结果正确。

在用支路电流法分析含有理想电流源的电路时,由于理想电流源所在支路的电流是已知的,而电流源的端电压是未知的,在选择回路时也可以避开理想电流源支路。当需要求解电流源的电压或功率时,就必须将电流源的端电压列入回路电压方程。这样电路就增加了未知变量,应该补充相应的辅助方程。该方程可由电流源所在支路的电流为已知来引出。

【例2-7】 电路如图 2-16(a)所示,用支路电流法求各支路电流。

【解法一】 设支路电流 I_1、I_2、I_3 的参考方向,并避开电流源选定网孔 I 的绕向,如图 2-16(a)

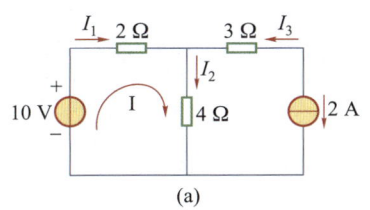
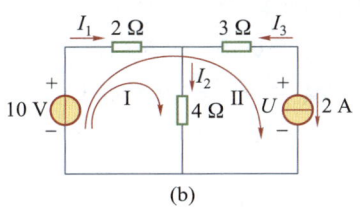

图 2-16 例 2-7 图

所示。

由图可知 $\qquad I_3 = -2\ \text{A}$

列 KCL 方程得 $\qquad I_1 + I_3 = I_2$ 或 $I_1 - 2 = I_2$ $\hfill$（1）

列 KVL 方程得 $\qquad -10 + 2I_1 + 4I_2 = 0$ $\hfill$（2）

联立求解方程（1）（2）得 $\qquad I_1 = 3\ \text{A}, \qquad I_2 = 1\ \text{A}$

【解法二】 设支路电流 I_1、I_2、I_3 的参考方向,设电流源端电压为 U,并选定网孔绕向,如图 2-16（b）所示。

列 KCL 方程得 $\qquad I_1 + I_3 = I_2$ $\hfill$（1）

列 KVL 方程得 $\qquad -10 + 2I_1 + 4I_2 = 0$ $\hfill$（2）

$\qquad\qquad\qquad\qquad\qquad -10 + 2I_1 - 3I_3 + U = 0$ $\hfill$（3）

补充一个辅助方程 $\qquad I_3 = -2\ \text{A}$ $\hfill$（4）

联立求解方程（1）~（4）得 $I_1 = 3\ \text{A}, \qquad I_2 = 1\ \text{A}, \qquad I_3 = -2\ \text{A}, \qquad U = -2\ \text{V}$

思考与练习

2-3-1 支路电流法的依据是什么？如何列出足够的独立方程？

2-3-2 电路如图 2-17 所示,试求支路电流 I_1 和 I。

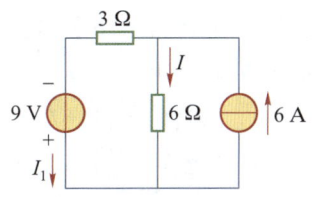

图 2-17 思考与练习 2-3-2 图

思考与练习 2-3 解答

2-4 结点电位法

结点电位是最常用的概念之一。实际工作中,当用电压表测量电子电路各元件端钮间电压时,常将底板或机壳作为测量基准,把电压表的公共端或"-"端接到底板或机壳上,用电压表的另一端依次测量各元件端钮上的电压,即电位。则任意两端钮间的电压,可用相应两个端钮电位的差计算得到。

演示文稿 结点电位法

2-4-1 结点电位方程的一般形式

在具有 n 个结点的电路中,任选一结点作为零电位参考点（即基准）,则其余 $(n-1)$ 个结点与参考点之间的电压,称为结点电位。

结点电位法是以结点电位为未知量,应用 KCL 列出独立结点的电流方程,联立方程求得各结点电位,再根据结点电位与各支路电流关系式,求得各支路电流。为了突出重点,直接给出解题方法,不再推导。

结点电位法的一般步骤：

（1）选定参考结点 0，用"⊥"符号表示，并以独立结点的结点电位作为电路变量。

（2）对 n 个结点，列出 $n=1$ 个结点电位方程为

$$
\left.
\begin{aligned}
G_{11}V_1 + G_{12}V_2 + \cdots + G_{1(n-1)}V_{n-1} &= I_{S11} \\
G_{21}V_1 + G_{22}V_2 + \cdots + G_{2(n-1)}V_{n-1} &= I_{S22} \\
&\cdots \\
G_{(n-1)1}V_1 + G_{(n-1)2}V_2 + \cdots + G_{(n-1)(n-1)}V_{n-1} &= I_{S(n-1)(n-1)}
\end{aligned}
\right\}
$$

自电导 G_{ii}、G_{jj}、$\cdots$

互电导 G_{ij}、G_{ji}、$\cdots$

等效电流源电流的代数和 I_{Sii}、I_{Sjj}、$\cdots$

$$(2-17)$$

式中：

① G_{11}、G_{22}、$\cdots$、$G_{(n-1)(n-1)}$ 分别称为结点 1、2、$\cdots$、$(n-1)$ 的**自电导**，其数值等于各独立结点所连接的各支路的电导之和，它们总取正值。

② G_{12}、G_{21} 称为结点 1、2 的**互电导**，G_{13}、G_{31} 称为结点 1、3 的**互电导**……依次类推，互电导的数值等于两点间的各支路电导之和，它们总取负值。

③ I_{S11}、I_{S22}、$\cdots$、$I_{S(n-1)(n-1)}$ 分别称为流入结点 1、2、$\cdots$、$(n-1)$ 的**等效电流源电流的代数和**，若是电压源与电阻串联的支路，则看成已变换了的电流源与电导并联的支路。当电流源的电流方向指向相应结点时取正号，反之则取负号。

（3）联立并求解方程组，得出各结点电位。

（4）根据结点电位与支路电流的关系式，求得各支路电流或其他需求的电量。

【例 2-8】 电路如图 2-18 所示，用结点电位法求各支路电流。

【解】 该电路有 3 个结点，以结点 0 为参考结点，独立结点 a、b 的电位分别设为 V_a、V_b，列结点电位方程为

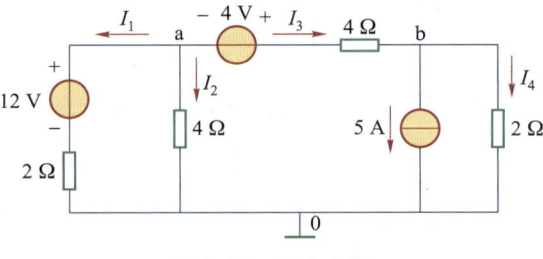

图 2-18 例 2-8 图

$$
\left.
\begin{aligned}
G_{aa}V_a + G_{ab}V_b &= I_{Saa} \\
G_{ba}V_a + G_{bb}V_b &= I_{Sbb}
\end{aligned}
\right\} \qquad (2-18)
$$

由电路图可知，自电导 $G_{aa}=\dfrac{1}{2}+\dfrac{1}{4}+\dfrac{1}{4}$，$G_{bb}=\dfrac{1}{4}+\dfrac{1}{2}$；互电导 $G_{ab}=G_{ba}=-\dfrac{1}{4}$；$I_{Saa}=\dfrac{12}{2}-\dfrac{4}{4}$，$I_{Sbb}=\dfrac{4}{4}-5$。

代入式（2-18）后，得

$$
\begin{cases}
\left(\dfrac{1}{2}+\dfrac{1}{4}+\dfrac{1}{4}\right)V_a - \dfrac{1}{4}V_b = \dfrac{12}{2}-\dfrac{4}{4} \\[2mm]
-\dfrac{1}{4}V_a + \left(\dfrac{1}{4}+\dfrac{1}{2}\right)V_b = \dfrac{4}{4}-5
\end{cases}
$$

化简得

$$
\begin{cases}
V_a - \dfrac{1}{4}V_b = 5 \\[2mm]
-\dfrac{1}{4}V_a + \dfrac{3}{4}V_b = -4
\end{cases}
$$

解方程组得 $\qquad V_a = 4\ \text{V}, \qquad V_b = -4\ \text{V}$

根据图中标出的各支路电流的参考方向，可计算得

$$
I_1 = \frac{V_a-12}{2} = \frac{4-12}{2}\ \text{A} = -4\ \text{A}
$$

提示

具有两个独立结点的结点电位方程的一般形式为

$$
\left.
\begin{aligned}
G_{aa}V_a + G_{ab}V_b &= I_{Saa} \\
G_{ba}V_a + G_{bb}V_b &= I_{Sbb}
\end{aligned}
\right\}
$$

式中，（1）G_{aa}、G_{bb} 称为结点 a、b 的自电导，其值为正；（2）G_{ab}、G_{ba} 称为结点 a、b 的互电导，其值为负；（3）I_{Saa}、I_{Sbb} 称为流入结点 a、b 的等效电流源电流的代数和，当电流源的电流方向指向相应结点时取正号，反之则取负号。

$$I_2 = \frac{V_a}{4} = \frac{4}{4}\ \text{A} = 1\ \text{A}$$

$$I_3 = \frac{V_a - V_b + 4}{4} = \frac{4 - (-4) + 4}{4}\ \text{A} = 3\ \text{A}$$

或根据 KCL 可得　　$I_3 = -I_1 - I_2 = [-(-4) - 1]\ \text{A} = 3\ \text{A}$

$$I_4 = \frac{V_b}{2} = \frac{-4}{2}\ \text{A} = -2\ \text{A}$$

2-4-2　弥尔曼定理

结点电位法适用于结点数少、支路数多的电路。对于有多条支路并联于两个结点之间的电路,用结点电位法更方便。**弥尔曼定理**是结点电位法的一个特例。

【例2-9】　电路如图 2-19 所示,用结点电位法求各支路电流。

【解】　根据结点电位法,以结点 0 为参考结点,只有一个独立结点 a,有

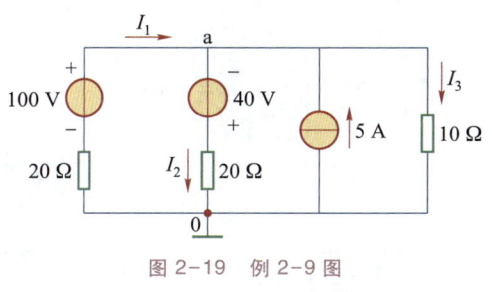

$$V_a = \frac{\dfrac{100}{20} - \dfrac{40}{20} + 5}{\dfrac{1}{20} + \dfrac{1}{20} + \dfrac{1}{10}}\ \text{V} = 40\ \text{V}$$

图 2-19　例 2-9 图

根据各支路电流的参考方向,有

$$I_1 = \frac{100 - V_a}{20} = \frac{100 - 40}{20}\ \text{A} = 3\ \text{A}$$

$$I_2 = \frac{V_a + 40}{20} = \frac{40 + 40}{20}\ \text{A} = 4\ \text{A}$$

$$I_3 = \frac{V_a}{10} = \frac{40}{10}\ \text{A} = 4\ \text{A}$$

对结点 a 进行电流验证,有　　$\sum I = I_1 - I_2 + 5 - I_3 = (3 - 4 + 5 - 4)\ \text{A} = 0\ \text{A}$

符合 KCL,结果正确。

对于图 2-19 所示电路,因为只有一个独立结点 a,其结点电位方程写成一般式为

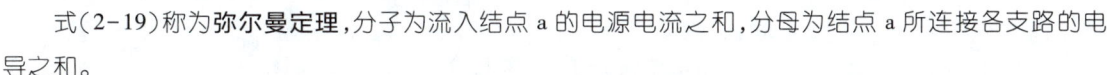

$$\text{结点电位}\qquad V_a = \frac{I_{\text{Saa}}}{G_{\text{aa}}} \qquad\qquad (2\text{-}19)$$

式(2-19)称为**弥尔曼定理**,分子为流入结点 a 的电源电流之和,分母为结点 a 所连接各支路的电导之和。

【例2-10】　电路如图 2-20 所示,求电位 V_a 的表达式。

【解】　(1)选定参考结点用"⊥"标示。

(2)流入结点 a 的电源电流代数和 I_{Saa} 与结点 a 所连接各支路的电导之和 G_{aa} 分别为

$$I_{\text{Saa}} = \frac{U_{\text{S1}}}{R_1} + I_{\text{S2}}$$

$$G_{\text{aa}} = \frac{1}{R_1} + \frac{1}{R_3}$$

图 2-20　例 2-10 图

则

$$V_a = \frac{I_{\text{Saa}}}{G_{\text{aa}}} = \frac{\dfrac{U_{\text{S1}}}{R_1} + I_{\text{S2}}}{\dfrac{1}{R_1} + \dfrac{1}{R_3}}$$

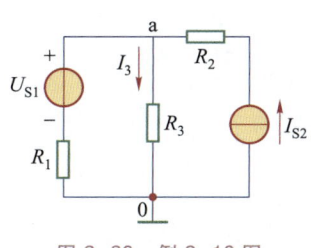

应当指出：结点电位法是由电路独立结点的电流方程推导出来的。由于 R_2 是理想电流源 I_{S2} 支路的串联电阻，在列 KCL 方程时 R_2 不起作用，因此结点 a 的自电导不含理想电流源串联的电导 $\dfrac{1}{R_2}$。

思考与练习 2-4 解答

延伸学习 电路方程法的比较

演示文稿 叠加定理

思考与练习

2-4-1　结点电位方程中，方程两边的各项分别表示什么意义？其正、负号如何确定？

2-4-2　含有理想电压源支路的电路，在列写结点电位方程时，有哪些处理方法？

2-4-3　电路如图 2-21 所示，试求 a 点的电位 V_a。

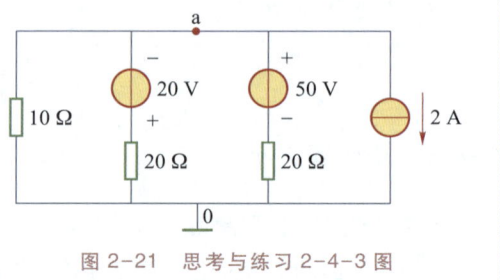

图 2-21　思考与练习 2-4-3 图

2-5　叠加定理

叠加定理是反映线性电路基本性质的一个重要定理。在研究多个信号激励时，用来分析激励与响应的关系尤为有用。例如在三极管放大电路中，对电源与信号源共同作用的电路进行分析等。下面以图 2-22 所示电路说明线性电路的叠加性。

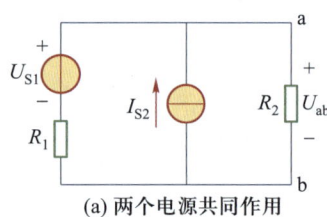
(a) 两个电源共同作用

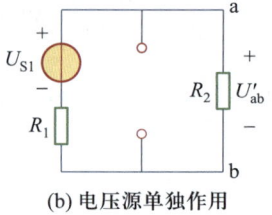
(b) 电压源单独作用

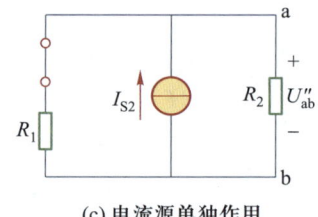
(c) 电流源单独作用

图 2-22　叠加定理示例

2-5-1　线性电路的叠加性

由线性元件组成的电路，称为线性电路。线性电路具有叠加性和比例性，而比例性是叠加性的特例，这里先就线性电路的叠加性进行说明。

分析图 2-22(a) 中的电压 U_{ab}。由弥尔曼定理得

$$U_{ab} = \frac{\dfrac{U_{S1}}{R_1} + I_{S2}}{\dfrac{1}{R_1} + \dfrac{1}{R_2}} = \frac{R_2}{R_1 + R_2}U_{S1} + \frac{R_1 R_2}{R_1 + R_2}I_{S2} \tag{2-20}$$

可见，式(2-20) 中的 U_{ab} 由两项组成，其中第一项 $U'_{ab} = \dfrac{R_2}{R_1 + R_2}U_{S1}$，是当 $I_{S2} = 0$ 时，电压源单独作用的结果，如图 2-22(b) 所示；第二项 $U''_{ab} = \dfrac{R_1 R_2}{R_1 + R_2}I_{S2}$，是当 $U_{S1} = 0$ 时，电流源单独作用的结果，如图 2-22(c) 所示。这就是说，由图 2-22(b) 加图 2-22(c) 算出的结果与图 2-22(a) 直接算出的结果相同。将上述结论推广到一般情况即说明线性电路的叠加性。

2-5-2　叠加定理与齐性定理

叠加定理表明，在任意一个线性电路中，多个独立电源共同作用时，任一支路的电流或电压等于各独立电源单独作用时，在该支路产生的电流或电压的代数和。当电压源 U_s 不作用时，在 U_s 处用短路线代替；当电流源 I_s 不作用时，在 I_s 处用开路代替。而电源的内阻应保留在电路中。

应用叠加定理时，要注意以下几点。

（1）叠加定理仅适用于线性电路，不适用于非线性电路。

（2）求各电源单独作用下的响应时，应将其他电源置零（即电压源用短路线代替，电流源用开路代替），其他元件的连接方式都不能改变。

（3）叠加时要注意电流和电压的参考方向。当分电流（或电压）与原电路待求的电流（或电压）的参考方向一致时，取正号；相反时，取负号。

（4）叠加定理适用于电流、电压，对功率不适用，因为功率是电流或电压的二次函数。

【例 2-11】　电路如图 2-23（a）所示，已知 $U_s = 20$ V，$I_s = 3$ A，$R_1 = 20$ Ω，$R_2 = 10$ Ω，$R_3 = 30$ Ω，$R_4 = 10$ Ω，用叠加定理求 R_4 上的电压 U。

【解】　按叠加定理作出图 2-23（b）、（c）。在图 2-23（b）中将电流源 I_s 置零，代之以开路；在图 2-23（c）中将电压源 U_s 置零，代之以短路线。

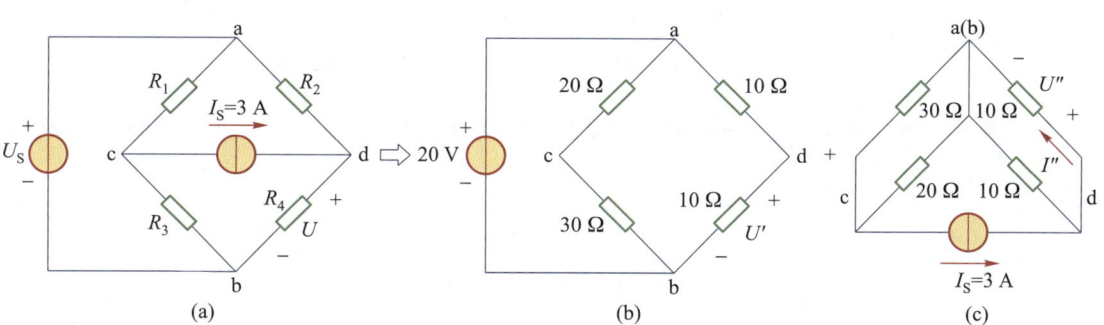

图 2-23　例 2-11 图

在图 2-23（b）中，根据分压关系得 R_4 上的电压为

$$U' = \frac{R_4}{R_2 + R_4} U_s = \frac{10}{10 + 10} \times 20 \text{ V} = 10 \text{ V}$$

在图 2-23（c）中，R_2 与 R_4 并联，根据分流关系，R_4 上的电流 I'' 为

$$I'' = \frac{R_2}{R_2 + R_4} I_s = \frac{10}{10 + 10} \times 3 \text{ A} = 1.5 \text{ A}$$

$$U'' = R_4 I'' = 10 \times 1.5 \text{ V} = 15 \text{ V}$$

$$U = U' + U'' = (10 + 15) \text{ V} = 25 \text{ V}$$

在线性电路中，若所有电压源和电流源同时增大 **K** 倍或减小为原来的 **1/K**，则支路电流和电压也将同样增大 **K** 倍或减小为原来的 **1/K**，这就是线性电路的齐性定理，它不难从叠加定理推得。用齐性定理分析梯形电路特别方便。

提示

电源不作用的含义：电压源不作用，输出零电压，将其用短路线代替；电流源不作用，输出零电流，将其用开路代替。但在实际电路中，电压源不能被短路，电流源不能被开路。

动画
叠加定理

仿真实验
叠加定理

延伸学习
声控灯电路
（叠加定理应用）

*【例2-12】 梯形电路如图2-24所示,应用齐性定理求各支路电流。

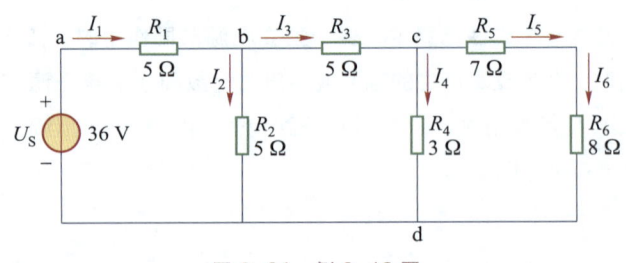

图2-24 例2-12图

【解】 设 $I_5' = I_6' = 1$ A,则

$$U_{cd}' = I_5'(R_5 + R_6) = 1 \times (7+8) \text{ V} = 15 \text{ V}$$

$$I_4' = \frac{U_{cd}'}{R_4} = \frac{15}{3} \text{ A} = 5 \text{ A}$$

$$I_3' = I_4' + I_5' = (5+1) \text{ A} = 6 \text{ A}$$

$$U_{bd}' = I_3'R_3 + U_{cd}' = (6 \times 5 + 15) \text{ V} = 45 \text{ V}$$

$$I_2' = \frac{U_{bd}'}{R_2} = \frac{45}{5} \text{ A} = 9 \text{ A}$$

$$I_1' = I_2' + I_3' = (9+6) \text{ A} = 15 \text{ A}$$

$$U_s' = U_{ad}' = I_1'R_1 + U_{bd}' = (15 \times 5 + 45) \text{ V} = 120 \text{ V}$$

现给定 $U_s = 36$ V,则 $K = \dfrac{U_s}{U_s'} = \dfrac{36}{120} = 0.3$,即相当于将激励 U_s' 减小为原来的 3/10,故各支路电流应是虚设电流的 3/10,即

$$I_1 = KI_1' = 0.3 \times 15 \text{ A} = 4.5 \text{ A}$$

$$I_2 = KI_2' = 0.3 \times 9 \text{ A} = 2.7 \text{ A}$$

$$I_3 = KI_3' = 0.3 \times 6 \text{ A} = 1.8 \text{ A}$$

$$I_4 = KI_4' = 0.3 \times 5 \text{ A} = 1.5 \text{ A}$$

$$I_5 = I_6 = KI_5' = 0.3 \times 1 \text{ A} = 0.3 \text{ A}$$

思考与练习

思考与练习 2-5
解答

2-5-1 叠加定理的内容是什么?使用该定理时应注意哪些问题?

2-5-2 电路如图2-25所示,试用叠加定理求电流 I。

2-5-3 电路如图2-26所示,试用叠加定理求电压 U。

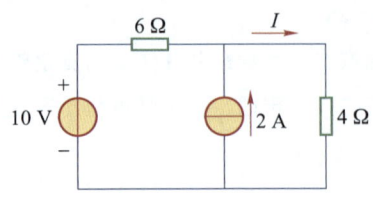

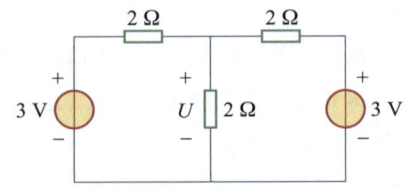

图2-25 思考与练习2-5-2图   图2-26 思考与练习2-5-3图

2-6 等效电源定理

一个有源单口网络,不论它的简繁程度如何,当与外电路相连时,它就会像电源一样向外电路供给电能,因此,这个有源单口网络总可以等效为一个电源。戴维南定理与诺顿定理就表达了这方面的内容。

戴维南定理与诺顿定理统称等效电源定理。

等效电源定理的内容是:**任何一个线性有源单口网络,对其外部而言,总可以用一个理想电压源和电阻串联的电路模型来等效替代;或用一个理想电流源和电阻并联的电路模型来等效替代。其中,理想电压源的电压等于线性有源单口网络的开路电压 U_{oc};理想电流源的电流等于线性有源单口网络的短路电流 I_{sc},等效电阻 R_0 是在网络除源(即将所有电源置零:电压源用短路线代替,电流源用开路代替,电阻的连接方式不变)后求得的。**

用图 2-27 对等效电源定理进行说明。

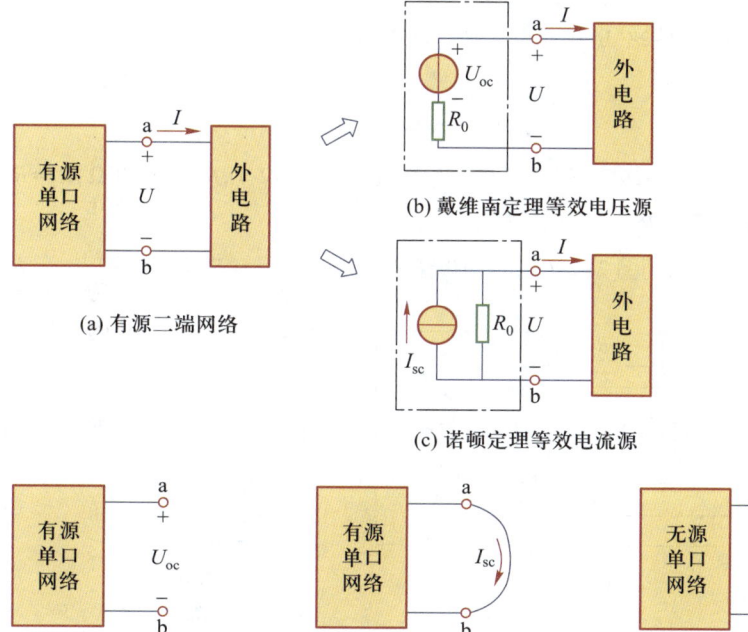

图 2-27 等效电源定理图解说明

图 2-27 中,图(b)点画线框内的等效电压源模型就是图(a)中有源单口网络的戴维南等效电路,U_{oc}、R_0 分别在图(d)、图(f)中求得。

图 2-27 中,图(c)点画线框内的等效电流源模型就是图(a)中有源单口网络的诺顿等效电路,I_{sc}、R_0 分别在图(e)、图(f)中求得。

在分析一些复杂电路时,有时并不需要求出全部支路的电流或电压,而只需求解其中某个支路的电流或某个元件上的电压,或者在电路其他参数不变的情况下,某支路的元件参数改变时,应用戴维南定理或诺顿定理是比较简便的。

【例 2-13】 电路如图 2-28(a)所示,已知 $U_{s1} = 10$ V,$I_{s2} = 5$ A,$R_1 = 6$ Ω,$R_2 = 4$ Ω,用戴维南定理求 R_2 上的电流 I。

【解】 图 2-28(a)中,a、b 左侧的有源单口网络的戴维南等效电路如图 2-28(b)点画线框内的

演示文稿
等效电源定理

阅读
戴维南

微课
戴维南定理的验证

仿真实验
戴维南定理

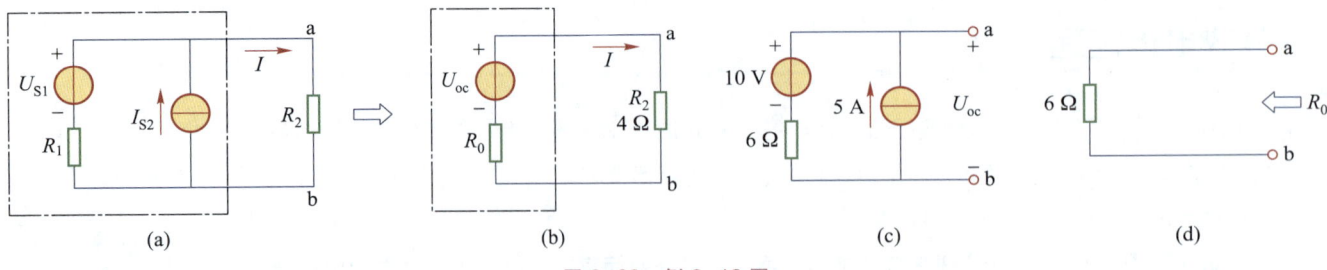

图 2-28 例 2-13 图

电压源模型所示。求电路参数 U_{oc} 和 R_0。

（1）将图 2-28(a)中的待求支路移开，形成有源单口网络，如图 2-28(c)所示，求开路电压 U_{oc}，有

$$U_{oc} = U_{S1} + R_1 I_{S2} = (10 + 6 \times 5) \text{ V} = 40 \text{ V}$$

（2）将有源单口网络除源，构成无源单口网络，如图 2-28(d)所示，求其等效电阻 R_0，有

$$R_0 = R_1 = 6 \text{ }\Omega$$

（3）将 U_{oc} 和 R_0 代入图 2-28(b)所示的等效电路中，求得

$$I = \frac{U_{oc}}{R_0 + R_2} = \frac{40}{6+4} \text{ A} = 4 \text{ A}$$

【例 2-14】 电路如图 2-29(a)所示，已知 $U_{S1} = 16$ V，$U_{S2} = 12$ V，$R_1 = R_5 = 8$ Ω，$R_2 = R_4 = 6$ Ω，$R_3 = 2$ Ω，$R_6 = 1$ Ω，用戴维南定理求 R_3 上的电流 I。

【解】 戴维南等效电路如图 2-29(b)点画线框内的电路所示。求电路参数 U_{oc} 和 R_0。

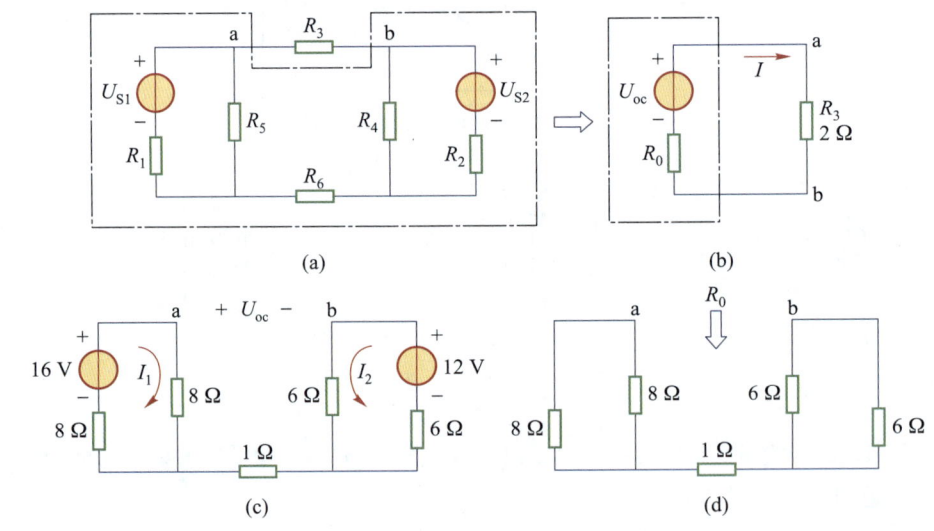

图 2-29 例 2-14 图

（1）将图 2-29(a)中的待求支路移开，形成有源单口网络，如图 2-29(c)所示，求开路电压 U_{oc}，有

$$U_{oc} = \frac{R_5}{R_1 + R_5} U_{S1} - \frac{R_4}{R_2 + R_4} U_{S2}$$

$$= \left(\frac{8}{8+8} \times 16 - \frac{6}{6+6} \times 12 \right) \text{ V} = 2 \text{ V}$$

（2）将有源单口网络除源，构成无源单口网络，如图 2-29(d)所示，求其等效电阻 R_0，有

$$R_0 = \frac{R_1 R_5}{R_1 + R_5} + R_6 + \frac{R_2 R_4}{R_2 + R_4}$$

$$= \left(\frac{8}{2} + 1 + \frac{6}{2} \right) \Omega = 8 \ \Omega$$

（3）将 U_{oc} 和 R_0 代入图 2-29（b）所示的等效电路中，求得

$$I = \frac{U_{oc}}{R_0 + R_3} = \frac{2}{8+2} \ A = 0.2 \ A$$

在实际工作中，戴维南等效电路参数经常通过实验测定，称为开路短路法。测量有源单口网络开路电压 U_{oc} 最简单的方法是用电压表直接测量，如图 2-30（a）所示。如果该有源单口网络允许短路，则再用电流表测量其端口的短路电流 I_{sc}，如图 2-30（b）所示。此时可应用下式计算出等效电阻：

　　开路短路法测算等效电阻　　　　$$R_0 = \frac{U_{oc}}{I_{sc}}$$　　　　　　（2-21）

如果该有源单口网络不允许短路，则可采用其他方法，如外接电阻法。

应当指出，为了减少测量误差，应选择高内阻的电压表和低内阻的电流表进行测量。

下面再举一个求诺顿等效电路的例子。

【例 2-15】　求图 2-31（a）所示有源单口网络的诺顿等效电路。

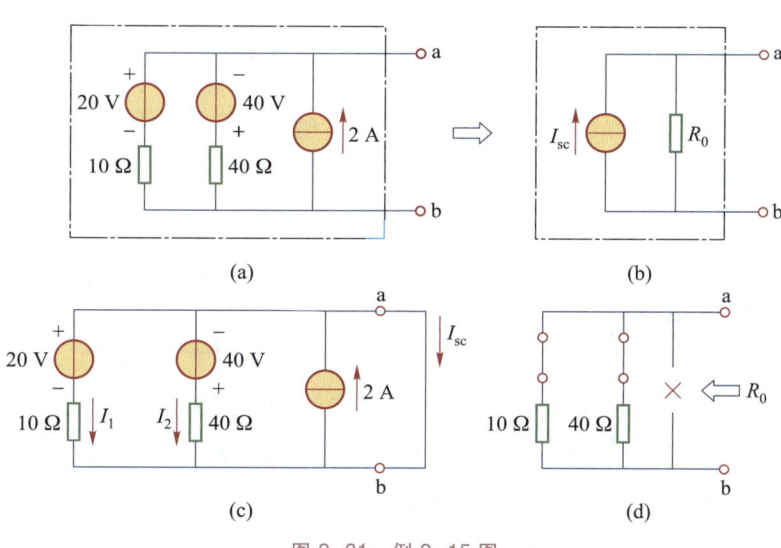

图 2-31　例 2-15 图

【解】　（1）根据诺顿定理，将 a、b 两端短接，求短路电流 I_{sc}，如图 2-31（c）所示。设电流 I_1、I_2 如图所示。因为 $U_{ab} = 0$，有

$$\begin{cases} 20 + 10I_1 = 0 \\ -40 + 40I_2 = 0 \end{cases}$$

得　　　　　　　　　　　　　$$I_1 = -2 \ A, \quad I_2 = 1 \ A$$

又根据结点 a 的 KCL，有

$$I_1 + I_2 - 2 + I_{sc} = 0$$

$$I_{sc} = -I_1 - I_2 + 2 = \left[-(-2) - 1 + 2 \right] \ A = 3 \ A$$

（2）作出相应的无源单口网络，如图 2-31（d）所示，其等效电阻为

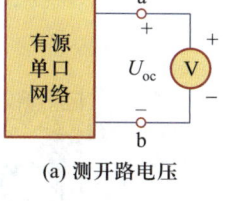

(a) 测开路电压

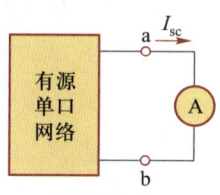

(b) 测短路电压

图 2-30　实验测定戴维南
等效电路参数

$$R_0 = \frac{10 \times 40}{10 + 40}\,\Omega = 8\,\Omega$$

（3）作出诺顿等效电路，如图 2-31（b）所示。该电路就是图 2-31（a）所示有源单口网络的诺顿等效电路。

本题也可以用戴维南定理求得戴维南等效电路后，再通过两种电源模型的等效变换，化为诺顿等效电路，请读者自行计算。

思考与练习 2-6 解答

思考与练习

2-6-1 线性无源单口网络的最简等效电路是什么？如何求得？

2-6-2 电路如图 2-32 所示，试求它们的戴维南等效电路和诺顿等效电路。

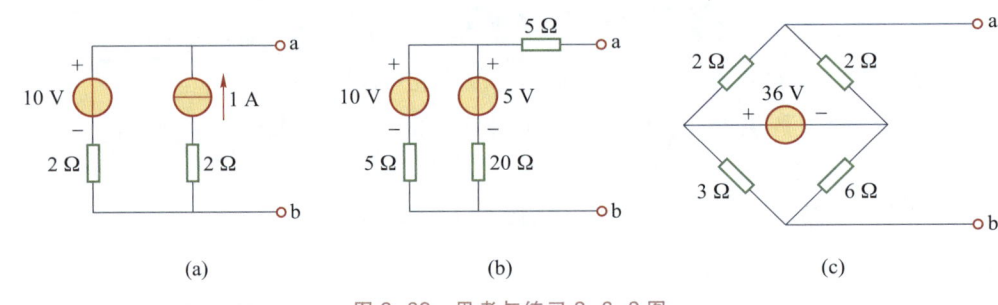

图 2-32 思考与练习 2-6-2 图

2-6-3 测得一有源单口网络的开路电压为 20 V，短路电流为 1 A，试画出其戴维南等效电路和诺顿等效电路。

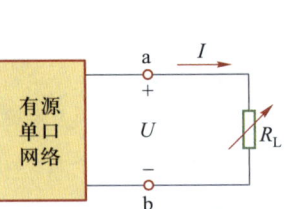

演示文稿
最大功率
传输定理

2-7 最大功率传输定理

实际电路通常设计来为负载提供功率。在电子电路系统中，经常希望负载能获得最大功率。例如，一台扩音机希望所接的喇叭能放出的声音最大。那么，负载应满足什么条件才能获得最大功率呢？这里给出负载获得最大功率的条件，即最大功率传输定理。

图 2-33（a）表示线性有源单口网络向负载 R_L 传输功率。由戴维南定理可知其等效电路如图 2-33（b）所示。

显然，负载所获得的功率为

$$P = I^2 R_L = \left(\frac{U_{oc}}{R_0 + R_L}\right)^2 R_L = f(R_L) \tag{2-22}$$

根据数学理论，推算出负载获得最大功率的条件为

当 $R_L = R_0$ 时
负载获得最大功率
$$P_{max} = \frac{U_{oc}^2}{4R_0} \tag{2-23}$$

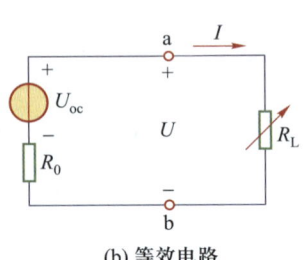

(a) 有源单口网络

(b) 等效电路

图 2-33 最大功率传输定理

上述分析说明，**线性有源单口网络向负载 R_L 传输功率时，若满足 $R_L = R_0$，负载获得最大功率 $P_{max} = \dfrac{U_{oc}^2}{4R_0}$**，这就是最大功率传输定理。工程上，常将满足最大功率传输条件的状况称为阻抗匹配。

然而,负载获得最大功率时电源功率的传输效率却很低。这种情况在电力系统中是不允许的,电力系统要求高效率地传输功率,因此应使 R_L 远大于 R_0。而在无线电技术和通信系统中,传输的功率较小,效率属于次要问题,通常要求负载工作在阻抗匹配条件下,以获得最大功率。

【例 2-16】　电路如图 2-34(a)所示,负载 R_L 可调,试求:(1)a、b 左侧电路的戴维南等效电路;(2)负载 R_L 的最大功率 P_{max} 及此时的 R_L;(3)12 V 电压源功率的传输效率 η。

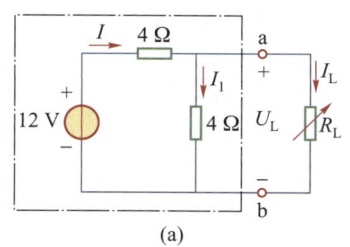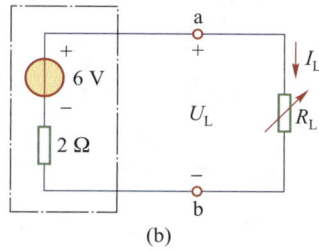

图 2-34　例 2-16 图

【解】　(1)求出 a、b 左侧电路的戴维南等效电路,如图 2-34(b)所示。其中,开路电压 $U_{oc} = 6$ V,等效电阻 $R_0 = 2\ \Omega$。

(2)根据最大功率传输定理,当 $R_L = R_0 = 2\ \Omega$ 时,负载 R_L 获得最大功率,此功率为

$$P_{max} = \frac{U_{oc}^2}{4R_0} = \frac{6^2}{4 \times 2}\ \text{W} = 4.5\ \text{W}$$

(3)先计算 12 V 电压源发出的功率。

因为

$$I_L = \frac{U_{oc}}{R_0 + R_L} = \frac{6}{2+2}\ \text{A} = 1.5\ \text{A}$$

$$U_L = R_L I_L = 2 \times 1.5\ \text{V} = 3\ \text{V}$$

而

$$I = I_1 + I_L = \frac{U_L}{4} + I_L = \left(\frac{3}{4} + 1.5\right)\ \text{A} = 2.25\ \text{A}$$

所以

$$P = (12 \times 2.25)\ \text{W} = 27\ \text{W}$$

12 V 电压源功率的传输效率为

$$\eta = \frac{4.5}{27} \times 100\% \approx 16.7\%$$

可见,12 V 电压源发出的功率仅由负载电阻 R_L 吸收了 1/6。

思考与练习

2-7-1　有源单口网络向负载 R_L 传输功率,负载 R_L 获得最大功率的条件是什么?如何理解电路"匹配"现象?

2-7-2　要求一个 20 Ω 的负载从一个内阻为 10 Ω 的电源获得最大功率,采用一个 20 Ω 电阻与该负载并联的办法是否可以?为什么?

2-7-3　电路如图 2-35 所示,试求 R_L 为何值时负载可获得最大功率,并求此功率 P_{max} 及传输效率 η。

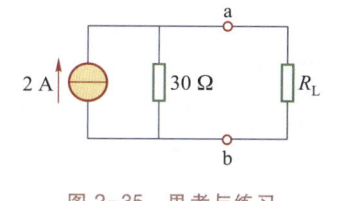

图 2-35　思考与练习 2-7-3 图

延伸学习
最大功率与
传输效率

思考与练习 2-7
解答

本章小结

本章主要介绍了直流电阻性电路的基本分析计算方法,包括等效变换法、电路方程法,还介绍了叠加定理、齐性定理、戴维南定理、诺顿定理、最大功率传输定理等。

1. 等效变换法

(1) 等效网络的概念:一个单口网络的端口电压、电流关系,与另一个单口网络的端口电压、电流关系相同,则这两个网络对外部而言称为等效网络。

(2) 串联电路的等效电阻等于各电阻之和;并联电路的等效电导等于各电导之和;混联电路的等效电阻可由电阻串、并联计算得出。

(3) 电阻 Y 联结和 △ 联结可以等效变换。对称情况下等效变换条件:$R_\triangle = 3R_Y$。

(4) 实际电压源模型和实际电流源模型可以相互等效变换(第1章)。

2. 电路方程法

(1) 支路电流法是基尔霍夫定律的直接应用,其基本步骤是:首先选定电流的参考方向,以 b 个支路电流为未知数,列 $n-1$ 个结点电流方程和 m 个网孔电压方程,联立 $b=(n-1)+m$ 个方程求得支路电流。

(2) 结点电位法是在电路中选择参考结点,以 $(n-1)$ 个结点电位为未知数,列 $(n-1)$ 个结点电流方程联立求解,再由结点电位与支路电流关系求得支路电流。

3. 叠加定理

叠加定理表明,在任意一个线性电路中,多个电源共同作用时,各支路的电流或电压等于各电源单独作用时,在该支路产生的电流或电压的代数和。当电压源 U_s 不作用时,在 U_s 处用短路线代替;当电压源 I_s 不作用时,在 I_s 处用开路代替。而电源的内阻连接不变。

4. 齐性定理

在线性电路中,若所有电压源和电流源同时增大 K 倍或减小为原来的 $1/K$,则支路电流和电压也将同样增大 K 倍或减小为原来的 $1/K$。

5. 等效电源定理

戴维南定理指出,任何一个线性有源单口网络,对外电路来说,总可以用一个等效电压源来代替。该电压源的电压等于网络的开路电压 U_{oc},其电阻等于网络除源后从端口看进去的等效电阻 R_0。

诺顿定理指出,任何一个线性有源单口网络,对外电路来说,总可以用一个等效电流源来代替。该电流源的电流等于网络的短路电流 I_{sc},其电阻等于网络除源后从端口看进去的等效电阻 R_0。

6. 最大功率传输定理

最大功率传输定理表达了有源单口网络向负载 R_L 传输功率,当 $R_L = R_0$ 时,负载 R_L 才能获得最大功率 $P_{max} = \dfrac{U_{oc}^2}{4R_0}$。

习题2

2-1　求图 2-36 所示电路的等效电阻 R_{ab}。

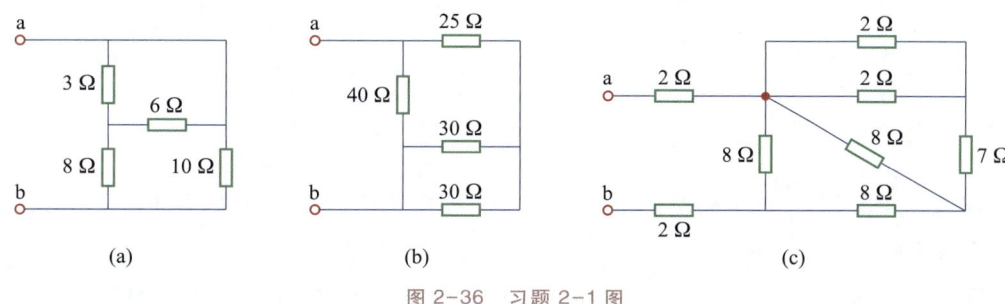

图 2-36　习题 2-1 图

2-2　求图 2-37 所示电路的等效电阻 R_{ab}。

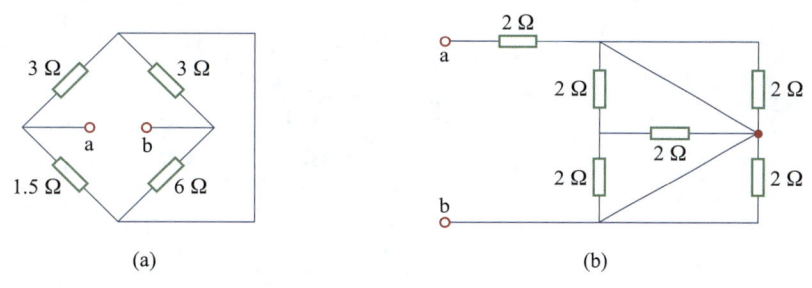

图 2-37　习题 2-2 图

2-3　电路如图 2-38 所示,试求:(1)S 打开时的等效电阻 R_{ab};(2)S 闭合时的等效电阻 R_{ab}。

2-4　电路如图 2-39 所示,试求 a、b 之间的等效电阻 R_{ab}。

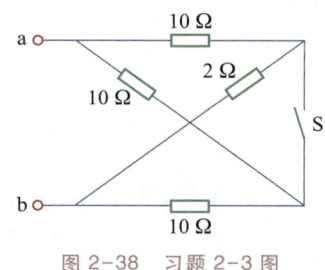

图 2-38　习题 2-3 图

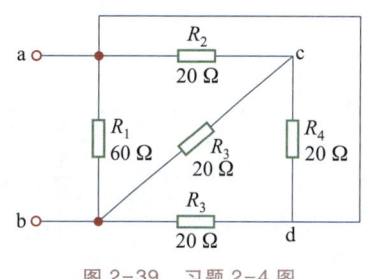

图 2-39　习题 2-4 图

2-5　电路如图 2-40 所示,试求 a、b 之间的等效电阻 R_{ab}。

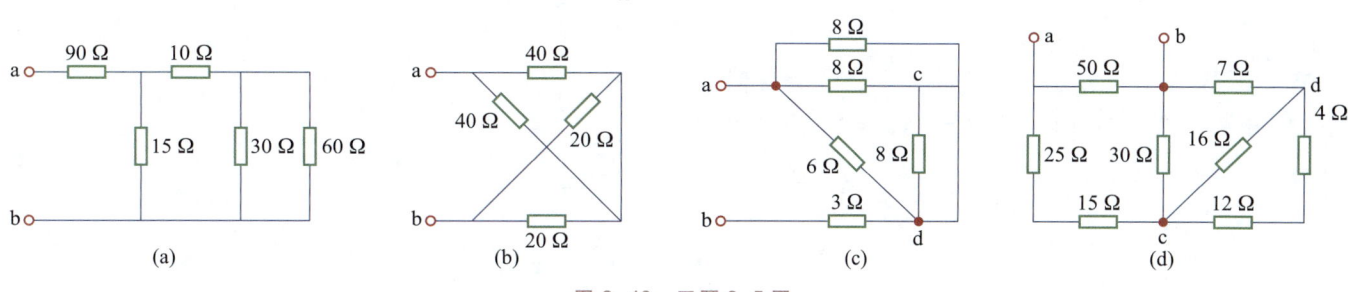

图 2-40　习题 2-5 图

2-6 电路如图 2-41 所示,试求电路中标出的电压 U 或电流 I。

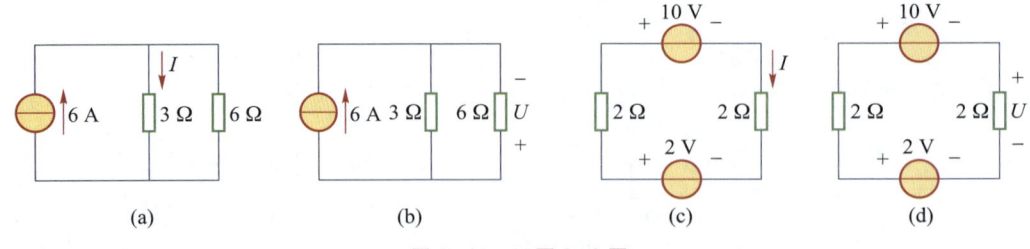

图 2-41 习题 2-6 图

2-7 有一个直流电流表,其量程 $I_g = 50\ \mu A$,表头内阻 $R_g = 2\ k\Omega$。现要改装成直流电压表,要求直流电压挡分别为 10 V、100 V,如图 2-42 所示。试求所需串接的电阻 R_1、R_2。

2-8 有一个直流电流表,其量程 $I_g = 10\ mA$,表头内阻 $R_g = 200\ \Omega$。现将量程扩大到 1 A。绘出电路图,并求需并联的电阻 R。

2-9 电路如图 2-43 所示,试求等效电阻 R_{ab}。

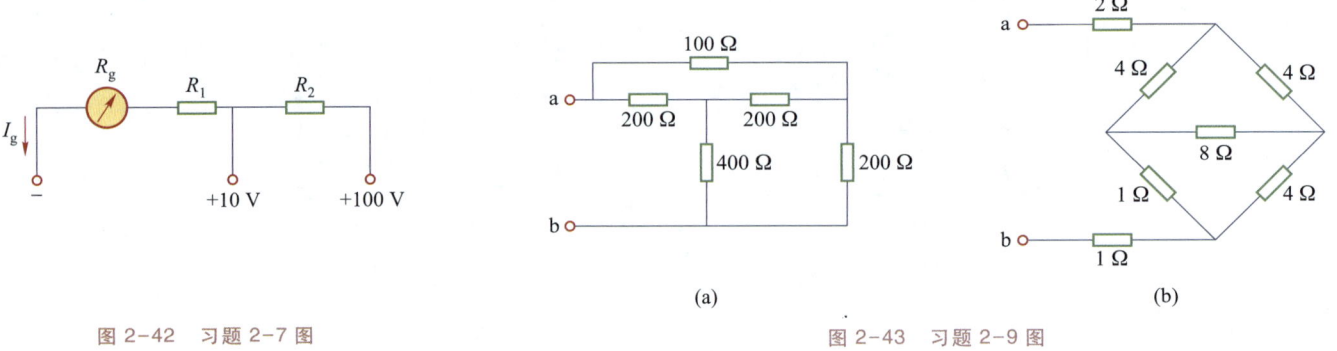

图 2-42 习题 2-7 图

(a)

图 2-43 习题 2-9 图

(b)

2-10 电路如图 2-44 所示,试求等效电阻 R_{ab}。

2-11 电路如图 2-45 所示,试求电流源的端电压 U。

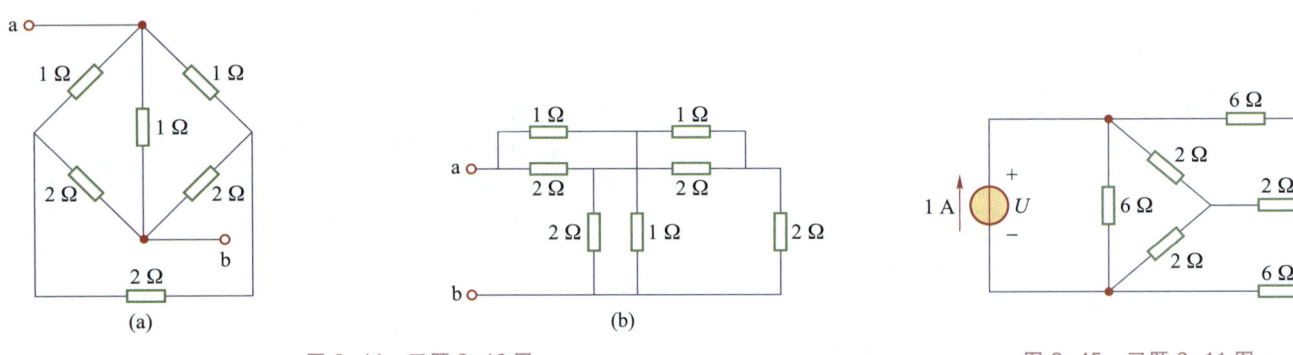

(a)

(b)

图 2-44 习题 2-10 图

图 2-45 习题 2-11 图

2-12 电路如图 2-46 所示,试用支路电流法求各支路电流。

2-13 电路如图 2-47 所示,已知 $I_1 = 1\ A$,$I_2 = 3\ A$,试求 R_1、R_2。

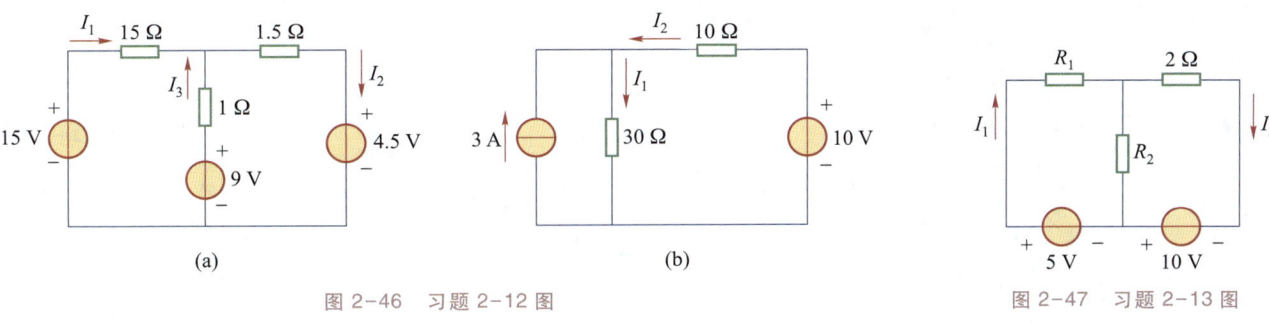

(a)　　　　　　　　　　(b)

图 2-46 习题 2-12 图　　　　　　图 2-47 习题 2-13 图

2-14 电路如图 2-48 所示,试用支路电流法求各支路电流。

2-15 电路如图 2-49 所示,试用结点电位法求结点电位 V_a、V_b 以及 2 Ω 电阻上流过的电流 I。

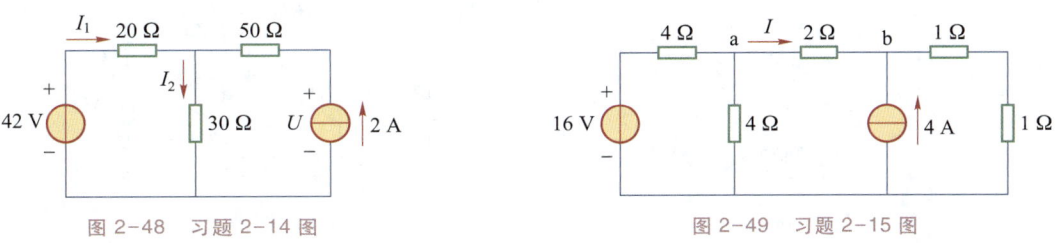

图 2-48 习题 2-14 图　　　　　　图 2-49 习题 2-15 图

2-16 试用结点电位法分析习题 2-12 和习题 2-14。

2-17 电路如图 2-50 所示,试用结点电位法求各结点电位。

2-18 电路如图 2-51 所示,试用叠加定理求电流 I 和 4 Ω 电阻消耗的功率。

2-19 电路如图 2-52 所示,试用叠加定理求电流 I。要使电流 $I=0$,求 U_s。

2-20 电路如图 2-53 所示,试用叠加定理求电压 U。

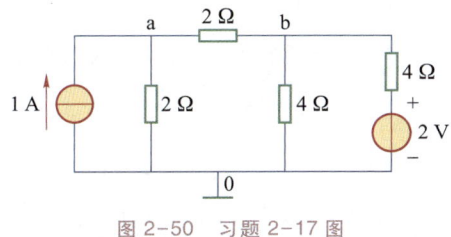

图 2-50 习题 2-17 图

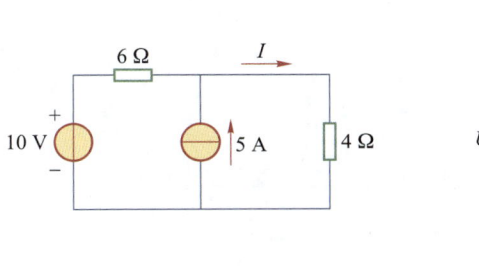

图 2-51 习题 2-18 图　　　图 2-52 习题 2-19 图　　　图 2-53 习题 2-20 图

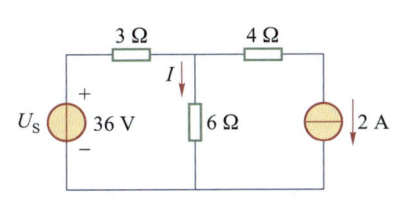
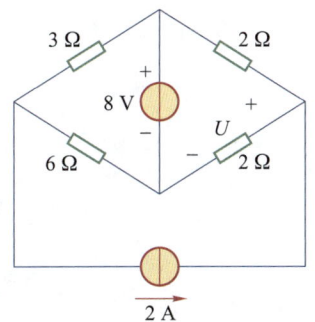

2-21 电路如图 2-54 所示,当开关 S 闭合在 a 点时,已知各电流为 $I_1=5$ A,$I_2=10$ A,$I_3=15$ A。试求当开关 S 闭合在 b 点时的各电流值。

2-22 电路如图 2-55 所示,试求它们的戴维南等效电路。

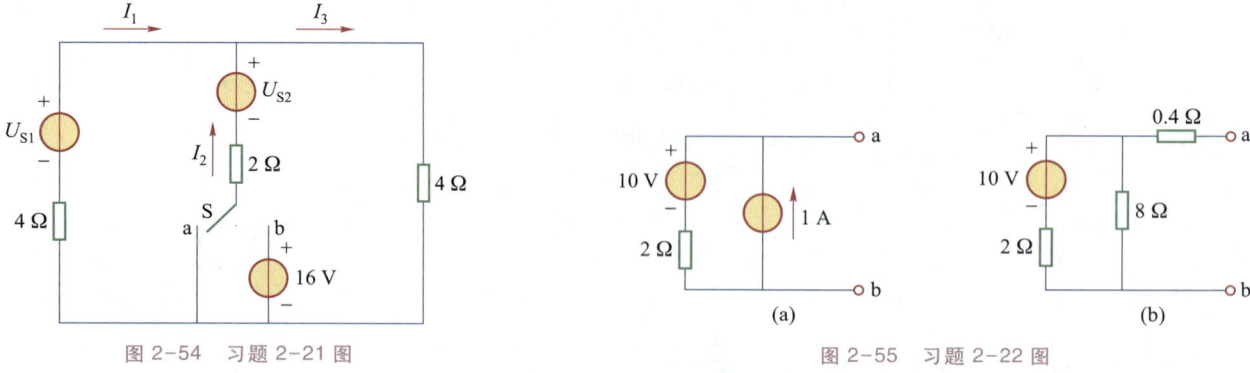

图 2-54 习题 2-21 图   图 2-55 习题 2-22 图

2-23 电路如图 2-56 所示，试用戴维南定理求电压 U 和电流 I。

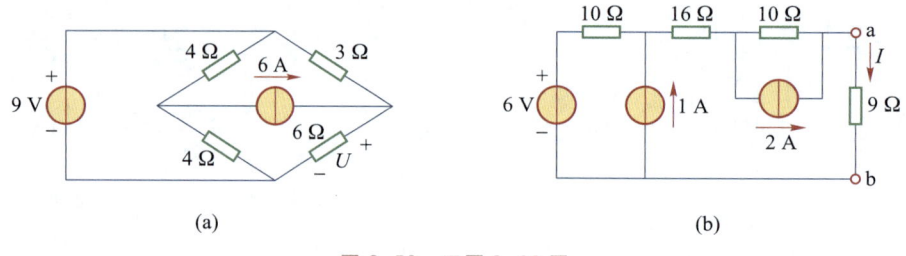

(a)   (b)

图 2-56 习题 2-23 图

2-24 电路如图 2-57 所示，试求其戴维南等效电路和诺顿等效电路。

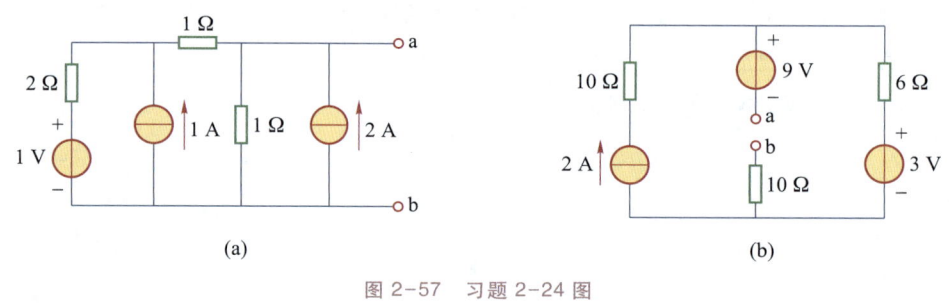

(a)   (b)

图 2-57 习题 2-24 图

2-25 电路如图 2-58 所示，试用戴维南定理求电流 I。

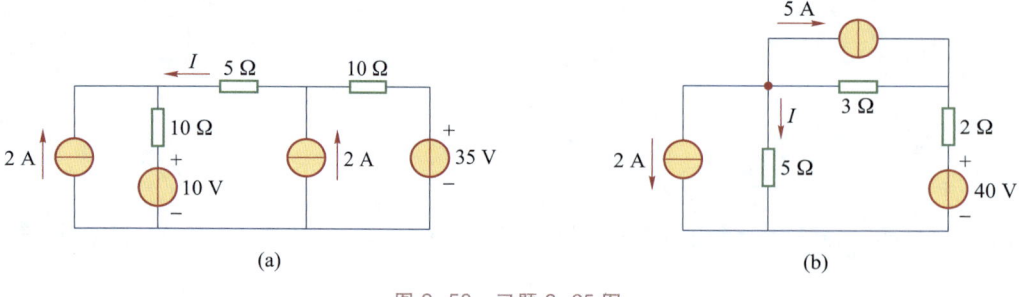

(a)   (b)

图 2-58 习题 2-25 图

2-26　电路如图 2-59 所示,试用诺顿定理求电流 I。

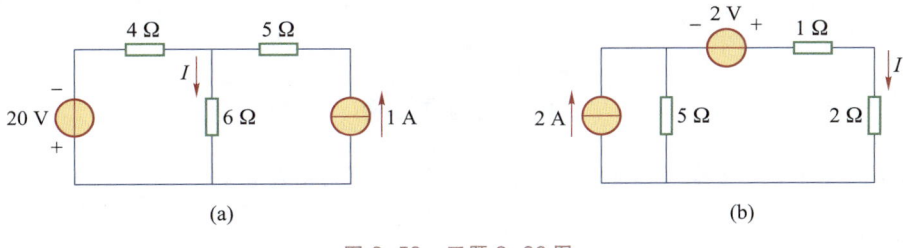

图 2-59　习题 2-26 图

2-27　电路如图 2-60 所示,试求当负载 R_L 为何值时,其可获得最大功率,并求此最大功率 P_{max}。

2-28　电路如图 2-61 所示,试求当负载 R_L 为何值时,其可获得最大功率,并求此最大功率 P_{max}。

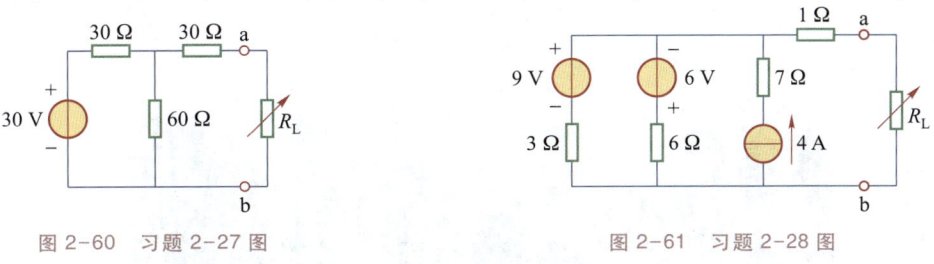

图 2-60　习题 2-27 图　　　　　　　图 2-61　习题 2-28 图

2-29　电路如图 2-62 所示,试求当负载 R_L 为何值时,其可获得最大功率,并求此最大功率 P_{max}。

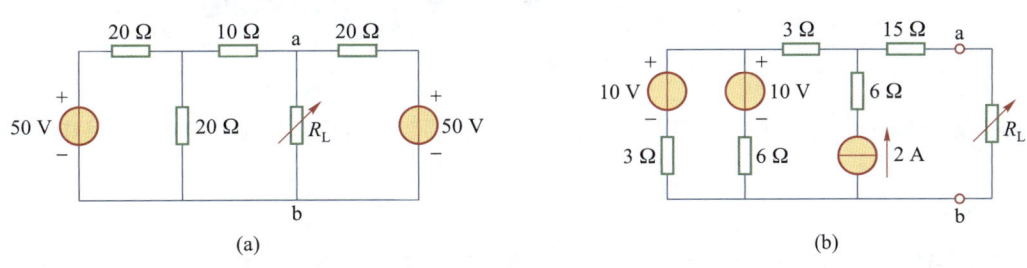

图 2-62　习题 2-29 图

习题 2 详解

电子管与晶体管

第 1 章的"电路新视界"中我们认识了电阻、电感、电容元件,而电路中还会用到电子管、晶体管、集成电路等器件。

1. 电子管(真空管)

电子管又称真空管,是早期电子电路的核心器件,发明于 1904 年,由英国物理学家约翰·安布罗斯·弗莱明(J. A. Fleming,1849—1945 年)基于爱迪生效应制成。电子管主要包括二极管和三极管等,其中二极管用于整流,三极管则具有放大信号的能力。这一发明作为电子器件的先导,极大地推动了无线电、广播、电视以及早期计算机的发展。电子管利用真空环境中的电子发射和控制来实现电流的单向流动和放大,但它们体积大、能耗高、易损坏、反应慢、需要预热且寿命有限。多种型号的电子管如图 2-63 所示。

图 2-63　多种型号的电子管

尽管电子管后来被晶体管和集成电路取代,但在某些专业领域,如音频放大器和某些类型的微波设备中,电子管仍然有其独特的应用价值。

2. 晶体管

晶体管(transistor)是一种固体半导体器件,包括二极管、三极管、场效应管、晶闸管等,如图 2-64 所示。晶体管具有检波、整流、放大、开关、稳压、信号调制等多种功能。作为一种可变电流开关,晶体管能够基于输入电压控制输出电流。与普通机械开关不同,晶体管利用电信号来控制自身的开合,极大地提升了开关速度。与电子管相比,晶体管更可靠,功率效率更高,尺寸更小。

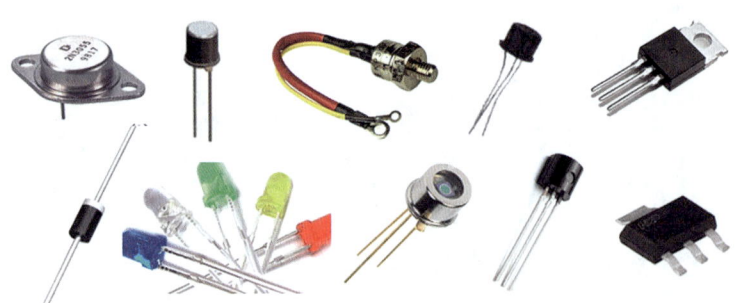

图 2-64　多种型号的晶体管

基于半导体材料的晶体管的出现十分亮眼,发明晶体管的科学家也因此获得诺贝尔物理学奖。但晶体管并不是半导体家族的独子,随着人们对半导体研究的深入,半导体更多"神奇"的功能被挖掘出来,花样繁多的半导体器件纷纷出世,如自动化设备中的光敏电阻、太阳能电池板、应力测量装置、气敏报警器等。

学习内容思维导图

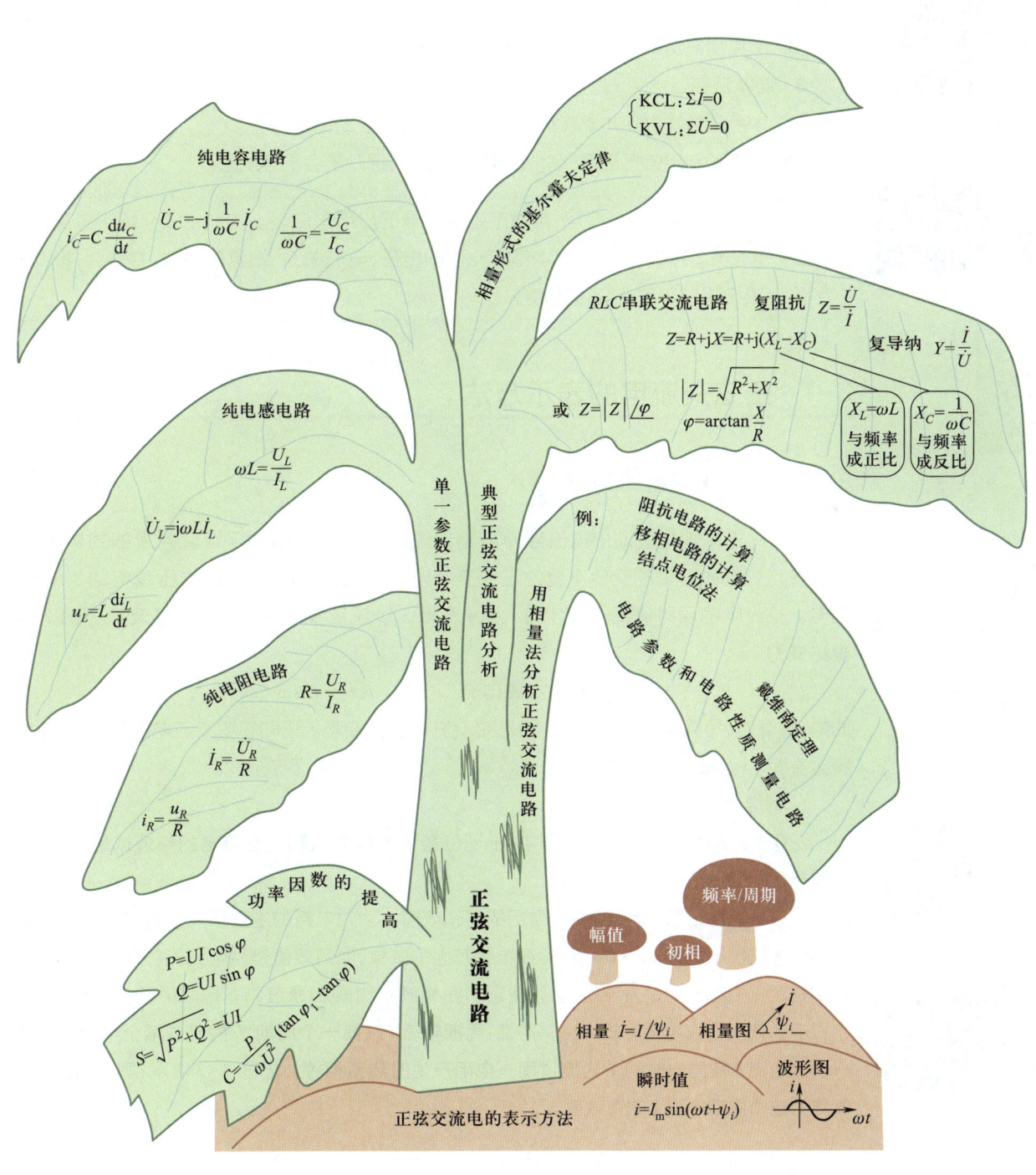

纯电容电路

$$i_C=C\frac{\mathrm{d}u_C}{\mathrm{d}t} \qquad \dot{U}_C=-\mathrm{j}\frac{1}{\omega C}\dot{I}_C \qquad \frac{1}{\omega C}=\frac{U_C}{I_C}$$

相量形式的基尔霍夫定律

$$\begin{cases} \text{KCL}:\Sigma \dot{i}=0 \\ \text{KVL}:\Sigma \dot{U}=0 \end{cases}$$

RLC 串联交流电路　　复阻抗　$Z=\dfrac{\dot{U}}{\dot{I}}$

$$Z=R+\mathrm{j}X=R+\mathrm{j}(X_L-X_C)$$　　复导纳　$Y=\dfrac{\dot{I}}{\dot{U}}$

或　$Z=|Z|\underline{/\varphi}$ 　 $|Z|=\sqrt{R^2+X^2}$

$$\varphi=\arctan\frac{X}{R}$$

$X_L=\omega L$ 与频率成正比　　$X_C=\dfrac{1}{\omega C}$ 与频率成反比

纯电感电路

$$\omega L=\frac{U_L}{I_L}$$

$$\dot{U}_L=\mathrm{j}\omega L\dot{I}_L$$

$$u_L=L\frac{\mathrm{d}i_L}{\mathrm{d}t}$$

纯电阻电路　$R=\dfrac{U_R}{I_R}$

$$\dot{I}_R=\frac{\dot{U}_R}{R}$$

$$i_R=\frac{u_R}{R}$$

单一参数正弦交流电路

典型正弦交流电路分析

用相量法分析正弦交流电路

例：阻抗电路的计算　移相电路的计算　结点电位法　戴维南定理　电路参数和电路性质测量电路

功率因数的提高

$$P=UI\cos\varphi$$

$$Q=UI\sin\varphi$$

$$S=\sqrt{P^2+Q^2}=UI$$

$$C=\frac{P}{\omega U^2}(\tan\varphi_1-\tan\varphi)$$

正弦交流电路

频率/周期　幅值　初相

相量　$\dot{I}=I\underline{/\psi_i}$ 　相量图

瞬时值　$i=I_\mathrm{m}\sin(\omega t+\psi_i)$ 　波形图

正弦交流电的表示方法

学习目标

1. 知识目标

（1）了解正弦量的基本特征（三要素）和表示方法；了解正弦量的相量表示及复数运算。

（2）了解纯电阻、纯电感、纯电容电路的电压、电流关系及表示；了解元件的功率和能量。

2. 能力目标

（1）掌握正弦交流电的幅值和有效值、频率和周期、初相位和相位差。

（2）掌握正弦交流电路中感抗、容抗、阻抗（感纳、容纳、导纳）的计算；学会用相量法分析计算正弦交流电路。

（3）掌握提高功率因数的方法，理解提高功率因数的意义。

3. 素养目标

（1）学会用各种直观方式表达信息，提升交流和互动的能力。

（2）接收和利用信息资源，综合应用储备知识，提升融会贯通能力。

章前絮语

阅读 特斯拉

演示文稿 正弦交流电的 表示方法

> 交流电在电路中广泛应用，其中正弦交流电的应用最广泛。本章主要介绍正弦量的基本概念及正弦量的表示方式，交流电路中基本元件的电压、电流关系，阻抗的串联、并联，一般交流电路的分析，交流电路的功率、功率因数等。

3-1 正弦交流电的表示方法

3-1-1 正弦交流电的瞬时值表示

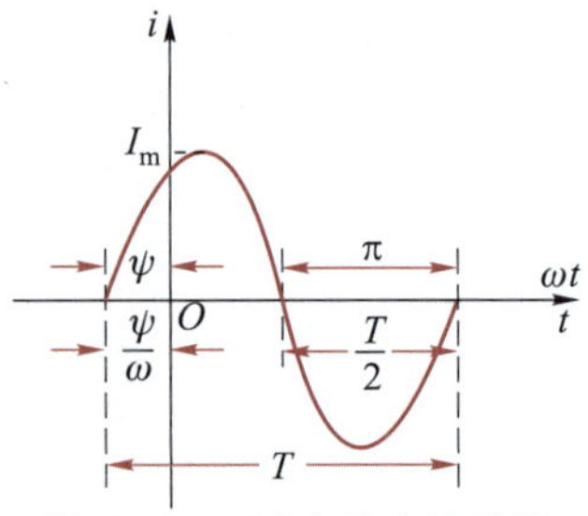

随时间作周期性变动的电流称为周期电流。在一个周期内平均值为零的周期电流为交变电流。按正弦规律变化的交变电流为正弦交流电流，而正弦交流电流、电压或电动势统称为正弦交流电。交流电的瞬时值用小写字母 i、u、e 表示。以正弦交流电流为例，其波形如图 3-1 所示，其表达式为

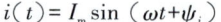

$$\text{正弦交流电流} \qquad i(t) = I_m \sin(\omega t + \psi_i) \qquad (3-1)$$

式中，幅值 I_m、角频率 ω、初相 ψ_i 称为正弦交流电的三要素。已知正弦交流电的三要素，正弦交流电的瞬时值即可以确定。

图 3-1 正弦交流电流波形

1. 幅值、有效值与平均值

正弦交流电在周期性变化过程中，出现的**最大的瞬时值称为交流电的幅值或最大值**，用带下标 m 的字母表示，如式（3-1）中的 I_m。

在分析计算正弦交流电路时，常用的是有效值。因为电路的主要作用是转换能量。周期量的瞬时值和最大值都不能确切地反映它们在能量方面的效果，而有效值是从电流的热效应来规定的。不论是周期性变化的电流还是直流电流，只要它们在相同的时间内通过同一电阻而两者的热效应相等，就把它们的有效值看成是相等的。也就是说：**周期电流 i 在其一个周期 T 内流过某个电阻产生的热量与某一直流电流 I 在同一时间 T 内流过同一电阻产生的热量相等**，如图 3-2 所示，则该直流电流的数值 I 就称为这个周期电流 i 的有效值。

动画 单相交流 电的产生

微课 单相交流发电机 与正弦量

热量相等

图 3-2　正弦交流电有效值示意图

按照上述定义可得

$$\int_0^T i^2 R \mathrm{d}t = I^2 RT$$

由此可得,周期电流的有效值为

$$I = \sqrt{\frac{1}{T}\int_0^T i^2 \mathrm{d}t} \tag{3-2}$$

即周期量的有效值等于其瞬时值的平方在一个周期内的平均值的平方根,又称方均根值。式(3-2)中的 i 为随时间变化的周期量。如果 i 为正弦交流电流,即

$$i = I_\mathrm{m}\sin(\omega t + \psi)$$

则根据式(3-2),它的有效值为

$$I = \sqrt{\frac{1}{T}\int_0^T \left[I_\mathrm{m}\sin(\omega t+\psi)\right]^2 \mathrm{d}t} = \sqrt{\frac{1}{T}\int_0^T I_\mathrm{m}^2\left[\frac{1-\cos 2(\omega t+\psi)}{2}\right]\mathrm{d}t} = \frac{I_\mathrm{m}}{\sqrt{2}}$$

所以　　　　　有效值与幅值的关系

$$I = \frac{I_\mathrm{m}}{\sqrt{2}} = 0.707 I_\mathrm{m} \tag{3-3}$$

$$U = \frac{U_\mathrm{m}}{\sqrt{2}} = 0.707 U_\mathrm{m} \tag{3-4}$$

即**正弦量的有效值等于它的最大值除以$\sqrt{2}$。**

正弦量的平均值是绝对平均值而不是数学平均值。它的计算方法是**先把正弦波的负半周曲线以横坐标为对称轴翻转为正,然后求一个周期 T 内曲线包围的总面积 S,最后用总面积 S 除以周期 T 得到平均值。**平均值用大写字母加下标 av 表示,如 I_av、U_av。对正弦量而言,通过数学推导可以得到

$$I_\mathrm{av} = \frac{2}{\pi}I_\mathrm{m} = 0.637 I_\mathrm{m} = 0.9I \tag{3-5}$$

$$U_\mathrm{av} = \frac{2}{\pi}U_\mathrm{m} = 0.637 U_\mathrm{m} = 0.9U \tag{3-6}$$

2. 周期与频率

所谓周期,就是交流电完成一个循环所需要的时间,用字母 T 表示,如图 3-1 所示。周期的单位是秒(s)、毫秒(ms)、微秒(μs)、纳秒(ns)。

单位时间内交流电变化所完成的循环数称为频率,用 f 表示。据此定义,频率与周期互为倒数,即

$$f = \frac{1}{T} \tag{3-7}$$

频率的单位是 1/s,也称为赫[兹](Hz),工程实际中常用的单位还有 kHz、MHz、GHz 等。

因为正弦量每经历一个周期 T 的时间,相位增加 2π rad,所以正弦量的角频率 ω、周期 T、频率 f 三

阅读
赫兹

者的关系为

$$\omega、T、f\text{ 的关系} \qquad \omega = \frac{2\pi}{T} = 2\pi f \qquad\qquad (3-8)$$

$\omega、T、f$ 三者都反映正弦量变化的快慢。ω 越大,即 f 越大或 T 越小,正弦量循环变化越快;ω 越小,即 f 越小或 T 越大,正弦量循环变化越慢。直流量可以看成 $\omega = 0$(即 $f = 0$,$T = \infty$)的正弦量。

工程实际中,往往也以频率区分电路,如低频电路、高频电路。

3. 初相位与相位差

$t = 0$ 时正弦量的相位（即 $\omega t + \psi$）,称为正弦量的初相位,简称初相,用 ψ 表示。计时起点选择不同,正弦量的初相也不同。习惯上初相用小于 180° 的角表示,即其绝对值不超过 π。例如,$\psi = 300°$ 可化为 $\psi = 300° - 360° = -60°$。$t = 0$ 时正弦量的值为 $i(0) = I_m \sin \psi_i$。

两个同频率正弦量的相位之差称为相位差。设

$$u = U_m \sin (\omega t + \psi_u)$$

$$i = I_m \sin (\omega t + \psi_i)$$

它们的相位差 $\varphi = (\omega t + \psi_u) - (\omega t + \psi_i) = \psi_u - \psi_i$,即电压、电流的相位差为它们的初相之差,有

$$\text{相位差} \qquad \varphi = \psi_u - \psi_i \qquad\qquad (3-9)$$

初相相等的两个正弦量,它们的相位差为零,这样的两个正弦量称为**同相**。同相的两个正弦量同时达到零值,同时达到最大值。相位差为 π 的两个正弦量称为**反相**。反相的两个正弦量各瞬间的值都是异号的,并同时为零。两个正弦量的初相不相等,其相位差就不为零。例如,$\varphi_{ui} = \psi_u - \psi_i = 60°$,就称 u 比 i 超前 60°(或者 i 比 u 滞后 60°)。

总之,在正弦量解析式中,I_m 反映了正弦量变化的幅度,ω 反映了正弦量变化的快慢,ψ 反映了正弦量在 $t = 0$ 时的状态。要完整地确定一个正弦量,必须知道它的 I_m、ω、ψ。这三个量称为**正弦量的三要素。**

微课
正弦量的
三要素

【**例 3-1**】 照明电源的额定电压为 220 V,动力电源的额定电压为 380 V,问它们的最大值各为多少?

【**解**】 额定电压均为有效值,据式(3-4)有

$$U_m = \sqrt{2}\, U$$

故照明电源的电压最大值为

$$U_m = \sqrt{2} \times 220 \text{ V} = 311 \text{ V}$$

动力电源的电压最大值为

$$U_m = \sqrt{2} \times 380 \text{ V} = 537 \text{ V}$$

【**例 3-2**】 一正弦交流电压,最大值 311 V,$t = 0$ 时的瞬时值 269 V,频率为 50 Hz,写出其瞬时值表达式。

【**解**】 设该正弦电压的瞬时值表达式为

$$u = U_m \sin (\omega t + \psi)$$

因为 $\omega = 2\pi f = 2\pi \times 50$ rad/s $= 314$ rad/s,又已知 $t = 0$ 时,$u(0) = 269$ V,$U_m = 311$ V,即

$$269 = 311 \sin \psi, \quad \sin \psi = 0.866$$

所以 $\psi = 60°$ 或 $\psi = 120°$,瞬时值表达式为

$$u = 311\sin (314t + 60°) \text{ V} \quad \text{或} \quad u = 311\sin (314t + 120°) \text{ V}$$

【**例 3-3**】 已知两个正弦电压 $u_1 = 141\sin (314t - 90°)$ V,$u_2 = 311\sin (314t + 150°)$ V,求两者的相

位差,并指出两者的关系。

　　【解】　相位差　　　　　　　　　$\varphi_{12} = -90° - 150° = -240°$

　　因为 $|\varphi_{12}| \geq 180°$,所以　　　　$\varphi_{12} = -240° + 360° = 120°$

即 u_1 比 u_2 超前 $120°$。

3-1-2　正弦交流电的相量表示

微课
相量与正弦量
的关系

　　由正弦交流电的瞬时值表达式可以直观地看出交流电的变化状态,但其分析计算比较麻烦,而正弦交流电的相量表示法则可以大大地简化电路的分析计算。

　　用复数表示正弦交流电的方法,称为交流电的相量表示法,用大写字母上加“·”来表示,如正弦交流电流 i、正弦交流电压 u 的瞬时值表达式分别为

动画
正弦量的
相量表示

$$i = I_m \sin(\omega t + \psi_i) = I\sqrt{2} \sin(\omega t + \psi_i)$$

$$u = U_m \sin(\omega t + \psi_u) = U\sqrt{2} \sin(\omega t + \psi_u)$$

它们的有效值相量用 $\dot{I}$、$\dot{U}$ 表示,最大值相量用 $\dot{I}_m$、$\dot{U}_m$ 表示,即

$$\left.\begin{array}{ll} \dot{I} = I\underline{/\psi_i} & \text{或} \quad \dot{I}_m = I_m\underline{/\psi_i} \\ \dot{U} = U\underline{/\psi_u} & \text{或} \quad \dot{U}_m = U_m\underline{/\psi_u} \end{array}\right\} \tag{3-10}$$

　　由于相量法涉及复数的运算,先简单复习一下复数的知识。

1. 复数及相量运算

　　图 3-3 所示复平面中,A 为复数。横轴为实轴,单位是 +1,a 是 A 的实部,A 与实轴的夹角 ψ 称为辐角。纵轴为虚轴,单位是 $j = \sqrt{-1}$。在数学中虚轴的单位用 i 表示,这里为了与电流的符号 i 相区别而用 j 表示。

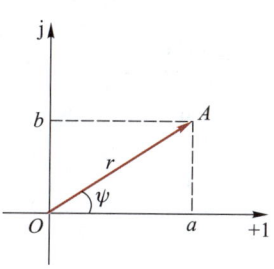

图 3-3　复平面

　　复数的表示有代数式($A = a + jb$)、三角函数式($A = r\cos\psi + jr\sin\psi$)、指数式($A = re^{j\psi}$)、极坐标式($A = r\underline{/\psi}$)这 4 种。在正弦交流电路分析计算时,常用代数式和极坐标式。代数式适用于复数的加、减运算,极坐标式适用于复数的乘、除运算。它们之间的关系为

$$A = a + jb \quad \text{其中} \quad \begin{cases} a = r\cos\psi \\ b = r\sin\psi \end{cases} \tag{3-11}$$

$$A = r\underline{/\psi} \quad \text{其中} \quad \begin{cases} r = \sqrt{a^2 + b^2} \\ \psi = \arctan\dfrac{b}{a} \end{cases} \tag{3-12}$$

　　用复数表示的正弦交流电称为**相量**,所以相量运算类似于复数运算。但是,相量表达式中只含正弦交流电的有效值(或幅值)和初相两个要素,而想要分析两个以上的正弦量并能在同一复平面中确定它们之间的关系,前提是这些正弦量必须是同频率的。因此,**只有同频率的正弦量才能进行相量运算**。

　　将同频率正弦量的相量画在复平面上所得的图称为相量图。但把频率不同的正弦量的相量画在同一复平面上是没有意义的。

2. 相量表示法应用举例

　　【例3-4】　试写出下列正弦量的相量并作出相量图:

$$i = 50\sqrt{2} \sin\left(100\pi t + \frac{\pi}{6}\right) \text{A}$$

提示

相量运算公式如下。

（1）相量的加减运算
设

$$\dot{A}_1 = a_1 + jb_1$$

$$\dot{A}_2 = a_2 + jb_2$$

则

$$\dot{A}_1 \pm \dot{A}_2 = (a_1 \pm a_2) + j(b_1 \pm b_2)$$

（2）相量的乘除运算
设

$$\dot{A}_1 = r_1\underline{/\psi_1}$$

$$\dot{A}_2 = r_2\underline{/\psi_2}$$

则

$$\dot{A}_1 \cdot \dot{A}_2 = r_1 \cdot r_2\underline{/\psi_1 + \psi_2}$$

$$\frac{\dot{A}_1}{\dot{A}_2} = \frac{r_1}{r_2}\underline{/\psi_1 - \psi_2}$$

$$u = 100\sqrt{2}\sin\left(100\pi t + \frac{\pi}{3}\right)\text{V}$$

【解】　各正弦量的有效值相量分别为

$$\dot{I} = 50\left|\frac{\pi}{6}\right.\text{A}$$

$$\dot{U} = 100\left|\frac{\pi}{3}\right.\text{V}$$

相量图如图 3-4 所示。

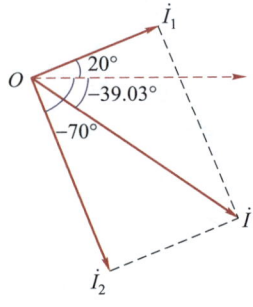

图 3-4　例 3-4 图

【例 3-5】　已知 $i_1 = 3\sqrt{2}\sin(\omega t + 20°)$ A，$i_2 = 5\sqrt{2}\sin(\omega t - 70°)$ A。若 $i = i_1 + i_2$，求 $\dot{I}$、i。

【解】　用相量计算，$\dot{I}_1 = 3\left|\underline{20°}\right.$ A，$\dot{I}_2 = 5\left|\underline{-70°}\right.$ A，有

$$\dot{I} = \dot{I}_1 + \dot{I}_2$$

$$= (3\left|\underline{20°}\right. + 5\left|\underline{-70°}\right.)\text{A}$$

$$= [3\cos 20° + j3\sin 20° + 5\cos(-70°) + j5\sin(-70°)]\text{A}$$

$$= (2.819 + j1.026 + 1.710 - j4.698)\text{A}$$

$$= (4.529 - j3.672)\text{A}$$

$$= 5.83\left|\underline{-39.03°}\right.\text{A}$$

图 3-5　例 3-5 图

所以　　　　　　　　　　　　$i(t) = 5.83\sqrt{2}\sin(\omega t - 39.03°)$ A

也可由相量图求解，如图 3-5 所示。由勾股定理，得

$$I = \sqrt{I_1^2 + I_2^2} = \sqrt{3^2 + 5^2}\text{ A} = 5.83\text{ A}$$

$$\psi_i = 20° - \arctan\frac{5}{3} = -39.03°$$

思考与练习

思考与练习 3-1 解答

3-1-1　什么是正弦量的三要素？什么是正弦量的最大值、有效值？它们之间是什么关系？

3-1-2　什么是正弦量的角频率、频率和周期？它们之间是什么关系？

3-1-3　什么是正弦量的相位、初相位和相位差？两个同频率的正弦量超前、滞后、同相、反相各表示什么含义？

3-1-4　下列等式表达的含义是否相同？说明理由。

（1）$I = 1$ A　　　（2）$I_m = 1$ A　　　（3）$\dot{I} = 1$ A　　　（4）$i = 1$ A

3-1-5　两个同频率的正弦电压 $u_1(t)$、$u_2(t)$ 的有效值分别为 8 V、6 V。试求：$u_1(t) + u_2(t)$ 的有效值在什么情况下最小？在什么情况下最大？各是多少？

演示文稿 单一参数正弦交流电路

3-2　单一参数正弦交流电路

在正弦交流电路中，由电阻、电感、电容中任意一种元件作为负载的电路，称为单一参数正弦交流电路。单一参数的电压、电流关系是分析交流电路的基础。

3-2-1　纯电阻电路

纯电阻电路是最简单的交流电路,它由交流电源和电阻元件组成。人们平时使用的电灯、电炉、电热器、电烙铁等都属于电阻性负载。它们与交流电源连接,构成纯电阻电路。

1. 纯电阻电路的电压、电流关系

在纯电阻电路中,假设电阻元件 R 的电压、电流为关联参考方向,设通过电阻元件的正弦电流为

$$i=I\sqrt{2}\sin \omega t \xrightarrow{\text{表示为相量}} \dot{I}=I\angle 0°$$

根据欧姆定律,电阻元件的电压为

$$u=Ri=RI\sqrt{2}\sin \omega t=U\sqrt{2}\sin \omega t \xrightarrow{\text{表示为相量}} \dot{U}=U\angle 0°$$

此时电压、电流的波形图和相量图如图 3-6 所示。

可见,① 电压、电流同频、同相;② 电阻元件电压、电流的有效值关系及相量关系仍遵循欧姆定律。即

$$\left.\begin{array}{l}U=RI\\\dot{U}=R\dot{I}\end{array}\right\}\tag{3-13}$$

2. 纯电阻电路的功率

电阻元件的瞬时功率为瞬时电压与瞬时电流的乘积,即

$$p=ui=U\sqrt{2}\sin \omega t \cdot I\sqrt{2}\sin \omega t=2UI\sin^2 \omega t=UI-UI\cos 2\omega t\tag{3-14}$$

绘出电阻功率的波形图,如图 3-7 所示。

可见,瞬时功率 p 的频率是 i、u 频率的两倍。由图 3-7 或式(3-14)可见,功率虽然随时间变化,但始终为正。为了可以计量,将**瞬时功率在它的一个周期内的平均值**称为**平均功率**,即

$$P=\frac{1}{2}U_mI_m=UI=\frac{U^2}{R}=I^2R\tag{3-15}$$

3-2-2　纯电感电路

电感器是利用电磁感应原理制成的元件。它通常分为两类:一类是应用自感作用的电感线圈;另一类是应用互感作用的耦合电器。电感器的应用范围很广,在滤波、陷波、调谐、振荡、耦合、匹配等电路中都是必不可少的。

1. 纯电感电路的电压、电流关系

实际的电感线圈都是用导线绕制而成的,因此线圈总会有一定的电阻。但当电阻很小,小到其数值可以忽略不计时,电感线圈可以近似看作纯电感元件。由交流电源和纯电感元件组成的电路,称为纯电感电路。

在纯电感电路中,假设电感元件 L 的电压、电流为关联参考方向,设通过电感元件的正弦电流为

$$i=I\sqrt{2}\sin \omega t \xrightarrow{\text{表示为相量}} \dot{I}=I\angle 0°$$

则电感元件的电压为

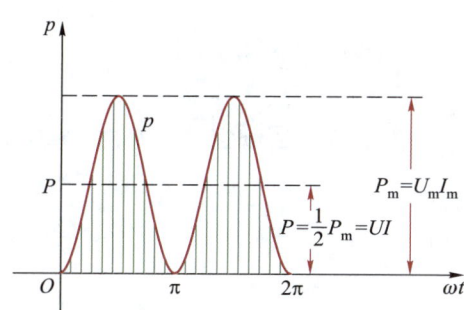

图 3-6　纯电阻电路的电压、电流关系

图 3-7　电阻功率的波形图

动画
电感元件

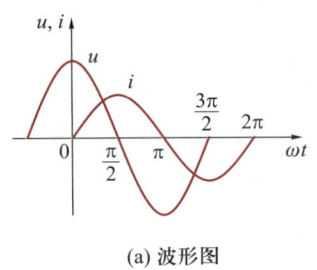

(a) 波形图

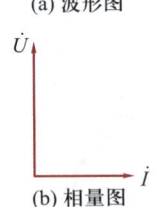

(b) 相量图

图 3-8　纯电感电路的
电压、电流关系

$$u = L\frac{\mathrm{d}i}{\mathrm{d}t} = L\frac{\mathrm{d}(I\sqrt{2}\sin\omega t)}{\mathrm{d}t}$$

$$= \omega L I\sqrt{2}\cos\omega t$$

$$= \omega L I\sqrt{2}\sin(\omega t + 90°)$$

$$= U\sqrt{2}\sin(\omega t + 90°) \xrightarrow{\text{表示为相量}} \dot{U} = U\underline{/90°}$$

此时电压、电流的波形图和相量图如图 3-8 所示。

可见,① 电压、电流同频,不同相,电压超前电流 90°;② 电感元件电压、电流的有效值关系及相量关系分别为

$$\left.\begin{array}{l} U = \omega L I = X_L I \\ \dot{U} = \mathrm{j}\omega L\dot{I} = \mathrm{j}X_L\dot{I} \end{array}\right\} \tag{3-16}$$

式中,ωL 称为电感元件的感抗,用 X_L 表示,即 $X_L = \omega L = 2\pi fL$,单位是欧[姆](Ω)。X_L 与 ω 成正比,频率越高,X_L 越大,在一定电压下,I 越小;在直流情况下,$\omega = 0$,$X_L = 0$。**电感元件在交流电路中具有通低频阻高频的特性。**

动画
电感特性

2. 纯电感电路的功率

电感元件的瞬时功率为瞬时电压与瞬时电流的乘积,即

$$p = ui = 2UI\sin(\omega t + 90°)\sin\omega t = UI\sin 2\omega t \tag{3-17}$$

绘出电感功率的波形图,如图 3-9(a)所示。

延伸学习
无互感电感
的连接

可见,电感元件的瞬时功率 p 的频率是 i、u 频率的两倍,按正弦规律变化,最大值为 $UI = I^2 X_L$。如图 3-9 所示,在 $0\sim\frac{\pi}{2}$ 和 $\pi\sim\frac{3\pi}{2}$ 区段,p 为正,**电感从外界吸收能量**;在 $\frac{\pi}{2}\sim\pi$ 和 $\frac{3\pi}{2}\sim 2\pi$ 区段,p 为负,**电感向外释放能量**。由曲线的对称性可知,电感释放的能量等于电感吸收的能量,这说明电感只与外电路进行能量交换,其本身并不消耗能量,所以它是**储能元件**。储能元件在一个周期内的平均功率为零,因此引入无功功率来衡量电感元件与外界交换能量的规模,即

$$Q_L = UI = I^2 X_L = \frac{U^2}{X_L} \tag{3-18}$$

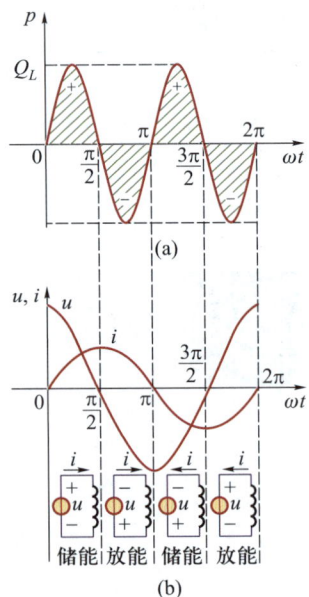

图 3-9　电感元件的
功率和能量

无功功率的单位是乏[尔](var)或千乏[尔](kvar)。与无功功率相对应,工程上还常把平均功率称为有功功率。

【例 3-6】　在功放机的电路中,用高频扼流线圈阻挡高频干扰,而使音频信号顺利通过。已知扼流圈的电感为 0.01 H,试求扼流圈对电压为 4 V,频率 $f_1 = 400$ kHz 的高频信号和频率 $f_2 = 400$ Hz 的音频信号的感抗和电流。

【解】　对于高频信号,$f_1 = 400$ kHz 时感抗为

$$X_{L1} = 2\pi f_1 L = 2\times 3.14\times 400\times 10^3\times 0.01\ \Omega = 25\ 120\ \Omega = 25.12\ \text{k}\Omega$$

电流为

$$I_1 = \frac{U}{X_{L1}} = \frac{4}{25\ 120}\ \text{A} = 0.000\ 159\ \text{A} = 0.159\ \text{mA}$$

对于音频信号,$f_2 = 400$ Hz 时感抗为

$$X_{L2} = 2\pi f_2 L = 2\times 3.14\times 400\times 0.01\ \Omega = 25.12\ \Omega$$

电流为

$$I_2 = \frac{U}{X_{L2}} = \frac{4}{25.12}\ \text{A} = 0.159\ \text{A} = 159\ \text{mA}$$

可见,电压一定时,信号频率越高,通过电感线圈的信号电流越小。

3. 电感元件的储能

已知电感两端的电压为

$$u = L\frac{\mathrm{d}i}{\mathrm{d}t}$$

电感元件吸收的瞬时功率为

$$p = ui = Li\frac{\mathrm{d}i}{\mathrm{d}t}$$

电流从零上升到某一值时,电源供给的能量就储存在磁场中,其能量为

$$W_L = \int_0^t p\mathrm{d}t = \int_0^t ui\mathrm{d}t = \int_0^i Li\mathrm{d}i = \frac{1}{2}Li^2$$

所以磁场能量为

$$W_L = \frac{1}{2}Li^2 \qquad\qquad (3\text{-}19)$$

前述式(1-18)在这里得到推证,即式(3-19)与式(1-18)相同。

3-2-3　纯电容电路

电容器是储存电能的元件,在电路中用于滤波、调谐、耦合、隔直、旁路、能量转换、延时等。

1. 纯电容电路的电压、电流关系

对于实际的电容器,由于其介质不能完全绝缘,在电压的作用下,总有一些漏电流,即它仍有一些电阻成分,会消耗一些能量,使电容器发热。由于介质漏电及其他原因产生的能量消耗,称为电容器的损耗。一般电容器能量损耗很小,小到可以忽略不计时,电容器可以近似看作纯电容元件。由交流电源和纯电容元件组成的电路,称为纯电容电路。

在纯电容电路中,假设电容元件 C 的电压、电流为关联参考方向。为了使电流初相为零,与上述电感电流的初相保持一致,便于分析比较,设通过电容元件的正弦电压的初相为-90°,即

$$u = U\sqrt{2}\sin\ (\omega t - 90°)\xrightarrow{\text{表示为相量}}\dot{U} = U\underline{/-90°}$$

则在关联参考条件下,根据式(1-20)即 $i = C\dfrac{\mathrm{d}u}{\mathrm{d}t}$,得到电容元件的电流为

$$i = C\frac{\mathrm{d}u}{\mathrm{d}t}$$

$$= C\frac{\mathrm{d}U\sqrt{2}\sin\ (\omega t - 90°)}{\mathrm{d}t}$$

$$= \omega CU\sqrt{2}\cos\ (\omega t - 90°)$$

$$= I\sqrt{2}\sin\ \omega t\xrightarrow{\text{表示为相量}}\dot{I} = I\underline{/0°}$$

此时电压、电流的波形图和相量图如图 3-10 所示。

可见,① 电压、电流同频,不同相,电压滞后电流 90°;② 电容元件电压、电流的有效值关系及相量关系分别为

$$\left.\begin{array}{l} I = \omega CU \quad 或 \quad U = \dfrac{1}{\omega C}I = X_C I \\[3mm] \dot{I} = \mathrm{j}\omega C\dot{U} \quad 或 \quad \dot{U} = -\mathrm{j}\dfrac{1}{\omega C}\dot{I} = -\mathrm{j}X_C\dot{I} \end{array}\right\} \qquad (3\text{-}20)$$

延伸学习
趋肤效应

动画
电容元件

动画
电容特性

延伸学习
电容的连接

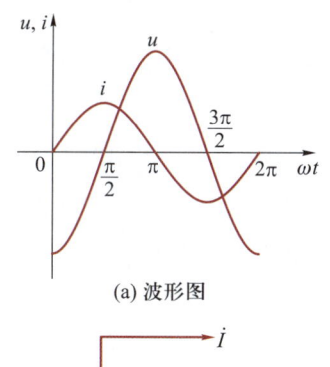

(a) 波形图

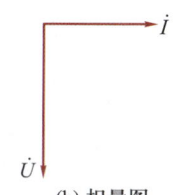

(b) 相量图

图 3-10　纯电容电路的
电压、电流关系

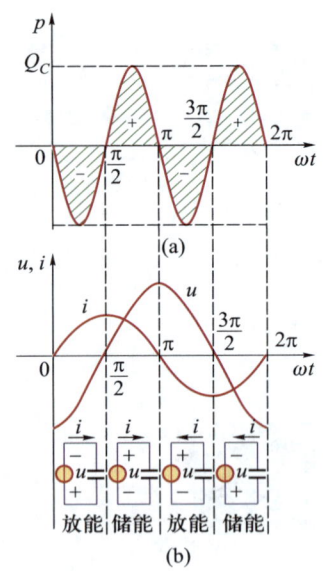

图 3-11 电容元件的
功率和能量

阅读
能量守恒的启示

式中,$\dfrac{1}{\omega C}$ 称为电容元件的容抗,用 X_c 表示,即 $X_c = \dfrac{1}{\omega C} = \dfrac{1}{2\pi fC}$,单位是欧[姆](Ω)。$X_c$ 与 ω 成反比,频率越高,X_c 越小,在一定电压下,I 越大;在直流情况下,$\omega = 0$,$X_c = \infty$。**电容元件在交流电路中具有隔直通交和通高频阻低频的特性。**

2. 纯电容电路的功率

电容元件的瞬时功率为瞬时电压与瞬时电流的乘积,即

$$p = ui = 2UI\sin(\omega t - 90°)\sin\omega t = -UI\sin 2\omega t \tag{3-21}$$

绘出电容功率的波形图,如图 3-11(a)所示。

可见,电容元件的瞬时功率 p 的频率也是 i、u 频率的两倍,按正弦规律变化,最大值为 $UI = I^2 X_c$。

如图 3-11 所示,在 $0 \sim \dfrac{\pi}{2}$ 和 $\pi \sim \dfrac{3\pi}{2}$ 区段,p 为负,**电容向外释放能量**;在 $\dfrac{\pi}{2} \sim \pi$ 和 $\dfrac{3\pi}{2} \sim 2\pi$ 区段,p 为正,**电容从外界吸收能量**。由曲线的对称性可知,电容吸收的能量等于电容释放的能量,这说明电容只与外电路进行能量交换,其本身并不消耗能量,所以它是**储能元件**。同理,电容的平均功率为零,电容的无功功率为

$$Q_c = UI = I^2 X_c = \frac{U^2}{X_c} \tag{3-22}$$

容性无功功率为负值,表明它与电感转换能量的过程相反。电感吸收能量的同时,电容释放能量,反之亦然。

【例 3-7】 在电容为 318 μF 的电容器两端加 $u = 220\sqrt{2}\sin(314t + 120°)$ V 的电压,试计算电容器的电流及无功功率。

【解】 因为 $\dot{U} = 220\ \underline{/120°}$ V,容抗 $X_c = \dfrac{1}{\omega C} = \dfrac{1}{314 \times 318 \times 10^{-6}}$ Ω $= 10$ Ω

所以

$$\dot{I}_c = \frac{\dot{U}}{-\mathrm{j}X_c} = \frac{220\ \underline{/120°}}{10\ \underline{/-90°}}\ \mathrm{A} = 22\ \underline{/-150°}\ \mathrm{A}$$

电容电流为

$$i = 22\sqrt{2}\sin(314t - 150°)\ \mathrm{A}$$

电容的无功功率为

$$Q_c = UI = 22 \times 220\ \mathrm{var} = 4\ 840\ \mathrm{var}$$

3. 电容元件的储能

已知电容电流为

$$i = C\frac{\mathrm{d}u}{\mathrm{d}t}$$

电容元件吸收的瞬时功率为

$$p = ui = Cu\frac{\mathrm{d}u}{\mathrm{d}t}$$

电压从零上升到某一值时,电源供给的能量就储存在电场中,其能量为

$$W_c = \int_0^t p\,\mathrm{d}t = \int_0^t ui\,\mathrm{d}t = \int_0^u Cu\,\mathrm{d}u = \frac{1}{2}Cu^2$$

所以电场能量为

$$W_c = \frac{1}{2}Cu^2 \tag{3-23}$$

前述式(1-21)在这里得到推证,即式(3-23)与式(1-21)相同。

值得注意,比较电感 L 和电容 C 的性质和参数关系,可以看出它们具有对偶性:将电感元件的电压、电流关系 $u_L = L\dfrac{\mathrm{d}i_L}{\mathrm{d}t}$ 或储能公式 $W_L = \dfrac{1}{2}Li_L^2$ 中的电压、电流互换,即将 i_L 置换为 u_c,u_L 置换为 i_c,L 置换为 C,就成为电容元件的电压、电流关系 $i_c = C\dfrac{\mathrm{d}u_c}{\mathrm{d}t}$ 或储能公式 $W_c = \dfrac{1}{2}Cu_c^2$;反之亦然。

电容器的储能功能在实际中得到了广泛应用。例如,照相机的闪光灯就是先让干电池给电容器充电,再将其储存的电场能在按动快门瞬间一下子释放出来产生耀眼的闪光。储能焊也是利用电容器储存的电能,在极短时间内释放出来,使被焊金属在极小的局部区域内熔化而焊接在一起。

然而,有利就有弊。电容器的储能功能有时也会给人造成伤害。例如,在工作电压很高的电容器断电后,电容器内仍储有大量电能,若用手去触摸电容,就有触电危险。所以,断电后应用适当大小的电阻与电容器并联(电路实验时,常用绝缘导线将电容器两极短接),将电容器中电能释放后,再进行操作。

【例 3-8】 电路如图 3-12 所示,$R_1 = 4\ \Omega$,$R_2 = R_3 = R_4 = 2\ \Omega$,$C = 0.2\ \mathrm{F}$,$I_s = 2\ \mathrm{A}$,电路已经稳定。求电容元件的电压及储能。

【解】 电容相当于开路,则

$$I_3 = \frac{R_1 I_s}{(R_4 + R_3) + R_1} = \frac{4 \times 2}{(2+2) + 4}\ \mathrm{A} = 1\ \mathrm{A}$$

电容电压为

$$U_c = U_{bd} = R_3 I_3 + R_2 I_s = (2 \times 1 + 2 \times 2)\ \mathrm{V} = 6\ \mathrm{V}$$

电容储存的电场能量为

$$W_c = \frac{1}{2}CU_c^2 = \frac{1}{2} \times 0.2 \times 36\ \mathrm{J} = 3.6\ \mathrm{J}$$

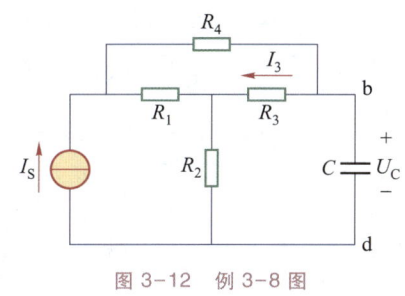

图 3-12   例 3-8 图

思考与练习

3-2-1   对纯电阻电路,下列各式是否正确?如不正确,请改正。

(1) $i = \dfrac{U}{R}$ (2) $I = \dfrac{U_m}{R}$ (3) $\dot{I}_m = \dfrac{\dot{U}}{R}$ (4) $P = I^2 R$

3-2-2   对纯电感电路,下列各式是否成立?如不成立,说明原因。

(1) $\dfrac{u}{i} = X_L$ (2) $\dot{U}_L = L\dfrac{\mathrm{d}i}{\mathrm{d}t}$ (3) $i = \dfrac{u}{\omega L}$ (4) $I = \mathrm{j}\dfrac{\dot{U}}{\omega L}$ (5) $P = I^2 X_L$

3-2-3   对纯电容电路,以下各式是否正确?

(1) $u = iX_C$ (2) $\dot{I} = \dot{U}\omega C$ (3) $\dfrac{\dot{U}}{-\mathrm{j}X_C} = \dot{I}$ (4) $\dot{I} = \mathrm{j}U\omega C$

3-2-4   电阻可以不计,电感为 10 mH 的线圈,接在 220 V、5 kHz 的交流电源上,求线圈的感抗和流过线圈的电流。

3-2-5   容量为 0.1 F 的电容元件所加电压为 $u = 4\sin 100t\ \mathrm{V}$,$u$、$i$ 为关联参考方向,试写出通过电容的电流解析式。

演示文稿
典型正弦交流
电路分析

3-3 典型正弦交流电路分析

对于交流电路的任一瞬间,电路定律、定理以及电路的分析方法仍然适用。而对正弦交流电路,则可用相量进行分析。

3-3-1 相量形式的基尔霍夫定律

1. 基尔霍夫电流定律

根据电流的连续性原理,在交流电路中,基尔霍夫电流定律可阐述如下:任一瞬间流过电路的一个结点(或闭合面)的各电流瞬时值的代数和等于零,即

$$\sum i = 0 \tag{3-24}$$

在正弦交流电路中,若各电流都是与电源同频率的正弦量,把这些同频率的正弦量用相量表示,即得

相量形式 KCL $\qquad \sum \dot{I} = 0 \tag{3-25}$

电流前的正、负号是由其参考方向决定的。若支路电流的参考方向流入结点,取正号;流出结点,取负号。式(3-25)就是相量形式的基尔霍夫电流定律(KCL)。

【例3-9】 图3-13(a)、(b)所示电路中,已知电流表 A_1、A_2、A_3 的读数,求电流表 A 的读数。

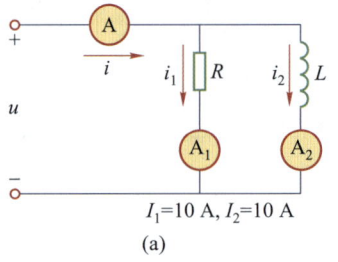
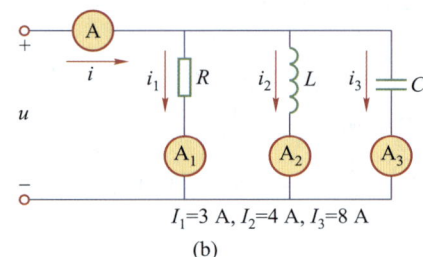

$I_1=10 \text{ A}, I_2=10 \text{ A}$ $I_1=3 \text{ A}, I_2=4 \text{ A}, I_3=8 \text{ A}$

(a)   (b)

图 3-13 例 3-9 图

【解】 设端电压 $\dot{U} = U \underline{/0°}$。

(1)选定电流参考方向如图3-13(a)所示,则

$$\dot{I}_1 = 10 \underline{/0°} \text{ A} \quad (与电压同相)$$

$$\dot{I}_2 = 10 \underline{/-90°} \text{ A} \quad (滞后于电压90°)$$

由 KCL 得

$$\dot{I} = \dot{I}_1 + \dot{I}_2 = (10 \underline{/0°} + 10 \underline{/-90°}) \text{ A} = (10-j10) \text{ A} = 10\sqrt{2} \underline{/-45°} \text{ A}$$

电流表 A 的读数为 $10\sqrt{2}$ A。注意,与直流电路不同的是,总电流并不是 20 A。

(2)选定电流参考方向如图3-13(b)所示,则

$$\dot{I}_1 = 3 \underline{/0°} \text{ A}$$

$$\dot{I}_2 = 4 \underline{/-90°} \text{ A}$$

$$\dot{I}_3 = 8 \underline{/90°} \text{ A} \quad (超前于电压90°)$$

由 KCL 得

$$\dot{I} = \dot{I}_1 + \dot{I}_2 + \dot{I}_3 = (3 \underline{/0°} + 4 \underline{/-90°} + 8 \underline{/90°}) \text{ A} = (3-j4+j8) \text{ A} = 5 \underline{/53.1°} \text{ A}$$

电流表 A 的读数为 5 A。

例 3-9 中,若用相量图分析则更为方便。

并联电路以电压 $\dot{U}$ 为参考相量,绘出图 3-13(a)、(b)的相量图分别如图 3-14(a)、(b)所示。

2. 基尔霍夫电压定律

根据能量守恒定律,在交流电路中,基尔霍夫电压定律可阐述如下:任一瞬间电路的任意一个回路中各段电压瞬时值的代数和等于零,即

$$\sum u = 0 \qquad\qquad (3-26)$$

在正弦交流电路中,各段电压都是同频率的正弦量,所以一个回路中各段电压相量的代数和也等于零,即

相量形式 KVL $\qquad \sum \dot{U} = 0 \qquad\qquad (3-27)$

这就是相量形式的基尔霍夫电压定律(KVL)。

【例 3-10】　图 3-15(a)、(b)所示电路中,已知电压表 V_1、V_2、V_3 的读数,求电压表 V 的读数。

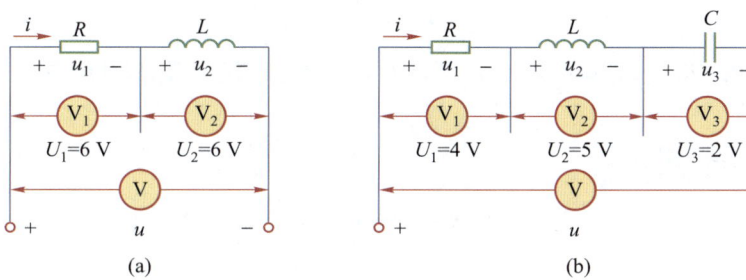

图 3-15　例 3-10 图

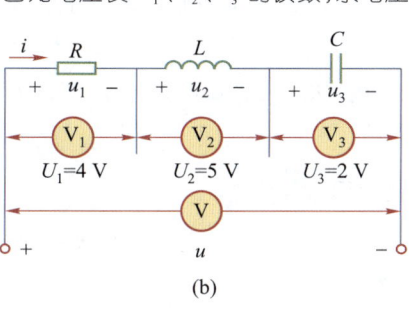

图 3-14　用相量图
分析并联电路

【解】　设电流为参考相量,即 $\dot{I} = I \underline{/0°}$。

(1) 选定 i、u_1、u_2、u 的参考方向如图 3-15(a)所示,则

$$\dot{U}_1 = 6 \underline{/0°} \text{ V} \quad (与电流同相)$$

$$\dot{U}_2 = 6 \underline{/90°} \text{ V} \quad (超前于电流 90°)$$

由 KVL 得

$$\dot{U} = \dot{U}_1 + \dot{U}_2 = (6 \underline{/0°} + 6 \underline{/90°}) \text{ V} = (6+j6) \text{ V} = 6\sqrt{2} \underline{/45°} \text{ V}$$

电压表 V 的读数为 $6\sqrt{2}$ V,约为 8.5 V。

(2) 选定 i、u_1、u_2、u_3、u 的参考方向如图 3-15(b)所示,则

$$\dot{U}_1 = 4 \underline{/0°} \text{ V}$$

$$\dot{U}_2 = 5 \underline{/90°} \text{ V}$$

$$\dot{U}_3 = 2 \underline{/-90°} \text{ V} \quad (滞后于电流 90°)$$

由 KVL 得

$$\dot{U} = \dot{U}_1 + \dot{U}_2 + \dot{U}_3 = (4 \underline{/0°} + 5 \underline{/90°} + 2 \underline{/-90°}) \text{ V} = (4+j5-j2) \text{ V} = 5 \underline{/36.9°} \text{ V}$$

电压表 V 的读数为 5 V。

用相量图分析此例。串联电路以电压 $\dot{I}$ 为参考相量,绘出图 3-15(a)、(b)的相量图分别如图 3-16(a)、(b)所示。

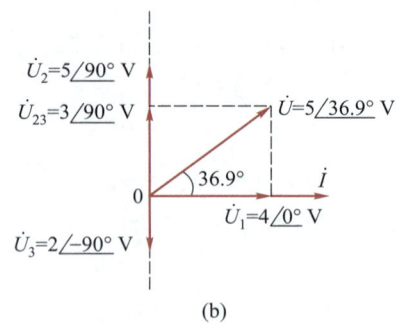

图 3-16   用相量图分析串联电路

3-3-2   *RLC* 串联交流电路

RLC 串联交流电路是正弦电路的典型示例。

1. 电压、电流与阻抗

在图 3-17 所示的 *RLC* 串联电路中,设电流 $i = I_m \sin \omega t$ 为参考正弦量,其相量为

$$\dot{I} = I \underline{/0°}$$

根据 KVL,则端口总电压为

$$u = u_R + u_L + u_C$$

对应的相量式为

$$\dot{U} = \dot{U}_R + \dot{U}_L + \dot{U}_C$$

由于单一参数的电流、电压关系为

$$\dot{U}_R = R\dot{I} \qquad \dot{U}_L = jX_L\dot{I} \qquad \dot{U}_C = -jX_C\dot{I}$$

所以,电压为

$$\dot{U} = [R + j(X_L - X_C)]\dot{I} = Z\dot{I}$$

式中,$Z = |Z| \underline{/\varphi}$,称为**阻抗**。其中,$|Z|$ 称为复阻抗的阻抗值,φ 为阻抗角。**阻抗是对电路中电阻和电抗共同作用的描述**,阻抗可以反映交流电路中的电压、电流关系。

阻抗定义为电压相量与电流相量之比,即

$$Z = \frac{\dot{U}}{\dot{I}} = \frac{U}{I} \underline{/\psi_u - \psi_i} \tag{3-28}$$

其中

$$\left. \begin{array}{l} |Z| = \dfrac{U}{I} \\[2mm] \varphi = \psi_u - \psi_i \end{array} \right\} \tag{3-29}$$

而

$$Z = R + j(X_L - X_C) = R + jX \tag{3-30}$$

其中

$$\left. \begin{array}{l} |Z| = \sqrt{R^2 + X^2} \\[2mm] \varphi = \arctan \dfrac{X}{R} \end{array} \right\} \tag{3-31}$$

式(3-30)中,R 是电阻,$X = X_L - X_C$ 是电抗。电阻、电抗及阻抗的单位都是欧[姆](Ω)。

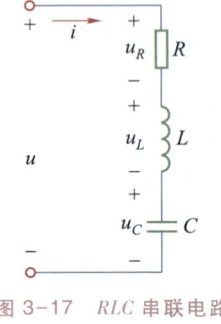

图 3-17   *RLC* 串联电路

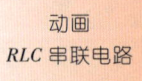 

动画
RLC 串联电路

值得一提的是,阻抗角 φ 是判断电路性质的重要元素。当 $\varphi>0$ 时,电路电压超前于电流,电路呈电感性;当 $\varphi<0$ 时,电路电压滞后于电流,电路呈电容性;当 $\varphi=0$ 时,电路电压与电流同相,电路呈电阻性,该电路发生谐振。图 3-18(a)、(b)、(c)分别给出电路呈电感性、电容性、电阻性时的相量图。

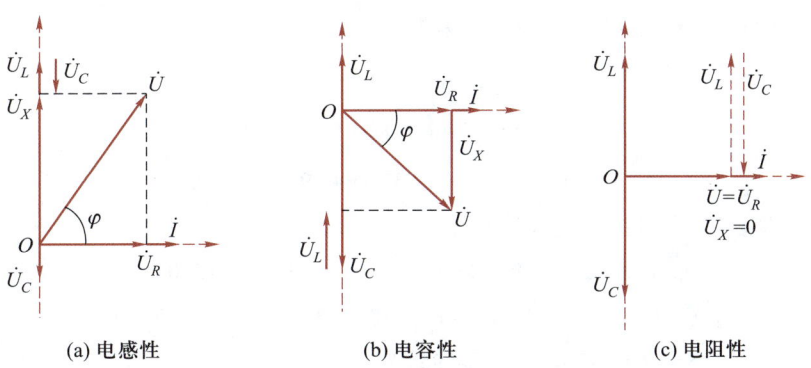

(a) 电感性　　　　　(b) 电容性　　　　　(c) 电阻性

图 3-18　*RLC* 串联电路的相量图

2. 正弦交流电路的功率

根据瞬时功率 $p=ui$,从 *RLC* 串联电路推出有功功率、无功功率、视在功率计算式为

$$\left.\begin{array}{l} P = UI\cos\varphi \\ Q = UI\sin\varphi \\ S = UI \end{array}\right\} \tag{3-32}$$

实际上,式(3-32)是功率三角形的三条边,功率三角形可以由 *RLC* 串联电路的相量图得到,串联电路的相量图简化成图 3-19(a)所示的电压三角形,而功率三角形和阻抗三角形分别是电压乘电流和电压除以电流后得到的,如图 3-19(b)、(c)所示。

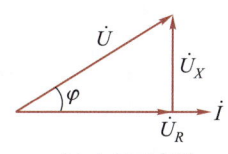

(a) 电压三角形

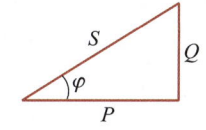

(b) 功率三角形

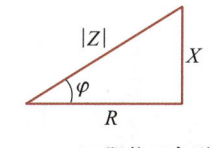

(c) 阻抗三角形

图 3-19　电压、功率和阻抗三角形

注意,有功功率 P 的单位是瓦[特](W),无功功率 Q 的单位是乏[尔](var),视在功率 S 的单位是伏·安(V·A)。视在功率也称功率容量,如变压器的功率容量就是以额定电压和额定电流的乘积来表示的,即 $S_N = U_N I_N$。

虽然式(3-32)是由串联电路推出的,但它却是正弦交流电路功率的一般公式。

【例 3-11】　电阻、电感、电容相串联的电路中,已知 $R=30\ \Omega$,$L=127\ \text{mH}$,$C=40\ \mu\text{F}$,电源电压 $u=220\sqrt{2}\sin(314t-10°)\ \text{V}$,试求:(1)电路的复阻抗 Z;(2)电流 i;(3)u_R、u_L、u_C;(4)相量图;(5)有功功率 P、无功功率 Q、视在功率 S。

【解】　(1)感抗和容抗为

$$X_L = \omega L = 314\times127\times10^{-3}\ \Omega = 40\ \Omega$$

$$X_C = \frac{1}{\omega C} = \frac{1}{314\times40\times10^{-6}}\ \Omega = 80\ \Omega$$

电路的复阻抗为

$$Z = R+\mathrm{j}X_L-\mathrm{j}X_C = [30+\mathrm{j}(40-80)]\ \Omega = 50\ \underline{/-53.1°}\ \Omega$$

(2)因为电压 $\dot{U} = 220\ \underline{/-10°}\ \text{V}$,而

$$\dot{I} = \frac{\dot{U}}{Z} = \frac{220\ \underline{/-10°}}{50\ \underline{/-53.1°}}\ \text{A} = 4.4\ \underline{/43.1°}\ \text{A}$$

所以电流　　　　　　　　　$i = 4.4\sqrt{2}\sin(314t+43.1°)\ \text{A}$

（3）各元件上的电压为

$$\dot{U}_R = R\dot{I} = 30 \times 4.4 \underline{/43.1°}\ \text{V} = 132 \underline{/43.1°}\ \text{V}$$

$$\dot{U}_L = jX_L\dot{I} = 40 \underline{/90°} \times 4.4 \underline{/43.1°}\ \text{V} = 176 \underline{/133.1°}\ \text{V}$$

$$\dot{U}_C = -jX_C\dot{I} = 80 \underline{/-90°} \times 4.4 \underline{/43.1°}\ \text{V} = 352 \underline{/-46.9°}\ \text{V}$$

电阻、电感、电容元件上的电压瞬时值表达式分别为

$$u_R = 132\sqrt{2}\sin(314t+43.1°)\ \text{V}$$

$$u_L = 176\sqrt{2}\sin(314t+133.1°)\ \text{V}$$

$$u_C = 352\sqrt{2}\sin(314t-46.9°)\ \text{V}$$

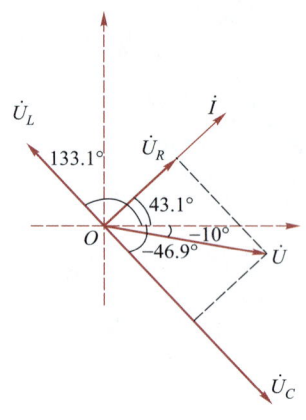

图 3-20　例 3-11 图

（4）以电流为参考相量，绘出相量图，如图 3-20 所示。

（5）有功功率　　$P = UI\cos\varphi = 220 \times 4.4 \times \cos(-10°-43.1°)\ \text{W} = 580.9\ \text{W}$

无功功率　　$Q = UI\sin\varphi = 220 \times 4.4 \times \sin(-10°-43.1°)\ \text{var} = 774.1\ \text{var}$

视在功率　　$S = UI = 220 \times 4.4\ \text{V}\cdot\text{A} = 968\ \text{V}\cdot\text{A}$

【例 3-12】　荧光灯导通后，灯管与镇流器串联，其模型为电阻与电感串联。一个荧光灯电路的电阻为 $R = 300\ \Omega$，电感为 $L = 1.66\ \text{H}$，工频电源的电压为 220 V，试求：电源电压与灯管电流的相位差、灯管电流和电压、镇流器电压。

【解】　镇流器的感抗为

$$X_L = \omega L = 314 \times 1.66\ \Omega = 521.5\ \Omega$$

电路的复阻抗为

$$Z = R+jX_L = (300+j521.5)\ \Omega = 601.6 \underline{/60.1°}\ \Omega$$

所以，电源电压比灯管电流超前 60.1°。灯管电流、电压及镇流器电压分别为

$$I = \frac{U}{|Z|} = \frac{220}{601.6}\ \text{A} = 0.365\ 7\ \text{A}$$

$$U_R = RI = 300 \times 0.365\ 7\ \text{V} = 109.7\ \text{V}$$

$$U_L = X_L I = 521.5 \times 0.365\ 7\ \text{V} = 190.7\ \text{V}$$

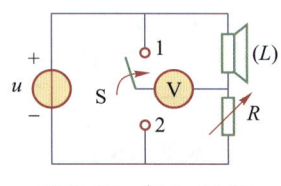

图 3-21　例 3-13 图

【例 3-13】　图 3-21 所示为测量扬声器音圈电感 L 的电路，已知信号源 u 的频率 $f = 400\ \text{Hz}$，测量时调节电阻 R，使开关 S 分别合于"1"或"2"端时电压表的读数相同，此时测得 $R = 6\ \Omega$，求 L 等于多少？（设电压表内阻为无穷大）

【解】　测量电路中音圈电感 L 与可调节电阻 R 串联，开关 S 合于"1"端时测得的电压为 U_L，开关 S 合于"2"端时测得的电压为 U_R。电阻 $R = 6\ \Omega$ 时，电压表读数 $U_L = U_R$，因为是串联电路，流过音圈电感 L 和电阻 R 的电流相等，可知 $U_L = U_R$，也即 $X_L = R$ 或 $\omega L = R$，所以有

$$L = \frac{R}{\omega} = \frac{6}{2\pi f} = \frac{6}{6.28 \times 400} = \frac{6}{2\ 512} = 0.002\ 389\ \text{H} = 2.389\ \text{mH}$$

除典型的 RLC 串联电路外，我们经常会遇到 RL 或 RC 电路，通过表 3-1 可加深对一般交流电路的理解。

表 3-1　串联交流电路的比较

比较项目	RL 串联电路	RC 串联电路	RLC 串联电路
u、i 的频率关系	同频率的正弦量	同频率的正弦量	同频率的正弦量
电抗的大小	$X_L = \omega L = 2\pi f L$	$X_c = \dfrac{1}{\omega C} = \dfrac{1}{2\pi f C}$	$X = X_L - X_c$
电路阻抗的大小	$\|Z\| = \sqrt{R^2 + X_L^2}$	$\|Z\| = \sqrt{R^2 + X_c^2}$	$\|Z\| = \sqrt{R^2 + (X_L - X_c)^2}$
各元件两端电压与总电压的关系	$u = u_R + u_L$　$U = \sqrt{U_R^2 + U_L^2}$	$u = u_R + u_c$　$U = \sqrt{U_R^2 + U_c^2}$	$u = u_R + u_L + u_c$　$U = \sqrt{U_R^2 + (U_L - U_c)^2}$
u、i 的相位关系	$\varphi = \arctan\left(\dfrac{\omega L}{R}\right)$　u 超前 i 一个 φ 角	$\varphi = \arctan\left(\dfrac{1}{R\omega C}\right)$　u 滞后 i 一个 φ 角	$\varphi = \arctan\left(\dfrac{X_L - X_c}{R}\right)$　超前、滞后、同相
u、i 的大小关系	$U = \|Z\|I$ 或　$U_m = \|Z\|I_m$	$U = \|Z\|I$ 或　$U_m = \|Z\|I_m$	$U = \|Z\|I$ 或　$U_m = \|Z\|I_m$
有功功率/W	$P = RI^2 = UI\cos\varphi$	$P = RI^2 = UI\cos\varphi$	$P = RI^2 = UI\cos\varphi$
无功功率/var	$Q_L = X_L I^2 = UI\sin\varphi$　电路呈感性	$Q_c = X_c I^2 = UI\sin\varphi$　电路呈容性	$Q = Q_L - Q_c = UI\sin\varphi$　电路呈三种性质
视在功率/V·A	$S = UI = \sqrt{P^2 + Q^2}$		

思考与练习

3-3-1　图 3-22 所示电路中,电流表 A_1 的读数是 6 A,A_2 的读数是 4 A,求 A 的读数。

3-3-2　图 3-23 所示电路中,电压表 V_1 的读数是 8 V,V_2 的读数是 6 V,V_3 的读数是 12 V,试求 V 的读数。

 思考与练习 3-3 解答

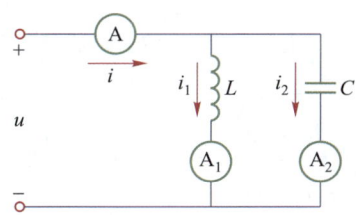

图 3-22　思考与练习 3-3-1 图

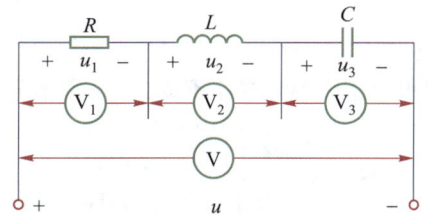

图 3-23　思考与练习 3-3-2 图

3-3-3　RLC 串联电路中,已知 $R = X_L = X_c = 10\ \Omega$,$I = 1$ A,求电路两端电压的有效值。

3-3-4　RLC 串联电路中,下列各式是否正确?

(1) $U = U_R + U_L + U_c$　　(2) $Z = R + \omega L - \dfrac{1}{\omega C}$　　(3) $\dot{U} = \dot{U}_R + \dot{U}_L + \dot{U}_c$

(4) $\dot{U} = \dot{U}_R + \dot{U}_L - \dot{U}_c$　　(5) $\|Z\| = \sqrt{R^2 + X_L^2 + X_c^2}$

3-3-5　某电器两端电压为 $u = 80\sin(314t + 60°)$ V,电流为 $i = 4\sin(314t - 30°)$ A,试确定电器的阻抗,并指出其属于哪种性质的负载。

3-4 用相量法分析正弦交流电路

如前所述,只要把正弦交流电路用相量模型表示,就可以像分析计算直流电路那样来分析计算正弦交流电路,这种方法称为相量法。其一般步骤如下。

(1)作出相量模型图,将电路中的电压、电流都写成相量形式,每个元件或无源二端网络都用复阻抗表示。多个复阻抗连接时,等效复阻抗的运算类似于等效电阻的运算。即,复阻抗串联,其等效复阻抗等于各个串联复阻抗之和;复阻抗并联,其等效复阻抗的倒数等于各个并联复阻抗倒数之和。复阻抗串联,分压公式仍然成立;复阻抗并联,分流公式仍然成立。

(2)应用电路的定律、定理、分析方法进行计算,得出正弦量的相量值。

(3)根据需要,写出正弦量的瞬时值表达式或计算出其他量。

3-4-1 阻抗电路的计算

1. 阻抗的串联及并联

电路的连接形式是多种多样的,但最基本最简单的连接方式是串联和并联。

(1)阻抗串联

图 3-24 所示是两个阻抗串联的电路,由基尔霍夫定律可写出其相量表达式为

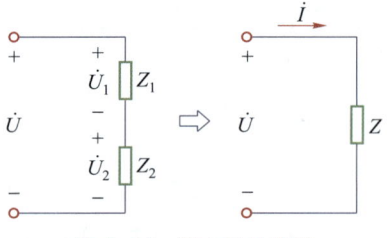

图 3-24 两个阻抗串联

$$\dot{U} = \dot{U}_1 + \dot{U}_2$$
$$= \dot{I}Z_1 + \dot{I}Z_2$$
$$= \dot{I}(Z_1 + Z_2) = \dot{I}Z$$

所以,其等效复阻抗为

$$Z = Z_1 + Z_2 \tag{3-33}$$

因为 $U \neq U_1 + U_2$,即 $I|Z| \neq I|Z_1| + I|Z_2|$,所以 $|Z| \neq |Z_1| + |Z_2|$。由此可见,**等效复阻抗等于各个串联复阻抗之和,而阻抗模的关系不成立。**一般情况下,等效复阻抗可写为

阻抗串联等效复阻抗	$Z = \sum Z_K$ $= \sum R_K + j\sum X_K$ $= |Z|\underline{/\varphi}$

$$\tag{3-34}$$

其中

阻抗的模	$|Z| = \sqrt{(\sum R_K)^2 + (\sum X_K)^2}$

$$\tag{3-35}$$

阻抗的幅角	$\varphi = \arctan \dfrac{\sum X_K}{\sum R_K}$

复阻抗串联,分压公式仍然成立。以两个阻抗串联为例,分压公式为

串联分压	$\dot{U}_1 = \dfrac{Z_1 \dot{U}}{Z_1 + Z_2}, \quad \dot{U}_2 = \dfrac{Z_2 \dot{U}}{Z_1 + Z_2}$

$$\tag{3-36}$$

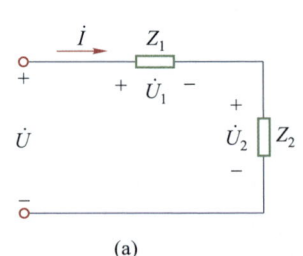

(a)

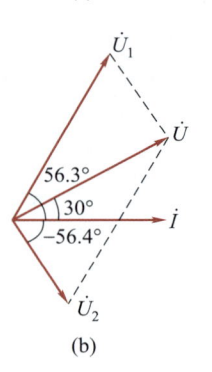

(b)

图 3-25 例 3-14 图

【例 3-14】 图 3-25(a)所示电路中,$Z_1 = (6 + j9)\ \Omega$,$Z_2 = (2.66 - j4)\ \Omega$,它们串联接在 $\dot{U} = 220\underline{/30°}$ V 的电源上,试由相量法计算电路中的电流和各阻抗上的电压,并作相量图。

【解】 由于阻抗串联,有

$$Z = Z_1 + Z_2 = (6+j9+2.66-j4)\ \Omega = (8.66+j5)\ \Omega = 10\ \underline{/30°}\ \Omega$$

所以

$$\dot{I} = \frac{\dot{U}}{Z} = \frac{220\ \underline{/30°}}{10\ \underline{/30°}}\ A = 22\ A$$

各阻抗上的电压分别为

$$\dot{U}_1 = \dot{I} Z_1 = 22(6+j9)\ V = 237.97\ \underline{/56.3°}\ V$$

$$\dot{U}_2 = \dot{I} Z_2 = 22(2.66-j4)\ V = 105.68\ \underline{/-56.4°}\ V$$

相量图如图 3-25(b)所示。

（2）阻抗并联

图 3-26 所示是两个阻抗并联的电路,由 KCL 方程可写出它的相量表达式为

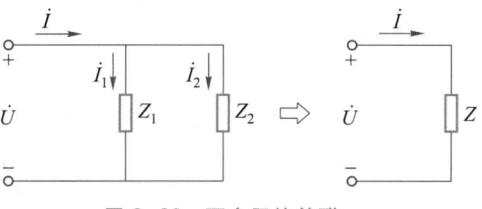

图 3-26　两个阻抗并联

$$\dot{I} = \dot{I}_1 + \dot{I}_2 = \frac{\dot{U}_1}{Z_1} + \frac{\dot{U}_2}{Z_2} = \dot{U}\left(\frac{1}{Z_1} + \frac{1}{Z_2}\right)$$

而

$$\dot{I} = \frac{\dot{U}}{Z}$$

比较两式得

$$\frac{1}{Z} = \frac{1}{Z_1} + \frac{1}{Z_2}\quad 或 \quad Z = \frac{Z_1 Z_2}{Z_1 + Z_2}$$

因为 $I \neq I_1 + I_2$,即 $\dfrac{U}{|Z|} \neq \dfrac{U_1}{|Z_1|} + \dfrac{U_2}{|Z_2|}$,所以 $\dfrac{1}{|Z|} \neq \dfrac{1}{|Z_1|} + \dfrac{1}{|Z_2|}$。由此可见,**等效复阻抗的倒数等于各个并联复阻抗倒数之和,而阻抗模的关系不成立。**一般式可写为

$$阻抗并联等效复阻抗的倒数 \qquad \frac{1}{Z} = \sum \frac{1}{Z_K} \tag{3-37}$$

复阻抗并联,分流公式仍然成立。以两个阻抗并联为例,分流公式为

$$并联分流 \qquad \dot{I}_1 = \frac{Z_2 \dot{I}}{Z_1 + Z_2},\qquad \dot{I}_2 = \frac{Z_1 \dot{I}}{Z_1 + Z_2} \tag{3-38}$$

2. 导纳的概念

应用式(3-37)计算交流电路的复阻抗并不方便。一般对并联交流电路引用复导纳来计算。复导纳是复阻抗的倒数,通常用 Y 表示,单位是西[门子](S),有

$$阻抗与导纳的关系 \qquad Y = \frac{1}{Z} \tag{3-39}$$

则式(3-37)可写为

$$Y = \sum Y_K \tag{3-40}$$

即**并联电路的总导纳等于各支路复导纳之和。**类似于直流电路中,并联电路的总电导等于各支路电导之和。

某一支路复阻抗中通过的电流为 $\dot{I}$,并联电路两端的电压为 $\dot{U}$,若 $\dot{U}$、$\dot{I}$ 为关联参考方向,则该支路的复阻抗 Z 与二者的关系为

$$\dot{U} = Z\dot{I}\quad 或 \quad \dot{I} = Y\dot{U} \tag{3-41}$$

由以上可知,**同一电路的复阻抗与复导纳满足 $ZY = 1$,即复阻抗 Z 与其等值复导纳 Y 互为倒数。**

3. 阻抗混联电路的计算

【例 3-15】　电路如图 3-27 所示,端口电压为 $\dot{U} = 110\ \underline{/0°}\ V$,试求各支路电流和电压、电路的

提示

在讲相量法前,对正弦交流电路是直接分析,这时元件参数是常量,电压、电流是瞬时值,分析法是时域的;在引入相量之后,可以把某些繁难的时域分析简化为简单的相量分析(为后续学习频域奠定基础)。

这里的难点在于将时域模型中 RLC 元件的参数算出相应的阻抗(或导纳)并标在电路上。

有功功率和无功功率。

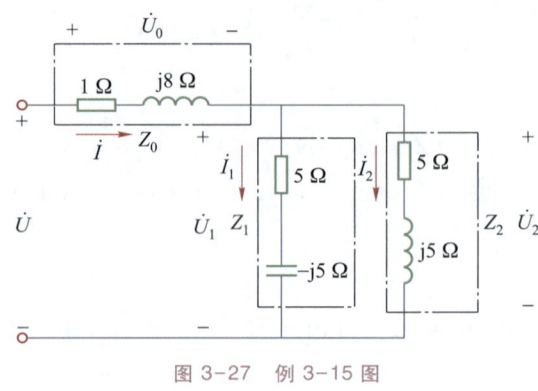

图 3-27　例 3-15 图

【解】　图 3-27 中注明的各段电路的复阻抗为

$$Z_0 = (1+j8)\ \Omega = 8.06\ \underline{/82.9°}\ \Omega$$

$$Z_1 = (5-j5)\ \Omega = 5\sqrt{2}\ \underline{/-45°}\ \Omega$$

$$Z_2 = (5+j5)\ \Omega = 5\sqrt{2}\ \underline{/45°}\ \Omega$$

并联部分阻抗及电路的总阻抗为

$$Z_{12} = \frac{Z_1 Z_2}{Z_1+Z_2} = \frac{5\sqrt{2}\ \underline{/-45°}\times 5\sqrt{2}\ \underline{/45°}}{5-j5+5+j5}\ \Omega = 5\ \Omega$$

$$Z = Z_0 + Z_{12} = (1+j8+5)\ \Omega = 10\ \underline{/53.1°}\ \Omega$$

电路的总电流为

$$\dot{I} = \frac{\dot{U}}{Z} = \frac{110\ \underline{/0°}}{10\ \underline{/53.1°}}\ A = 11\ \underline{/-53.1°}\ A$$

各支路电流为

$$\dot{I}_1 = \frac{Z_2 \dot{I}}{Z_1+Z_2} = \frac{5\sqrt{2}\ \underline{/45°}\times 11\ \underline{/-53.1°}}{10}\ A = 5.5\sqrt{2}\ \underline{/-8.1°}\ A$$

$$\dot{I}_2 = \frac{Z_1 \dot{I}}{Z_1+Z_2} = \frac{5\sqrt{2}\ \underline{/-45°}\times 11\ \underline{/-53.1°}}{10}\ A = 5.5\sqrt{2}\ \underline{/-98.1°}\ A$$

各支路电压为

$$\dot{U}_1 = \dot{U}_2 = \dot{I}_1 Z_1 = \dot{I}_2 Z_2 = \dot{I}\frac{Z_1 Z_2}{Z_1+Z_2} = 11\ \underline{/-53.1°}\times 5\ V = 55\ \underline{/-53.1°}\ V$$

$$\dot{U}_0 = \dot{I}Z_0 = 11\ \underline{/-53.1°}\times 8.06\ \underline{/82.9°}\ V = 88.7\ \underline{/29.8°}\ V$$

$$P = UI\cos\varphi = 110\times 11\cos 53.1°\ W = 726\ W$$

$$Q = UI\sin\varphi = 110\times 11\sin 53.1°\ var = 968\ var$$

3-4-2　移相电路的计算

【例 3-16】　图 3-28(a)所示为 RC 移相电路,已知 $R = 200\sqrt{3}\ \Omega$,$\omega = 1\ 000\ rad/s$。若使输出电压 u_o 较输入电压 u_i 移相 60°,试求电容 C。说明输出电压 u_o 较输入电压 u_i 超前还是滞后。

【解】　此电路可以看作 RC 串联、从 C 输出的电路。按照移相 60°的条件,画出电压三角形和阻抗三角形,如图 3-28(b)、(c)所示。

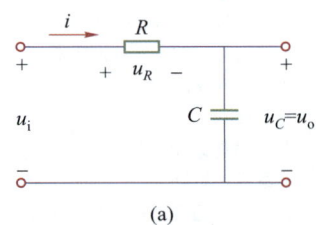

(a)

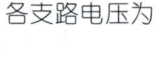

(b)

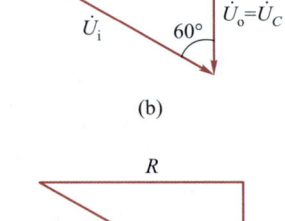

(c)

图 3-28　例 3-16 图

由图 3-28（b）可知 u_o 滞后 u_i 60°，为滞后移相。

由图 3-28（c）可得

$$X_c = \frac{R}{\tan 60°} = \frac{200\sqrt{3}}{\sqrt{3}} \ \Omega = 200 \ \Omega$$

故

$$C = \frac{1}{\omega X_c} = \frac{1}{1\ 000 \times 200} \ \text{F} = 5 \ \mu\text{F}$$

3-4-3　结点电位法题例

【例 3-17】　电路如图 3-29 所示，已知 $\dot{U}_{s1} = 100 \underline{/0°}$ V，$\dot{U}_{s2} = 100 \underline{/53.1°}$ V，$R_1 = X_{L1} = X_{C3} = R_2 = X_{C2} = 5 \ \Omega$，试用结点电位法求图中电流 $\dot{I}$。

【解】　结点电位方程为

$$\dot{V}_a \left(\frac{1}{R_1 + jX_{L1}} + \frac{1}{R_2 - jX_{C2}} + \frac{1}{-jX_{C3}} \right) = \frac{\dot{U}_{s1}}{R_1 + jX_{L1}} + \frac{\dot{U}_{s2}}{R_2 - jX_{C2}}$$

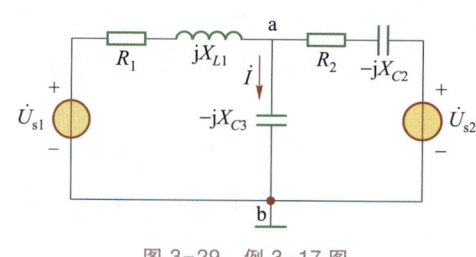

图 3-29　例 3-17 图

代入已知数据后有

$$\dot{V}_a \left(\frac{1}{5 + j5} + \frac{1}{5 - j5} + \frac{1}{-j5} \right) = \frac{100 \underline{/0°}}{5 + j5} + \frac{100 \underline{/53.1°}}{5 - j5}$$

运用 $(5+j5)(5-j5) = 50$，$\dfrac{1}{-j} = j$ 及 $5+j5 = 5\sqrt{2} \underline{/45°}$、$5-j5 = 5\sqrt{2} \underline{/-45°}$ 化简上式得

$$\dot{V}_a \left(\frac{5 - j5 + 5 + j5}{50} + \frac{j10}{50} \right) = \frac{100 \underline{/0°} \times 5\sqrt{2} \underline{/-45°} + 100 \underline{/53.1°} \times 5\sqrt{2} \underline{/45°}}{50}$$

$$\dot{V}_a (10\sqrt{2} \underline{/45°}) = 500\sqrt{2} \underline{/-45°} + 500\sqrt{2} \underline{/53.1° + 45°}$$

$$\dot{V}_a = (-j50 + 30 + j40) \ \text{V} = (30 - j10) \ \text{V}$$

则待求电流为

$$\dot{I} = \frac{\dot{V}_a}{-jX_{C3}} = \frac{30 - j10}{-j5} \ \text{A} = (2 + j6) \ \text{A} = 6.32 \underline{/71.6°} \ \text{A}$$

3-4-4　戴维南定理题例

【例 3-18】　电路如图 3-30（a）所示。当 X_c 为何值时，I_c 可以取得最大值？其最大值是多少？

【解】　本题宜用戴维南定理求解，为此把 $-jX_c$ 作为负载支路，移去支路后的电路如图 3-30（b）所示。

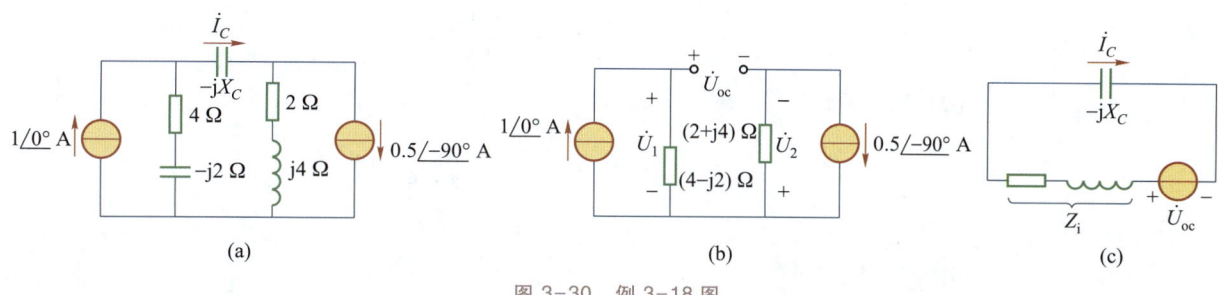

图 3-30　例 3-18 图

图中

$$\dot{U}_1 = (4-\mathrm{j}2) \times 1 \underline{/0°} \text{ V} = (4-\mathrm{j}2) \text{ V}$$

$$\dot{U}_2 = (2+\mathrm{j}4) \times 0.5 \underline{/-90°} \text{ V} = (2-\mathrm{j}1) \text{ V}$$

$$\dot{U}_{oc} = \dot{U}_1 + \dot{U}_2 = (4-\mathrm{j}2+2-\mathrm{j}1) \text{ V} = (6-\mathrm{j}3) \text{ V} = 6.71 \underline{/-26.4°} \text{ V}$$

戴维南等效复阻抗为

$$Z_i = (4-\mathrm{j}2) \ \Omega + (2+\mathrm{j}4) \ \Omega = (6+\mathrm{j}2) \ \Omega \quad （电感性）$$

因此,图3-30(b)可简化为图3-30(c),故

$$\dot{I}_C = \frac{\dot{U}_{oc}}{Z_i - \mathrm{j}X_C} = \frac{6.71 \underline{/-26.4°}}{6+\mathrm{j}(2-X_C)} \text{ A}$$

其有效值为

$$I_C = \frac{6.71}{\sqrt{6^2 + (2-X_C)^2}}$$

显然,当 $X_C = 2 \ \Omega$ 时,I_C 最大,且

$$I_{CM} = \frac{6.71}{6} \text{ A} = 1.12 \text{ A}$$

3-4-5 电路参数和电路性质测量电路

【例3-19】 测量电路如图3-31所示。已知电源频率为50 Hz,电容 $C = 9 \ 177 \ \mu\mathrm{F}$。测量步骤为:(1) 把开关 S 闭合,测得 $U = 220$ V,$I = 10$ A,$P = 1 \ 000$ W,通过计算可求得负载 Z 的电阻 R 和电抗 X;(2) 把开关断开,测得 $U' = 220$ V,$I' = 9.7$ V,$P' = 1 \ 129$ W。试确定负载 Z 是电感性还是电容性。

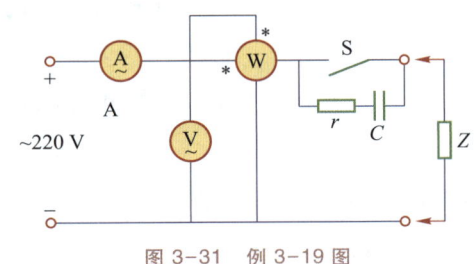

图 3-31 例 3-19 图

【解】 （1）把开关 S 闭合时有

$$\cos \varphi = \frac{P}{UI} = \frac{1 \ 000}{220 \times 10} = 0.454$$

$$\sin \varphi = 0.89$$

负载的无功功率为

$$Q = UI\sin \varphi = 220 \times 10 \times 0.89 \text{ var} = 1 \ 960 \text{ var}$$

负载的电抗为

$$X = \frac{Q}{I^2} = \frac{1 \ 960}{100} \ \Omega = 19.6 \ \Omega$$

负载的电阻为

$$R = \frac{P}{I^2} = \frac{1 \ 000}{100} \ \Omega = 10 \ \Omega$$

（2）把开关 S 断开时有

$$\cos \varphi' = \frac{P'}{U'I'} = \frac{1 \ 129}{220 \times 9.7} = 0.529$$

$$\sin \varphi' = 0.848$$

电路的无功功率为

$$Q' = U'I'\sin \varphi' = 220 \times 9.7 \times 0.848 \text{ var} = 1 \ 810.8 \text{ var}$$

串联电容 C 的无功功率为

$$Q_C = I'^2 \frac{1}{2\pi f C} = 9.7^2 \times \frac{1}{314 \times 9\ 177 \times 10^{-6}} \text{ var} = 32.65 \text{ var}$$

原负载中电抗的无功功率为

$$Q_X = I'^2 X = 9.7^2 \times 19.6 \text{ var} = 1\ 844.16 \text{ var}$$

可见,加入电容后,无功功率小于原负载中电抗的无功功率,即原负载为电感性。

思考与练习

3-4-1　对比直流电路的分析,用相量法分析正弦交流电路的重要环节是什么?这种方法称为什么方法?

3-4-2　简述相量法的一般步骤。

思考与练习 3-4
解答

3-5　功率因数的提高

前面讨论过交流电路的功率问题,实际上,考虑功率问题时,人们更多地注意到功率因数问题。**功率因数**定义为

$$\boxed{\text{功率因数}} \qquad \lambda = \frac{P}{S} = \cos \varphi \qquad\qquad (3-42)$$

功率因数 $\cos \varphi$ 介于 0 和 1 之间。

当功率因数不等于 1 时,电路中发生能量交换,出现无功功率。无功功率越大,有功功率越小,发电设备的容量就利用得越不充分。

例如,容量为 1 000 kV·A 的发电机,如果 $\cos \varphi = 0.9$,能够输出 900 kW 的有功功率;如果 $\cos \varphi = 0.7$,则只能输出 700 kW 的有功功率。

当发电机的电压 U 和输出功率 P 一定时,电流 I 与功率因数成反比,即

$$I = \frac{P}{U \cos \varphi}$$

而电路和发电机绕组上的功率损耗 P_L 与 $\cos \varphi$ 的平方成反比,即

$$P_L = I^2 r = \left(\frac{P^2}{U^2 \cos^2 \varphi} \right) r = \frac{P^2 r}{U^2} \frac{1}{\cos^2 \varphi}$$

式中,r 是线路及发电机绕组的电阻。

由上可知,功率因数的提高,能使发电设备的容量得到充分利用,同时可降低线路的损耗。

在工厂企业中大量使用感应电动机、荧光灯、接触器等电感性负载,而这些电感性负载大量地占用了供电电源的无功功率。虽然无功功率并没有被消耗掉,但这部分功率也无法供给其他用户使用。为了提高供电电源的效能,电管部门对无功功率的占用量加以限制。这就引出如何提高功率因数的问题。

提高功率因数的常用方法是与电感性负载并联电容,其电路图和相量图如图 3-32 所示。

在图 3-32 中,RL 串联部分代表一个电感性负载,它的电流 $\dot{I}_1$ 滞后于电源电压 $\dot{U}$ 的相位为 φ_1。在电源电压不变的情况下,并入电容 C,并不会影响负载电流的大小和相位,但总电流由原来的 $\dot{I}_1$ 变

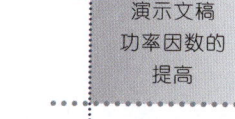

演示文稿
功率因数的
提高

仿真实验
RL 与 C
并联电路

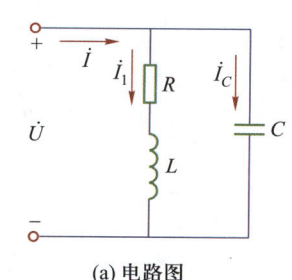

(a) 电路图

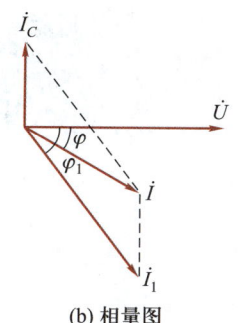

(b) 相量图

图 3-32　电感性负载并联
电容提高功率因数

成 i，即 $i = i_1 + i_c$，且 i 与电源电压的相位差由原来的 φ_1 减小为 φ。所以 $\cos\varphi$ 大于 $\cos\varphi_1$，功率因数提高。

设电感性负载的额定功率为 P，无功功率为 Q_L，功率因数为 $\cos\varphi_1$。并联电容 C 以后，电路的无功功率 $Q = Q_L - Q_c$，而有功功率仍为 P，功率因数为 $\cos\varphi$。

因为

$$Q_L = P\tan\varphi_1, \quad Q = P\tan\varphi$$

$$Q_c = Q_L - Q = P(\tan\varphi_1 - \tan\varphi)$$

$$Q_c = U^2\omega C$$

所以并联电容 C 的计算公式为

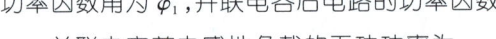 并联电容　　　　$$C = \frac{P}{\omega U^2}(\tan\varphi_1 - \tan\varphi)$$　　　　（3-43）

在电感性负载上并联电容以后，减少了电源与负载之间的能量交换。这时，电感性负载所需要的无功功率大部分或全部是就地供给（由电容供给），也就是说能量的交换主要或完全发生在电感性负载与电容之间，从而使发电机容量能得到充分利用。另外，由图 3-32（b）可知，并联电容以后减小了线路电流，从而减小了线路的功率损耗。还需注意，采用并联电容的方法时，电路有功功率未改变，因为电容是不消耗电能的，负载的工作状态不受影响，因此该方法在实际中得到了广泛应用。

【例 3-20】　一电感性负载与 220 V、50 Hz 的电源相接，功率因数为 0.7，消耗功率为 4 kW。要把功率因数提高到 0.9，应加接什么元件？元件值是多少？

【解】　应并联电容，如图 3-33 所示。并联电容前电感性负载的功率因数角为 φ_1，并联电容后电路的功率因数角为 φ_2。

并联电容前电感性负载的无功功率为

$$Q_1 = P\tan\varphi_1 = 4\times10^3\times1.02\ \text{var} = 4.08\ \text{kvar}$$

补偿后的无功功率为

$$Q_2 = P\tan\varphi_2 = 4\times10^3\times0.484\ \text{var} = 1.936\ \text{kvar}$$

所需电容的无功功率为 Q_c，则有

$$P\tan\varphi_2 = P\tan\varphi_1 - Q_c$$

而 $Q_c = U^2\omega C$，所以

$$C = \frac{1}{U^2\omega}(P\tan\varphi_1 - P\tan\varphi_2) = \frac{1}{220^2\times314}(4\ 080 - 1\ 936)\ \text{F} = 141\ \mu\text{F}$$

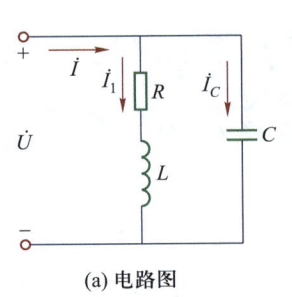

(a) 电路图　　　　(b) 相量图

图 3-33　例 3-20 图

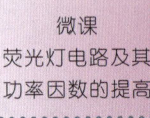

提示
　　这里所讨论的提高功率因数是指提高电源或电网的功率因数，而某个电感性负载自身的功率因数并没有变。

微课
荧光灯电路及其功率因数的提高

思考与练习

思考与练习 3-5
解答

3-5-1　电感性负载提高功率因数的方法是什么？提高功率因数的意义是什么？

3-5-2　提高功率因数，是否意味着降低负载消耗的功率？

本章小结

1. 正弦量的三要素及其表示

以正弦电流为例,在确定的参考方向下它的瞬时值表达式为

$$i = I_m \sin(\omega t + \psi_i) = I\sqrt{2}\sin(2\pi f t + \psi_i)$$

式中,幅值 I_m(有效值 I)、角频率 ω(或频率 f 及周期 T)、初相 ψ_i 是决定正弦量的三要素,它们分别表示正弦量变化的范围、变化的快慢及其初始状态。

正弦量的三要素也可以从波形图上看出来。

正弦量的有效值相量为 $\dot{I} = I\underline{/\psi_i}$。由于在同一个线性电路中,各正弦量频率相同,所以相量只需体现三要素的两个要素。

2. 单一元件的电压、电流关系及功率比较(见表 3-2)

表 3-2　单一元件的电压、电流关系及功率比较

项目	电阻 R	电感 L	电容 C
定义式	$R = \dfrac{U}{I}$	$L = \dfrac{\psi}{i}$	$C = \dfrac{q}{u}$
瞬时值关系	$R = \dfrac{u}{i}$	$u = L\dfrac{di}{dt}$	$i = C\dfrac{du}{dt}$
有效值关系	$R = \dfrac{U}{I}$	$\omega L = \dfrac{U}{I}$	$\dfrac{1}{\omega C} = \dfrac{U}{I}$
相量关系	$\dot{U} = R\dot{I}$	$\dot{U} = j\omega L\dot{I}$	$\dot{U} = -j\dfrac{1}{\omega C}\dot{I}$
相位差 φ_{ui}	$\varphi_{ui} = 0$	$\varphi_{ui} = 90°$	$\varphi_{ui} = -90°$
波形图			
相量图			
功率	$P = I^2R = \dfrac{U^2}{R}$	$Q_L = I^2X_L = \dfrac{U^2}{X_L}$	$Q_C = I^2X_C = \dfrac{U^2}{X_C}$

3. 元件约束(伏安特性)和连接约束(KCL 和 KVL)的相量式

(1)在关联参考方向下,有

$$\dot{U}_R = R\dot{I}_R, \qquad \dot{U}_L = jX_L\dot{I}_L, \qquad \dot{U}_C = -jX_C\dot{I}_C$$

(2)KCL:$\sum \dot{I} = 0$。KVL:$\sum \dot{U} = 0$。

4. 复阻抗与复导纳

无源二端网络或元件,在电压、电流关联参考方向下,两者关系的相量形式为

$$\dot{U} = Z\dot{I} \quad 或 \quad \dot{I} = Y\dot{U}$$

（1）复阻抗

$$Z = \frac{\dot{U}}{\dot{I}} = |Z| \underline{/\varphi} \quad \text{其中} \begin{cases} |Z| = \dfrac{U}{I} \\ \varphi = \psi_u - \psi_i \end{cases}$$

对于 RLC 串联电路，有

$$Z = R + j(X_L - X_C) = R + jX \quad \text{其中} \begin{cases} |Z| = \sqrt{R^2 + X^2} \\ \varphi = \underline{/\arctan \dfrac{X}{R}} \end{cases}$$

当阻抗角 $\varphi > 0$ 时，电路呈电感性；当 $\varphi < 0$ 时，电路呈电容性；当 $\varphi = 0$ 时，电路呈电阻性。

（2）复导纳

对于 RLC 并联电路，有

$$Y = \frac{\dot{I}}{\dot{U}} = |Y| \underline{/\varphi'} \quad \text{其中} \begin{cases} |Y| = \dfrac{I}{U} \\ \varphi' = \psi_i - \psi_u \end{cases}$$

$$Y = G + j(B_C - B_L) = G + jB \quad \text{其中} \begin{cases} |Y| = \sqrt{G^2 + B^2} \\ \varphi' = \underline{/\arctan \dfrac{B}{G}} \end{cases}$$

5. 相量法

将正弦电路的激励和响应用相量表示，每一个无源的单口网络（包含无源的二端元件）用阻抗或导纳表示，那么直流电路的分析计算方法可以类推到正弦交流电路。首先要把正弦电路的模型用相量模型表示，然后选用合适的方法分析计算。

6. 功率

$$P = UI\cos\varphi$$

$$Q = UI\sin\varphi$$

$$S = \sqrt{P^2 + Q^2} = UI$$

式中，P 的单位是 W（瓦）；Q 的单位是 var（乏）；S 的单位是 V·A（伏·安）。

功率因数 $\lambda = \dfrac{P}{S} = \cos\varphi$，电感性负载并联电容可提高功率因数。并联电容 C 的取值可由下式计算：

$$C = \frac{P}{\omega U^2}(\tan\varphi_1 - \tan\varphi)$$

■ 习题3

3-1　已知一正弦电压的幅值为 310 V，频率为 50 Hz，初相为 $-\dfrac{\pi}{6}$。试写出其瞬时值表达式，并绘出波形图。

3-2　写出图 3-34 所示电压曲线的瞬时值表达式。

3-3　一个工频正弦电压的最大值为 310 V，初始值为 -155 V。求它的瞬时值表达式。

3-4　已知 $u = 220\sqrt{2}\sin(314t + 60°)$ V。当纵坐标轴左移 $\dfrac{\pi}{6}$ 或右移 $\dfrac{\pi}{6}$ 时，初相各为多少？

3-5　图 3-35 中给出了 u_1、u_2 的波形图。试确定 u_1 和 u_2 的初相、相位差、超前和滞后关系。

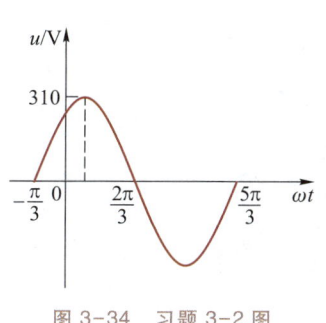

图 3-34 习题 3-2 图

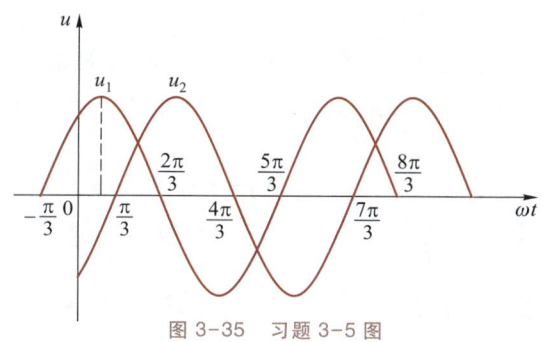

图 3-35 习题 3-5 图

3-6 三个正弦电流 i_1、i_2、i_3 的最大值分别为 1 A、2 A、3 A，i_2 的初相为 30°，i_1 比 i_2 超前 60°，比 i_3 滞后 150°。分别写出三个电流的瞬时值表达式。

3-7 已知两个复数 $Z_1 = 8+j6$，$Z_2 = 10\ \underline{/-36.9°}$。求 Z_1+Z_2、Z_1-Z_2、Z_1Z_2、Z_1/Z_2。

3-8 写出下列正弦量对应的相量。

（1）$u_1 = 220\sqrt{2}\sin(\omega t+120°)$ V 　　　（2）$i_1 = 10\sqrt{2}\sin(\omega t+60°)$ A

（3）$u_2 = 380\sqrt{2}\sin(\omega t-200°)$ V 　　（4）$i_2 = 7.07\sin\omega t$ A

3-9 写出下列相量对应的正弦量（$f = 50$ Hz）。

（1）$\dot{U}_1 = 220\ \underline{/\dfrac{\pi}{6}}$ V 　（2）$\dot{I}_1 = 10\ \underline{/-50°}$ A 　（3）$\dot{U}_2 = -j110$ V 　（4）$\dot{I}_2 = (6+j8)$ A

3-10 电路如图 3-36 所示，已知 $i_1 = 20\sin\omega t$ A，$i_2 = 20\sin(\omega t+90°)$A。（1）求 $\dot{I}_1$、$\dot{I}_2$、$\dot{I}$；（2）求各电流表的读数；（3）绘出电流相量图。

3-11 已知 $u_1 = 220\sqrt{2}\sin(\omega t+60°)$ V，$u_2 = 220\sqrt{2}\cos(\omega t+30°)$ V。绘出 u_1 和 u_2 的相量图，并求 u_1+u_2、u_1-u_2。

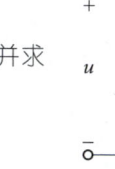

图 3-36 习题 3-10 图

3-12 两个同频率的正弦电压的有效值分别为 30 V 和 40 V，试问：

（1）什么情况下，u_1+u_2 的有效值为 70 V？

（2）什么情况下，u_1+u_2 的有效值为 50 V？

（3）什么情况下，u_1+u_2 的有效值为 10 V？

3-13 电压 $u = 100\sin(314t-60°)$ V 施加在电阻两端。若电阻 $R = 20$ Ω，试写出其电流的瞬时值表达式，并绘出电压和电流的相量图。

3-14 有一 220 V、1 000 W 的电炉，接在 220 V 的交流电流上。求通过电炉的电流和正常工作时的电阻。

3-15 已知在 10 Ω 的电阻中通过的电流为 $i_1 = 5\sin\left(314t-\dfrac{\pi}{6}\right)$ A。求电阻两端电压的有效值、电阻吸收的功率。

3-16 电压 $u = 220\sqrt{2}\sin(100t-30°)$ V 施加在电感两端，电感 $L = 0.2$ H，选定 u、i 为关联参考方向。求通过电感的电流 i，并绘出电流和电压的相量图。

3-17 一个 $L = 0.15$ H 的电感，先后接在 $f_1 = 50$ Hz 和 $f_2 = 1\ 000$ Hz，电压都是 30 V 的两个电源上。分别算出两种情况下的 X_L、I_L、Q_L。

3-18 在关联参考方向下，已知加在电感两端的电压为 $u_L = 100\sin(100t+30°)$ V，通过的电流为 $i_L = 10\sin(100t+\psi_i)$ A。求电感的参数 L 和电流的初相 ψ_i。

3-19 一个 $C = 50$ μF 的电容，接在 $u = 220\sqrt{2}\sin(314t+60°)$V 的电源上。求 i_C、Q_C，绘出电流和电压的相量图。

3-20 一个 $C = 100$ μF 的电容，先后接在 $f_1 = 50$ Hz 和 $f_2 = 60$ Hz，电压都是 220 V 的两个电源上。分别算出两种情况下的 X_C、

I_c、Q_c。

3-21 图 3-37 所示电路中,已知电流表 A_1、A_2 的读数都是 20 A。求电流表 A 的读数。

3-22 图 3-38 所示电路中,已知电压表 V_1、V_2 的读数都是 50 V。求电压表 V 的读数。

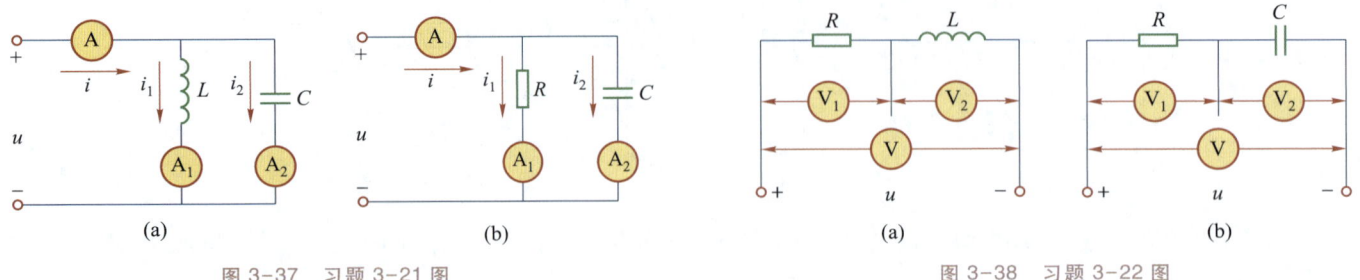

图 3-37 习题 3-21 图   图 3-38 习题 3-22 图

3-23 电路如图 3-39 所示,$R = 3\ \Omega$,$X_L = 2.4\ \Omega$,$X_C = 6\ \Omega$,$\dot{I}_c = 10\ \underline{/90°}$ A。求 $\dot{U}$、$\dot{I}_R$、$\dot{I}_L$ 及总电流 $\dot{I}$。

3-24 电路如图 3-40 所示,已知电流 $\dot{I}_c = 3\ \underline{/0°}$ A。求电压源 $\dot{U}_s$。

3-25 电路如图 3-41 所示,已知 $X_C = 50\ \Omega$,$X_L = 100\ \Omega$,$R = 100\ \Omega$,$I = 2$ A。求 I_R 和 U。

3-26 电阻 R_1 与一线圈串联电路如图 3-42 所示,已知 $R_1 = 28\ \Omega$,测得 $I = 4.4$ A,$U = 220$ V,电路总功率 $P = 580$ W,频率 $f = 50$ Hz。求线圈的参数 R 和 L。

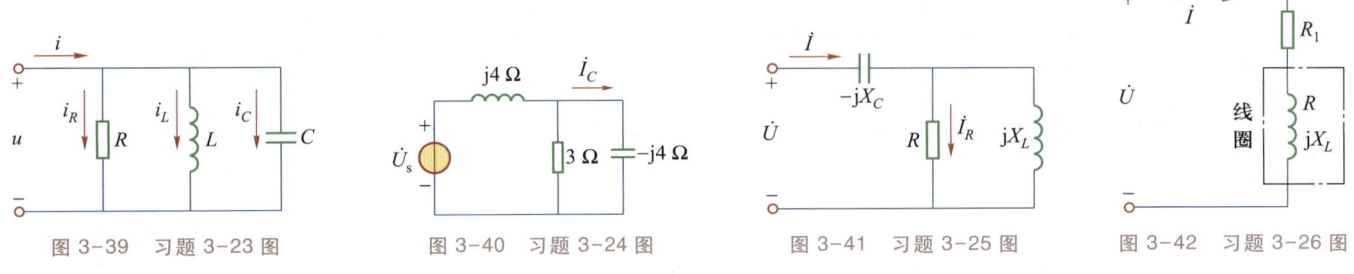

图 3-39 习题 3-23 图   图 3-40 习题 3-24 图   图 3-41 习题 3-25 图   图 3-42 习题 3-26 图

3-27 RC 串联电路中,$R = 8\ \Omega$,$C = 167\ \mu$F,电源电压 $u = 100\sqrt{2}\sin(1\,000t + 30°)$V。试求电流 I 并绘出相量图。

3-28 电路如图 3-43 所示,$Z = 5\ \underline{/36.9°}\ \Omega$,$U_1 = U_2$。试求 X_C。

3-29 RLC 串联电路中,已知 $R = 10\ \Omega$,$X_L = 5\ \Omega$,$X_C = 15\ \Omega$,电源电压 $u = 200\sin(\omega t + 30°)$V。(1)求此电路的复阻抗 Z,并说明电路的性质;(2)求电流 $\dot{I}$ 和电压 $\dot{U}_R$、$\dot{U}_L$、$\dot{U}_c$;(3)绘出电压、电流相量图。

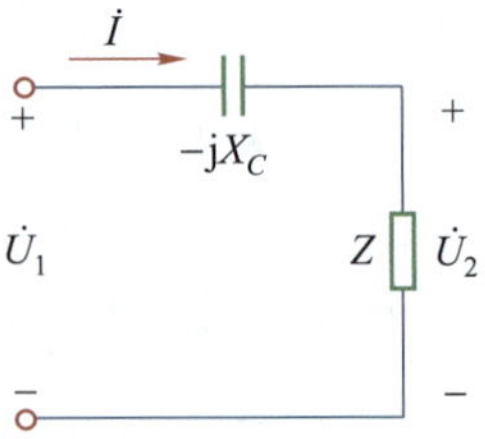

图 3-43 习题 3-28 图

3-30 RLC 串联电路中,已知 $R = 30\ \Omega$,$L = 40$ mH,$C = 40\ \mu$F,$\omega = 1\,000$ rad/s,$\dot{U}_L = 10\ \underline{/0°}$ V。(1)求电路的阻抗 Z;(2)求电流 $\dot{I}$ 和电压 $\dot{U}_R$、$\dot{U}_C$、$\dot{U}$;(3)绘出电压、电流相量图。

3-31 RLC 串联电路中,已知 $R = 10\ \Omega$,$X_L = 15\ \Omega$,$X_C = 5\ \Omega$,电流 $\dot{I} = 2\ \underline{/30°}$ A。试求:(1)总电压 $\dot{U}$;(2)功率因数 $\cos\varphi$;(3)该电路的功率 P、Q、S。

3-32 有一 RC 串联电路,已知电路阻抗为 2 kΩ、频率为 1 kHz 的电源电压 u 与电容上的电压 u_c 之间的相位差为 30°。试求 R 和 C,并说明在相位上 u_c 比 u 超前还是滞后。

3-33 用三表法测线圈电路,已知电源频率 $f = 50$ Hz,测得数据分别是 $P = 120$ W,$U = 100$ V,$I = 2$ A。求:(1)该线圈的参数 R、L;(2)线圈的无功功率 Q、视在功率 S 及 $\cos\varphi$。

3-34　已知某一无源网络的等效阻抗 $Z = 10\,\underline{/60°}\,\Omega$,外加电压 $\dot{U}= 220\,\underline{/15°}\,V$。求该网络的功率 P、Q、S 及功率因数 $\cos\varphi$。

3-35　电路如图 3-44 所示,已知 $u = \sqrt{2}\sin t\ V$,$i = \sin(t+45°)A$。试求二端网络 N 的等效元件参数。

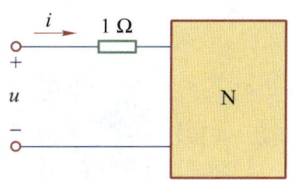

图 3-44　习题 3-35 图

3-36　已知一复阻抗上的电压、电流分别为 $u = 220\sqrt{2}\sin(\omega t-60°)V$、$\dot{I}_1 = 10\,\underline{/15°}\,A$。试求:
(1) $|Z|$、$|Y|$;(2) 阻抗角 φ 及导纳角 φ'。

3-37　已知某电路的复阻抗 $Z_1 = 100\,\underline{/30°}\,\Omega$。求与之等效的复导纳 Y。

3-38　电路如图 3-39 所示(习题 3-23 图),已知 $R = X_C = 10\ \Omega$,$X_L = 5\ \Omega$,$\dot{U}= 220\,\underline{/0°}\,V$。
(1) 求复导纳 Y,并说明电路的性质;(2) 求 $\dot{I}$、$\dot{I}_R$、$\dot{I}_L$、$\dot{I}_C$;(3) 绘出相量图。

3-39　电路如图 3-45 所示,$\dot{U}= 100\,\underline{/-30°}\,V$,$R = 4\ \Omega$,$X_L = 5\ \Omega$,$X_C = 15\ \Omega$。试求电流 $\dot{I}_1$、$\dot{I}_2$、$\dot{I}$,并绘出相量图。

3-40　电路如图 3-46 所示,已知 $\dot{U}_C = 10\,\underline{/0°}\,V$,$R = 3\ \Omega$,$X_L = X_C = 4\ \Omega$。求电路的功率 P、Q、S 及功率因数 $\cos\varphi$。

3-41　电路如图 3-47 所示,已知 $\dot{I}_s = 2\,\underline{/0°}\,A$,$Z_1 = (1+j1)\ \Omega$,$Z_2 = (6-j8)\ \Omega$,$Z_3 = (10+j10)\ \Omega$。求 $\dot{I}_1$、$\dot{I}_2$、$\dot{U}$。

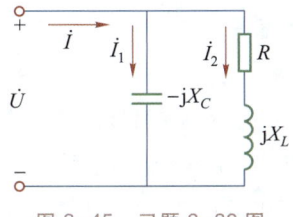
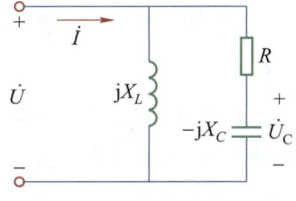
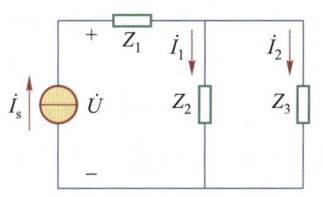

图 3-45　习题 3-39 图　　　　图 3-46　习题 3-40 图　　　　图 3-47　习题 3-41 图

3-42　电路如图 3-48 所示,列出结点 a 的结点电压方程。

3-43　电路如图 3-49 所示,已知 $\dot{U}_{s1} = \dot{U}_{s3} = 10\,\underline{/0°}\,V$,$\dot{U}_{s2} = j10\ V$。(1) 列出结点 1、2 的结点电位方程;(2) 求结点电位 V_1 和 V_2。

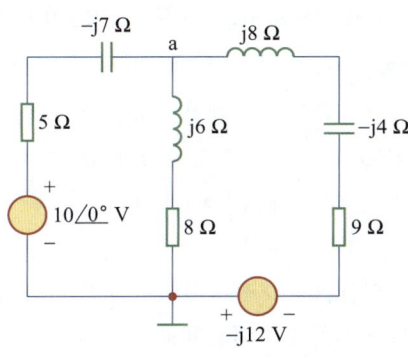
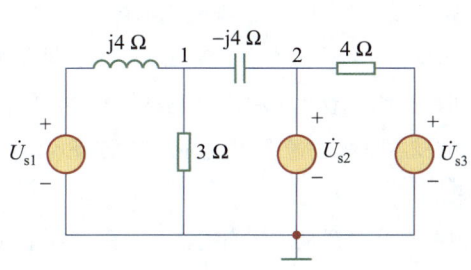

图 3-48　习题 3-42 图　　　　　　　　图 3-49　习题 3-43 图

3-44　电路如图 3-50 所示,利用戴维南定理求解电容支路的电流 $\dot{I}_1$。

3-45　电路如图 3-51 所示,求二端网络 ab 端的戴维南等效电路。

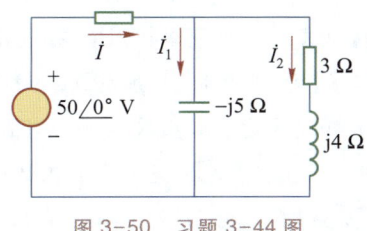
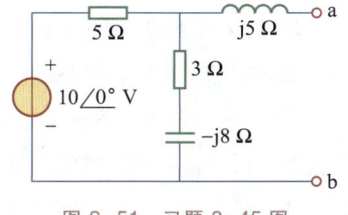

图 3-50　习题 3-44 图　　　　　　图 3-51　习题 3-45 图

3-46 　一电感性负载与 220 V、50 Hz 的电源相接,其功率因数为 0.6,消耗功率为 5 kW。要把功率因数提高到 0.9,应加接什么元件? 元件值是多大?

习题 3 详解

电路新视界3

集成电路与芯片

第 2 章的"电路新视界"中我们认识了电子管与晶体管,这里再介绍一下集成电路(IC)的知识。

1. 集成电路

晶体管的小型化虽然把电子设备的小型化提高到一个新境界,但是随着计算机、人造卫星、航空航天等技术的飞速发展,晶体管的小型化仍远远不能满足要求。为了减少电子设备的质量和体积,不仅晶体管要更小型化,电阻、电容、继电器等电子元器件也要更小型化。于是,人们开始了电子设备的高密度尝试。能否按照电子线路的要求,把二极管、三极管及其他元器件集合在一块半导体晶片上? 集成电路的设想就这样提了出来。

美国科学家杰克·基尔比(Jack Kilby,1923—2005 年)在玻璃板上的锗晶片上制作出电阻和 PN 结,并用蚀刻法在几个器件间刻出沟道,用导线将它们连接,形成一个完整的电路,第一块集成电路就这样制作出来。1958 年年底,基尔比和他的同事用带氧化物层的硅块制成电容器,用扩散法制成扩散层电阻器,用硅结晶体管制作出集成相移振荡器电路,并申请了专利。杰克·基尔比也因此荣获 2000 年诺贝尔物理学奖。1962 年,世界上第一块集成电路商品(仅有 12 个晶体管和电阻)出现,标志着集成电路电子器件时代来临。此后,集成电路的发展经历了小规模集成电路、中规模集成电路、大规模集成电路、超大规模集成电路和巨大规模集成电路的发展历程,目前已经达到在 1 cm² 的面积上集成几亿个元件的程度。1965 年,美国英特尔公司的创始人摩尔(Gordon Moore,1929—2023 年)提出著名的摩尔定律,认为芯片上可容纳的元件每隔 18~24 个月便会增加 1 倍,性能也将提升 1 倍。集成电路的发明为微电子学、微电子技术的发展开辟了道路,也为现代信息技术奠定了基础。如 2000 年全美达(Transmeta)公司生产的 Crusoe 处理器预示了移动时代的到来。

集成电路的提质离不开材料及工艺的创新。没有半导体材料的提纯和生长单晶以及掺入杂质的技术,高性能的晶体管就不可能诞生。没有硅氧化物掩膜、电路图印刷、蚀刻和扩散技术,平面式晶体管和集成电路也不可能实现。

2. 芯片

在生活中人们经常听到"芯片"这个词,那芯片与集成电路是什么关系呢? 芯片,又称微电路、微芯片。芯片制造技术,也即微电子技术。一般来说,芯片是指在硅基(或其他半导体材料)平面上制作出来的具有一定功能的集成电路的总称,而集成电路则是指芯片上内含的电路。

芯片制造的核心技术是光刻技术,光刻技术起源于印刷技术中的照相制版术,是一种在半导体基片上运用平面加工的方式制造集成电路芯片的技术。光刻线宽越窄,同等面积的硅片上可以容纳的元件更多。但问题并不是那么简单,因为在整个芯片制造过程中,需要几十道光刻工艺,每一道光刻工艺后面叠加着难以计数的集成电路平面工艺、工序、步骤等,哪一步都不能出错,只要其中一步出了问题,整个工作就前功尽弃。但科学家的成就却是超乎想象的,从 1958 年世界上出现第一块平面集成电路开始,在短短的几十年中,光刻技术一次次地突破分辨率极限,特别是由于光学曝光分辨率增强技术的突破,光刻技术已经超越了微米级,现在特征尺寸已从微米尺度延伸到纳米尺度。

　　微电子技术以令世人震惊的速度突飞猛进地发展,创造了人间奇迹,如图 3-52 所示。如今的云计算、物联网、大数据、人工智能等新一代信息技术的蓬勃发展,大规模、超大规模、特大规模甚至巨大规模集成电路已不稀奇。如超大规模集成电路(VLSI)是指集成度极高的集成电路,其特点是在单一芯片上集成的元件数超过 10 万个,或逻辑门电路超过万门。这类集成电路包括复杂的处理器(如中央处理器 CPU、图形处理器 GPU)、存储器以及片上系统(SoC),这些芯片中含有数以万亿计的晶体管。如英伟达公司的某款 GPU 具有极高的复杂性和功能密度,专用于处理复杂任务如人工智能(AI)。在科技领域,这些芯片广泛应用于计算机、智能手机、数据中心、人工智能、汽车电子和各种高性能计算设备中。

图 3-52　中国制造的芯片

学习内容思维导图

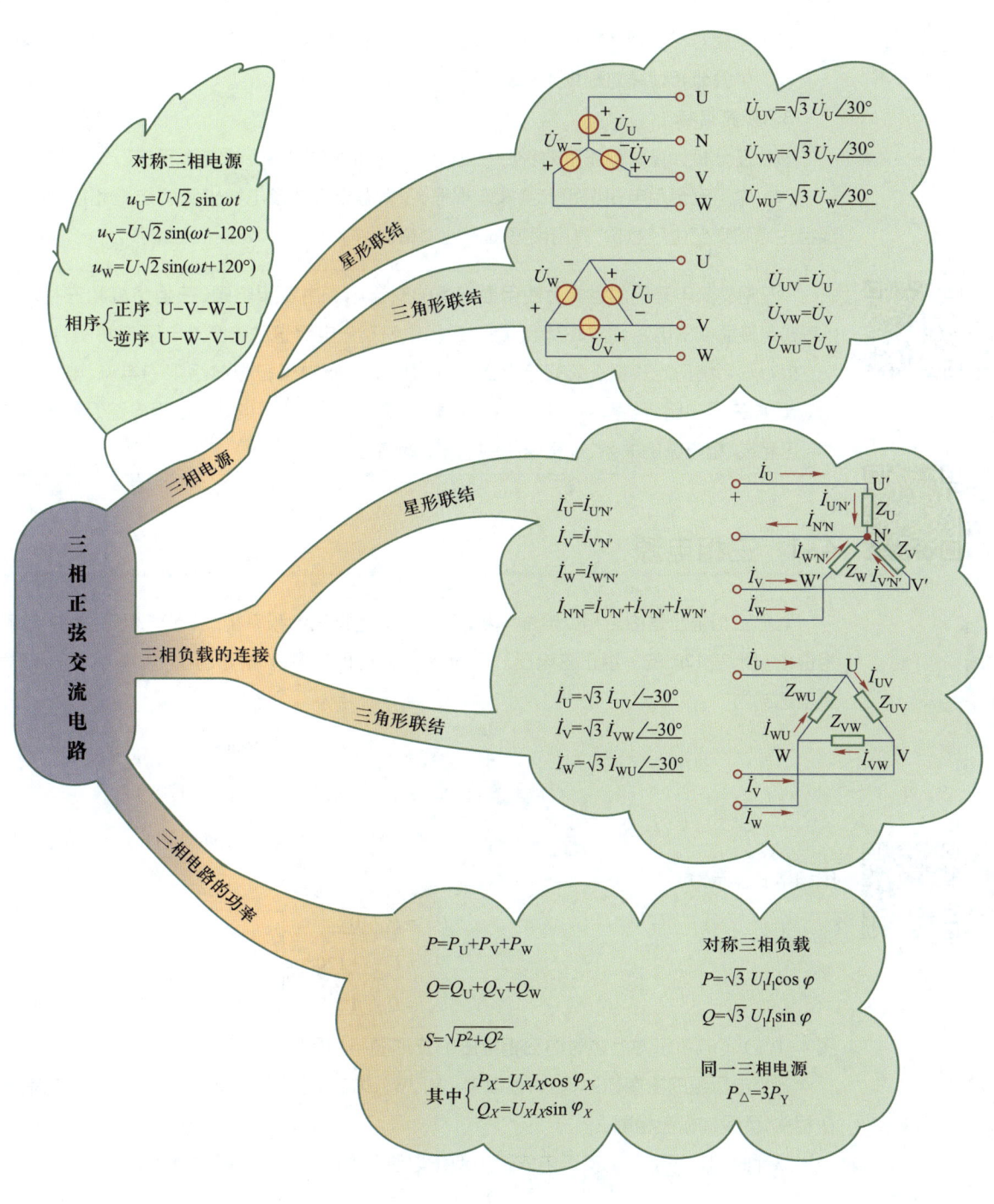

学习目标

1. 知识目标

（1）了解三相交流电的产生和供电方式；理解线电压、相电压和线电流、相电流的概念，以及三相电路的功率问题。

（2）了解安全用电知识，建立安全用电意识和节能意识。

2. 能力目标

（1）掌握对称三相电源的星形联结与三角形联结；掌握三相四线制电源的线电压和相电压的关系。

（2）掌握对称三相负载星形联结与三角形联结的线、相电压的关系和线、相电流的关系。

（3）学会分析计算对称或不对称的三相电路。

3. 素养目标

（1）在分析计算对称或不对称的三相电路时，训练数字运算的技能和技巧，掌握数字运用能力。

（2）学习安全用电知识和安全操作规程，了解触电事故及电气火灾的防范和应急处置措施。树立绿色生态和安全生产意识，具备良好的职业道德。

章前絮语

> 三相交流电是目前世界上使用最广泛的交流电。由三相电源、三相负载和三相输电线按某种方式连接而成的电路，称为三相电路。三相正弦交流电路是正弦交流电路的特例，正弦交流电路的分析方法与结论对三相正弦交流电路都是适用的。但由于三相电路中的电流、电压也有自身的特点，因此三相电路分析有其特殊之处。本章主要介绍对称三相电源、三相电路及其分析方法、线/相电压和线/相电流的关系、三相电路的功率及测量。

阅读
理性分析，
注重实际

4-1 三相电源

演示文稿
三相电源

对称三相电压是由三相交流发电机产生的，它是指三个频率相同、幅值相等、对于选定的参考方向相位依次相差 120° 的一组正弦电压。一般令 U 相初相为零，V 相滞后 U 相 120°，W 相滞后 V 相 120°。其表达式为

仿真实验
三相电源的
相位关系

$$对称三相电压 \quad \left.\begin{array}{l} u_{\mathrm{U}} = U\sqrt{2}\sin\omega t \\ u_{\mathrm{V}} = U\sqrt{2}\sin(\omega t - 120°) \\ u_{\mathrm{W}} = U\sqrt{2}\sin(\omega t + 120°) \end{array}\right\} \tag{4-1}$$

用相量式表示为

$$\left.\begin{array}{l} \dot{U}_{\mathrm{U}} = U\underline{/\ 0°} \\ \dot{U}_{\mathrm{V}} = U\underline{/\ -120°} \\ \dot{U}_{\mathrm{W}} = U\underline{/\ 120°} \end{array}\right\} \tag{4-2}$$

图 4-1（a）、（b）所示为上述对称三相电压的波形图与相量图。

三相电压源的始端称为相头，标以 U_1、V_1、W_1；末端称为相尾，标以 U_2、V_2、W_2。规定参考正极性标在相头，负极性标在相尾。

从计时起点开始三相交流电依次出现正幅值（或零值）的顺序称为相序。图 4-1 所示三相交流电

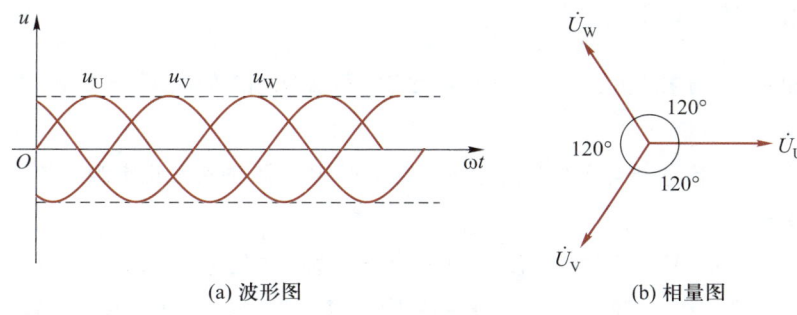

(a) 波形图   (b) 相量图

图 4-1 对称三相电压

的相序是 U-V-W-U，称为**正序**。如果相序为 U-W-V-U，则称为**逆序**。电力系统一般采用正序。

三相电源有两种连接方式，一种是星形（Y）联结，另一种是三角形（△）联结。

4-1-1 三相电源的星形联结

将三个末端接在一起，从始端引出三根导线，这种连接方法称为星形联结，如图 4-2 所示。末端的连接点称为中性点，用 N 表示。从中性点引出的导线称为中性线。从始端 U、V、W 引出的三根导线称为相线，俗称火线。

两根相线之间的电压称为**线电压**，如 u_{UV}、u_{VW}、u_{WU}。相线与中性线之间的电压称为**相电压**，如 u_{UN}、u_{VN}、u_{WN}，有时也可简写为 u_U、u_V、u_W。图 4-2 中，用相量表示的线电压为 $\dot{U}_{UV}$、$\dot{U}_{VW}$、$\dot{U}_{WU}$，相电压为 $\dot{U}_{UN}$、$\dot{U}_{VN}$、$\dot{U}_{WN}$，简写为 $\dot{U}_U$、$\dot{U}_V$、$\dot{U}_W$。因此，电源为星形联结时，相电压和线电压的瞬时值关系为

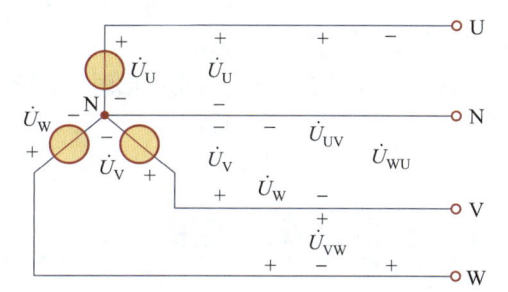

图 4-2 三相电源星形联结

$$\left. \begin{array}{l} u_{UV} = u_U - u_V \\ u_{VW} = u_V - u_W \\ u_{WU} = u_W - u_U \end{array} \right\} \tag{4-3}$$

相电压和线电压的相量关系为

$$\left. \begin{array}{l} \dot{U}_{UV} = \dot{U}_U - \dot{U}_V \\ \dot{U}_{VW} = \dot{U}_V - \dot{U}_W \\ \dot{U}_{WU} = \dot{U}_W - \dot{U}_U \end{array} \right\} \tag{4-4}$$

若是对称三相电源，则有 $U_U = U_V = U_W = U_P$。图 4-3 中取 U 相进行计算，得 $\dot{U}_{UV} = \dot{U}_U - \dot{U}_V = \sqrt{3}\dot{U}_U \underline{/30°}$，其余两个线电压也可推出类似结果，即

$$\left. \begin{array}{l} \dot{U}_{UV} = \sqrt{3}\dot{U}_U \underline{/30°} \\ \dot{U}_{VW} = \sqrt{3}\dot{U}_V \underline{/30°} \\ \dot{U}_{WU} = \sqrt{3}\dot{U}_W \underline{/30°} \end{array} \right\} \tag{4-5}$$

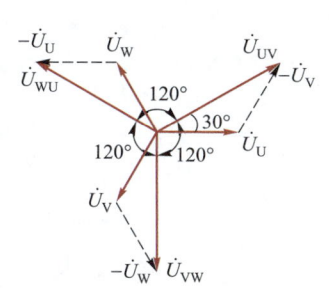

图 4-3 线相电压关系分析

对称电源星形联结时，在数值上线电压 U_L 是相电压 U_P 的 $\sqrt{3}$ 倍，即 $U_L = \sqrt{3}U_P$，在相位上线电压比相应的相电压超前 **30°**。

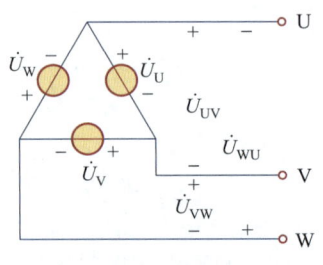

图 4-4　三相电源三角形联结

4-1-2　三相电源的三角形联结

把三相电源的始端与末端依次连成一个闭合回路，再从两两的连接点引出端线，这种连接方法称为三角形联结，如图 4-4 所示。

当电源为三角形联结时，线电压就是相电压。如图 4-4 所示，对称三相电源三角形联结时，线电压、相电压相等且为 $\dot{U}_{XL} = \dot{U}_{XP}$。

注意，三角形联结时，不能将某相接反，否则三相电源回路内的电压将达到相电压的 2 倍，导致电流过大，可能烧坏电源绕组。因此三角形联结时会预留一个开口，用电压表测量开口电压，如果电压接近于零或很小，再闭合开口，否则要查找是哪一相接反了。

思考与练习 4-1 解答

思考与练习

4-1-1　有人说，任何三相电路中，线电压的相量之和恒为零，即 $\dot{U}_{UV} + \dot{U}_{VW} + \dot{U}_{WU} = 0$。这种说法对吗？试说明理由。

4-1-2　为什么三相电源三角形联结时，如果有一相接反，电源回路内的电压将是某一相电压的 2 倍？试用相量图分析。

4-1-3　对称三相电源星形联结时，线电压与相电压之间是什么关系？

演示文稿三相负载的连接

4-2　三相负载的连接

三相负载也有星形联结与三角形联结两种连接方式。

4-2-1　三相负载的星形联结

仿真实验三相负载的星形联结

三相负载星形联结的三相四线制电路一般可用图 4-5 所示的电路表示，每相负载的阻抗为 Z_U、Z_V、Z_W。如果 $Z_U = Z_V = Z_W = Z$，称为对称三相负载。三相电路中，流过每根相线的电流称为线电流，分别用 i_U、i_V、i_W 表示；流过每相负载的电流称为相电流，分别用 $i_{U'N'}$、$i_{V'N'}$、$i_{W'N'}$ 表示；流过中性线的电流称为中性线电流，用 $i_{N'N}$ 表示。

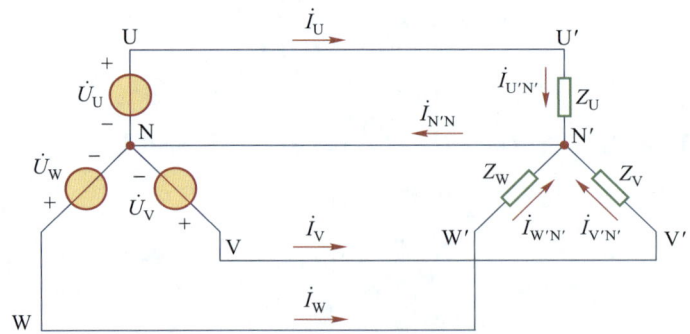

图 4-5　三相负载星形联结的三相四线制电路

在图 4-5 所示的电流参考方向下，显然，**三相负载星形联结时，线电流与相应相电流相等**，即

$$i_{\mathrm{U}} = i_{\mathrm{U'N'}}, \quad i_{\mathrm{V}} = i_{\mathrm{V'N'}}, \quad i_{\mathrm{W}} = i_{\mathrm{W'N'}} \tag{4-6}$$

用相量表示为

星形联结
线电流、相电流关系
$$\left. \begin{aligned} \dot{I}_{\mathrm{U}} &= \dot{I}_{\mathrm{U'N'}} \\ \dot{I}_{\mathrm{V}} &= \dot{I}_{\mathrm{V'N'}} \\ \dot{I}_{\mathrm{W}} &= \dot{I}_{\mathrm{W'N'}} \end{aligned} \right\} \tag{4-7}$$

由于三相电源电压对称,有 $\dot{U}'_{\mathrm{U}} = \dot{U}_{\mathrm{U}}$、$\dot{U}'_{\mathrm{V}} = \dot{U}_{\mathrm{V}}$、$\dot{U}'_{\mathrm{W}} = \dot{U}_{\mathrm{W}}$,则各相电流为

$$\dot{I}_{\mathrm{U}} = \frac{\dot{U}_{\mathrm{U}}}{Z_{\mathrm{U}}}, \quad \dot{I}_{\mathrm{V}} = \frac{\dot{U}_{\mathrm{V}}}{Z_{\mathrm{V}}}, \quad \dot{I}_{\mathrm{W}} = \frac{\dot{U}_{\mathrm{W}}}{Z_{\mathrm{W}}} \tag{4-8}$$

当负载相电压对称时,若 $Z_{\mathrm{U}} = Z_{\mathrm{V}} = Z_{\mathrm{W}} = Z$,则相电流也对称,有

$$I_{\mathrm{L}} = I_{\mathrm{P}} = \frac{U_{\mathrm{P}}}{|Z|} \tag{4-9}$$

对于对称三相电路,只需取一相计算,其余两相的电压(电流)可以根据对称性得出。

根据基尔霍夫定律,上述电路中,$\dot{I}_{\mathrm{N'N}} = \dot{I}_{\mathrm{U}} + \dot{I}_{\mathrm{V}} + \dot{I}_{\mathrm{W}}$。若三相负载对称,电流对称,则中性线电流等于零,即

$$\dot{I}_{\mathrm{N'N}} = \dot{I}_{\mathrm{U}} + \dot{I}_{\mathrm{V}} + \dot{I}_{\mathrm{W}} = 0$$

由于中性线电流等于零,有无中性线并不影响电路,因此可去掉中性线,电路成为三相三线制电路。一般以 $\mathrm{Y_0}$ 表示星形带中性线的三相四线制电路,以 Y 表示星形不带中性线的三相三线制电路,如图 4-6 所示。生产中最常用的三相电动机,就是以三相三线制供电的。

> **提示**
>
> 　在低压配电系统中,均采用三相四线制,这里的中性线是不能随意去掉的,而且规定中性线不能装开关与熔断器。这是因为在低压配电系统中,有大量单相负载存在,使得三相负载总是不对称的,如果没有中性线,三相负载的相电压也就高低不同,使得各相负载无法正常工作,严重时还会烧毁负载。可见在三相四线制电路中,中性线的作用非常重要。

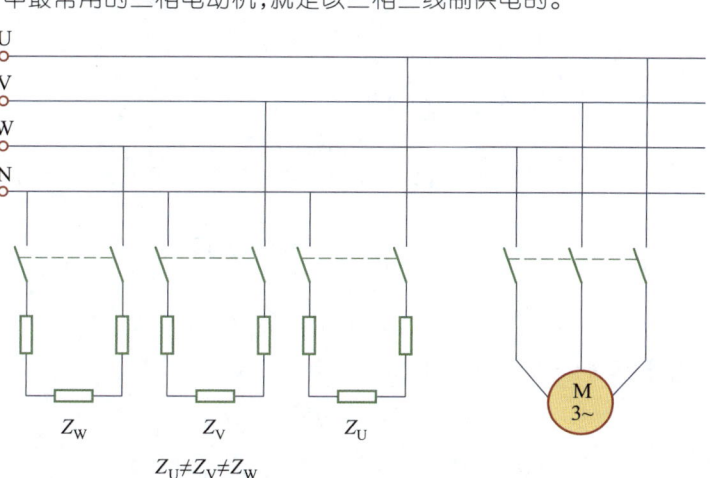

(a) 不对称三相负载 $\mathrm{Y_0}$ 接法 　　　 (b) 对称三相负载 Y 接法

图 4-6　三相负载星形联结

【**例 4-1**】　电路如图 4-5 所示,若三相对称负载阻抗 $Z = (6+\mathrm{j}8)\ \Omega$,电源线电压有效值为 380 V。求负载相电压、线电流和负载相电流。

【**解**】　由已知 $U_{\mathrm{L}} = 380\ \mathrm{V}$,得 $U_{\mathrm{P}} = \dfrac{U_{\mathrm{L}}}{\sqrt{3}} = \dfrac{380}{\sqrt{3}}\ \mathrm{V} = 220\ \mathrm{V}$。设 $\dot{U}_{\mathrm{U}} = 220\ \underline{/0°}\ \mathrm{V}$,则 U 相电流为

$$\dot{I}_{\mathrm{U'N'}} = \frac{\dot{U}_{\mathrm{U}}}{Z} = \frac{220\ \underline{/0°}}{(6+\mathrm{j}8)}\ \mathrm{A} = \frac{220\ \underline{/0°}}{10\ \underline{/53.1°}}\ \mathrm{A} = 22\ \underline{/-53.1°}\ \mathrm{A}$$

因为负载是星形联结,所以线电流等于相电流,即

$$\dot{I}_{\mathrm{U}} = \dot{I}_{\mathrm{U'N'}} = 22\ \underline{/-53.1°}\ \mathrm{A}$$

而 V、W 两相的电流、电压可根据对称性推得

$$\dot{I}_V = \dot{I}_{V'N'} = 22\ \underline{/-173.1°}\ A \qquad \dot{U}_V = 220\ \underline{/-120°}\ V$$

$$\dot{I}_W = \dot{I}_{W'N'} = 22\ \underline{/66.9°}\ A \qquad \dot{U}_W = 220\ \underline{/120°}\ V$$

【例 4-2】 对称三相电源的线电压为 380 V,向一组负载供电,三相负载 $Z_U = (8+j6)\ \Omega$, $Z_V = (8+j6)\ \Omega$, $Z_W = 10\ \Omega$,为 Y_0 联结。求:(1) 各相电流和中性线电流;(2) U 相短路、中性线断开时各相电流。

【解】 设 $\dot{U}_U = 220\ \underline{/0°}\ V$, $\dot{U}_V = 220\ \underline{/-120°}\ V$, $\dot{U}_W = 220\ \underline{/120°}\ V$。

(1) 如图 4-7(a)所示,由于中性线的存在,又不计中性线阻抗,所以 $\dot{U}_{N'N} = 0$,负载各相电压等于电源相电压并且对称,则

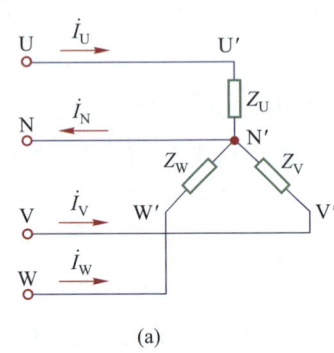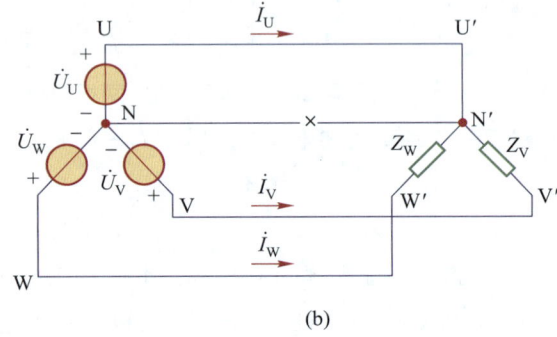

(a)   (b)

图 4-7 例 4-2 图

$$\dot{I}_U = \frac{\dot{U}_U}{Z_U} = \frac{220\ \underline{/0°}}{10\ \underline{/36.9°}}\ A = 22\ \underline{/-36.9°}\ A$$

$$\dot{I}_V = \frac{\dot{U}_V}{Z_V} = \frac{220\ \underline{/-120°}}{10\ \underline{/36.9°}}\ A = 22\ \underline{/-156.9°}\ A$$

$$\dot{I}_W = \frac{\dot{U}_W}{Z_W} = \frac{220\ \underline{/120°}}{10}\ A = 22\ \underline{/120°}\ A$$

$$\dot{I}_N = \dot{I}_U + \dot{I}_V + \dot{I}_W = 13.80\ \underline{/-168.33°}\ A$$

(2) 若 U 相短路,且中性线断开,如图 4-7(b)所示,则

$$\dot{U}_{N'N} = \dot{U}_U = 220\ \underline{/0°}\ V$$

$$\dot{I}_V = \frac{\dot{U}_V - \dot{U}_U}{Z_V} = \frac{-\dot{U}_{UV}}{Z_V} = \frac{-380\ \underline{/30°}}{10\ \underline{/36.9°}}\ A = 38\ \underline{/173.1°}\ A$$

$$\dot{I}_W = \frac{\dot{U}_W - \dot{U}_U}{Z_W} = \frac{\dot{U}_{WU}}{Z_W} = \frac{380\ \underline{/150°}}{10\ \underline{/0°}}\ A = 38\ \underline{/150°}\ A$$

$$\dot{I}_U = -(\dot{I}_V + \dot{I}_W) = -(38\ \underline{/173.1°} + 38\ \underline{/150°})\ A = 74.35\ \underline{/161.5°}\ A$$

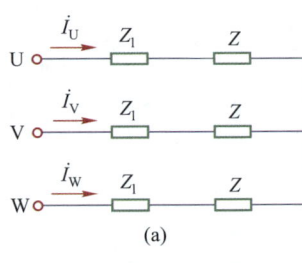

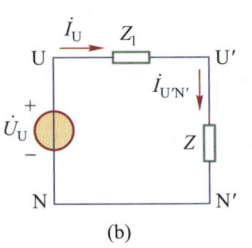

图 4-8 例 4-3 图

【例 4-3】 图 4-8(a)所示对称三相电路中,每相负载阻抗 $Z = (6+j8)\ \Omega$,端线阻抗 $Z_1 = (1+j1)\ \Omega$,电源线电压有效值为 380 V。求负载各相电流、每条相线中的电流、负载各相电压。

【解】 由已知 $U_L = 380\ V$,得 $U_P = \frac{U_L}{\sqrt{3}} = \frac{380}{\sqrt{3}}\ V = 220\ V$,画出 U 相的电路,如图 4-8(b)所示。

设 $\dot{U}_U = 220\ \underline{/0°}\ V$,则 U 相电流为

$$\dot{I}_{U'N'} = \frac{\dot{U}_U}{Z_1 + Z} = \frac{220\ \underline{/0°}}{(1+j1)+(6+j8)}\ A = \frac{220\ \underline{/0°}}{11.4\ \underline{/52.1°}}\ A = 19.3\ \underline{/-52.1°}\ A$$

U 相负载相电压为

$$\dot{U}_{U'N'} = \dot{I}_{U'N'}Z = 19.3 \underline{/-52.1°} \times (6+j8) \text{ V} = 193 \underline{/1°} \text{ V}$$

因为负载是 Y 联结,所以线电流等于相电流,即

$$\dot{I}_U = \dot{I}_{U'N'} = 19.3 \underline{/-52.1°} \text{ A}$$

而 V、W 两相的电流、电压可根据对称性推得

$$\dot{I}_V = \dot{I}_{V'N'} = 19.3 \underline{/-172.1°} \text{ A} \qquad \dot{U}_{V'N'} = 193 \underline{/-119°} \text{ V}$$

$$\dot{I}_W = \dot{I}_{W'N'} = 19.3 \underline{/67.9°} \text{ A} \qquad \dot{U}_{W'N'} = 193 \underline{/121°} \text{ V}$$

应当指出,对于负载不对称的三相星形联结电路,其中性线是不能省略的,有时中性线阻抗也不能忽略,如图 4-9 所示。

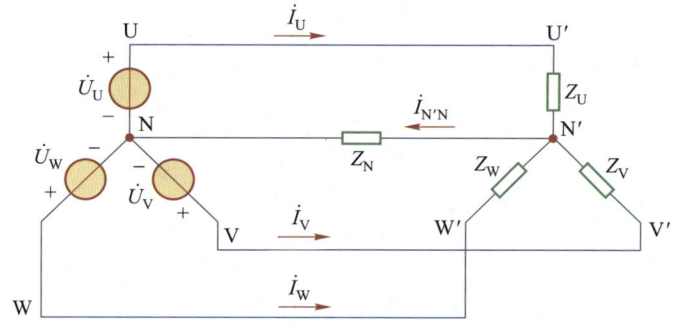

图 4-9　中性线阻抗不能忽略的三相四线制电路

电路具有两个结点、四条支路,可用弥尔曼定理求出电源中性点 N 与负载中性点 N′之间的电压,即中性点电压为

$$\dot{U}_{N'N} = \frac{\dfrac{\dot{U}_U}{Z_U} + \dfrac{\dot{U}_V}{Z_V} + \dfrac{\dot{U}_W}{Z_W}}{\dfrac{1}{Z_U} + \dfrac{1}{Z_V} + \dfrac{1}{Z_W} + \dfrac{1}{Z_N}} \qquad (4-10)$$

各相负载的电压为

$$\left.\begin{aligned} \dot{U}'_U &= \dot{U}_U - \dot{U}_{N'N} \\ \dot{U}'_V &= \dot{U}_V - \dot{U}_{N'N} \\ \dot{U}'_W &= \dot{U}_W - \dot{U}_{N'N} \end{aligned}\right\} \qquad (4-11)$$

各相负载的电流及中性线电流为

$$\dot{I}_U = \frac{\dot{U}'_U}{Z_U} \qquad \dot{I}_V = \frac{\dot{U}'_V}{Z_V} \qquad \dot{I}_W = \frac{\dot{U}'_W}{Z_W}$$

$$\dot{I}_{N'N} = \frac{\dot{U}'_{N'N}}{Z_N} = \dot{I}_U + \dot{I}_V + \dot{I}_W \neq 0$$

4-2-2　三相负载的三角形联结

负载三角形联结的三相电路一般可用图 4-10 表示。每相负载的阻抗分别为 Z_{UV}、Z_{VW}、Z_{WU}。电压和电流方向如图中所示。

如果不考虑线路损耗,**三角形联结负载的相电压与电源的线电压相等**。由于电源总是对称,所以**不论负载对称与否,其相电压总是对称的**,有

仿真实验
三相负载的
三角形联结

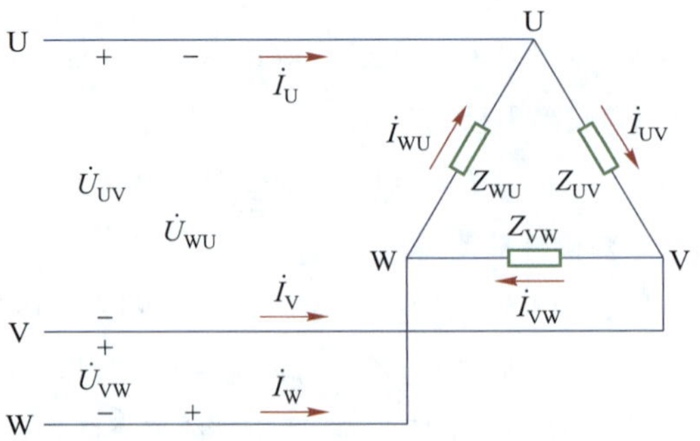

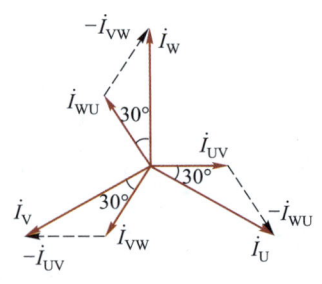

图 4-10　负载三角形联结的三相电路

$$U_{UV} = U_{VW} = U_{WU} = U_L = U_P \tag{4-12}$$

但三角形联结时,相电流与线电流不同,应用基尔霍夫电流定律于图 4-10,负载的线电流有

$$\left. \begin{aligned} \dot{I}_U &= \dot{I}_{UV} - \dot{I}_{WU} \\ \dot{I}_V &= \dot{I}_{VW} - \dot{I}_{UV} \\ \dot{I}_W &= \dot{I}_{WU} - \dot{I}_{VW} \end{aligned} \right\} \tag{4-13}$$

而各相负载的相电流为

$$\left. \begin{aligned} \dot{I}_{UV} &= \frac{\dot{U}_{UV}}{Z_{UV}} \\ \dot{I}_{VW} &= \frac{\dot{U}_{VW}}{Z_{VW}} \\ \dot{I}_{WU} &= \frac{\dot{U}_{WU}}{Z_{WU}} \end{aligned} \right\} \tag{4-14}$$

如果负载对称 $Z_{UV} = Z_{VW} = Z_{WU} = Z$,则相电流也对称,可以推出**在数值上线电流是相电流的$\sqrt{3}$倍,在相位上线电流滞后于相应的相电流30°**,即

对称三角形联结
线电流、相电流关系

$$\left. \begin{aligned} \dot{I}_U &= \sqrt{3}\,\dot{I}_{UV}\underline{/\,-30°} \\ \dot{I}_V &= \sqrt{3}\,\dot{I}_{VW}\underline{/\,-30°} \\ \dot{I}_W &= \sqrt{3}\,\dot{I}_{WU}\underline{/\,-30°} \end{aligned} \right\} \tag{4-15}$$

对称负载三角形联结时的电流相量图如图 4-11 所示。

可见,对于对称三相电路,只要计算一相电流,其余相电流、线电流可以根据对称性推出。

三相电动机的绕组可以是星形联结,也可以是三角形联结,在电动机铭牌上都有标示,如:380 V △联结或 380 V Y 联结。Y/△ 380/220,表示该电动机在电源线电压为 380 V 时为 Y 联结,在电源线电压为 220 V 时为△联结。可见该电动机的额定相电压是 220 V。

【例 4-4】　某对称三相负载接成三角形联结,如图 4-10 所示。如果负载 $Z_{UV} = Z_{VW} = Z_{WU} = Z = 20\underline{/\,45°}\ \Omega$,接在线电压为 380 V 的电源上,求 $\dot{I}_U$、$\dot{I}_V$、$\dot{I}_W$。

【解】　设 $\dot{U}_{UV} = 380\underline{/\,0°}$ V,则相电流为

$$\dot{I}_{UV} = \frac{\dot{U}_{UV}}{Z} = \frac{380\underline{/\,0°}}{20\underline{/\,45°}}\ A = 19\underline{/\,-45°}\ A$$

线电流为

$$\dot{I}_U = \sqrt{3}\,\dot{I}_{UV}\underline{/\,-30°} = 32.9\underline{/\,-75°}\ A$$

图 4-11　电流相量图

由对称性可知

$$\dot{I}_V = 32.9 \underline{/165°} \text{ A}$$

$$\dot{I}_W = 32.9 \underline{/45°} \text{ A}$$

思考与练习

4-2-1 当负载星形联结时,线电流一定等于相电流吗?

4-2-2 当负载星形联结时,必须接中性线吗?

4-2-3 当负载三角形联结时,线电流是否一定等于相电流的$\sqrt{3}$倍?

4-2-4 三相不对称负载三角形联结时,若有一相断路,对其他两相工作情况有影响吗?

4-2-5 三相负载三角形联结时,用电流表测出各相电流相等,则能否说三相负载是对称的?

思考与练习 4-2
解答

演示文稿
三相电路的功率

4-3 三相电路的功率

不论负载是星形联结还是三角形联结,总的有功(无功)功率等于各相有功(无功)功率之和,即

$$P = P_U + P_V + P_W = U_U I_U \cos \varphi_U + U_V I_V \cos \varphi_V + U_W I_W \cos \varphi_W \qquad (4-16a)$$

$$Q = Q_U + Q_V + Q_W = U_U I_U \sin \varphi_U + U_V I_V \sin \varphi_V + U_W I_W \sin \varphi_W \qquad (4-16b)$$

但视在功率不等于各相视在功率之和,而应该是

$$S = \sqrt{P^2 + Q^2} \qquad (4-17)$$

当负载对称时,每相有功功率是相等的,因此三相总功率为

$$P = 3P_P = 3U_P I_P \cos \varphi \qquad (4-18a)$$

当对称负载三角形联结时,有

$$U_L = U_P , I_L = \sqrt{3} I_P$$

当对称负载星形联结时,有

$$U_L = \sqrt{3} U_P , I_L = I_P$$

无论对称负载采用哪种连接方式,将上述关系式代入式(4-18a),均得到

$$P = \sqrt{3} U_L I_L \cos \varphi \qquad (4-18b)$$

式(4-18)可用来计算对称三相电路的有功功率,两式中的 φ 是相电压与相电流的相位差。工程上多采用式(4-18b),因为线电压及线电流容易测得,而且三相设备铭牌上标的也是线电压和线电流。

同理可得出对称三相电路的无功功率及视在功率分别为

$$Q = 3U_P I_P \sin \varphi = \sqrt{3} U_L I_L \sin \varphi \qquad (4-19a)$$

$$S = 3U_P I_P = \sqrt{3} U_L I_L \qquad (4-19b)$$

延伸学习
三相电路的
功率测量

交互动画
室内家居
照明电路

【例 4-5】 有一组对称三相负载,每相负载 $Z = (3 - j4) \ \Omega$,接在线电压为 380 V 的三相对称电源上。分别计算下面两种情况下负载的有功功率,并比较其结果:(1)负载为三角形联结;(2)负载为星形联结。

【解】 (1)负载为三角形联结时,每相负载的阻抗为

$$|Z| = \sqrt{R^2 + X_C^2} = 5 \ \Omega$$

相电压为
$$U_P = U_L = 380 \text{ V}$$

相电流为
$$I_P = \frac{U_P}{|Z|} = \frac{380}{5} \text{ A} = 76 \text{ A}$$

线电流为
$$I_L = \sqrt{3} I_P = \sqrt{3} \times 76 \text{ A} = 132 \text{ A}$$

功率因数为
$$\cos\varphi = \frac{R}{|Z|} = \frac{3}{5} = 0.6$$

有功功率为
$$P_\triangle = \sqrt{3} U_L I_L \cos\varphi = \sqrt{3} \times 380 \times 132 \times 0.6 \text{ W} = 52 \text{ kW}$$

（2）负载为星形联结时

相电压为
$$U_P = \frac{U_L}{\sqrt{3}} = \frac{380}{\sqrt{3}} \text{ V} = 220 \text{ V}$$

相电流为
$$I_P = I_L = \frac{U_P}{|Z|} = \frac{220}{5} \text{ A} = 44 \text{ A}$$

有功功率为
$$P_Y = \sqrt{3} U_L I_L \cos\varphi = \sqrt{3} \times 380 \times 44 \times 0.6 \text{ W} = 17.4 \text{ kW}$$

比较两种结果可知
$$P_\triangle \approx 3 P_Y$$

上例说明，在三相电源线电压一定的情况下，对称负载三角形联结的功率是星形联结的 3 倍。所以，要使负载正常工作，负载的接法必须正确。若正常工作是星形联结而误接成三角形，每相负载将因承受过高电压，导致功率过大而烧毁；若正常工作是三角形联结而误接成星形，则每相负载会因功率过小而不能正常工作。

思考与练习

思考与练习4-3
解答

4-3-1　有人说三相电路的功率因数 $\cos\varphi$ 专指对称三相电路而言。这种说法对吗？不对称三相电路有功率因数吗？

4-3-2　有人说对称三相电路的功率因数角是每相负载的阻抗角；又有人说功率因数角是相电压与相电流的相位差；还有人说功率因数角是线电压与线电流的相位差。哪些说法正确？试说明理由。

4-3-3　有人说对称三相电路有功功率计算公式 $P = \sqrt{3} U_L I_L \cos\varphi$ 中的功率因数角，对于星形联结负载而言是指相电压与相电流的相位差，对于三角形联结负载而言是指线电压与线电流的相位差。这种说法对吗？试说明理由。

本章小结

1. 对称三相交流电压

$$\dot{U}_U = U_P \underline{/0°} \qquad \dot{U}_V = U_P \underline{/-120°} \qquad \dot{U}_W = U_P \underline{/120°} \qquad \dot{U}_U + \dot{U}_V + \dot{U}_W = 0$$

2. 对称三相电源的连接

星形联结：三相四线制，有中性线，提供两组电压，即线电压和相电压，线电压比相应的相电压超前 30°，其值是相电压的 $\sqrt{3}$ 倍；三相三线制，无中性线，提供线电压。

三角形联结：只能是三相三线制，提供一组电压，线电压即为电源的相电压。

3. 三相负载的连接

星形联结：对称三相负载接成星形,供电电路只需三相三线制;不对称三相负载接成星形,供电电路必须为三相四线制。每相负载的相电压对称且为线电压的 $\frac{1}{\sqrt{3}}$。

中性线电流 $\dot{I}_{N'N} = \dot{I}_U + \dot{I}_V + \dot{I}_W$,三相负载对称时 $\dot{I}_{N'N} = 0$,中性线可以省去。

三角形联结：三相负载接成三角形,供电电路只需三相三线制,每相负载的相电压等于电源的线电压。无论负载是否对称,只要线电压对称,每相负载相电压也对称。

对于对称三相负载,线电流为相电流的 $\sqrt{3}$ 倍,线电流比相应的相电流滞后 $30°$。

4. 三相电路的功率

对于对称三相负载,有

$$P = 3U_P I_P \cos \varphi = \sqrt{3} U_L I_L \cos \varphi$$

$$Q = 3U_P I_P \sin \varphi = \sqrt{3} U_L I_L \sin \varphi$$

$$S = \sqrt{P^2 + Q^2} = \sqrt{3} U_L I_L$$

* 5. 安全用电常识

在一般情况下,人体的安全电压应在 **40 V** 以下,规定为 **36 V**,按 **30 mA** 来限定电流。 但在潮湿环境下,安全电压降低为 **24 V** 甚至 **12 V**。

触电方式:单相触电、两相触电、跨步电压触电、接触电压触电、设备漏电触电等。

防触电技术:保护接地、保护接零等。

延伸学习　　　　　动画　　　　　　动画　　　　　　动画
安全用电常识　　　单相触电　　　　两相触电　　　　跨步电压触电

微课　　　　　　　动画　　　　　　动画
胸外心脏按压练习　胸外心脏按压术　口对口人工呼吸

习题4

4-1　一对称三相正弦电压源的 $\dot{U}_U = 127 \underline{/90°}$ V。(1) 试写出 $\dot{U}_V$、$\dot{U}_W$;(2) 求 $\dot{U}_U - \dot{U}_W$,并与 $\dot{U}_U$ 进行比较;(3) 求 $\dot{U}_U + \dot{U}_W$,并与 $\dot{U}_U$ 进行比较;(4) 绘出相量图。

4-2　一台三相发电机的绕组连成星形时线电压为 6 300 V。(1) 试求发电机绕组的相电压;(2) 如将绕组改成三角形联结,求线电压。

4-3　某建筑物有三层楼,每一层的照明分别由三相电源中的一相供电。电源电压为 380/220 V,每层楼装有 220 V、100 W 电灯 15 个。(1) 绘出电灯接入电源的线路图;(2) 当三个楼层的电灯全部亮时,求线电流和中性线电流;(3) 如一层楼电灯全部亮,二层楼只开 5 个电灯,三层楼电灯全灭,而电源中性线又断开,求这时一层、二层楼电灯两端的电压。

4-4　图 4-12 所示三相四线制电路中,电源线电压为380 V,负载 $R_U = 11\ \Omega$,$R_V = R_W = 22\ \Omega$。求:(1) 负载相电压、相电流、中性线电流并绘出相量图;(2) 若中性线断开,各负载相电压;(3) 若无中性线,U 相短路时各负载相电压和相电流;(4) 无中性线且 W 相断路时,另外两相的电压和电流。

4-5　图 4-13 所示为一不对称星形联结负载,接到 380 V 对称三相电源上,U 相为电感 $L = 1$ H,V 相和 W 相都接 220 V、60 W 的电灯。试判断 V 相和 W 相哪个电灯亮,并绘出相量图。

4-6　如图 4-14 所示,电源线电压为 380 V。如果各相负载的阻抗都是 10 Ω,中性线电流是否等于零? 中性线是否可以去掉?

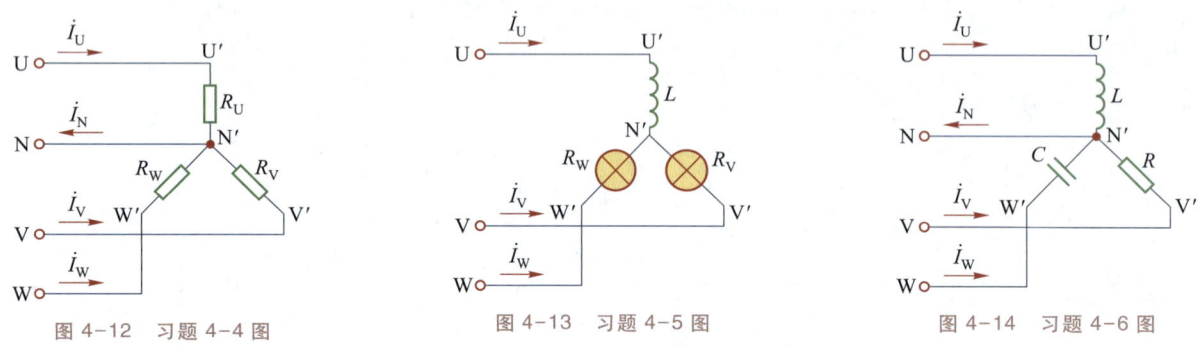

图 4-12　习题 4-4 图　　　　　图 4-13　习题 4-5 图　　　　　图 4-14　习题 4-6 图

4-7　一组三相对称负载,每相电阻 $R = 10\ \Omega$,接在线电压为 380 V 的三相电源上。试求下面两种接法时的线电流:(1) 负载接成三角形;(2) 负载接成星形。

4-8　为了减小三相笼型异步电动机的起动电流,通常把电动机先连接成星形,转起来后再改成三角形(称为 Y-△ 起动)。试求:(1) Y-△ 起动时的相电流之比;(2) Y-△ 起动时的线电流之比。

4-9　三相对称负载每相阻抗 $Z = (6 + j8)\ \Omega$,每相负载额定电压为 380 V。已知三相电源线电压为 380 V,三相负载应该怎么连接? 计算相电流和线电流。

4-10　如图 4-15 所示,已知 $R_1 = R_2 = R_3$。若负载 R_1 断开,图中所接的两个电流表读数有无变化,为什么?

4-11　如图 4-16 所示,已知电源线电压为 220 V,电流表读数为 17.3 A,三相对称负载的有功功率为 4.5 kW。求每相负载的电阻和电抗。

4-12　有两组对称三相负载,一组接成星形,每相阻抗 $Z_Y = (4 + j3)\ \Omega$;另一组接成三角形,每相阻抗 $Z_\triangle = (10 + j10)\ \Omega$。把这两组负载接到线电压为 380 V 的电源上,试求两个三相电路的线电流。

4-13　当使用工业三相电阻炉时,常常采取改变电阻丝的接法来调节加热温度。今有一台三相电阻炉,每相电阻为 8.68 Ω。求:(1) 线电压为 380 V 时,电阻炉为三角形联结和星形联结时的功率;(2) 线电压为 220 V 时,电阻炉为三角形联结时的功率。

4-14　对称三相电源星形正序联结,$u_U = 220\sqrt{2}\sin\left(\omega t + \dfrac{\pi}{6}\right)$ V。试求:(1) 相电压 u_V、u_W 的瞬时值表达式;(2) 线电压 u_{UV} 的瞬时值表达式。

4-15　对称三相负载星形联结,每相负载阻抗为 $Z = 10\ \underline{/45°}\ \Omega$,接在线电压为 380 V(初相为 0°)的对称三相电源上。求 $\dot{I}_U$、$\dot{I}_V$、$\dot{I}_W$。

4-16　图 4-17 所示对称三相电路中,每相负载阻抗 $Z = (80 + j60)\ \Omega$,端线阻抗 $Z_l = 1\ \Omega$,电源线电压有效值为 380 V。求负载各相的电流、每根端线中的电流、负载各相的电压。

4-17　对称三相负载三角形联结,每相负载阻抗为 $Z = (6 + j8)\ \Omega$,电源线电压为 220 V,$f = 50$ Hz。试求:(1) 负载相电流有效值;(2) 相电流 $i_{U'N'}$ 和线电流 i_U 的瞬时值表达式;(3) 三相负载的有功功率和无功功率。

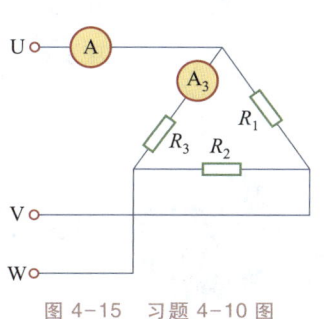
图 4-15 习题 4-10 图

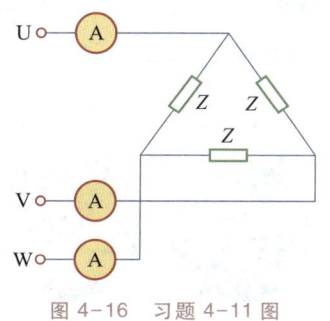
图 4-16 习题 4-11 图

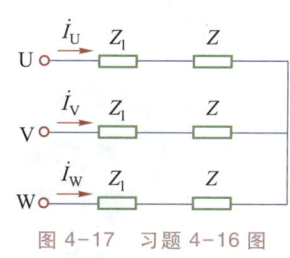
图 4-17 习题 4-16 图

4-18 一台三相电动机作星形联结,每相阻抗 $Z = (60+j80)$ Ω,接到线电压为 380 V 的三相电源上,求电动机线电流有效值和三相电路功率。

习题 4 详解

电路新视界4

电力能源转型与源网荷储一体化

2024 年中国能源发展报告中写道:我国能源电力转型发展需要围绕"加快建设新型能源体系"和"构建新型电力系统"两个主题,着重关注产业链、供应链、创新链的对接,加快能源领域关键技术和装备攻关,特别要布局新型储能、氢能等前沿领域科技攻关,深化海上风电大规模开发、源网荷储一体化等领域的基础研究,持续重视交能融合等"能源+"新领域的研究推进。

近年来,我国发电结构持续向绿色转型的工作卓有成效。来自中国电力科学院的数据如图 4-18 所示,2022 年我国火电装机占比仍超过 50%,然而 2023 年我国清洁能源发电装机量首次超过火电,即清洁能源装机占比过半。2023 年清洁能源发电装机占比如图 4-19 所示。

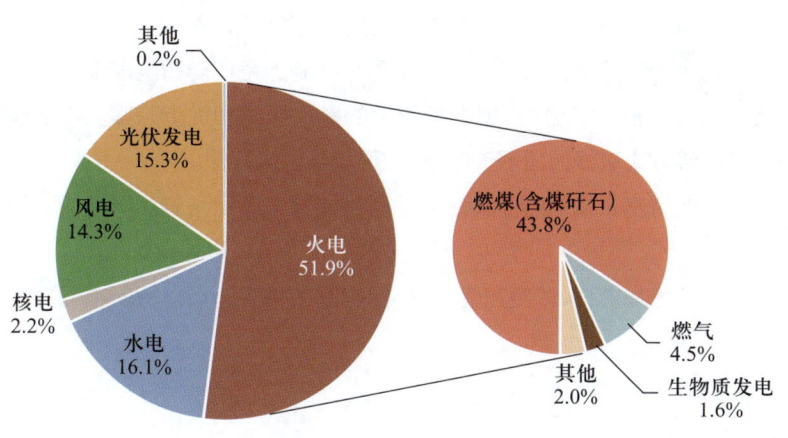
图 4-18 2022 年各类型发电装机占比

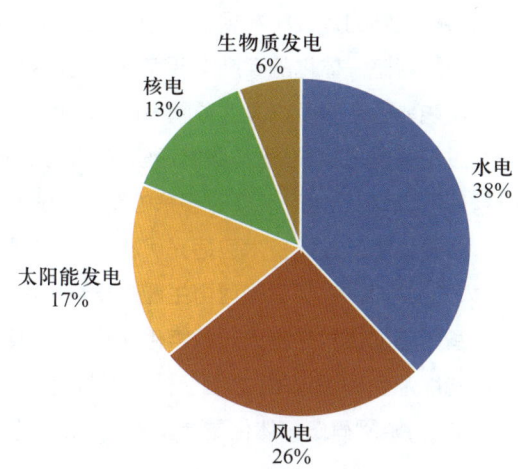
图 4-19 2023 年清洁能源发电装机占比

在发电量上,2023 年相较于 2022 年,光伏发电量增长 36.7%,风电发电量增长 16.2%。因此,需要解决光伏发电、风电等可再生能源的源网荷储一体化问题。这里,光伏发电、风电等可再生能源,被视为能源的"源头",通过光伏电池板、风力发电机等装置,将自然界的能量转换为电能,如图 4-20 所示。

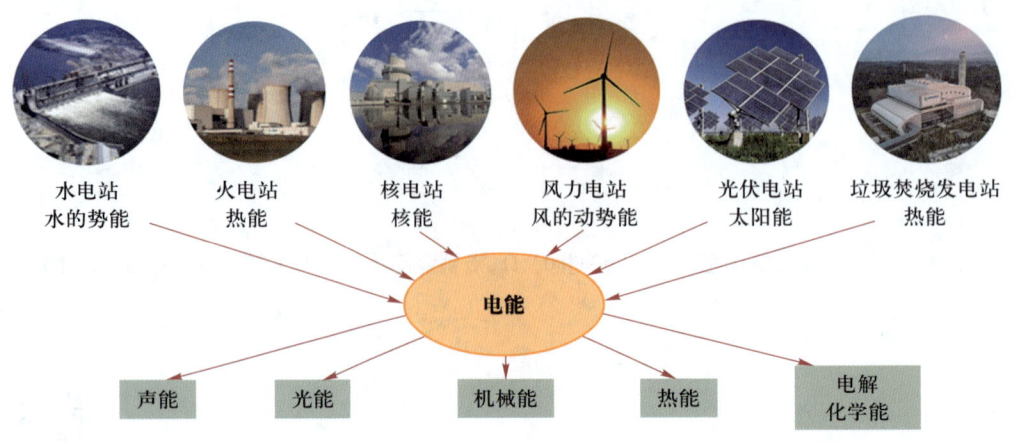

图 4-20　电能转换示意图

"网"是电能传输和分配的基础设施,将光伏发电和风力发电等分布式能源注入电网中,供应给用户使用。"荷"是用电负荷,即电能的实际消费者。光伏发电和风力发电等分布式能源不一定与用电负荷处于相同的位置,需要通过电网传输能量到负荷端。"储"是储能系统(如电池等),通过储能将过剩的能源暂时存储下来,当需要时再释放出来,以应对发电和用电需求之间的时间差异,实现能源的平衡和供需的灵活调配。

"源网荷储一体化"则是指将能源源头、电网、用电负荷和储能系统有机地整合在一起,形成一个综合性的能源系统,以实现能源的高效利用,优化能源供应和需求的平衡。

构建源网荷储体系具有很多好处。①可增加能源消纳能力:分布式光伏发电和风电等可再生能源通常地理位置分散,电力生产稳定性差,直接接入电网可能导致电网的过载或电压波动问题。而通过源网荷储一体化,可以在电力生产与负荷之间灵活地调整能源消纳,降低对电网的影响,提高电网的容纳能力。②降低用电成本:通过源网荷储一体化的能源管理,可以优化电力供应方案,平衡用电峰谷负荷。③提高能源安全性:源网荷储一体化使得能源系统更加灵活和可控,可以应对突发情况和灾害,提高能源供应的安全性和可靠性。④实现能源多元化:源网荷储一体化可以将多种能源有机地整合在一起,包括可再生能源、传统能源和储能系统等,实现能源多元化,降低对单一能源的依赖。⑤推动智能电网发展:源网荷储一体化的实现需要借助先进的数字化和信息化技术,推动智能电网的建设和发展,提高电网的智能化程度和运行效率。

源网荷储一体化的实施需要有智能能源管理系统、储能技术、可再生能源发电技术及智能电网技术的协同支撑。

智能能源管理系统是对源网荷储一体化能源生产、传输、消费和储存的各个环节进行实时监测和控制的系统。智能能源管理系统通过传感器、监测设备和数据通信技术,对能源的生产和消费进行实时监测和分析,提供智能化的能源管理和优化方案。在智能化管理下,把能源生产高峰时多余的能源用储能技术储存起来,在能源需求高峰时段释放出来,实现能源供需平衡。

可再生能源发电技术包括光伏发电、风力发电、水力发电等。源网荷储一体化需要大量的可再生能源来满足能源生产需求。因此,大力发展高效、可靠的可再生能源发电技术是关键。

智能电网技术是指通过数字化、自动化和通信技术,实现对电网的智能监控、调度和管理,确保电网的稳定运行。智能电网技术是智能能源管理系统的"大脑",是源网荷储一体化系统的指挥控制中枢。

总之,源网荷储一体化是新型能源体系建设的一项工作。

学习内容思维导图

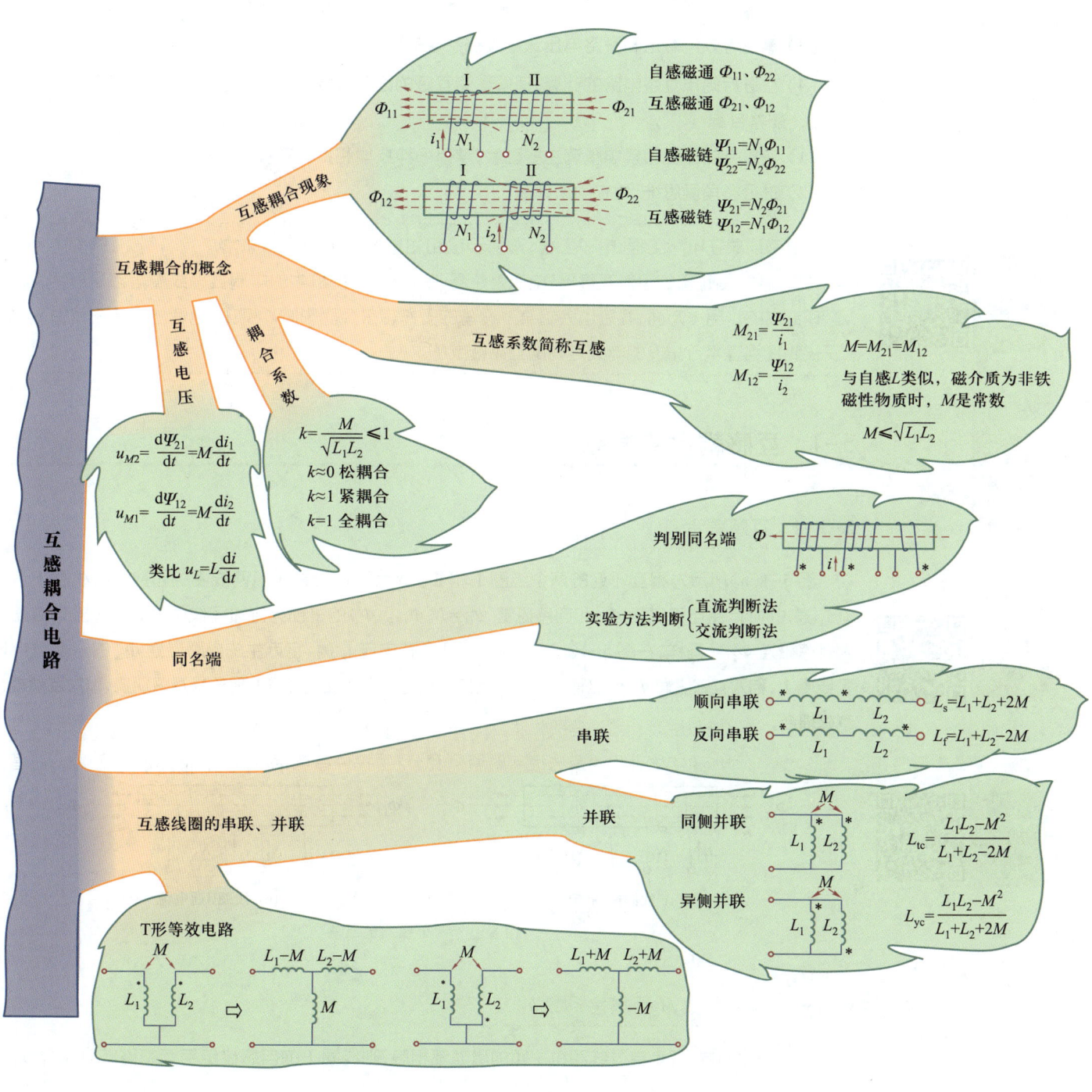

互感耦合的概念
- 互感耦合现象

自感磁通 Φ_{11}、Φ_{22}
互感磁通 Φ_{21}、Φ_{12}

自感磁链 $\Psi_{11}=N_1\Phi_{11}$
$\Psi_{22}=N_2\Phi_{22}$

互感磁链 $\Psi_{21}=N_2\Phi_{21}$
$\Psi_{12}=N_1\Phi_{12}$

互感耦合电路

- 互感电压

$$u_{M2}=\frac{\mathrm{d}\Psi_{21}}{\mathrm{d}t}=M\frac{\mathrm{d}i_1}{\mathrm{d}t}$$

$$u_{M1}=\frac{\mathrm{d}\Psi_{12}}{\mathrm{d}t}=M\frac{\mathrm{d}i_2}{\mathrm{d}t}$$

类比 $u_L=L\dfrac{\mathrm{d}i}{\mathrm{d}t}$

- 耦合系数

$$k=\frac{M}{\sqrt{L_1 L_2}}\leqslant 1$$

$k\approx 0$ 松耦合
$k\approx 1$ 紧耦合
$k=1$ 全耦合

互感系数简称互感

$$M_{21}=\frac{\Psi_{21}}{i_1}$$
$$M_{12}=\frac{\Psi_{12}}{i_2}$$

$M=M_{21}=M_{12}$

与自感 L 类似，磁介质为非铁磁性物质时，M 是常数

$$M\leqslant\sqrt{L_1 L_2}$$

同名端
- 判别同名端
- 实验方法判断 $\begin{cases}直流判断法\\交流判断法\end{cases}$

互感线圈的串联、并联
- 串联
  - 顺向串联 $L_s=L_1+L_2+2M$
  - 反向串联 $L_f=L_1+L_2-2M$
- 并联
  - 同侧并联 $L_{tc}=\dfrac{L_1 L_2-M^2}{L_1+L_2-2M}$
  - 异侧并联 $L_{yc}=\dfrac{L_1 L_2-M^2}{L_1+L_2+2M}$
- T形等效电路

学习目标

1. 知识目标

（1）掌握互感、耦合系数、同名端等概念。

（2）辨识互感线圈的连接方式。

*（3）了解互感电路的应用。

2. 能力目标

（1）会判断和测定同名端。

（2）会求算互感线圈串联、并联时的等效电感，会用去耦法求解简单电路的等效电感。

*（3）掌握等效电感法和开路电压法测互感系数的技能。

*（4）会进行简单互感电路的计算，理解影响互感的因素并能加以利用。

3. 素养目标

（1）在复杂的环境因素中厘清主要因素，掌握多种技能和提升解决问题的能力。

（2）进行多角度思维，树立创新理念。

> 互感现象在电气工程、电子工程、通信工程和测量仪器中的应用非常广泛。例如，输配电用的电力变压器，测量用的电流互感器、电压互感器，收音机、电视机中的中周振荡线圈等都是根据互感原理制成的。另一方面，互感也会给某些设备的工作带来负面影响。例如，电话的串音干扰就是由于长距离相互平行架设的电线之间的互感造成的。

章前絮语

演示文稿
互感耦合的
概念

5-1 互感耦合的概念

5-1-1 互感耦合

图 5-1(a)所示为相互邻近的两个线圈 I 和 II。N_1 和 N_2 分别表示两线圈的匝数。当线圈 I 有电流 i_1 通过时，产生自感磁通 Φ_{11} 和自感磁链 $\Psi_{11}=N_1\Phi_{11}$。Φ_{11} 的一部分穿过了线圈 II，这一部分磁通称为互感磁通 Φ_{21}。同样，在图 5-1(b)中，当线圈 II 通有电流 i_2 时，它产生的自感磁通 Φ_{22} 的一部分穿过了线圈 I，称为互感磁通 Φ_{12}。这种一个线圈的磁通与另一个线圈相交链的现象是互感现象，称为**互感耦合**或**磁耦合**。

动画
互感现象

阅读
无线充电
技术简介

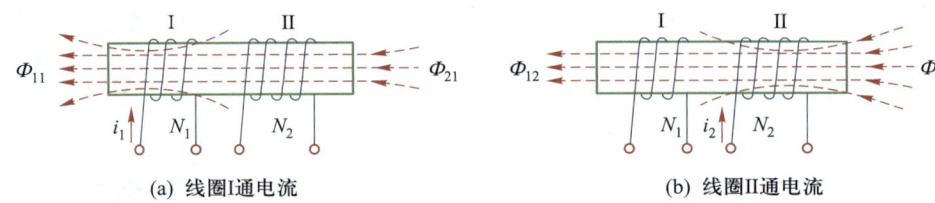

(a) 线圈I通电流　　　　　　　　(b) 线圈II通电流

图 5-1　两个线圈的互感

5-1-2 互感系数 M 与耦合系数 k

为了讨论方便，假定穿过线圈每一匝的磁通都相等，则线圈 I 的自感磁链与互感磁链分别为 $\Psi_{11}=$

$N_1\varPhi_{11}$，$\varPsi_{12}=N_1\varPhi_{12}$；线圈 Ⅱ 的自感磁链与互感磁链分别为 $\varPsi_{22}=N_2\varPhi_{22}$，$\varPsi_{21}=N_2\varPhi_{21}$。类似于自感系数 L 的定义，**互感系数**的定义为

互感系数
$$M_{21}=\frac{\varPsi_{21}}{i_1} \tag{5-1a}$$

$$M_{12}=\frac{\varPsi_{12}}{i_2} \tag{5-1b}$$

式（5-1a）表明线圈 Ⅰ 对线圈 Ⅱ 的互感系数 M_{21} 等于穿过线圈 Ⅱ 的互感磁链 $\varPsi_{21}$ 与激发该磁链的电流 i_1 之比。式（5-1b）表明线圈 Ⅱ 对线圈 Ⅰ 的互感系数 M_{12} 等于穿过线圈 Ⅰ 的互感磁链 $\varPsi_{12}$ 与激发该磁链的电流 i_2 之比。可以证明，$M_{12}=M_{21}=M$，所以可以不再加下标，一律用 M 表示。互感系数简称**互感**，在国际单位制中，M 的单位是亨[利]，符号是 H。

应当指出：当磁介质为非铁磁性物质时，M 是常数。**互感 M 与两个线圈的几何尺寸、匝数、相对位置有关**。本章讨论的互感 M 均为常数。

两线圈的互感系数小于或等于两线圈的自感系数的几何平均值，即 $M\leqslant\sqrt{L_1L_2}$。因为 $\varPhi_{21}\leqslant\varPhi_{11}$，$\varPhi_{12}\leqslant\varPhi_{22}$，所以有

$$M^2=M_{21}M_{12}=\frac{N_2\varPhi_{21}}{i_1}\cdot\frac{N_1\varPhi_{12}}{i_2}\leqslant\frac{N_1\varPhi_{11}}{i_1}\cdot\frac{N_2\varPhi_{22}}{i_2}=L_1L_2$$

可得

$$M\leqslant\sqrt{L_1L_2} \tag{5-2}$$

式（5-2）仅说明互感 M 比 $\sqrt{L_1L_2}$ 小（最多相等），但并不能说明 M 比 $\sqrt{L_1L_2}$ 小到什么程度。为此，工程中常用**耦合系数 k** 表示两个线圈磁耦合的紧密程度。耦合系数定义为

耦合系数
$$k=\frac{M}{\sqrt{L_1L_2}} \tag{5-3}$$

由于互感磁通是自感磁通的一部分，所以 $k\leqslant1$。当 k 约为零时，称两个线圈为松耦合；当 k 近似为 1 时，为紧耦合；当 $k=1$ 时，为全耦合，此时的自感磁通全部为互感磁通。

两个线圈之间的耦合程度或耦合系数的大小与线圈的结构、两个线圈的相对位置以及周围磁介质的性质有关。如果两个线圈靠得很紧或紧密地绕在一起，如图 5-2(a) 所示，则 k 值可能接近 1。反之，如果它们相隔很远，或者它们的轴线相互垂直，如图 5-2(b) 所示，线圈 Ⅰ 产生的磁通不穿过线圈 Ⅱ，而线圈 Ⅱ 产生的磁通穿过线圈 Ⅰ 时，线圈上半部和线圈下半部磁通的方向正好相反，其互感作用相互抵消，则 k 值就很小，甚至可能接近零。由此可见，改变或调整两个线圈的相对位置，可以改变耦合系数的大小，当 L_1、L_2 一定时也就相应改变互感 M 的大小。应用这种原理可制作可变电感器。

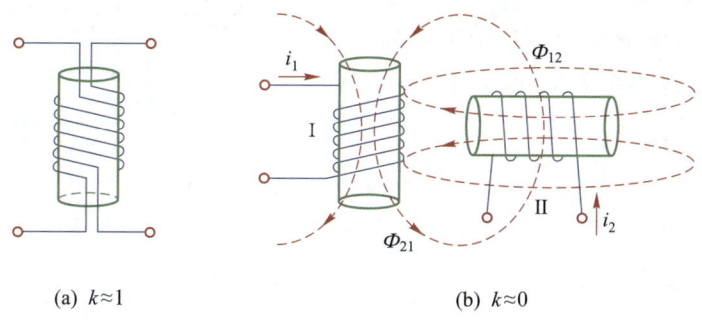

(a) $k\approx1$　　　　　(b) $k\approx0$

图 5-2　互感线圈的耦合系数与相互位置的关系

在电力电子技术中,为了利用互感原理有效地传输功率或信号,总是采用极紧密的耦合,使 k 值尽可能接近 1,通过合理地绕制线圈以及采用铁磁性材料作为磁介质可以实现这一目的。

若要尽量减小互感的影响,以避免线圈之间的相互干扰,除合理地布置这些线圈的相互位置以减小互感的影响外,还可以采用磁屏蔽措施。

在绕制电阻时,如果将电阻线对折,双线并绕以使线圈内的磁通互相抵消,就可以得到无感电阻。

5-1-3　互感电压

两线圈因变化的互感磁通而产生的感应电动势或电压称为**互感电动势**或**互感电压**。

在图 5-3(a)中,当线圈 I 中的电流 i_1 变动时,在线圈 II 中产生了变化的互感磁通 Ψ_{21},而 Ψ_{21} 的变化将在线圈 II 中产生互感电压 u_{M2}。如果 i_1 与 Ψ_{11} 的参考方向,以及 u_{M2} 与 Ψ_{21} 的参考方向都符合右手螺旋定则,有以下关系式:

$$u_{M2} = \frac{\mathrm{d}\Psi_{21}}{\mathrm{d}t}$$

设两线圈的互感系数为 M,则 $\Psi_{21} = Mi_1$,代入上式得

$$u_{M2} = \frac{\mathrm{d}\Psi_{21}}{\mathrm{d}t} = M\frac{\mathrm{d}i_1}{\mathrm{d}t} \tag{5-4}$$

同理,在图 5-3(b)中,当线圈 II 中的电流 i_2 变动时,在线圈 I 中也会产生互感电压 u_{M1}。如果 i_2 与 Ψ_{12} 以及 Ψ_{12} 与 u_{M1} 的参考方向都符合右手螺旋定则,有以下关系式:

$$u_{M1} = M\frac{\mathrm{d}i_2}{\mathrm{d}t} \tag{5-5}$$

可见,**互感电压与互感系数和另一线圈中电流的变化率的乘积成正比。**

阅读
互感的应用

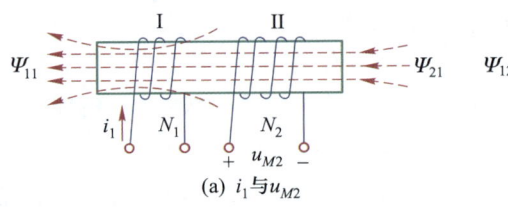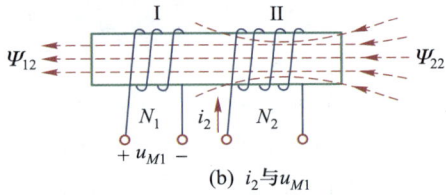

(a) i_1 与 u_{M2}　　　　　　　(b) i_2 与 u_{M1}

图 5-3　互感线圈的电压

思考与练习 5-1
解答

思考与练习

5-1-1　互感系数 M 的大小与哪些因素有关?

5-1-2　为了使收音机中的电源变压器与输出变压器彼此不发生互感现象,即 $k=0$,应采取什么措施?

5-1-3　两耦合线圈的 $L_1 = 0.01$ H、$L_2 = 0.04$ H、$M = 0.01$ H,试求其耦合系数 k。

5-1-4　求图 5-4 中互感电压 u_{M2} 的表达式。

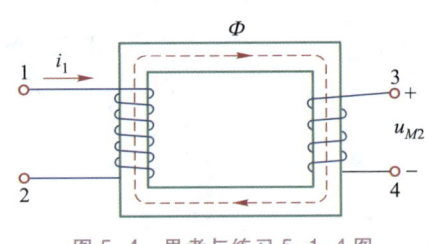

图 5-4　思考与练习 5-1-4 图

5-2　同名端

在工程中,对于两个或两个以上有电磁耦合的线圈,常常要知道互感电压的极性。例如,在 LC 正弦振荡器中,必须正确地连接互感线圈的极性,才能产生振荡。然而互感电压的极性与电流(或磁通)的参考方向及线圈的绕向有关,但在实际情况下,线圈往往是密封的,看不到绕向,并且在电路图中绘出线圈的绕向是很不方便的。采用标记同名端的方法可解决这一问题。

工程上将两个线圈通入电流,按右手螺旋定则产生相同方向磁通时,两个线圈的电流流入端称为**同名端**,用符号"·"或"＊"等标记。如图 5-5 所示,线圈 I 的 1 端点与线圈 II 的 2 端点(1′与 2′)为同名端。采用同名端标记后,就可以不用画出线圈的绕向,图 5-5(a)所示的两个互感线圈可用图 5-5(b)所示的互感电路符号表示。

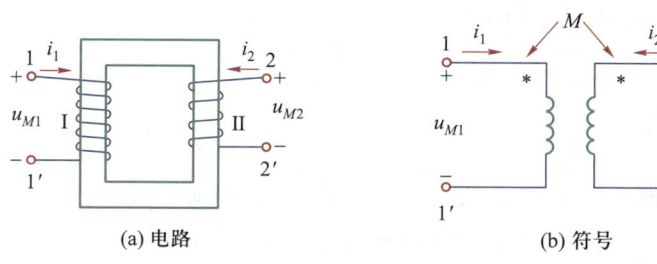

图 5-5　互感线圈的同名端及互感电路符号

采用同名端标记后,互感电压的方向可以由电流对同名端的方向确定,即互感电压与产生它的电流对同名端的参考方向一致。图 5-5(b)中,线圈 I 中的电流 i_1 是由同名端流向非同名端,在线圈 II 中产生的互感电压 u_{M2} 也是由同名端指向非同名端。

【**例 5-1**】　电路如图 5-6 所示,试判断同名端。

【**解**】　根据同名端的定义,图 5-6(a)中,2、4、5 为同名端或 1、3、6 为同名端;图 5-6(b)中,1、3为同名端或 2、4 为同名端。

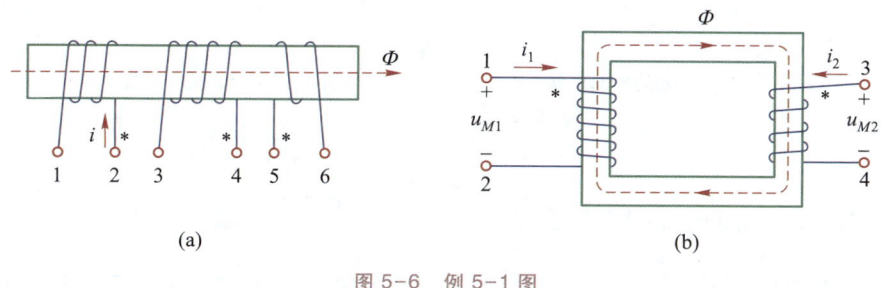

图 5-6　例 5-1 图

根据同名端与互感电压参考方向标注原则,在实际工作中,可利用实验法判断同名端(可扫描边栏二维码学习)。实际工作中常用的判断方法有两种:直流判断法和交流判断法。

思考与练习

5-2-1 判断图 5-7 所示线圈的同名端。

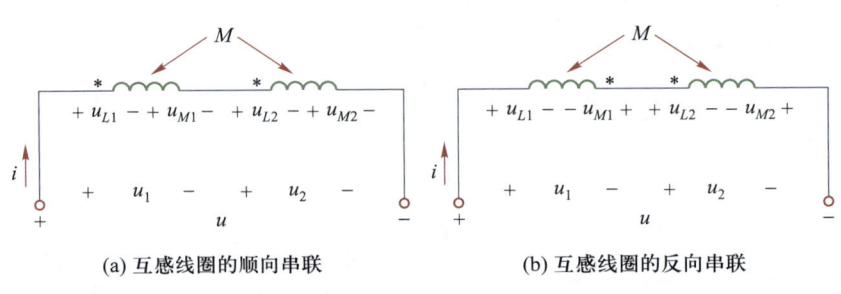

图 5-7 思考与练习 5-2-1 图

5-3 互感线圈的串联、并联

5-3-1 互感线圈的串联

具有互感的两个线圈有两种串联方式——顺向串联和反向串联。

两个互感线圈流过同一电流，且电流都是由线圈的同名端流入或流出，即异名端相接，这种连接方式称为**顺向串联**。根据基尔霍夫电压定律，当电流与电压的参考方向如图 5-8（a）所示时，线圈 I 两端的电压为

$$u_1 = u_{L1} + u_{M1} = L_1 \frac{\mathrm{d}i}{\mathrm{d}t} + M \frac{\mathrm{d}i}{\mathrm{d}t}$$

（a）互感线圈的顺向串联　　　　（b）互感线圈的反向串联

图 5-8 具有互感的两线圈的两种串联方式

上式包含两项：一项是电流 i 所产生的自感电压 $u_{L1} = L_1 \dfrac{\mathrm{d}i}{\mathrm{d}t}$；另一项是电流 i 通过线圈 II 时在线圈 I 中所产生的互感电压 u_{M1}。因为 u_{M1} 的参考方向与产生它的电流 i 对同名端是一致的，所以 $u_{M1} = M \dfrac{\mathrm{d}i}{\mathrm{d}t}$；又由于 u_{M1} 与 u_1 的参考方向一致，所以 u_{M1} 前面取正号。

同理，线圈 II 两端的电压为

$$u_2 = u_{L2} + u_{M2} = L_2 \frac{\mathrm{d}i}{\mathrm{d}t} + M \frac{\mathrm{d}i}{\mathrm{d}t}$$

式中，$u_{M2} = M \dfrac{\mathrm{d}i}{\mathrm{d}t}$ 为电流 i 通过线圈 I 时在线圈 II 中所产生的互感电压。

电路的总电压为

$$u = u_1 + u_2 = (L_1 + L_2 + 2M)\frac{\mathrm{d}i}{\mathrm{d}t} = L_s \frac{\mathrm{d}i}{\mathrm{d}t}$$

式中

顺向串联　　　$L_s = L_1 + L_2 + 2M$　　　　　　　　(5-6)

为顺向串联时两线圈的等效电感。

当两线圈如图 5-8（b）所示连接时，电流都是由线圈的异名端流入或流出，即同名端相接，这种连接方式称为**反向串联**。同理，可推出反向串联时两线圈的等效电感为

反向串联　　　$L_f = L_1 + L_2 - 2M$　　　　　　　　(5-7)

由上述分析可知，**当互感线圈顺向串联时，等效电感增加；反向串联时，等效电感减小，有削弱电感的作用**。因为互感磁通是自感磁通的一部分，$(L_1 + L_2) > 2M$，即 $L_f > 0$，所以全电路仍为电感性。

在电源电压不变的情况下，顺向串联，电流减小；反向串联，电流增加。

对于线圈的感应电压，当两线圈电流都从同名端流入或流出时，由于线圈中磁通相助，所以互感电压与该线圈中的自感电压同号，即自感电压取正号时互感电压也取正号，自感电压取负号时互感电压也取负号；否则，当两线圈电流都从异名端流入或流出时，由于线圈中磁通相消，所以互感电压与该线圈中的自感电压异号，即自感电压取正号时互感电压取负号，自感电压取负号时互感电压取正号。

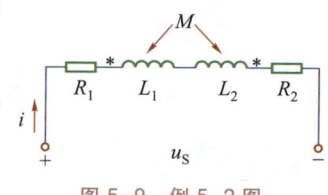

图 5-9　例 5-2 图

【例 5-2】　电路如图 5-9 所示。已知 $L_1 = 1$ H、$L_2 = 2$ H、$M = 0.5$ H、$R_1 = R_2 = 1$ kΩ、$u_S = 100\sqrt{2}\sin 628t$ V。求电流 i。

【解法一】　因为两个线圈是反向串联，所以

$$X_M = \omega(L_1 + L_2 - 2M)$$
$$= 628 \times (1 + 2 - 2 \times 0.5)\ \Omega$$
$$= 1\ 256\ \Omega$$

$$|Z| = \sqrt{(R_1 + R_2)^2 + X_M^2} = \sqrt{2\ 000^2 + 1\ 256^2}\ \Omega = 2\ 362\ \Omega$$

$$\varphi = \arctan\frac{X_M}{R} = \arctan\frac{1\ 256}{2\ 000} = 32.1°$$

$$I = \frac{U}{|Z|} = \frac{100}{2\ 362}\ \text{A} = 42.3\ \text{mA}$$

$$\varphi_{0i} = \varphi_{0u} - \varphi = 0 - 32.1° = -32.1°$$

$$i = 42.3\sqrt{2}\sin(628t - 32.1°)\ \text{mA}$$

【解法二】　利用相量关系式求解

$$Z = R_1 + R_2 + \mathrm{j}\omega(L_1 + L_2 - 2M)$$
$$= 2\ 000\ \Omega + \mathrm{j}628(1 + 2 - 2 \times 0.5)\ \Omega$$
$$= 2\ 000\ \Omega + \mathrm{j}1\ 256\ \Omega$$
$$= 2\ 362\ \underline{/\ 32.1°}\ \Omega$$

又因为

$$\dot{U}_S = 100\ \underline{/\ 0°}\ \text{V}$$

所以

$$\dot{I} = \frac{\dot{U}_S}{Z} = \frac{100\ \underline{/\ 0°}}{2\ 362\ \underline{/\ 32.1°}}\ \text{A} = 42.3\ \underline{/\ -32.1°}\ \text{mA}$$

$$i = 42.3\sqrt{2}\sin(628t - 32.1°)\ \text{mA}$$

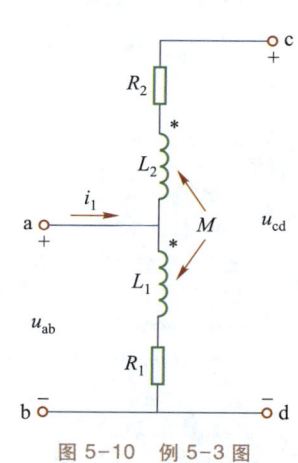

图 5-10　例 5-3 图

【例 5-3】　电路如图 5-10 所示。已知 $\dot{U}_{ab} = 100\ \underline{/\ 0°}$ V，$R_1 = R_2 = 3$ kΩ，$\omega L_1 = \omega L_2 = 4$ kΩ，$\omega M = 2$ kΩ。求 cd 两端的开路电压 $\dot{U}_{cd}$。

【解】 当 cd 两端开路时,线圈 2 中无电流,因此在线圈 1 中无互感电压。

所以

$$\dot{I}_1 = \frac{\dot{U}_{ab}}{R_1 + j\omega L_1} = \frac{100 \underline{/0°}}{3\,000 + j4\,000} \text{ A} = 20 \underline{/-53.1°} \text{ mA}$$

由于线圈 2 中无电流,所以线圈 2 中无自感电压。

但由于 L_1 上有电流,所以线圈 2 中有互感电压,根据电流对同名端的方向可知,cd 两端的电压

$$\dot{U}_{cd} = \dot{U}_{M2} + \dot{U}_{ab}$$
$$= j\omega M \dot{I}_1 + \dot{U}_{ab}$$
$$= j2 \times 20 \underline{/-53.1°} \text{ V} + 100 \underline{/0°} \text{ V}$$
$$= 40 \underline{/36.9°} \text{ V} + 100 \underline{/0°} \text{ V}$$
$$= 134.1 \underline{/10.3°} \text{ V}$$

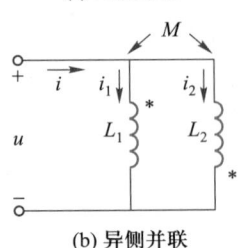

(a) 同侧并联

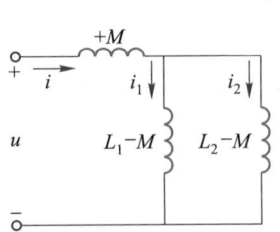

(b) 异侧并联

图 5-11 互感线圈的并联

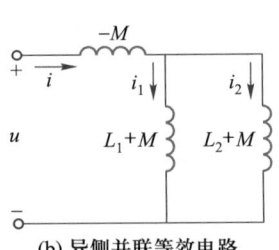

(a) 同侧并联等效电路

(b) 异侧并联等效电路

图 5-12 消去互感后的电路

5-3-2 互感线圈的并联

具有互感的两个线圈并联时,也有两种接法,如图 5-11 所示。图 5-11(a)中同名端在同侧,称为**同侧并联**;图 5-11(b)中同名端在异侧,称为**异侧并联**。

下面分别对两种不同接法的电路进行分析。

当两个互感线圈同侧并联时,各电压、电流的参考方向如图 5-11(a)所示。应用相量形式,根据基尔霍夫定律列出方程:

支路 1 $\qquad\qquad \dot{U} = j\omega L_1 \dot{I}_1 + j\omega M \dot{I}_2$

支路 2 $\qquad\qquad \dot{U} = j\omega L_2 \dot{I}_2 + j\omega M \dot{I}_1$

将 $\dot{I} = \dot{I}_1 + \dot{I}_2$ 代入上述方程,可得

$$\dot{U} = j\omega(L_1 - M)\dot{I}_1 + j\omega M \dot{I}$$
$$\dot{U} = j\omega(L_2 - M)\dot{I}_2 + j\omega M \dot{I}$$

由上面的表达式不难看出,可以用图 5-12(a)所示电路来代替图 5-11(a)所示电路。图 5-12(a)是图 5-11(a)消去互感后的等效电路,对于这个电路,可以使用无互感的正弦交流电路的分析方法进行计算。其阻抗值为

$$Z = j\omega M + \frac{j\omega(L_1 - M) \cdot j\omega(L_2 - M)}{j\omega(L_1 + L_2 - 2M)} = j\omega \frac{L_1 L_2 - M^2}{L_1 + L_2 - 2M} = j\omega L_{tc}$$

式中,L_{tc} 为互感线圈同侧并联的等效电感,即

| 同侧并联 | $L_{tc} = \dfrac{L_1 L_2 - M^2}{L_1 + L_2 - 2M}$ | (5-8) |

同理,图 5-12(b)所示是图 5-11(b)消去互感后的等效电路。设 L_{yc} 为互感线圈异侧并联的等效电感,则

| 异侧并联 | $L_{yc} = \dfrac{L_1 L_2 - M^2}{L_1 + L_2 + 2M}$ | (5-9) |

比较式(5-8)和式(5-9)可知,同名端相接(同侧并联)时,耦合电感并联的等效电感较大;反之,异名端相接(异侧并联)时,等效电感较小。因此,应注意同名端的连接对等效电路参数的影响。

把含互感的电路化为等效的无互感电路的方法称为**互感消去法**,或去耦法。应用去耦法,解决了互感串联、并联电路等效电感的求解。

提示

两个互感线圈串联:

$$L = L_1 + L_2 \pm 2M$$

顺向串联取"+"

反向串联取"−"

两个互感线圈并联:

$$L = \frac{L_1 L_2 - M^2}{L_1 + L_2 \mp 2M}$$

同侧并联取"−"

异侧并联取"+"

5-3-3　T形等效电路

去耦法也适合处理 T 形等效电路,如图 5-13 所示。

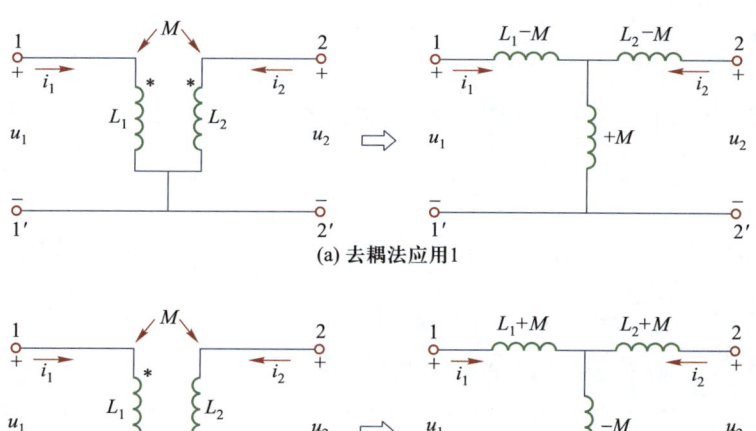

(a) 去耦法应用1

(b) 去耦法应用2

图 5-13　T形去耦等效电路

延伸学习
互感应用实例

【例 5-4】　图 5-14 所示为互感电路,求开关 S 断开时的输入复阻抗 Z_{12} 及开关 S 闭合时的输入复阻抗 Z'_{12}。

【解】　当 S 断开时,两互感线圈为顺向串联,所以输入复阻抗为

$$Z_{12} = j\omega L_{\mathrm{s}} = j\omega(L_1 + L_2 + 2M)$$

当 S 闭合时,利用去耦法,其等效电路如图 5-14(b)所示,所以输入复阻抗为

$$Z'_{12} = j\omega\left[L_1 + M - \frac{M(L_2 + M)}{L_2}\right] = j\omega\left(L_1 - \frac{M^2}{L_2}\right)$$

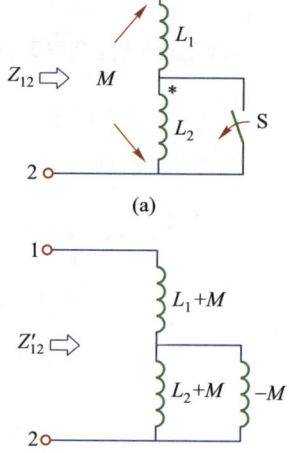

(a)

(b)

图 5-14　例 5-4 图

思考与练习

 5-3-1　什么是顺向串联?什么是反向串联?它们的等效电感怎么计算?

 *5-3-2　如果两个线圈无互感,电感值为 L_1、L_2。(1)分别写出它们串联、并联时的等效电感 $L_{串}$ 和 $L_{并}$ 的表达式;(2)对比两个电容 C_1、C_2 串联、并联时等效电容 $C_{串}$ 和 $C_{并}$ 的表达式,你发现了什么?

 5-3-3　测量互感系数有哪些方法?用这些方法如何测算互感系数?

思考与练习5-3
解答

延伸学习
互感系数
的测量

本章小结

1. 互感耦合

一个线圈通过电流,所产生的磁通穿过另一个线圈的现象,称为**互感耦合**或**磁耦合**。

2. 互感系数

定义为 $M_{21} = \dfrac{\Psi_{21}}{i_1}$ 或 $M_{12} = \dfrac{\Psi_{12}}{i_2}$,一般情况下 $M = M_{12} = M_{21}$。

互感 M 取决于两个线圈的几何尺寸、匝数、相对位置和磁介质。当磁介质为非铁磁性物质时,M 是常数。

3. 耦合系数

耦合系数 k 表示两个线圈磁耦合的紧密程度,定义为 $k = \dfrac{M}{\sqrt{L_1 L_2}}$。

4. 同名端

同名端即同极性端,对耦合电路的分析极为重要。同名端与两线圈绕向和它们的相对位置有关。工程应用中常用实验法判断同名端,有直流判断法和交流判断法。

5. 两个互感线圈串联

两个互感线圈串联时的等效电感 $L = L_1 + L_2 \pm 2M$,顺向串联时取"+"号,反向串联时取"−"号。

6. 两个互感线圈并联

两个互感线圈并联时的等效电感 $L = \dfrac{L_1 L_2 - M^2}{L_1 + L_2 \mp 2M}$,同侧并联时取"−"号,异侧并联时取"+"号。

7. T 形电路的去耦法

当两个线圈具有一个公共结点时,应用图 5-15 所示的去耦法规则,可将含互感电路等效变换为无互感电路,然后求解。

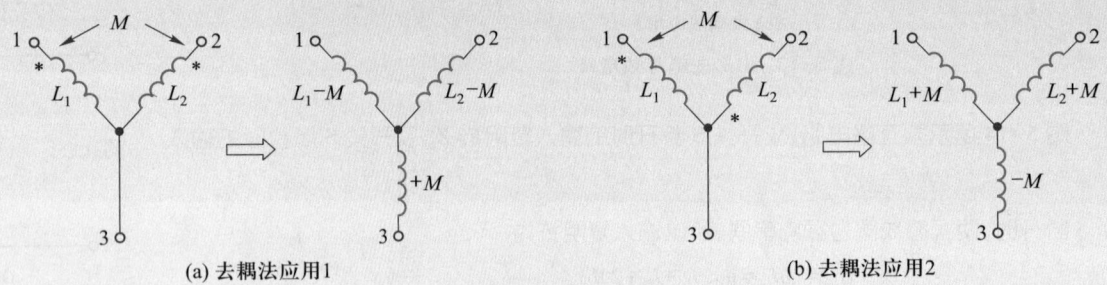

(a) 去耦法应用1　　　　　　　　　　　　　(b) 去耦法应用2

图 5-15　T 形电路的去耦法示意图

* 8. 互感系数的测量方法

等效电感法:由 $M = \dfrac{L_s - L_f}{4}$ 计算。开路电压法:由 $M = \dfrac{U_{20}}{\omega I_1}$ 计算。

* 9. 空心变压器

空心变压器电路的分析有两种方法,一是先列写一次、二次回路的 KVL 方程,再联立求解得一次、二次电流;二是先求出空心变压器一次侧等效电路,从电源端看进去可用输入阻抗 $Z_i = \dfrac{\dot{U}_s}{\dot{I}_1} = Z_{11} + Z_{fs}$ 来表达,其中**反射阻抗** $Z_{fs} = \dfrac{\omega^2 M^2}{Z_{22}}$ 反映空心变压器具有反转阻抗的功能,即把二次侧电感性阻抗转变成电容性阻抗,而电容性阻抗可转变成电感性阻抗。

* 10. 理想变压器

理想变压器可以实现电压变换、电流变换和阻抗变换的作用,即

$$\frac{U_1}{U_2} = \frac{N_1}{N_2} = n \qquad \frac{I_1}{I_2} = \frac{N_2}{N_1} = \frac{1}{n} \qquad R_i = \left(\frac{N_1}{N_2}\right)^2 R_L = n^2 R_L$$

习题5

5-1　已知具有互感耦合的线圈如图 5-16 所示。(1)标出它们的同名端。(2)试判断开关 S 闭合与断开的瞬间,毫伏表的偏

转方向。

5-2　一对互感线圈如图 5-17 所示,互感 $M = 0.01$ H, $i_1 = 10\sin(314t - 30°)$ A,求电压 u_{34}。

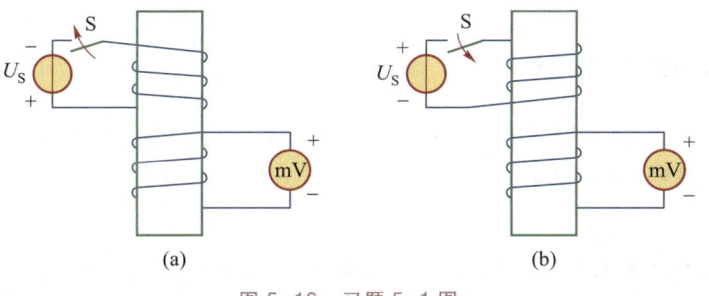

图 5-16　习题 5-1 图

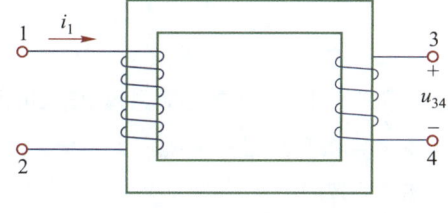

图 5-17　习题 5-2 图

5-3　两线圈串联电路如图 5-18 所示。已知 $R_1 = R_2 = 100$ Ω, $L_1 = 3$ H, $L_2 = 10$ H, $M = 5$ H,电源电压 $\dot{U}_S = 220 \underline{/0°}$ V, $\omega = 100$ rad/s。试求:(1) 电路的电流 I;(2) 电路的功率。

5-4　电路如图 5-19 所示。已知 $R_1 = R_2 = 225$ Ω, $L_1 = 6$ H, $L_2 = 10$ H, $M = 5$ H, $C = 5$ μF,电源电压 $\dot{U}_S = 220 \underline{/0°}$ V, $\omega = 100$ rad/s。试求:(1) 电路的电流 I;(2) 电路的功率。

5-5　电路如图 5-20 所示。已知正弦交流电压 $U_1 = 10$ V, $\omega L_1 = \omega L_2 = 8$ Ω, $\omega M = 4$ Ω。求 ab 两端的开路电压 U_{ab}。

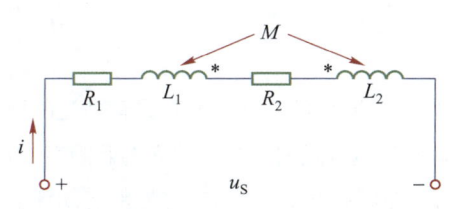

图 5-18　习题 5-3 图

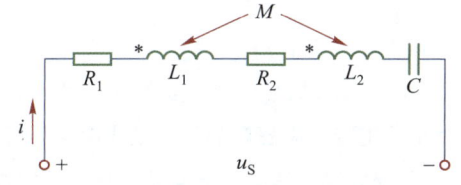

图 5-19　习题 5-4 图

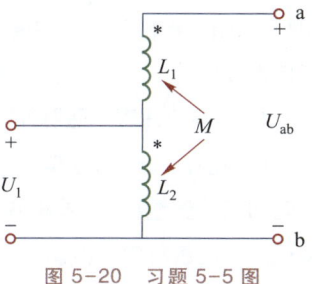

图 5-20　习题 5-5 图

5-6　求图 5-21 所示电路的输入阻抗 Z_i。

5-7　求图 5-22 所示电路的总电流和电路消耗的功率。

5-8　图 5-23 所示电路的二次侧短路,求 ab 端的等效电感 L_{ab}。

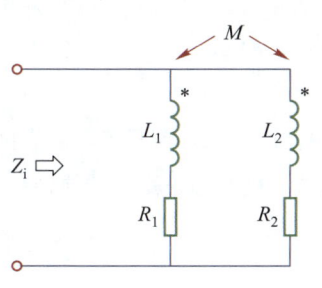

图 5-21　习题 5-6 图

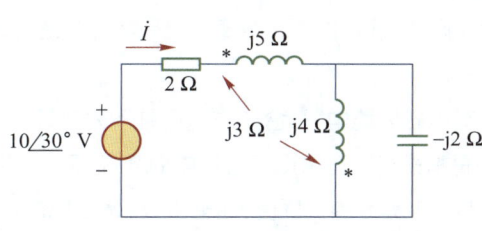

图 5-22　习题 5-7 图

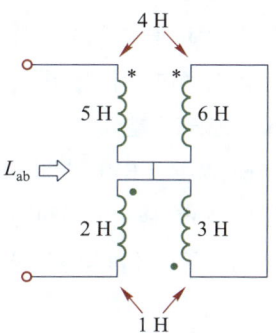

图 5-23　习题 5-8 图

习题 5 详解

电路新视界5

电磁研究与应用新领域

下面介绍的这几个近年的热词是科学家团队致力研究的课题。我们的读者虽然没有课题研究任务，但在闲静的时候读一读这些词，建立起对电磁方面的一些认识，对将来成长为电子工程师还是大有裨益的。

1. 电磁环境效应

电磁环境效应是指电磁环境对人员、设备、系统和平台工作能力的影响，包括电磁干扰，电磁兼容性，电磁易损性，电磁脉冲，静电放电，电子防护，电磁辐射对人员、军械和易挥发物质（如燃油）的危害。电磁环境效应包括所有电磁环境来源（如射频系统、超宽带装置、高功率微波系统、雷电和静电）产生的效应。

2. 电磁防护

电磁防护是指在设计、研制和生产过程中，为使设备具有抗电磁干扰或电磁毁伤能力而采取的技术措施，也包括为消除电磁环境对电爆装置、燃油及人员影响而采取的技术措施和对策。

3. 电磁防护仿生

电磁防护仿生研究是指通过探索生物信息系统抗干扰与自修复的机理，将生物机理引入电磁防护领域，突破领域转换的关键科学问题，研究电磁防护仿生模型、仿生器件与仿生系统，为提高电子装备在复杂电磁环境下的可靠性与适应性，提供一种全新的理论与技术支撑。

4. 环境自适应电磁脉冲防护材料

环境自适应电磁脉冲防护材料是指具有自动感知外部强场环境信息并做出防护响应功能的材料系统。此类材料具有可逆的环境自适应场致绝缘–金属相变特性，即在低功率的安全电磁波照射下处于高阻态；在高功率有害电磁波照射下快速突变为低阻态，以实现对内部敏感电子设备的电磁防护；当外部强场攻击消失或场强低于材料的绝缘–金属相变临界场强时，材料电磁性能自动恢复到弱场条件下的绝缘态，从而实现环境自适应主动电磁防护的目的。环境自适应电磁脉冲防护材料的优点体现为其响应速度快（理论上能够达到飞秒级）、非线性系数高、电阻率变化动态范围大、相变临界场强可调控性好等。

5. 电磁超材料

电磁超材料（Metamaterials，MMs）又被称作人工电磁媒质或人工结构媒质，是对一类拥有奇异电磁特性的材料的总称。学术界最初引入 MMs 是源于对"左手材料"的验证。如今 MMs 大多指广义的人工电磁超材料，比如使用两种或以上的自然媒质（通常是介质和金属），通过人工微结构上的周期或者非周期设计，进而获得奇异电磁特性的结构，都可以统称为 MMs。

6. 电磁兼容性

电磁兼容性（EMC）是指设备或系统在其电磁环境中，符合要求运行并不对其环境中的任何设备产生无法忍受的电磁骚扰的能力。因此，EMC 包括两方面的要求：一方面是指设备在正常运行过程中对所在环境产生的电磁骚扰不能超过一定的限值；另一方面是指设备对所在环境中存在的电磁骚扰具有一定程度的抗扰度，即电磁敏感性（EMS）。

学习内容思维导图

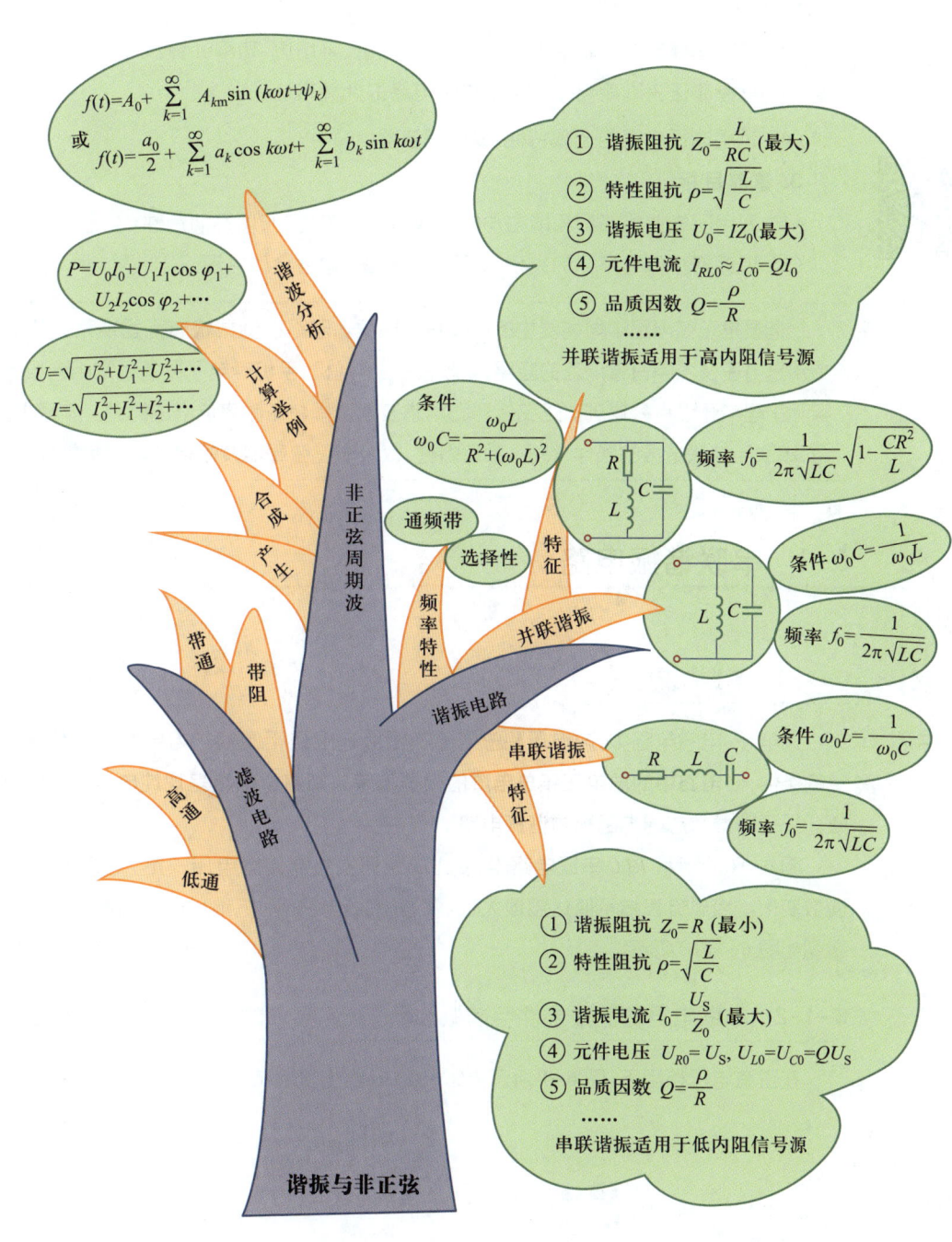

$$f(t)=A_0+\sum_{k=1}^{\infty}A_{km}\sin{(k\omega t+\psi_k)}$$

或 $f(t)=\dfrac{a_0}{2}+\sum_{k=1}^{\infty}a_k\cos{k\omega t}+\sum_{k=1}^{\infty}b_k\sin{k\omega t}$

$$P=U_0I_0+U_1I_1\cos\varphi_1+U_2I_2\cos\varphi_2+\cdots$$

$$U=\sqrt{U_0^2+U_1^2+U_2^2+\cdots}$$
$$I=\sqrt{I_0^2+I_1^2+I_2^2+\cdots}$$

谐波分析

计算举例

合成

产生

带通

带阻

高通

低通

滤波电路

非正弦周期波

谐振与非正弦

① 谐振阻抗 $Z_0=\dfrac{L}{RC}$ (最大)

② 特性阻抗 $\rho=\sqrt{\dfrac{L}{C}}$

③ 谐振电压 $U_0=IZ_0$ (最大)

④ 元件电流 $I_{RL0}\approx I_{C0}=QI_0$

⑤ 品质因数 $Q=\dfrac{\rho}{R}$

……

并联谐振适用于高内阻信号源

条件 $\omega_0C=\dfrac{\omega_0L}{R^2+(\omega_0L)^2}$

通频带

选择性

特征

频率特性

并联谐振

谐振电路

串联谐振

特征

频率 $f_0=\dfrac{1}{2\pi\sqrt{LC}}\sqrt{1-\dfrac{CR^2}{L}}$

条件 $\omega_0C=\dfrac{1}{\omega_0L}$

频率 $f_0=\dfrac{1}{2\pi\sqrt{LC}}$

条件 $\omega_0L=\dfrac{1}{\omega_0C}$

频率 $f_0=\dfrac{1}{2\pi\sqrt{LC}}$

① 谐振阻抗 $Z_0=R$ (最小)

② 特性阻抗 $\rho=\sqrt{\dfrac{L}{C}}$

③ 谐振电流 $I_0=\dfrac{U_S}{Z_0}$ (最大)

④ 元件电压 $U_{R0}=U_S,\ U_{L0}=U_{C0}=QU_S$

⑤ 品质因数 $Q=\dfrac{\rho}{R}$

……

串联谐振适用于低内阻信号源

学习目标

1. 知识目标

（1）理解谐振现象,理解谐振电路的频率特性、选择性和通频带等。＊了解谐振电路的应用。

（2）认识非正弦周期波,了解非正弦周期波产生的原因;了解谐波分析法。

（3）了解低通滤波器、高通滤波器、带通滤波器及带阻滤波器的基本构成。

2. 能力目标

（1）掌握 RLC 串联、RLC 并联谐振电路的谐振条件、谐振频率、谐振电流、谐振电压、谐振阻抗、品质因数、通频带等的计算。

（2）熟练掌握非正弦周期电压、电流的有效值、平均值、功率计算。

（3）掌握非正弦周期电压作用下线性电路的计算方法。

＊（4）运用谐振电路的选频特性,设计滤波器。

3. 素养目标

（1）利用所掌握的知识和能力形成构建新产品的能力,培养创造性。

（2）处理好个体与集体的关系,增强团队意识,学会合作共赢。

章前絮语

演示文稿
串联谐振
电路

> 谐振是正弦电路中可能发生的一种特殊现象。回路在谐振状态下呈现某些特征,因此在工程中特别是电子技术中有着广泛的应用,如收音机、电视机、手机等电子设备经常用谐振电路来选择信号。实际工程中还经常会遇到非正弦信号和用滤波器选择特定频率信号的问题。本章主要介绍谐振的概念,串联与并联谐振的条件、特征、频率特性,以及非正弦周期波的相关内容和滤波电路等。

6-1 串联谐振电路

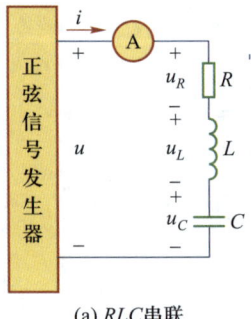

(a) RLC串联

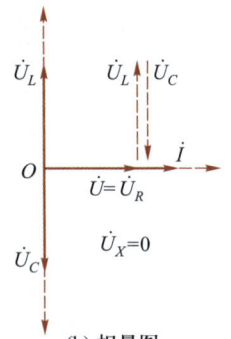

(b) 相量图

图 6-1 串联谐振
电路及相量图

6-1-1 谐振现象

在电感、电容电路中,总电压和总电流的相位一般是不同的。如果电源的频率和电路参数满足一定的条件,使**电路中的总电压和总电流的相位相等**,则整个电路呈现纯电阻性,这种现象称为**谐振现象**。处于谐振状态的电路称为**谐振电路**。

图 6-1(a)所示 RLC 串联电路中,使正弦信号发生器输出电压一定,调节信号电源频率,观察仪表读数变化。当电流表指示值达到最大,也就是串联电路的阻抗最小时,电路发生谐振。此时,电路的相量图如图 6-1(b)所示。

6-1-2 串联电路的谐振条件与谐振频率

在正弦电压作用下,图 6-1 所示 RLC 串联电路的复阻抗为

$$Z = R + j\left(\omega L - \frac{1}{\omega C}\right)$$

$$= R + j(X_L - X_C)$$

$$= |Z| \underline{/\varphi}$$

式中

$$\varphi = \arctan \frac{X_L - X_C}{R}$$

若电源电压与回路电流同相位,即 $\varphi = 0$ 时,电路发生谐振,则有

$$X_L - X_C = 0 \rightarrow \omega L - \frac{1}{\omega C} = 0$$

或　　　　　　　　　谐振条件　　　$\omega_0 L = \dfrac{1}{\omega_0 C}$　　　　　　　　　（6-1）

这就是串联电路产生**谐振的条件:感抗等于容抗**。由式(6-1)可见,谐振的发生不但与 L 和 C 有关,而且与电源的角频率 ω 有关。因此,通过改变 L、C、ω 的方法都可以使电路发生谐振,这种方法称为**调谐**。在实际应用中有三种调谐方法。

(1) 当 L 和 C 固定时,通过改变电源的角频率 ω 使电路谐振,称为调频调谐。由式(6-1)得**谐振角频率**为

谐振角频率　　　$\omega_0 = \dfrac{1}{\sqrt{LC}}$　　　　　　　　　（6-2）

或**谐振频率**为

谐振频率　　　$f_0 = \dfrac{1}{2\pi \sqrt{LC}}$　　　　　　　　　（6-3）

可见,谐振频率是由电路参数决定的。它是电路本身的一种固有性质,所以又称为电路的"固有频率"。因此,对 RLC 串联电路来说,并不是对外加电压的任意一种频率都能发生谐振。要达到谐振,必须使外加电压的频率 f 与电路固有频率 f_0 相等,即 $f = f_0$,电路便发生谐振。

(2) 当 L 和 ω 固定时,通过改变电容 C 使电路谐振,称为调容调谐。由式(6-2)得

$$C = \frac{1}{\omega_0^2 L}$$（6-4）

(3) 当 C 和 ω 固定时,通过改变电感 L 使电路谐振,称为调感调谐。由式(6-2)得

$$L = \frac{1}{\omega_0^2 C}$$（6-5）

以上介绍了三种调谐方法。如若不希望电路发生谐振,就应设法使式(6-1)条件不满足。

【例6-1】　某个收音机串联谐振电路中,$C = 150$ pF,$L = 250$ μH,试求该电路的谐振频率。

【解】　由式(6-2)可得

$$\omega_0 = \frac{1}{\sqrt{LC}} = \frac{1}{\sqrt{150 \times 10^{-12} \times 250 \times 10^{-6}}} \text{ rad/s}$$

$$= \sqrt{\frac{10^{18}}{37\,500}} \text{ rad/s}$$

$$= 5.16 \times 10^6 \text{ rad/s}$$

$$f_0 = \frac{\omega_0}{2\pi} = \frac{5.16 \times 10^6}{2 \times 3.14} \text{ Hz} = 822 \text{ kHz}$$

6-1-3　串联谐振电路的基本特征

(1) **谐振时,电路阻抗最小且为纯电阻**。因为谐振时,电抗 $X = 0$,所以 $|Z| = \sqrt{R^2 + X^2} = R$ 为最小,且为纯电阻,即

$$串联谐振阻抗 \qquad Z_0 = R \tag{6-6}$$

（2）谐振时，电路的电抗为零，$X = 0$，感抗与容抗相等，并等于电路的特性阻抗，即

$$特性阻抗 \qquad \frac{1}{\omega_0 C} = \omega_0 L = \sqrt{\frac{L}{C}} = \rho \tag{6-7}$$

式中，ρ 称为电路的**特性阻抗**，单位是 Ω。它由电路的 L、C 参数决定，是衡量电路特性的重要参数。

（3）谐振时，**电路中的电流最大**，且与外加电源电压同相。若电源电压一定时，谐振阻抗最小，则

$$谐振电流 \qquad \dot{I}_0 = \frac{\dot{U}_s}{Z_0} = \frac{\dot{U}_s}{R} \quad 或 \quad I_0 = \frac{U_s}{Z_0} \tag{6-8}$$

（4）谐振时，**电感电压与电容电压大小相等、相位相反**。设其大小为电源电压的 Q 倍，则电压关系为

$$电感、电容电压 \qquad U_{L0} = U_{C0} = I_0 \omega_0 L = \frac{U_s}{R} \omega_0 L = \frac{\omega_0 L}{R} U_s = Q U_s \tag{6-9}$$

$$电阻电压 \qquad U_{R0} = U_s \tag{6-10}$$

其中
$$品质因数 \qquad Q = \frac{\omega_0 L}{R} = \frac{1}{\omega_0 C R} = \frac{\rho}{R} \tag{6-11}$$

Q 为谐振回路的**品质因数**，工程中常称为 Q 值。它是一个量纲为一的量。

由于 $U_{L0} = U_{C0} = Q U_s$，若 $Q \gg 1$，则电感电压和电容电压远远超过电源电压。因此，串联谐振又称为**电压谐振**。

（5）谐振时，**电路的无功功率为零**，电源供给电路的能量全部消耗在电阻上。电路发生谐振时，因为感抗等于容抗，所以感性无功功率与容性无功功率相等，电路的无功功率为零。这说明电感与电容之间有能量交换，而且达到完全补偿，不与电源进行能量交换，电源供给电路的能量全部消耗在电阻上。

【**例 6-2**】   图 6-2 所示为 RLC 串联电路。已知 $R = 9.4\ \Omega$，$L = 30\ \mu H$，$C = 211\ pF$，电源电压 $U = 0.1\ mV$。求电路发生谐振时的谐振频率 f_0、回路的特性阻抗 ρ、品质因数 Q、电容上的电压 U_{C0}。

【**解**】   电路的谐振频率为

$$f_0 = \frac{1}{2\pi \sqrt{LC}}$$

$$= \frac{1}{2\pi \sqrt{30 \times 10^{-6} \times 211 \times 10^{-12}}}\ Hz$$

$$= 2 \times 10^6\ Hz = 2\ MHz$$

特性阻抗为

$$\rho = \sqrt{\frac{L}{C}} = \sqrt{\frac{30 \times 10^{-6}}{211 \times 10^{-12}}}\ \Omega = 377\ \Omega$$

品质因数为

$$Q = \frac{\rho}{R} = \frac{377}{9.4} = 40$$

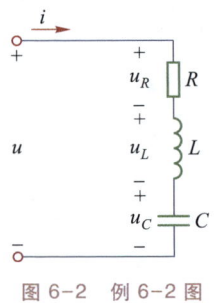

仿真实验
RLC 串联
谐振电路

图 6-2   例 6-2 图

电容电压为

$$U_{C0} = QU = 40 \times 0.1 \ \text{mV} = 4 \ \text{mV}$$

思考与练习

思考与练习 6-1
解答

6-1-1　什么是谐振现象？串联电路的谐振条件是什么？其谐振频率等于什么？

6-1-2　串联谐振电路的基本特征是什么？为什么串联谐振也称为电压谐振？

6-1-3　串联谐振时，在 $Q \gg 1$ 的条件下，元件 L、C 上的电压均大于回路电源电压，这是否与基尔霍夫电压定律矛盾？

6-1-4　要提高串联谐振的品质因数 Q 值，应如何改变电路参数 R、L、C 的值？

演示文稿
并联谐振
电路

6-2　并联谐振电路

实际的并联谐振电路常常由电感线圈与电容并联而成。由于电容损耗很小，可忽略，R 是线圈本身的电阻。其电路模型如图 6-3 所示。

6-2-1　并联电路的谐振条件

对并联电路，应用复导纳分析比较方便。图 6-3 所示电路的复导纳为

$$Y = \frac{1}{R + j\omega L} + j\omega C$$

$$= \frac{R}{R^2 + (\omega L)^2} + j\left[-\frac{\omega L}{R^2 + (\omega L)^2} + \omega C \right]$$

$$= G + j(-B_L + B_C)$$

$$= G + jB$$

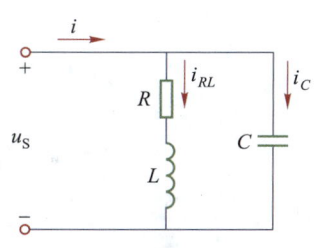

图 6-3　线圈与电容
并联谐振电路

所以

$$G = \frac{R}{R^2 + (\omega L)^2} \tag{6-12a}$$

$$B = \omega C - \frac{\omega L}{R^2 + (\omega L)^2} \tag{6-12b}$$

当导纳的虚部为零，即 $B = 0$，$B_L = B_C$ 时，端口电压 $\dot{U}$ 与总电流 $\dot{I}$ 同相，电路呈纯电阻性，这时电路发生谐振。

可见，电感线圈与电容并联电路的谐振条件是

$$\left[-\frac{\omega_0 L}{R^2 + (\omega_0 L)^2} + \omega_0 C \right] = 0$$

可解出谐振角频率 ω_0 和谐振频率 f_0 分别为

$$\omega_0 = \sqrt{\frac{1}{LC} - \frac{R^2}{L^2}} = \frac{1}{\sqrt{LC}} \sqrt{1 - \frac{CR^2}{L}} \tag{6-13}$$

$$f_0 = \frac{1}{2\pi} \sqrt{\frac{1}{LC} - \frac{R^2}{L^2}} = \frac{1}{2\pi \sqrt{LC}} \sqrt{1 - \frac{CR^2}{L}} \tag{6-14}$$

在电路参数一定的条件下,改变电源的频率能否达到谐振,要由式(6-13)中根号内的值是正还是负来确定。

如果 $1-\dfrac{CR^2}{L}>0$,即 $R<\sqrt{\dfrac{L}{C}}$,则 ω_0 为实数,电路有谐振频率,电路可能发生谐振。

如果 $R>\sqrt{\dfrac{L}{C}}$,则 ω_0 为虚数,电路不可能发生谐振。

实际应用的并联谐振电路中,线圈本身的电阻很小,在高频电路中,一般都能满足 $R\ll\omega_0 L$ 或 $\dfrac{R^2}{L^2}\ll\dfrac{1}{LC}$,于是

$R\ll\omega_0 L$ 时

$$谐振角频率 \qquad \omega_0\approx\frac{1}{\sqrt{LC}} \tag{6-15}$$

$$谐振频率 \qquad f_0\approx\frac{1}{2\pi\sqrt{LC}} \tag{6-16}$$

与串联谐振频率近似相等。

6-2-2 并联谐振电路的基本特征

(1)谐振时,电路阻抗呈纯电阻性,电路端电压与总电流同相。

由图 6-3 可得各支路电流为

$$I_{RL}=\frac{U}{\sqrt{R^2+(\omega_0 L)^2}} \tag{6-17a}$$

当 $R\ll\omega_0 L$ 时

$$I_{RL}=I_{RL0}\approx\frac{U}{\omega_0 L} \tag{6-17b}$$

$$I_C=I_{C0}=U\omega_0 C \tag{6-18}$$

而总电流为

$$I=UG=\frac{UR}{R^2+(\omega_0 L)^2}$$

当 $R\ll\omega_0 L$ 时

$$I=I_0\approx\frac{UR}{(\omega_0 L)^2} \tag{6-19}$$

与电压同相位,当 $R\ll\omega_0 L$ 时,$\dfrac{1}{\omega_0 L}\approx\omega_0 C\gg G$,于是可得 $I_{RL0}\approx I_{C0}\gg I_0$,即谐振时两并联支路的电流近似相等,比总电流大许多倍。

并联谐振时电压、电流的相量图如图 6-4 所示。

图 6-4 表明,**并联谐振时,电路中的电流最小,且与外加电源电压同相。**

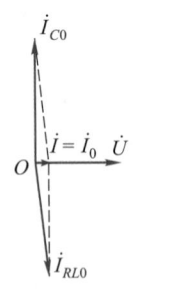

图 6-4 并联谐振时电压、电流的相量图

(2)在 $R\ll\omega_0 L$ 条件下,谐振时,电路阻抗为最大值,即 $Z_0=\dfrac{L}{RC}$;电路导纳为最小值。

并联谐振时,电纳 $B=0$,故导纳只有实部,电路的等效阻抗 Z_0 为纯电阻,且为输入电导的倒数,由式(6-12a)可得

$$Z_0=\frac{1}{G}=\frac{R^2+(\omega_0 L)^2}{R}$$

将式(6-13)的 ω_0 值代入,可得

$$并联谐振阻抗 \qquad Z_0 = \frac{1}{G} = \frac{L}{RC} \tag{6-20}$$

上式表明，**并联谐振时，电路的等效阻抗最大**，其值由电路参数决定而与外加电源频率无关。电感线圈的电阻越小，则谐振时电路的等效阻抗越大。当 $R = 0$ 时，$Z_0 \to \infty$，这时电路呈现极大的电阻。

（3）并联谐振时，电路的特性阻抗与串联谐振电路的特性阻抗一样，均为

$$特性阻抗 \qquad \rho = \sqrt{\frac{L}{C}} \tag{6-21}$$

（4）谐振时，电感支路电流与电容支路电流近似相等并为总电流的 Q 倍。

并联谐振的品质因数定义为谐振时的容纳（或感纳）与输入电导 G 的比值，即

$$Q = \frac{\omega_0 C}{G} = \frac{\omega_0 C}{\dfrac{RC}{L}} = \frac{\omega_0 L}{R} = \frac{1}{R}\sqrt{\frac{L}{C}} = \frac{\rho}{R} \tag{6-22}$$

式（6-22）也说明 $R \ll \omega_0 L$ 与 $Q \gg 1$ 的含义是相同的。

谐振时，支路电流与 Q 值的关系可推导如下：

$$Q = \frac{\omega_0 C}{G} = \frac{\omega_0 CU}{GU} = \frac{I_{C0}}{I_0}$$

可见，在并联谐振时，支路电流 I_{C0}（或 I_{RL0}）是总电流 I_0 的 Q 倍，即

$$电感、电容电流 \qquad I_{RL0} \approx I_{C0} = QI_0 \tag{6-23}$$

因此并联谐振也称为**电流谐振**。

引入品质因数后，还可以推导出并联谐振阻抗与品质因数的关系为

$$Z_0 = \frac{L}{RC} = \frac{1}{R}\sqrt{\frac{L}{C}}\sqrt{\frac{L}{C}} = Q\sqrt{\frac{L}{C}} = Q\rho \tag{6-24}$$

（5）**若电源为电流源，并联谐振时，由于谐振阻抗最大，回路端电压最高。**

【例6-3】　线圈与电容器并联电路如图 6-5 所示，已知线圈的电阻 $R = 10\ \Omega$，电感 $L = 0.127\ \text{mH}$，电容 $C = 200\ \text{pF}$，谐振时总电流 $I_0 = 0.2\ \text{mA}$。求：（1）电路的谐振频率 f_0 和谐振阻抗 Z_0，（2）电感支路和电容支路的电流 I_{RL0}、I_{C0}。

【解】　谐振回路的品质因数为

$$Q = \frac{1}{R}\sqrt{\frac{L}{C}} = \frac{1}{10}\sqrt{\frac{0.127 \times 10^{-3}}{200 \times 10^{-12}}} = 80$$

因为电路的品质因数 $Q \gg 1$，所以谐振频率为

$$f_0 \approx \frac{1}{2\pi\sqrt{LC}} = \frac{1}{2\pi\sqrt{0.127 \times 10^{-3} \times 200 \times 10^{-12}}}\ \text{Hz} = 10^6\ \text{Hz}$$

电路的谐振阻抗为

$$Z_0 = \frac{L}{RC} = Q^2 R = 80^2 \times 10\ \Omega = 64\ 000\ \Omega = 64\ \text{k}\Omega$$

$$I_{RL0} \approx I_{C0} = QI_0 = 80 \times 0.2\ \text{mA} = 16\ \text{mA}$$

【例6-4】　收音机的中频放大耦合电路是一个线圈与电容器并联谐振回路，其谐振频率为 465 kHz，电容 $C = 200\ \text{pF}$，回路的品质因数 $Q = 100$。求线圈的电感 L 和电阻 R。

【解】　因为 $Q \gg 1$，所以回路的谐振频率为

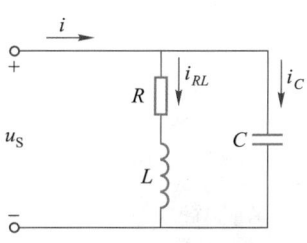

图 6-5　线圈与电容器
并联电路

提示
　　串联谐振电路适用于内阻较小的信号源。当信号源的内阻较大时，由于信号源内阻与谐振电路相串联，这会使谐振回路的品质因数大大降低，从而使电路的选择性（参见 6-3 节）变差。所以遇到高内阻信号源时，宜采用并联谐振电路。

$$f_0 \approx \frac{1}{2\pi\sqrt{LC}}$$

因此回路谐振时的电感和电阻分别为

$$L = \frac{1}{(2\pi f_0)^2 C} = \frac{1}{(2\pi \times 465 \times 10^3)^2 \times 200 \times 10^{-12}} \text{ H} = 0.578 \times 10^{-3} \text{ H}$$

$$R = \frac{1}{Q}\sqrt{\frac{L}{C}} = \frac{1}{100}\sqrt{\frac{0.578 \times 10^{-3}}{200 \times 10^{-12}}} \text{ } \Omega = 17 \text{ } \Omega$$

思考与练习

思考与练习 6-2
解答

6-2-1　实际生活中常见的并联谐振电路模型有哪些？当回路的 $Q \gg 1$（或 $R \ll \omega_0 L$）时，其谐振频率和谐振角频率等于多少？

6-2-2　并联谐振电路的基本特征是什么？为什么并联谐振也称为电流谐振？

6-2-3　当 $\omega = \dfrac{1}{\sqrt{LC}}$ 时，图 6-6 所示电路中哪些相当于短路，哪些相当于开路？

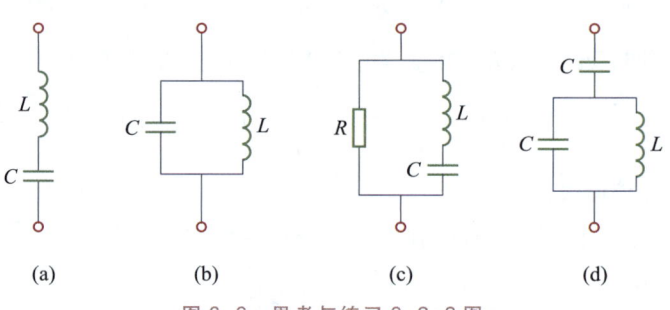

图 6-6　思考与练习 6-2-3 图

6-2-4　要提高并联谐振的品质因数 Q 值，应如何改变电路参数 R、L、C 的值？

6-2-5　RL-C 并联电路，当 $R = 20 \text{ }\Omega$、$L = 400 \text{ }\mu\text{H}$、$C = 100 \text{ pF}$ 时，求谐振频率及谐振阻抗。

6-3　谐振电路的频率特性

电路的频率特性有幅频特性和相频特性，幅频特性是指电路中的电压、电流、阻抗等各量的幅度随频率变化的关系，而相频特性则是指串联回路的导纳角或并联回路的阻抗角随频率变化的关系。其中表明电流或电压幅度与频率的关系曲线，称为**谐振曲线**。

6-3-1　串联谐振电路的频率特性

在 RLC 串联电路中，感抗和容抗会随电源频率的变化而变化，所以电路阻抗的模和阻抗角、电流、电压等各量都将随频率的变化而变化。这种变化关系称为串联电路的频率特性。由实验测试或理论分析均可得出如图 6-7 所示的感抗、容抗、电抗和阻抗的频率特性曲线。

由图 6-7(a)中 X 曲线可以看出：ω 由 0 **增加到** $+\infty$，X 由 $-\infty$ **变化到** $+\infty$。具体表现为下列三种情况。

（1）当 $\omega < \omega_0$ 时，X 为负值，电路呈电容性。

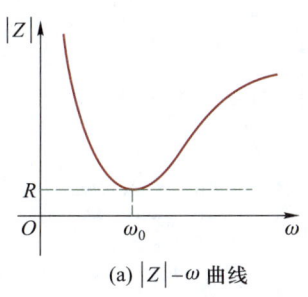

图 6-7　*RLC* 串联电路的频率特性

（2）当 $\omega = \omega_0$ 时，$X = 0$，$|Z| = R$，电路呈纯电阻性。

（3）当 $\omega > \omega_0$ 时，X 为正值，电路呈电感性。

而 $|Z|$ 随 ω 的变化呈凹形，并在 $\omega = \omega_0$ 时有最小值，如图 6-8（a）所示。

在电源电压有效值不变的情况下，电流的频率特性为

$$I(\omega) = \frac{U}{|Z|} = \frac{U}{\sqrt{R^2 + \left(\omega L - \dfrac{1}{\omega C}\right)^2}} \qquad (6-25)$$

电流的频率特性曲线或谐振曲线如图 6-8（b）所示。

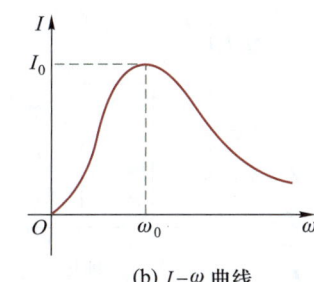

图 6-8　*RLC* 串联电路的 $|Z|$-ω 和 I-ω 曲线

从图 6-8（b）可以看出，当 $\omega = \omega_0$ 时，电流最大值 $I_0 = \dfrac{U}{R}$。当 ω 偏离谐振频率时，电流下降，而且偏离 ω_0 越远，电流下降程度越大。它表明谐振电路对不同频率的信号有不同的响应。这种能把 ω_0 附近的电流凸显出来的特性，称为**选择性**。因此串联谐振回路可以用作选频电路。

6-3-2　选择性与通频带

1. 选择性

对式（6-25）进行整理，即将 $Q = \dfrac{\omega_0 L}{R}$ 和 $\omega_0 = \dfrac{1}{\sqrt{LC}}$ 代入后，可得

$$I(\omega) = \frac{U}{|Z|} = \frac{U}{\sqrt{R^2 + \left(\omega L - \dfrac{1}{\omega C}\right)^2}} = \frac{U}{R\sqrt{1 + \left[\dfrac{\omega_0 L}{R}\left(\dfrac{\omega}{\omega_0} - \dfrac{\omega_0}{\omega}\right)\right]^2}} = \frac{I_0}{\sqrt{1 + Q^2\left(\dfrac{\omega}{\omega_0} - \dfrac{\omega_0}{\omega}\right)^2}}$$

工程上常把电流谐振曲线归一化表示，即横坐标用 $\dfrac{\omega}{\omega_0}$ 表示，纵坐标用 $\dfrac{I}{I_0}$ 表示，得到**通用电流谐振曲**

线公式,即

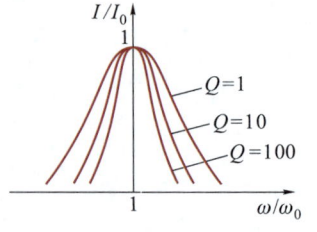

图 6-9　通用电流谐振曲线

$$\frac{I}{I_0} = \frac{1}{\sqrt{1 + Q^2 \left(\dfrac{\omega}{\omega_0} - \dfrac{\omega_0}{\omega} \right)^2}} \tag{6-26}$$

图 6-9 所示为 $Q=1$、$Q=10$、$Q=100$ 的三条通用电流谐振曲线,可方便进行比较。

由图 6-9 可见,**选择性与品质因数 Q 有关,品质因数 Q 越大,曲线越尖锐,选择性越好**。因此,选用高 Q 值的电路有利于从众多频率的信号中选择出需要的信号,并且可以有效地抑制其他信号的干扰。

2. 通频带

一个实际信号往往不是一个单一频率,而是占有一定的频率范围,这个范围称为**频带**。例如,无线电调幅广播信号频率范围是 9 kHz,电视广播信号频率范围约为 8 MHz。理想的电流谐振曲线应当是如图 6-10(a)所示的矩形曲线,即在信号频带内电流恒定,在信号频带外电流为零,信号才能不失真地通过回路。然而,这种理想的谐振曲线是难以得到的,实际上只能设法将频率失真控制在允许的范围内。因此一般将回路电流 $I \geqslant \dfrac{1}{\sqrt{2}} I_0 = 0.707 I_0$ 的频率范围定义为该电路的**通频带**,用 BW 表示,如图 6-10(b)所示。

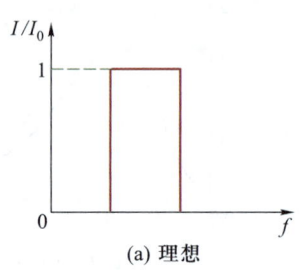

(a) 理想

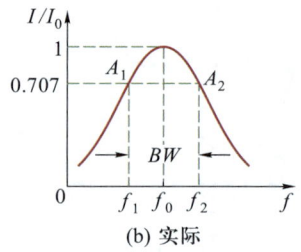

(b) 实际

图 6-10　谐振电路的通频带

通频带的边界频率 f_2 和 f_1 分别称为上边界频率和下边界频率。通频带为

通频带　　　$BW = f_2 - f_1 = \dfrac{f_0}{Q}$ 　　　(6-27)

式(6-27)表明,**通频带 BW 与品质因数 Q 成反比。Q 值越大,通频带越窄;反之,Q 值越小,通频带越宽。**

【例 6-5】　串联谐振回路的谐振频率 $f_0 = 7 \times 10^5$ Hz,回路中的电阻 $R = 10\ \Omega$,要求回路的通频带 $BW = 10^4$ Hz。求回路的品质因数、电感和电容。

【解】　回路的品质因数为　　　$Q = \dfrac{f_0}{BW} = \dfrac{7 \times 10^5}{10^4} = 70$

因为　　　　　　　　　　　$Q = \dfrac{\omega_0 L}{R}$

所以电感为　　　$L = \dfrac{QR}{\omega_0} = \dfrac{70 \times 10}{2\pi \times 7 \times 10^5}$ H $= 1.59 \times 10^{-4}$ H $= 159\ \mu$H

电容为　　　$C = \dfrac{1}{\omega_0^2 L} = \dfrac{1}{(2\pi \times 7 \times 10^5)^2 \times 159 \times 10^{-6}}$ F $= 325 \times 10^{-12}$ F $= 325$ pF

6-3-3　并联谐振电路的频率特性

在三极管电压调谐放大器中,并联谐振回路总是作为放大器的负载。而三极管可视为内阻很大的实际电源。若假定实际电源的内阻 R_s 为无穷大,则信号源可用电流源表示,如图 6-11 所示。

在 $Q \gg 1$(或 $R \ll \omega_0 L$)的条件下,对图 6-11 所示的电路进行分析,可以得到**通用电压谐振曲线**公式,即

$$\frac{U}{U_0} = \frac{1}{\sqrt{1 + Q^2 \left(\dfrac{\omega}{\omega_0} - \dfrac{\omega_0}{\omega} \right)^2}} \tag{6-28}$$

图 6-12 是按式(6-28)绘出的通用电压谐振曲线,它与串联谐振回路的通用电流谐振曲线形状相同。

动画
谐振现象
——收音机调台
(四、六级考试)

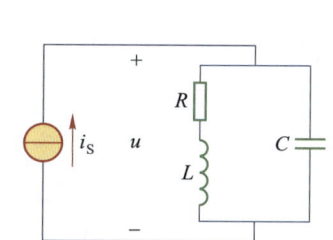

图 6-11　在电流源作用下的并联谐振电路

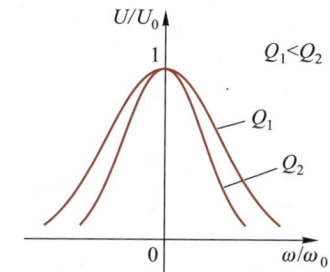

图 6-12　通用电压谐振曲线

对于并联谐振电路,常将端口电压 $U \geqslant \dfrac{1}{\sqrt{2}} U_0 = 0.707 U_0$ 的频率范围定义为该电路的通频带,其表示形式与串联谐振电路的通频带相同,即 $BW = f_2 - f_1 = \dfrac{f_0}{Q}$。这里不再赘述。

延伸学习
谐振电路的
应用

思考与练习

6-3-1　什么是谐振曲线? 谐振曲线的形状与 Q 值大小有什么关系?

6-3-2　谐振电路的选择性与通频带有什么关系?

6-3-3　为了通过同样宽的频带,对长波段与短波段,哪一种波段需要较高的 Q 值? 为什么?

思考与练习 6-3
解答

6-4　非正弦周期波

实际工程中经常会遇到非正弦信号。例如,通信技术中,由语言、音乐、图像等转换过来的信号,自动控制以及电子计算机、数字通信中大量使用的脉冲信号,都是非正弦信号。非正弦信号可分为周期和非周期两种。这里介绍非正弦周期电流电路的知识。

演示文稿
非正弦周期波

6-4-1　非正弦周期波

按非正弦规律周期性变化的信号称为非正弦信号。在电路分析时,常见的非正弦周期信号有方波、锯齿波、三角波等,如表 6-1 所示。非正弦周期电压、电流统称为非正弦周期波(量)。

表 6-1　常见信号的傅里叶级数展开式

信号	波形	傅里叶级数展开式	有效值	平均值
正弦波		$f(t) = A_m \sin \omega t$	$\dfrac{A_m}{\sqrt{2}}$	$\dfrac{2A_m}{\pi}$
方波		$f(t) = \dfrac{4A_m}{\pi}\left(\sin \omega t + \dfrac{1}{3}\sin 3\omega t + \dfrac{1}{5}\sin 5\omega t + \cdots + \right.$ $\left. \dfrac{1}{k}\sin k\omega t + \cdots \right) \qquad k = 1,3,5,\cdots$	A_m	A_m
锯齿波		$f(t) = \dfrac{A_m}{2} - \dfrac{A_m}{\pi}\left(\sin \omega t + \dfrac{1}{2}\sin 2\omega t + \dfrac{1}{3}\sin 3\omega t + \cdots + \right.$ $\left. \dfrac{1}{k}\sin k\omega t + \cdots \right) \qquad k = 1,2,3,4,\cdots$	$\dfrac{A_m}{\sqrt{3}}$	$\dfrac{A_m}{2}$
半波整流		$f(t) = \dfrac{2A_m}{\pi}\left(\dfrac{1}{2} + \dfrac{\pi}{4}\cos \omega t + \dfrac{1}{3}\cos 2\omega t - \right.$ $\left. \dfrac{1}{15}\cos 4\omega t + \cdots - \dfrac{\cos \frac{k\pi}{2}}{k^2-1}\cos k\omega t + \cdots \right)$ $k = 2,4,6,\cdots$	$\dfrac{A_m}{2}$	$\dfrac{A_m}{\pi}$
全波整流		$f(t) = \dfrac{4A_m}{\pi}\left(\dfrac{1}{2} + \dfrac{1}{3}\cos 2\omega t - \dfrac{1}{15}\cos 4\omega t + \cdots - \right.$ $\left. \dfrac{\cos \frac{k\pi}{2}}{k^2-1}\cos k\omega t + \cdots \right) \qquad k = 2,4,6,\cdots$	$\dfrac{A_m}{\sqrt{2}}$	$\dfrac{2A_m}{\pi}$
三角波		$f(t) = \dfrac{8A_m}{\pi^2}\left[\sin \omega t - \dfrac{1}{9}\sin 3\omega t + \dfrac{1}{25}\sin 5\omega t + \cdots + \right.$ $\left. \dfrac{(-1)^{\frac{k-1}{2}}}{k^2}\sin k\omega t + \cdots \right] \qquad k = 1,3,5,\cdots$	$\dfrac{A_m}{\sqrt{3}}$	$\dfrac{A_m}{2}$
梯形波		$f(t) = \dfrac{4A_m}{\omega t_0 \pi}\left(\sin \omega t_0 \sin \omega t + \dfrac{1}{9}\sin 3\omega t_0 \sin 3\omega t + \right.$ $\left. \dfrac{1}{25}\sin 5\omega t_0 \sin 5\omega t + \cdots + \dfrac{1}{k^2}\sin k\omega t_0 \sin k\omega t + \cdots \right)$ $k = 1,3,5,\cdots$	$A_m\sqrt{1 - \dfrac{4\omega t_0}{3\pi}}$	$A_m\left(1 - \dfrac{\omega t_0}{\pi}\right)$
脉冲波		$f(t) = \dfrac{\tau A_m}{T} + \dfrac{2A_m}{\pi}\left[\sin\left(\omega \dfrac{\tau}{2}\right)\cos \omega t + \right.$ $\dfrac{\sin\left(2\omega \frac{\tau}{2}\right)}{2}\cos 2\omega t + \cdots + \left. \dfrac{\sin\left(k\omega \frac{\tau}{2}\right)}{k}\cos k\omega t + \cdots \right]$ $k = 1,2,3,\cdots$	$A_m\sqrt{\dfrac{\tau}{T}}$	$A_m\dfrac{\tau}{T}$

1. 非正弦周期波的产生

产生非正弦周期波的原因通常有两种：一种是电源电压为非正弦电压，如表 6-1 中的各非正弦波。另一种是电路中存在非线性元器件，如图 6-13（a）所示的半波整流电路中，电源电压是正弦波，但由于二极管的单向导电性，电流是非正弦的，如图 6-13（b）所示。

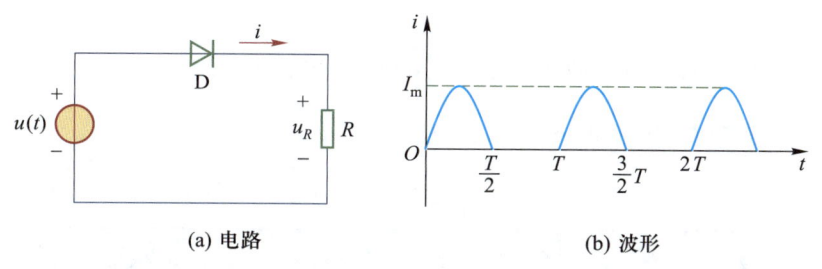

(a) 电路　　　　　　　　　　　(b) 波形

图 6-13　非线性元器件形成的非正弦电流

2. 非正弦周期波的合成

在分析正弦交流电路时，我们知道几个同频率的正弦量之和还是一个同频率的正弦量。但是，几个不同频率的正弦量叠加的结果却是非正弦量，如方波的合成。

图 6-14（a）所示的方波是一种常见的非正弦周期信号，图中虚线表示一个同频率的正弦波 u_1，显然，二者波形差别很大。如果在这个正弦波上叠加一个三倍频率的正弦波 u_3（u_3 的幅值为 u_1 幅值的 1/3），则它们的合成波形就比较接近方波，如图 6-14（b）所示。如果再叠加一个五倍频率的正弦波 u_5（u_5 的幅值为 u_1 幅值的 1/5），则它们的合成波形就与方波波形相差无几了，如图 6-14（c）所示。以此类推，把七倍、九倍等更高频率的正弦波再叠加上，直至无限多个，那么，最后的合成波形就与图 6-14（a）所示的方波完全一样了。

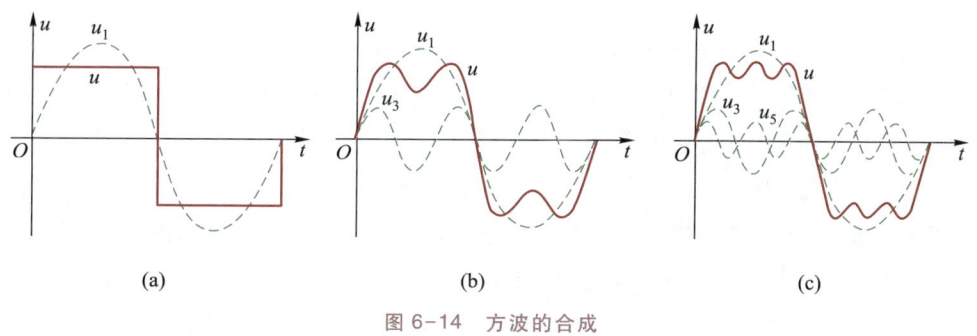

(a)　　　　　　　　(b)　　　　　　　　(c)

图 6-14　方波的合成

6-4-2　非正弦周期波的谐波分析

应用傅里叶级数，电子电气工程中常见的非正弦周期波 $f(t)$ 可以分解为无穷多个不同频率的正弦波。即

$$f(t)=A_0+A_{1m}\sin\left(\omega t+\psi_1\right)+A_{2m}\sin\left(2\omega t+\psi_2\right)+\cdots+A_{km}\sin\left(k\omega t+\psi_k\right)+\cdots \qquad (6-29)$$

式中，A_0 为 $f(t)$ 的直流分量或恒定分量，也称为零次谐波；$A_{1m}\sin\left(\omega t+\psi_1\right)$ 的频率与 $f(t)$ 的频率相同，称为基波或 1 次谐波；$A_{km}\sin\left(k\omega t+\psi_k\right)$ 的频率为基波频率的 k 倍，称为 k 次谐波。

$k\geqslant 2$ 的各次谐波统称为高次谐波。其中，1、3、5 次谐波等称为奇次谐波，2、4、6 次谐波等称为偶次谐波。

阅读
傅里叶

非正弦周期波的展开式中应包含无穷多项,但一般条件下频率越高的谐波,其幅值越小。在实际工程计算中,一般只取前几项而忽略其余高次谐波项。

傅里叶级数的另一种表达式常可用来判断非正弦周期波的对称性。$f(t)$表达式为

$$f(t) = \frac{a_0}{2} + \sum_{k=1}^{\infty} a_k \cos k\omega t + \sum_{k=1}^{\infty} b_k \sin k\omega t \tag{6-30}$$

式中,$\frac{a_0}{2}$为$f(t)$的直流分量;$a_k \cos k\omega t$为余弦项;$b_k \sin k\omega t$为正弦项。

为了更好地理解式(6-29)和式(6-30)之间的关系,可见表6-2。

表 6-2　两种非正弦周期波 $f(t)$ 之间的关系

$f(t)=A_0+\sum_{k=1}^{\infty} A_{km}\sin(k\omega t+\psi_k)$		$f(t)=\frac{a_0}{2}+\sum_{k=1}^{\infty} a_k\cos k\omega t+\sum_{k=1}^{\infty} b_k\sin k\omega t$		
直流分量 零次谐波	k 次谐波	直流分量 零次谐波	余弦项	正弦项
A_0	$A_{km}\sin(k\omega t+\psi_k)$	$\dfrac{a_0}{2}$	$a_k\cos k\omega t$	$b_k\sin k\omega t$
$\dfrac{a_0}{2}$	$A_{km}=\sqrt{a_k^2+b_k^2}$ $\tan\psi_k=\dfrac{a_k}{b_k}$	$\dfrac{a_0}{2}=A_0$ $a_0=\dfrac{1}{\pi}\int_0^{2\pi}f(\omega t)\mathrm{d}\omega t$	$a_k=A_{km}\sin\psi_k$ $a_k=\dfrac{1}{\pi}\int_0^{2\pi}f(\omega t)\cos k\omega t\mathrm{d}\omega t$	$b_k=A_{km}\cos\psi_k$ $b_k=\dfrac{1}{\pi}\int_0^{2\pi}f(\omega t)\sin k\omega t\mathrm{d}\omega t$

将一个非正弦周期函数分解为直流分量和无穷多个频率不同的谐波分量之和,称为谐波分析。
谐波分析可以利用式(6-29)或式(6-30)来进行。

6-4-3　非正弦周期电路的计算题例

1. 非正弦周期电压作用于 RLC 串联电路,求电路中的电流

【例6-6】　某电压 $u=[40+180\sin\omega t+60\sin(3\omega t+45°)]$ V 接于 RLC 串联电路,已知 $R=10\ \Omega$,$L=0.05$ H,$C=50\ \mu$F,$\omega=314$ rad/s。试求电路中的电流 i。

【解】　已知非正弦周期电压 u 含有直流 U_0、基波 u_1 和 3 次谐波 u_3 三个分量,应用叠加定理,可以将这三个分量看成三个电源共同作用于电路,分别计算各个电源单独作用于电路时的谐波阻抗 Z_0、Z_1、Z_3 及电流 I_0、i_1、i_3,再求 i。具体求解过程如下。

(1)U_0 单独作用于电路时,由于电容相当于开路,$I_0=0$ A。

(2)基波 $u_1=180\sin\omega t$ V 单独作用于电路时,因为

$$\dot{U}_{1m} = 180 \underline{/\ 0°}\ \text{V}$$

$$Z_1 = R+\mathrm{j}\left(\omega L-\frac{1}{\omega C}\right)=\left[10+\mathrm{j}\left(314\times0.05-\frac{1}{314\times50\times10^{-6}}\right)\right]\Omega=49\underline{/-78.2°}\ \Omega$$

所以

$$\dot{I}_{1m} = \frac{\dot{U}_{1m}}{Z_1} = \frac{180\underline{/\ 0°}}{49\underline{/-78.2°}}\ \text{A}=3.67\underline{/78.2°}\ \text{A}$$

(3)3 次谐波 $u_3=60\sin(3\omega t+45°)$ V 单独作用于电路时,因为

$$\dot{U}_{3m} = 60\underline{/\ 45°}\ \text{V}$$

$$Z_3 = R+\mathrm{j}\left(3\omega L-\frac{1}{3\omega C}\right)=\left[10+\mathrm{j}\left(3\times314\times0.05-\frac{1}{3\times314\times50\times10^{-6}}\right)\right]\Omega=27.7\underline{/68.9°}\ \Omega$$

所以
$$\dot{I}_{3m} = \frac{\dot{U}_{3m}}{Z_3} = \frac{60\ \underline{/45°}}{27.7\ \underline{/68.9°}}\ \text{A} = 2.17\ \underline{/-23.9°}\ \text{A}$$

（4）由算出的电流 I_0、i_1、i_3 叠加求得总电流 i。因为
$$\dot{I}_0 = 0\ \text{A}, \quad \dot{I}_{1m} = 3.67\ \underline{/78.2°}\ \text{A}, \quad \dot{I}_{3m} = 2.17\ \underline{/-23.9°}\ \text{A}$$

所以
$$i = \left[0 + 3.67\sin(\omega t + 78.2°) + 2.17\sin(3\omega t - 23.9°)\right]\ \text{A}$$

求解非正弦周期电流电路时，特别要注意的两点如下。

（1）电容、电感对不同谐波分量的容抗、感抗不同，即阻抗 $Z_k = R_k + j\left(k\omega L - \dfrac{1}{k\omega C}\right)$ 不同，因此要分别计算。

（2）叠加时要用瞬时关系式叠加。

上述分析方法可归结为如下三个步骤。

（1）从展开式 $u = U_0 + u_1 + u_2 + u_3 + \cdots$ 中取谐波若干项。

（2）分别计算 U_0、u_1、u_2、u_3、$\cdots$ 单独作用于电路时的谐波阻抗 Z_k。注意频率对元件电抗的影响，有 $X_{Lk} = k\omega L$，$X_{Ck} = \dfrac{1}{k\omega C}$。对直流，电感相当于短路，电容相当于开路。

（3）分别算出电流 I_0、i_1、i_2、i_3、$\cdots$，叠加 $I_0 + i_1 + i_2 + i_3 + \cdots$ 得总电流 i。

2. 非正弦周期波的有效值和平均功率

这里直接通过例题学习非正弦周期波电压或电流的有效值及功率的计算，推导过程不赘述。

【例 6-7】 求非正弦周期电压 $u = \left[100 + 70.7\sin(314t + 30°) - 61.6\cos(942t + 51°) + \cdots\right]\ \text{V}$ 的有效值。

【解】 因为
$$U = \sqrt{U_0^2 + U_1^2 + U_2^2 + \cdots}$$

所以
$$U = \sqrt{100^2 + \left(\frac{70.7}{\sqrt{2}}\right)^2 + \left(\frac{61.6}{\sqrt{2}}\right)^2}\ \text{V} = 120\ \text{V}$$

【例 6-8】 某非正弦电路的电压和电流分别为
$$u = \left[60 + 40\sqrt{2}\sin(\omega t + 50°) + 30\sqrt{2}\sin(3\omega t + 30°) + 16\sqrt{2}\sin(5\omega t + 0°)\right]\ \text{V}$$
$$i = \left[30 + 20\sqrt{2}\sin(\omega t - 10°) + 15\sqrt{2}\sin(3\omega t + 60°) + 8\sqrt{2}\sin(5\omega t - 45°)\right]\ \text{mA}$$
试求该电路吸收的功率。

【解】 应用公式
$$P = U_0 I_0 + U_1 I_1 \cos\varphi_1 + U_2 I_2 \cos\varphi_2 + \cdots$$

得
$$\begin{aligned}
P &= U_0 I_0 + U_1 I_1 \cos\varphi_1 + U_3 I_3 \cos\varphi_3 + U_5 I_5 \cos\varphi_5 \\
&= \left[60 \times 30 \times 10^{-3} + 40 \times 20 \times 10^{-3}\cos 60° + 30 \times 15 \times 10^{-3}\cos(-30°) + 16 \times 8 \times 10^{-3}\cos 45°\right]\ \text{W} \\
&= (1.8 + 0.4 + 0.39 + 0.09)\ \text{W} \\
&= 2.68\ \text{W}
\end{aligned}$$

上述分析方法可归结为以下两点。

（1）非正弦周期量的有效值为

电流有效值　　　　　$I = \sqrt{I_0^2 + I_1^2 + I_2^2 + \cdots}$ 　　　　　（6-31）

或

电压有效值
$$U = \sqrt{U_0^2 + U_1^2 + U_2^2 + \cdots} \qquad (6\text{-}32)$$

（2）非正弦周期量的平均功率为

$$P = P_0 + P_1 + P_2 + \cdots = U_0 I_0 + U_1 I_1 \cos \varphi_1 + U_2 I_2 \cos \varphi_2 + \cdots \qquad (6\text{-}33)$$

*6-4-4　串联谐振电路与非正弦周期信号的分解与合成

清华大学电路教学团队开发了"串联谐振综合提高实验——非正弦周期信号的分解与合成"实验项目。他们的论文中提到："谐振不仅是许多物理现象的共性基础，经数学建模和电路模拟，也成为高等工程教育多门课程知识传授中分析、认识复杂非正弦周期信号的工具和手段。"

本节将这个实验项目融会贯通后，言简意赅地呈现出来，希望能使本书的读者理解这个项目所涉及的电路理论。

1. 实验电路描述

实验电路由5条简单的 RLC 串联电路并联组成，为了实验过程中的电路调试简单、工作稳定，该实验电路的元件参数是经过原创团队精心设计和调配后确定的，如图 6-15 所示。5 条支路的电感取值相等，即 $L = L_0 = L_3 = L_5 = L_7 = L_9$；5 条支路的电阻取值相等，即 $R = R_0 = R_3 = R_5 = R_7 = R_9$。5 条简单 RLC 串联电路的谐振频率从左到右依次为 ω_0、$\omega_3 = 3\omega_0$、$\omega_5 = 5\omega_0$、$\omega_7 = 7\omega_0$、$\omega_9 = 9\omega_0$（其中，ω_0 设计为基波谐振角频率）。

根据串联谐振电路理论，各条 RLC 串联电路的谐振频率可以按下述公式求得：

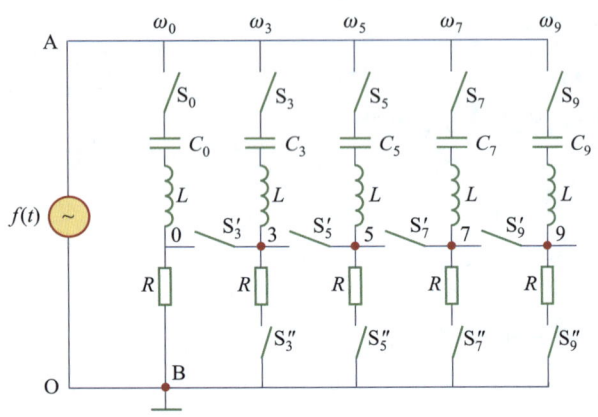

图 6-15　非正弦周期信号分解与合成一体化实验电路

$$\omega_0 = \frac{1}{\sqrt{LC_0}}, \quad \omega_3 = \frac{1}{\sqrt{LC_3}}, \quad \omega_5 = \frac{1}{\sqrt{LC_5}}, \quad \omega_7 = \frac{1}{\sqrt{LC_7}}, \quad \omega_9 = \frac{1}{\sqrt{LC_9}}$$

阅读
谐振的利与弊

根据上述已知条件，可以推导出

$$\omega_3 = 3\omega_0 = 3\frac{1}{\sqrt{LC_0}} = \frac{1}{\sqrt{L}} \cdot \frac{3}{\sqrt{C_0}} = \frac{1}{\sqrt{L}} \cdot \frac{1}{\sqrt{C_3}} \quad 或 \quad \frac{3}{\sqrt{C_0}} = \frac{1}{\sqrt{C_3}}$$

据此算得

$$\frac{3^2}{C_0} = \frac{1}{C_3}, \quad C_3 = \frac{1}{3^2}C_0$$

以此类推，可得

$$C_5 = \frac{1}{5^2}C_0, \quad C_7 = \frac{1}{7^2}C_0, \quad C_9 = \frac{1}{9^2}C_0$$

可见，只要确定了 C_0 的值，C_3、C_5、C_7、C_9 的值均可得到。

电路的电感、电容取值确定，相应的角频率 ω_0、ω_3、ω_5、ω_7 和 ω_9 也便确定。

2. 实验电路输入非正弦周期信号

这里从表 6-1 中选择非正弦周期信号——方波作为实验电路的输入信号，方波的数学表达式为

$$f(t) = \frac{4A_m}{\pi}\left(\sin \omega t + \frac{1}{3}\sin 3\omega t + \frac{1}{5}\sin 5\omega t + \cdots + \frac{1}{k}\sin k\omega t + \cdots\right) \quad k = 1, 3, 5, \cdots \qquad (6\text{-}34)$$

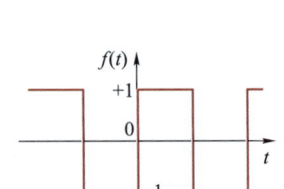

(a) 波形图

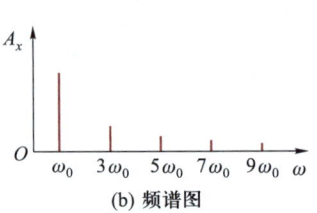

(b) 频谱图

图 6-16　方波的波形图和频谱图

方波的波形图和频谱图如图 6-16 所示。

3. 利用串联谐振电路实现非正弦周期电压信号的分解与合成

实验电路如图 6-15 所示，图中除了 5 条并接的 RLC 串联电路外，还有三组开关，第一组是 5 个选

频开关 S_0、S_3、S_5、S_7、S_9 用来控制各条 RLC 串联支路与信号源 $f(t)$ 的接通或断开;第二组是 4 个**合成开关** S_3'、S_5'、S_7'、S_9',若合成开关闭合,将使多个不同谐振频率的串联谐振电路单元并联;第三组是 4 个**分解开关** S_3''、S_5''、S_7''、S_9'',若所有选频开关都闭合、所有合成开关都断开、所有分解开关都闭合,在 5 条 RLC 串联谐振电路中每个电阻的两端(从左至右为 0-B、3-B、5-B、7-B、9-B)可同时得到 5 个相应频率的电压分量,即 $A_0\sin\omega_0 t$、$A_3\sin\omega_3 t$、$A_5\sin\omega_5 t$、$A_7\sin\omega_7 t$、$A_9\sin\omega_9 t$。

下面通过两个实验任务实现方波信号的分解与合成。

1)方波电压信号的分解

(1)图 6-15 所示电路中信号源输出方波电压信号 $f(t)$。

(2)此条件下,做如下操作。

① 闭合全部选频开关和分解开关,即将 S_0、S_3、S_5、S_7、S_9 及 S_3''、S_5''、S_7''、S_9'' 闭合。

② 打开所有合成开关,即将 S_3'、S_5'、S_7'、S_9' 打开(对照图 6-15,自己绘出此时开关状态下的电路)。

(3)此时,在电路的相应输出端口,可分别获得方波的各次谐波电压,具体如下。

① 0-B 端口,可获得电压信号 $f_0(t)=U_{1m}\sin\omega_0 t$。

② 3-B 端口,可获得电压信号 $f_3(t)=\dfrac{1}{3}U_{3m}\sin\omega_3 t$。

③ 5-B 端口,可获得电压信号 $f_5(t)=\dfrac{1}{5}U_{5m}\sin\omega_5 t$。

④ 7-B 端口,可获得电压信号 $f_7(t)=\dfrac{1}{7}U_{7m}\sin\omega_7 t$。

⑤ 9-B 端口,可获得电压信号 $f_9(t)=\dfrac{1}{9}U_{9m}\sin\omega_9 t$。

可见,该电路可以实现对非正弦周期波——方波电压信号的分解。

在实际实验操作时,可使用双通道或多通道数字示波器,分别观察上述电压信号的波形;同时,还可利用示波器测量出各次谐波(ω_0、ω_3、ω_5、ω_7、ω_9)所对应的频率。

2)方波电压信号的合成

(1)图 6-15 所示电路中信号源输出方波电压信号 $f(t)$。

(2)此条件下,做如下操作。

① 闭合全部选频开关和合成开关,即将 S_0、S_3、S_5、S_7、S_9 及 S_3'、S_5'、S_7'、S_9' 闭合。

② 打开所有分解开关,即将 S_3''、S_5''、S_7''、S_9'' 打开(对照图 6-15,自己绘出此时开关状态下的电路)。

(3)此时,在电路的输出端口,即 0-B 端口(0、3、5、7、9 连接为同一点),便可获得电压信号为

$$f_0(t)=U_m\left(\sin\omega_0 t+\frac{1}{3}\sin\omega_3 t+\frac{1}{5}\sin\omega_5 t+\frac{1}{7}\sin\omega_7 t+\frac{1}{9}\sin\omega_9 t\right)$$

利用示波器,容易观察到近似方波的波形,如图 6-17 所示。

3)其他输出信号的合成

(1)合成开关 S_3'、S_5'、S_7'、S_9' 全部打开;分解开关 S_3''、S_5''、S_7''、S_9'' 全部闭合;选频开关 S_0、S_3、S_7、S_9 打开,S_5 闭合,则输出信号为方波信号的 5 次谐波。这里可更好地理解选频开关的通断控制各条支路与信号源 $f(t)$ 连接的通断,以选取相应的谐波分量。

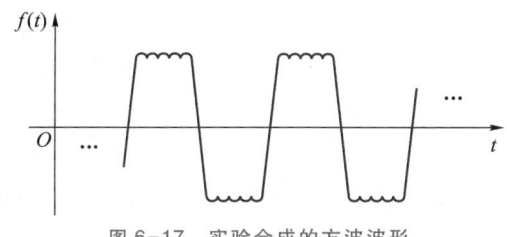

图 6-17　实验合成的方波波形

(2)合成开关 S_3'、S_5'、S_7'、S_9' 全部闭合;分解开关 S_3''、S_5''、S_7''、S_9'' 全部打开;5 个选频开关中,若仅有 S_0、S_3 闭合,而其他 3 个开关均断开,则 0-B 端口得到的输出电压就是方波电压信号中基波和 3 次谐波

的合成波形；而如果开关 S_3、S_5、S_9 闭合，而开关 S_0、S_7 断开，则 0-B 端口得到的输出电压就是方波电压信号中 3 次谐波、5 次谐波和 9 次谐波的合成波形。

鉴于图 6-15 所示实验电路中，信号源以外的电路部分可以提供所需的谐波电压信号，故也将其称作谐波发生器电路。

思考与练习 6-4 解答

思考与练习

6-4-1 已知某非正弦周期信号的周期 $T = 10\ \mu s$，试求这个信号的基波频率、3 次谐波频率、5 次谐波频率。

6-4-2 设表 6-1 中的三角波电压幅值为 100 V、$T = 0.02$ s，将它分解为傅里叶级数（取到 5 次谐波为止）。利用 $U = \sqrt{U_0^2 + U_1^2 + U_2^2 + \cdots}$ 算出电压的有效值，并与 $\dfrac{100}{\sqrt{3}}$ 进行比较。

6-4-3 设表 6-1 中的全波整流电流幅值为 300 mA、$f = 50$ Hz，将它分解为傅里叶级数（取到 4 次谐波为止）。利用 $I = \sqrt{I_0^2 + I_1^2 + I_2^2 + \cdots}$ 算出电流的有效值，并与 $\dfrac{300}{\sqrt{2}}$ 进行比较。

6-4-4 非正弦周期电压 $u = U_0 + u_1 + u_2 + u_3 + \cdots$ 和电流 $i = I_0 + i_1 + i_2 + i_3 + \cdots$，能否用 $\dot{U} = \dot{U}_0 + \dot{U}_1 + \dot{U}_2 + \dot{U}_3 + \cdots$ 和 $\dot{I} = \dot{I}_0 + \dot{I}_1 + \dot{I}_2 + \dot{I}_3 + \cdots$ 来表达？

6-5 滤波电路

演示文稿 滤波电路

在电子技术中，常常需要从宽广的频率范围中选出所需频率成分，而将其余部分加以滤除，滤波器就是能够实现这一功能的选频网络。在当今的信息社会中，滤波器在数据传送、电报、电话、传真、广播电视、雷达、测控等方面有着广泛的应用。

如何实现"滤波"，由感抗、容抗的频率特性[见图 6-7（a）]可知，电感有削弱（或抑制）高频电流的作用，电容有削弱（或抑制）低频电流的作用。利用这种特性，将电感、电容构成特定电路，使其连接在电源与负载之间，即可实现信号频率的选择，使负载获得所需要的谐波分量，去（滤）掉不需要的谐波分量。

滤波器的几个基本概念如下。

（1）频带：上下两个边界频率之间的频率段。

（2）通带：让信号中的有用成分顺利通过的频带。

（3）阻带：阻止信号中的无用成分及干扰传输的频带。

（4）截止频率：通带和阻带的交界点频率，用 f_c 表示。

理想的滤波器应具有以下特性。

（1）让有用信号顺利通过而无任何损耗和失真。

（2）将无用信号和干扰完全滤除。

要满足上述要求，即要实现通带内无衰减，通带外衰减无穷大。实际滤波器的频率特性很难满足这一要求，只能在允许的情况下接近理想。

根据通带和阻带的范围，滤波器可分为低通滤波器、高通滤波器、带通滤波器、带阻滤波器等。为了更直观地了解滤波器及其特性，将各种滤波器的结构及特性列于表 6-3 中。

表 6-3 滤波器结构及特性比较

	低通滤波器	高通滤波器	带通滤波器	带阻滤波器
通带范围	$0 \sim f_c$	$f_c \sim \infty$	$f_{C1} \sim f_{C2}$	$0 \sim f_{C1}$ 和 $f_{C2} \sim \infty$
阻带范围	$f_c \sim \infty$	$0 \sim f_c$	$0 \sim f_{C1}$ 和 $f_{C2} \sim \infty$	$f_{C1} \sim f_{C2}$
频率特性	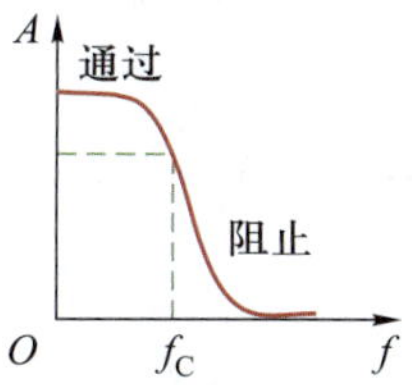	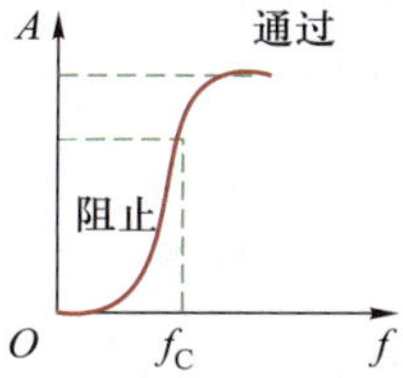	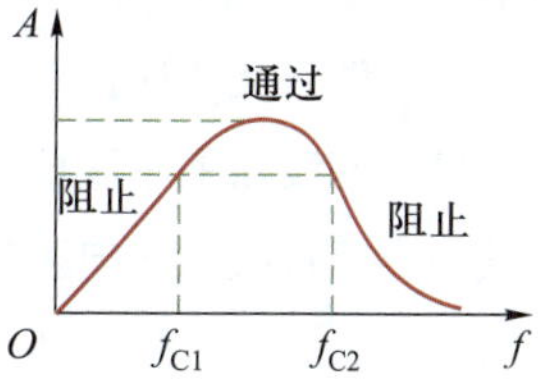	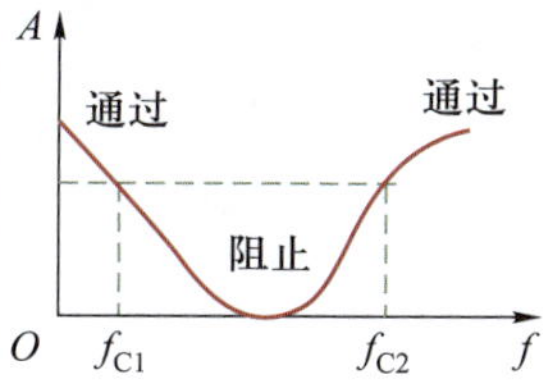
滤波器结构 — Π 形滤波器	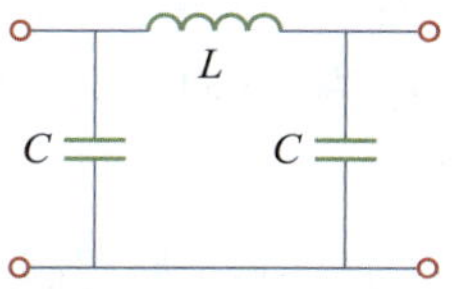	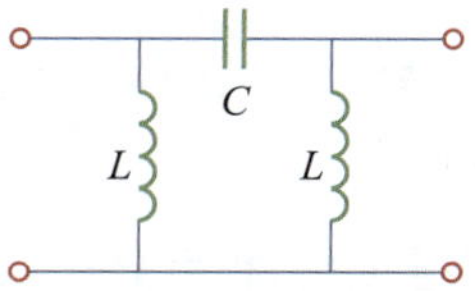	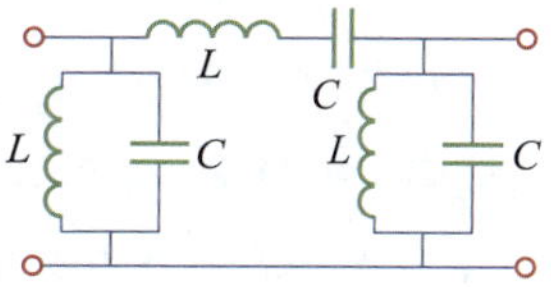	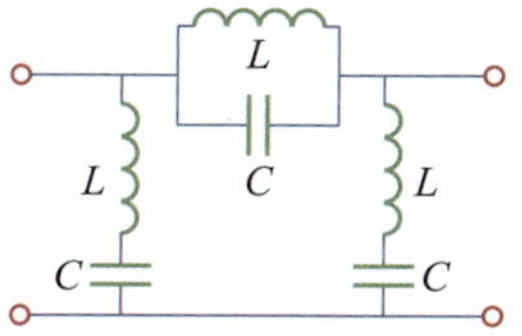
滤波器结构 — T 形滤波器	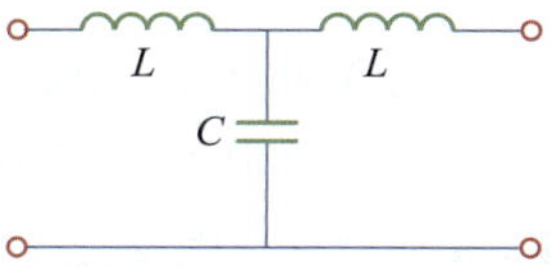	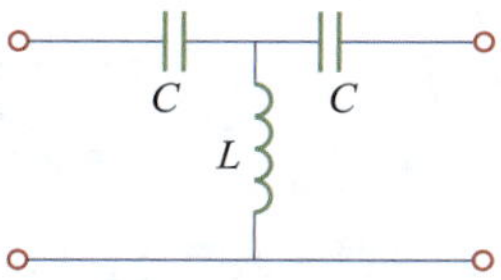	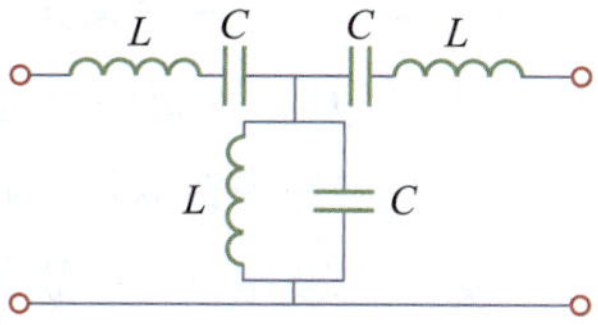	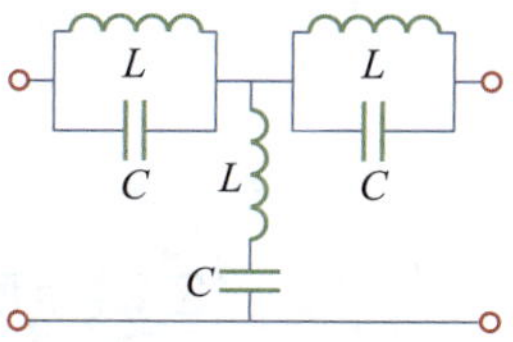
滤波器结构 — Γ 形滤波器	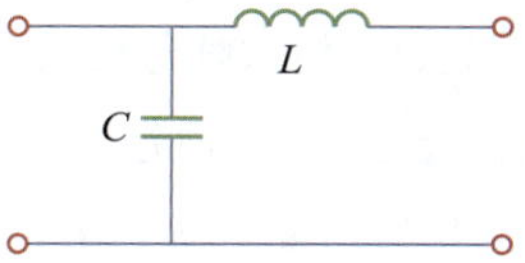	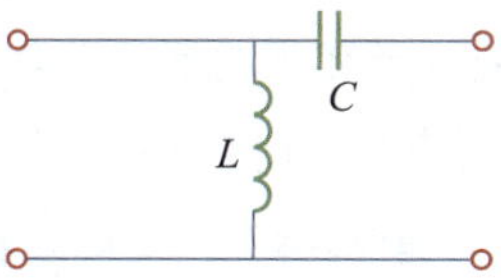	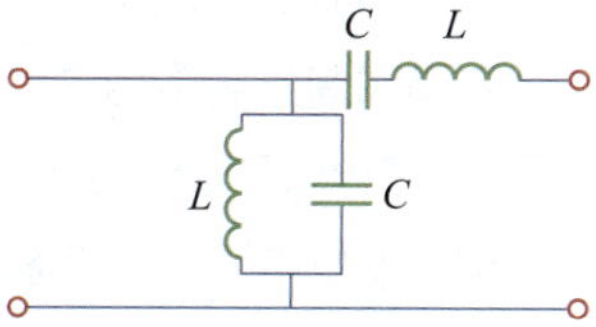	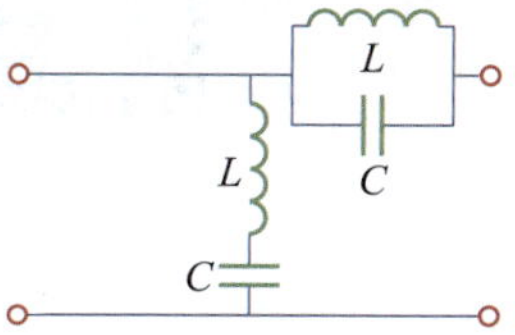

6-5-1 滤波电路原理

下面以低通滤波电路为例,说明滤波电路的原理。

低通滤波电路见表 6-3 第 2 列,其结构有:Π 形滤波器、T 形滤波器、Γ 形滤波器。

这种电路将电感作串联而将电容作并联组成电路,使直流分量和低于截止频率 f_c 的谐波分量易于通过,因此称为**低通滤波器**。

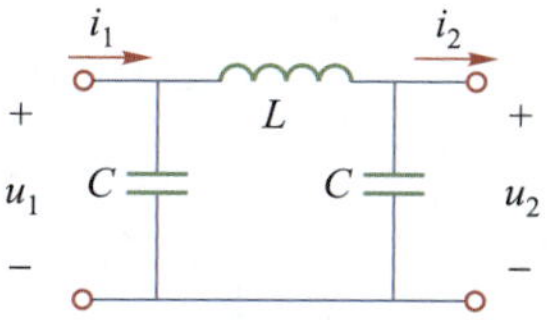

具体分析如图 6-18 所示。在交流电路中,电感元件具有通低频阻高频的特性,而电容元件具有通高频阻低频的特性。因此,输入电流 i_1 中的高次谐波分量不易通过电感(感抗大)而容易通过电容(容抗小),因而高频分量在串联部分被抑制(削弱),在并联部分被分流,输出电流 i_2 中主要为直流分量和低次谐波分量。另外,电感对高频的感抗大,电容对高频的容抗小,因此,输入电压 u_1 中的高频分量主要降在电感上,输出电压 u_2 中所含的高频分量极小。

图 6-18 Π 形低通滤波器

实际应用时,为了强化滤波作用,可以采用多级低通滤波器。元件参数的选择则可以决定滤波器截止频率的高低。如选择足够大的电感 L 和电容 C,截止频率可以很低,以至于输出电流基本上是直流分量。这种滤波器与整流器连接,可使负载从交流电源中获得近于直流的电压和电流。

某些电路中会串联一个电感 L 以阻碍高频电流通过,该电感称为"扼流线圈"。

高通滤波电路见表 6-3 第 3 列,细心的读者会发现,只需把低通滤波电路中的电感、电容位置互换即构成高通滤波电路。原理分析依旧应用电感、电容的频率特性,结论是该电路将低频分量和直流分

量削弱(抑制),使高频分量通过,即保留高于截止频率的谐波分量,把低于截止频率的谐波分量和直流分量滤掉,因此称为**高通滤波器**。

带通滤波电路和带阻滤波电路见表 6-3 第 4 列和第 5 列,其滤波原理应用了电路中的电压谐振(串联谐振)和电流谐振(并联谐振)的特性。这种滤波器是专为某一个或几个特定频率而设计的。电路中,当 L、C 串联发生谐振时,相当于短路;而当 L、C 并联发生谐振时,相当于开路。利用这一特性,可使电路能够对某次谐波电流给予"畅通"或"阻断"。

带通滤波器的串联臂采用串联谐振电路,并联臂采用并联谐振电路。在实际应用中,通常使串联谐振电路与并联谐振电路的谐振频率相等,即

$$f_0 = \frac{1}{2\pi\sqrt{L_1 C_1}} = \frac{1}{2\pi\sqrt{L_2 C_2}} \tag{6-35}$$

(1)若 $f>f_0$ 时串联谐振电路呈感性,相当于一个感抗;并联谐振电路呈容性,相当于一个容抗。此时,该电路相当于一个低通滤波器。

(2)当 $f<f_0$ 时串联谐振电路呈容性,相当于一个容抗;并联谐振电路呈感性,相当于一个感抗。此时,该电路相当于一个高通滤波器。

(3)当 $f=f_0$ 时串联臂相当于短路,并联臂相当于开路,信号顺利通过,因此 $f=f_0$ 的信号在通带内。

可见,带通滤波器是低通滤波器与高通滤波器的组合,并以 f_0 为分界点,且 f_0 在通带内。

反之,滤波电路的串联臂采用并联谐振电路,并联臂采用串联谐振电路,其作用是阻止一定频带的谐波通过,而允许其他频率的谐波通过,因此称为**带阻滤波器**。

若串联谐振电路与并联谐振电路的谐振频率相等,如式(6-35),则分析可知,当 $f>f_0$ 时,该电路相当于一个高通滤波器;当 $f<f_0$ 时,该电路相当于一个低通滤波器;以 f_0 为分界点,且 f_0 在阻带内。

滤波器按电路元件来区分,有晶体滤波器、陶瓷滤波器、机械滤波器、LC 滤波器以及有源滤波器等。

* 6-5-2 滤波电路题例

【例 6-9】 图 6-19(b)所示滤波电路由电感 $L=5$ H 和电容 $C=10$ μF 组成,负载电阻 $R=2$ kΩ。设加在滤波电路上的为全波整流电压,如图 6-19(a)所示,其中电压 $U_m=157$ V,角频率 $\omega=314$ rad/s。求输入电流 i 和负载两端电压 u_o。

【解】 (1)由表 6-1 可查得全波整流波形的傅里叶级数展开式(最高取到 4 次谐波)为

$$u(t) = \frac{4U_m}{\pi}\left(\frac{1}{2} + \frac{1}{3}\cos 2\omega t - \frac{1}{15}\cos 4\omega t + \cdots\right)$$
$$= (100 + 66.7\cos 2\omega t - 13.3\cos 4\omega t + \cdots)\ \text{V}$$

(2)对直流分量,电感相当于短路,电容相当于开路。所以负载两端的电压为

$$U_0 = 100\ \text{V}$$

输入电流为

$$I_0 = \frac{U_0}{R} = \frac{100}{2\times 10^3}\ \text{A} = 0.05\ \text{A} = 50\ \text{mA}$$

(3)对 2 次谐波,电路的复阻抗为

$$Z_2 = Z_{o2} + j2\omega L$$

$$= \left(\frac{-j\dfrac{2\times 10^3}{2\times 314\times 10\times 10^{-6}}}{2\times 10^3 - j\dfrac{1}{2\times 314\times 10\times 10^{-6}}} + j2\times 314\times 5\right)\ \Omega$$

延伸学习
典型滤波器的
幅频特性

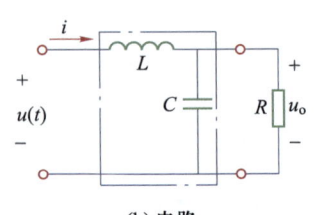

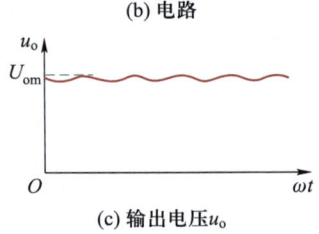

图 6-19 LC 滤波电路

$$= (158.7 \underline{/-85.5°} + 3\,140 \underline{/90°}) \ \Omega$$

$$= 2\,983 \underline{/89.8°} \ \Omega$$

输入电流振幅为 $\dot{I}_{2m} = \dfrac{\dot{U}_{2m}}{Z_2} = \dfrac{66.7 \underline{/0°}}{2\,983 \underline{/89.8°}} \ \text{A} = 0.022\,36 \underline{/-89.8°} \ \text{A} = 22.36 \underline{/-89.8°} \ \text{mA}$

所以负载两端的电压振幅为

$$\dot{U}_{o2m} = \dot{I}_{2m} Z_{o2} = 0.022\,36 \underline{/-89.8°} \times 158.7 \underline{/-85.5°} \ \text{V} = 3.549 \underline{/-175.3°} \ \text{V}$$

即

$$i_2 = 22.36\cos\,(2\omega t - 89.8°) \ \text{mA}$$

$$u_{o2} = 3.549\cos\,(2\omega t - 175.3°) \ \text{V}$$

（4）对 4 次谐波，电路的复阻抗为

$$Z_4 = Z_{o4} + \text{j}4\omega L$$

$$= \left(\dfrac{-\text{j}\dfrac{2\times10^3}{4\times314\times10\times10^{-6}}}{2\times10^3 - \text{j}\dfrac{1}{4\times314\times10\times10^{-6}}} + \text{j}4\times314\times5 \right) \ \Omega$$

$$= (79.5 \underline{/-87.7°} + 6\,280 \underline{/90°}) \ \Omega$$

$$= 6\,200 \underline{/90°} \ \Omega$$

输入电流振幅为　　$\dot{I}_{4m} = \dfrac{\dot{U}_{4m}}{Z_4} = \dfrac{13.3 \underline{/180°}}{6\,200 \underline{/90°}} \ \text{A} = 0.002\,145 \underline{/90°} \ \text{A} = 2.145 \underline{/90°} \ \text{mA}$

所以负载两端的电压振幅为

$$\dot{U}_{o4m} = \dot{I}_{4m} Z_{o4} = 2.145\times10^{-3} \underline{/90°} \times 79.5 \underline{/-87.7°} \ \text{V} = 0.170\,5 \underline{/2.3°} \ \text{V}$$

即

$$i_4 = 2.145\cos\,(4\omega t + 90°) \ \text{mA}$$

$$u_{o4} = 0.170\,5\cos\,(4\omega t + 2.3°) \ \text{V}$$

（5）全波整流滤波电路总的输入电流振幅为

$$i = I_0 + i_2 + i_4 = \left[50 + 22.36\cos\,(2\omega t - 89.8°) + 2.145\cos\,(4\omega t + 90°) \right] \ \text{mA}$$

负载两端的电压为

$$u_o = U_0 + u_2 + u_4 = \left[100 + 3.549\cos\,(2\omega t - 175.3°) + 0.170\,5\cos\,(4\omega t + 2.3°) \right] \ \text{V}$$

从以上计算可知，通过滤波，负载上电压的 2 次谐波分量仅为直流分量的 $3.549/100 = 3.5\%$，4 次谐波分量仅为直流分量的 $0.170\,5/100 = 0.17\%$，4 次谐波以上的分量可以忽略不计，输出电压接近直流电压，如图 6-19（c）所示。而滤波前的电压，2 次谐波分量和 4 次谐波分量分别为直流分量的 66.7% 和 13.3%。

思考与练习

　　6-5-1　为什么滤波器具有选频特性？举一例说明滤波器是如何选频的。常见的滤波器有哪几种？

　　6-5-2　*RLC* 串联电路输入方波，要求该电路选择输出 k 次谐波，求谐振的条件、谐振频率以及 k 次谐波阻抗。

思考与练习 6-5
解答

本章小结

本章主要讲述了谐振电路、非正弦周期波及滤波电路等内容。

1. 谐振电路

本章前三节分析了串联谐振电路和并联谐振电路的许多重要特性,如谐振条件、谐振频率、谐振阻抗、品质因数、回路的频率特性、通频带等。这里利用表 6-4 说明串、并联谐振电路的主要概念和特征,读者可以进行比较,以便于加深理解和帮助记忆。

表 6-4　串、并联谐振电路的比较

	串联谐振电路	并联谐振电路 1	并联谐振电路 2
电路形式			
谐振条件	$\omega_0 L - \dfrac{1}{\omega_0 C} = 0$ $X_L = X_C$	$\omega_0 C - \dfrac{\omega_0 L}{R^2 + (\omega_0 L)^2} = 0$	$\omega_0 C - \dfrac{1}{\omega_0 L} = 0$ $B_L = B_c$
谐振频率	$f_0 = \dfrac{1}{2\pi\sqrt{LC}}$	$f_0 \approx \dfrac{1}{2\pi\sqrt{LC}}$（$Q \gg 1$）	$f_0 = \dfrac{1}{2\pi\sqrt{LC}}$
谐振阻抗	$Z_0 = R$（最小）	$Z_0 = \dfrac{L}{CR} = Q\rho$（最大）	$Y_0 = G$
特性阻抗	$\rho = \sqrt{\dfrac{L}{C}}$	$\rho = \sqrt{\dfrac{L}{C}}$	$\rho = \sqrt{\dfrac{L}{C}}$
谐振电流/谐振电压	$I_0 = \dfrac{U_s}{Z_0} = \dfrac{U_s}{R}$（最大）	$I_0 = U_s G = \dfrac{U_s R}{R^2 + (\omega_0 L)^2}$	$U_0 = \dfrac{I_s}{Y_0} = R I_s$（最大）
元件上的电压或电流	$U_{L0} = U_{C0} = Q U_s$，$U_{R0} = U_s$	$I_{RL0} \approx I_{C0} = Q I_0$	$I_{L0} = I_{C0} = Q I_s$
品质因数	$Q = \dfrac{\omega_0 L}{R} = \dfrac{1}{\omega_0 CR} = \dfrac{\rho}{R}$	$Q = \dfrac{\omega_0 C}{G} = \dfrac{\omega_0 C}{\dfrac{RC}{L}} = \dfrac{\omega_0 L}{R} = \dfrac{\rho}{R}$	$Q = \dfrac{R}{\omega_0 L} = R\omega_0 C = R\sqrt{\dfrac{C}{L}}$
失谐时阻抗的性质	（1）当 $f > f_0$ 时,呈电感性 （2）当 $f < f_0$ 时,呈电容性	（1）当 $f > f_0$ 时,呈电容性 （2）当 $f < f_0$ 时,呈电感性	（1）当 $f > f_0$ 时,呈电容性 （2）当 $f < f_0$ 时,呈电感性
通用谐振曲线			
通频带	$BW = f_2 - f_1 = \dfrac{f_0}{Q}$	$BW = f_2 - f_1 = \dfrac{f_0}{Q}$	$BW = f_2 - f_1 = \dfrac{f_0}{Q}$
对电源的要求	适用于低内阻信号源	适用于高内阻信号源	适用于高内阻信号源

2. 非正弦周期波

（1）在电子电气工程中大量遇到非正弦周期信号,这些信号的产生通常有以下两种:

① 电源电压为非正弦电压。

② 电路中存在非线性元件。

（2）非正弦周期波的合成:不同频率正弦量叠加,可以得到非正弦周期波。

（3）非正弦周期波的谐波分析:

非正弦周期信号(满足狄里赫利条件的周期函数)可以分解为傅里叶级数,即

$$f(t) = A_0 + \sum_{k=1}^{\infty} A_{km}\sin(k\omega t + \psi_k) \text{ 或 } f(t) = \frac{a_0}{2} + \sum_{k=1}^{\infty} a_k\cos k\omega t + \sum_{k=1}^{\infty} b_k\sin k\omega t$$

将一个非正弦周期函数分解为直流分量和无穷多个频率不同的谐波分量之和,称为谐波分析。

（4）非正弦周期电路的计算举例。

● 电压、电流的计算。

非正弦周期电压作用下线性电路的分析计算步骤:

① 给出展开式 $u = U_0 + u_1 + u_2 + u_3 + \cdots$,具体计算时,一般取谐波的前 3~5 项。

② 分别计算 U_0、u_1、u_2、u_3、$\cdots$ 单独作用于电路时的谐波阻抗 Z_k。注意频率对元件电抗的影响,$X_{Lk} = k\omega L$,$X_{Ck} = \dfrac{1}{k\omega C}$。对直流,电感相当于短路,电容相当于开路。

③ 算出电流 I_0、i_1、i_2、i_3、$\cdots$,叠加 $I_0 + i_1 + i_2 + i_3 + \cdots$ 得总电流 i。

● 非正弦周期波的有效值和平均功率的计算:

$$I = \sqrt{I_0^2 + I_1^2 + I_2^2 + \cdots}$$

$$U = \sqrt{U_0^2 + U_1^2 + U_2^2 + \cdots}$$

$$P = U_0 I_0 + \sum_{k=1}^{\infty} U_k I_k\cos\varphi_k = U_0 I_0 + U_1 I_1\cos\varphi_1 + U_2 I_2\cos\varphi_2 + \cdots$$

3. 滤波电路

利用感抗、容抗的频率特性,或利用串联谐振电路、并联谐振电路的频率特性,由电感、电容构成特定的选频电路,以实现选取或滤除输入信号的某些频率成分或谐波分量,这样的选频电路称为滤波器。

根据通带和阻带的范围,滤波器可分为低通滤波器、高通滤波器、带通滤波器和带阻滤波器。

习题6

6-1　一个收音机的接收线圈的电阻 $R = 20\ \Omega$, $L = 2.5 \times 10^{-4}\ H$,调节电容 C 收听 720 kHz 的中央人民广播电台,求这时的电容 C 和电路的品质因数 Q。

6-2　RLC 串联电路,$R = 500\ \Omega$,$L = 60\ mH$, $C = 0.53\ pF$。求电路谐振频率 f_0、品质因数 Q、谐振阻抗 Z_0。

6-3　RLC 串联电路,角频率 $\omega = 5\ 000\ rad/s$ 时发生谐振。已知 $R = 5\ \Omega$,$L = 400\ mH$,电源电压 $U = 1\ V$。求电容 C 的值、电路电流和各元件的电压。

6-4　将电压为 5 mV 的交流信号源接入 RLC 串联电路,其中 $L = 1.3 \times 10^{-4}\ H$,$C = 288\ pF$,$R = 10\ \Omega$。调谐频率使电路谐振。求:(1)谐振时信号源的频率、特性阻抗和品质因数;(2)谐振时回路的电流以及电感与电容上的电压值。

6-5　如果将电压为 10 mV 的交流信号源接到 RLC 串联电路上, 并将电路调至谐振状态。测得此时电感的电压为 840 mV。求电路的品质因数 Q。

6-6 RLC 串联电路,已知电源电压 $U = 1$ V,角频率 $\omega = 10^6$ rad/s。调节电容 C 使电路发生谐振,此时电路电流 $I_0 = 100$ mA,$U_C = 100$ V。求:(1)电路的品质因数 Q;(2)电路元件参数 R、L、C。

6-7 一个线圈与 $C = 200$ pF 的电容器并联,要求在 465 kHz 的频率时谐振,线圈的电感是多少?如线圈的品质因数为 200,线圈的电阻是多少?

6-8 RLC 串联电路,已知 $L = 0.5$ mH,可变电容 C 为 12 ~ 290 pF,求谐振频率的范围。要使最低谐振频率为 400 kHz,应在可变电容两端并联一个多大的电容?

6-9 电感线圈与电容并联谐振电路中,已知谐振角频率 $\omega_0 = 5 \times 10^6$ rad/s,品质因数 $Q = 100$,谐振阻抗 $Z_0 = 2$ kΩ。求 R、L、C 的值。

6-10 一阻值为 $R = 20$ Ω 的线圈与一电容器构成并联谐振电路,已知电路的品质因数 $Q = 500$。求电路的谐振阻抗 Z_0 和特性阻抗 ρ。

6-11 已知电感线圈与电容并联谐振电路的 $R = 10$ Ω,$L = 200$ μH,$C = 800$ pF。求电路的谐振频率、品质因数和通频带。

6-12 电感线圈与电容并联谐振电路,$R = 13.7$ Ω,$L = 0.25$ mH,$C = 85$ pF。求电路谐振角频率 ω_0、品质因数 Q、谐振阻抗 Z_0。

6-13 某电子设备需要一个并联谐振电路,技术上要求是谐振频率 $f_0 = 1\ 200$ Hz,电路品质因数 $Q = 100$,谐振阻抗 $Z_0 = 27$ kΩ。试选择电路线圈参数和电容器的值(R、L、C 的值)。

6-14 电感线圈与电容并联谐振电路处于谐振状态时,在电容上再并联一个电容,谐振频率、品质因数、通频带有什么变化?

6-15 有一个固定电感,电感量为 12.5 mH,线圈电阻为 10 Ω;另有一个固定电容,损耗可以忽略,电容量为 2 000 pF。先把它们接成串联回路,求出谐振频率 f_0、品质因数 Q、通频带 BW、谐振阻抗 Z_0;然后把它们改接成并联回路,再求出以上变量。比较它们的异同并说明关系。

6-16 有一个频率可变的交流信号源,输出电压保持恒定。若将这个信号源加到串联谐振回路上,并在电路中串接一只电流表。(1)一边调节信号源频率,一边观察电流表的指示。见到什么现象时,表明回路正处于谐振状态?(2)回路调至谐振状态后,若把信号源频率降低一些,电路呈什么性质?把频率升高一些,电路又呈什么性质?

6-17 求图 6-20(a)、(b)所示电路的谐振频率。

6-18 图 6-20(a)、(b)所示电路中,已知 $R_1 = R_2 = 100$ Ω,$L_1 = 3$ H,$L_2 = 10$ H,$M = 5$ H。若该电路在角频率 $\omega = 200$ rad/s 时谐振,求电容 C。

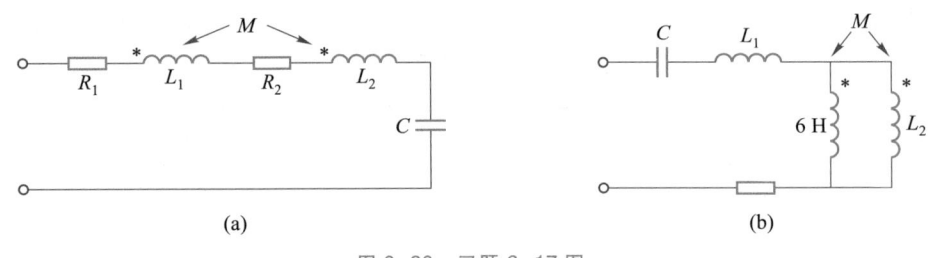

图 6-20 习题 6-17 图

6-19 对已处于谐振状态的 RLC 串联电路,若将电阻 R 的值增大,问:(1)谐振频率会不会变化?(2)谐振电流如何变化?(3)品质因数如何变化?

6-20 RLC 串联电路中,已知 $R = 4.7$ Ω,$L = 60$ μH,$C = 422$ pF,电源电压 $U = 1$ mV。求电路发生谐振时的谐振频率 f_0、电路的特性阻抗 ρ、品质因数 Q、电容上的电压 U_{C0}。

6-21 图 6-21 所示电路发生谐振时,电流 I 为最大。问:(1)这时电压表读数是多少?(2)电感电压与电容电压有什么关系?(3)电源电压 U_s 是多少?

6-22 收音机的中频放大耦合电路是一个线圈与电容器并联的谐振回路,谐振频率为 465 kHz,电容 $C = 200$ pF,回路的品质因数 $Q = 100$。求线圈的电感 L 和电阻 R。

6-23　图 6-22 所示线圈与电容器并联的电路中,已知线圈的电阻 $R = 10\ \Omega$,电感 $L = 0.127\ \text{mH}$,电容 $C = 200\ \text{pF}$,谐振时总电流 $I_0 = 0.2\ \text{mA}$。试求:(1) 谐振电路的品质因数;(2) 电路的谐振频率 f_0、谐振阻抗 Z_0;(3) 电感支路和电容支路的电流 I_{RL0}、I_{C0}。

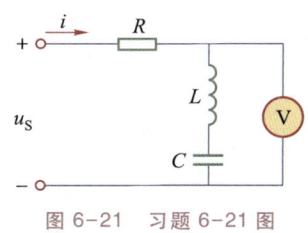
图 6-21　习题 6-21 图

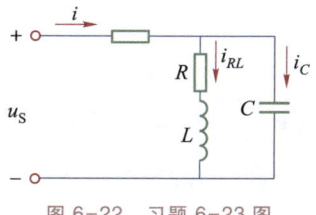
图 6-22　习题 6-23 图

6-24　已知某非正弦周期信号的周期 $T = 25\ \mu\text{s}$,试求这个信号的基波频率、3 次谐波频率、5 次谐波频率。

6-25　已知某单相全波整流电路输出电压 u 的傅里叶级数展开式为 $u = 0.9U + 0.6U\cos 2\omega t - 0.12U\cos 4\omega t + \cdots$。若 $U = 220\ \text{V}$,求它的有效值(忽略 6 次以上的谐波分量,其中 $U = 220\ \text{V}$,是整流前交流电压的有效值)。

6-26　某非正弦电源电压为 $u = [40 + 180\sin \omega t + 60\sin (3\omega t - 45°)]\ \text{V}$,求有效值 U。

6-27　铁心线圈是一种非线性元件,加上正弦电压 $u = 311\sin 314t\ \text{V}$ 后,其电流为 $i = [0.8\sin (314t - 85°) + 0.25\sin (942t - 105°)]\ \text{A}$ 的非正弦量。求等效正弦电流值(有效值)。

6-28　已知非正弦周期电压的直流分量为 28 V,基波为 $\dot{U}_{1m} = 5\ \underline{/71°}\ \text{V}$,2 次谐波为 $\dot{U}_{2m} = 3\ \underline{/-24°}\ \text{V}$,3 次谐波为 $\dot{U}_{3m} = 1\ \underline{/-153°}\ \text{V}$,求瞬时值 u 的表达式和有效值 U。

6-29　已知一个无源二端网络的端电压、端电流分别为

$$u = [50\sin (\omega t + 60°) + 50\sin (3\omega t + 30°) + 25\sin (5\omega t + 0°)]\ \text{V}$$

$$i = [20\sin (\omega t - 60°) + 15\sin (3\omega t + 60°) + 10\sin (5\omega t - 30°)]\ \text{A}$$

求该网络吸收的功率。

6-30　RLC 串联电路中,已知 $R = 10\ \Omega$,$L = 31.8\ \text{mH}$,$C = 35.3\ \mu\text{F}$,$\omega = 314\ \text{rad/s}$,电路电流 $i = [0.248\sin (\omega t + 68°) + \sin 3\omega t]\ \text{A}$。求电压的有效值、电路消耗的功率 P。

*6-31　电路如图 6-23 所示,$R = 50\ \Omega$,$\omega L = 5\ \Omega$,$\dfrac{1}{\omega C} = 45\ \Omega$,设外加电压 $u = (200 + 10\sin 3\omega t)\ \text{V}$。求总电流 I、输出电压 u_O。

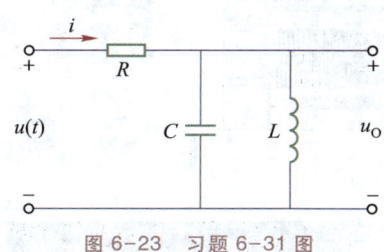
图 6-23　习题 6-31 图

习题 6 详解

电路新视界6

信号发生器

在学习非正弦周期波时我们认识了多种非正弦信号,下面通过对信号发生器和函数信号发生器的介绍,将抽象的理论认识转化到可能的实践操作层面,进而更好地掌握所学内容。

1. 信号发生器

信号发生器又称信号源或振荡器(振荡器是用来产生重复电子信号,通常是正弦波、方波的电子设备)。信号发生器是一种能提供各种波形、频率、振幅或直流电平等电信号的设备,在生产实践和科技领域中有着广泛的应用。在测量各种元器件或电子设备的振幅特性、频率特性、传输特性及其他电参数时,信号发生器常用作测试的信号源。

2. 信号发生器的种类

信号发生器有正弦信号发生器、低频信号发生器、高频信号发生器、超高频信号发生器、微波信号发生器、扫频和程控信号发生器、频率合成式信号发生器、函数信号发生器、脉冲信号发生器、随机信号发生器(包括噪声信号发生器和伪随机信号发生器)等。其中,低频、高频、超高频、微波信号发生器是按频段划分的,具体频率范围在产品说明书上给出并标注在信号发生器仪器面板上。正弦波信号发生器、矩形脉冲信号发生器、函数信号发生器是根据输出波形的不同划分的,而随机信号发生器的输出信号是非周期信号。扫频信号发生器能够产生幅度恒定、频率在限定范围内作线性变化的信号。正弦信号是使用最广泛的测试信号。

3. 函数信号发生器

函数信号发生器又称波形发生器,能产生某些特定的周期性时间函数波形(主要是正弦波、方波、三角波、锯齿波和脉冲波等)信号,频率范围可从几毫赫甚至几微赫的超低频直到几十兆赫的高频。除供通信、仪表和自动控制系统测试用外,函数信号发生器还广泛用于其他非电测量领域。某型号的函数信号发生器如图 6-24 所示。

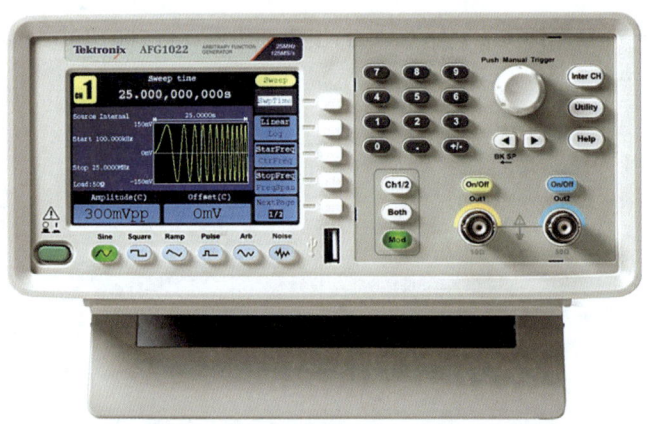

图 6-24 某型号的函数信号发生器

函数信号发生器在电路实验和设备检测中具有十分广泛的用途。例如在通信、广播、电视系统中,都需要射频①发射,这里的射频波就是载波,要把音频(低频)、视频信号或脉冲信号运载出去,就需要能够产生高频的振荡器。在工业、农业、生物医学等领域内,如高频感应加热、熔炼、淬火、超声诊断、核磁共振成像等,都需要功率或大或小、频率或高或低的振荡器。

---

① 射频(Radio Frequency,RF)表示可以辐射到空间的电磁频率,频率范围为 300 kHz~300 GHz。

学习内容思维导图

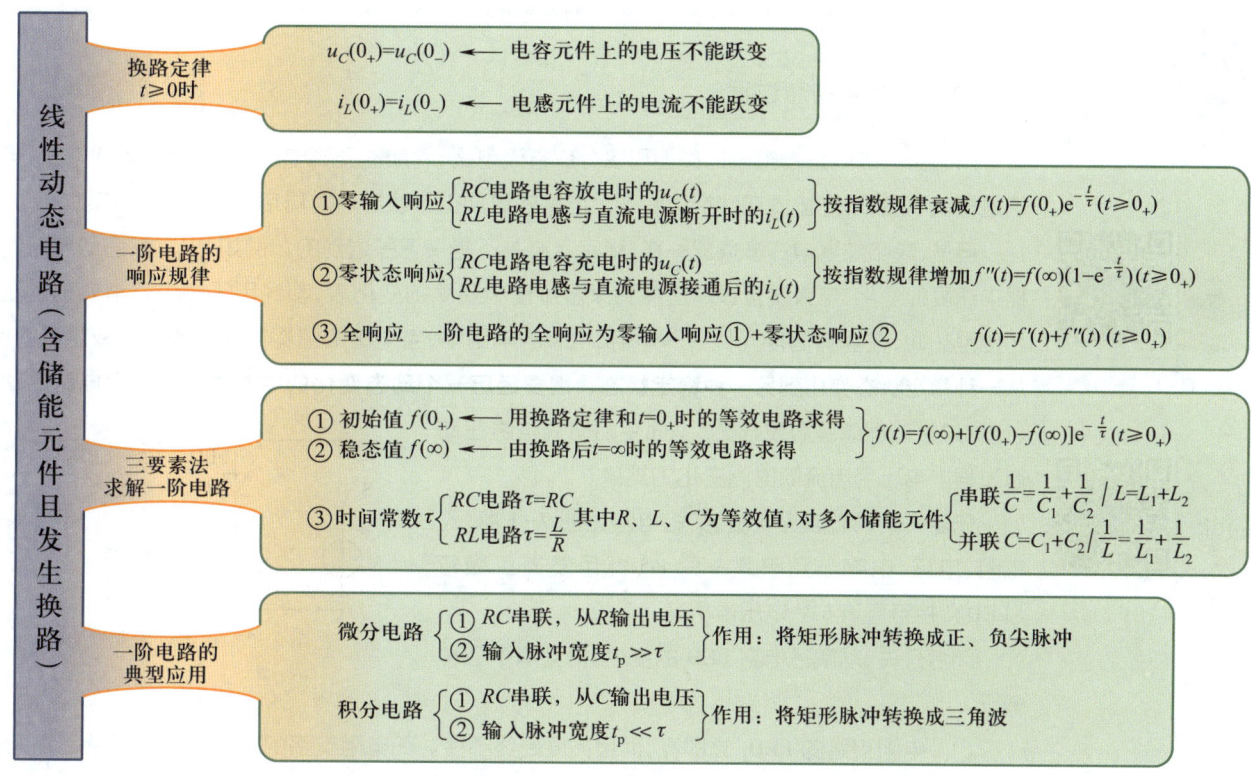

学习目标

1. 知识目标

（1）认识含储能元件的电路存在过渡过程/动态过程；理解换路定律。

（2）掌握初始值、稳态值、时间常数等概念。

（3）了解一阶电路的典型应用，如微分电路与积分电路等。

2. 能力目标

（1）掌握换路定律；会计算动态电路的初始值、稳态值。

（2）理解一阶电路的零输入响应、零状态响应和全响应的特点；掌握一阶电路的响应规律，会求时间常数。

（3）熟练运用三要素法计算一阶电路的响应。

3. 素养目标

（1）提升安排任务和解决问题的能力，培养工程师素养。

（2）提升知识技能的运用能力，了解科技的应用，提升科学素养。

> 前面几章讨论了稳态电路，本章分析动态电路。动态电路具有许多特殊规律和特征。本章主要介绍动态过程、换路定理、初始值、稳态值、时间常数等概念，讨论一阶电路的零输入响应、零状态响应和全响应，重点介绍用三要素法求解一阶电路，最后介绍一阶电路的典型应用。

章前絮语

演示文稿
换路定律

动画
过渡过程的概念

微课
电容充放电

7-1 换路定律

7-1-1 电路的动态过程

前面讨论的电路按电流的类型可以分成直流电路、周期性交流电路，它们所描述的电压、电流情况或是恒稳不变，或是按周期性规律变动。电路的这种工作状态称为稳定状态，简称稳态。

但是，像自然界中许多情况一样，稳定状态并不是一下子达到的。例如，火车从启动到匀速运行过程中速度的变化、电饭煲煮饭从加热到保温过程中温度的变化等，都经历了一个逐渐变化的过程。电路也是如此，在含有储能元件——电容、电感的电路中，当电路的结构或元件的参数发生改变时，**电路从一种稳定状态变化到另一种稳定状态，需要经历一个动态变化的中间过程，称为电路的动态过程**（也称过渡过程或瞬态过程）。下面专门研究电路在动态过程中电压与电流随时间变化的规律。

先做一个动态过程实验，实验电路如图 7-1 所示。电阻、电感、电容分别串联一只 $\phi5$ 红色发光二极管（LED），并与直流 6 V 电压源相连。

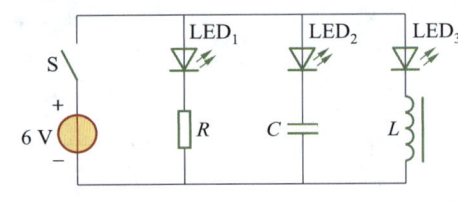

图 7-1 动态过程实验电路

闭合开关，观察各电路 LED 的变化，得到以下三种情况。

（1）电阻支路的 LED_1 立即亮，而且亮度始终不变。即电阻支路的电流立刻达到稳定值，不需要时间过程。

（2）电容支路中的 LED_2 由亮（立即亮）逐渐变暗直至熄灭。即电容支路的电流从最大逐渐减小到 0，是从一种稳定状态到另一种稳定状态，这需要一个过程，即动态过程。

（3）电感支路中的 LED_3 由不亮逐渐变亮直至稳定。即电感支路的电流从 0 逐渐增大到最大，然后稳定，也是从一种稳定状态到另一种稳定状态，同样需要一个过程，即动态过程。

分析表明，**电路产生动态过程有内、外两种原因，内因是电路中存在储能元件 L 或 C；外因是电路的结构或参数发生改变**，如开关的打开或闭合、元件的接通或断开，一般称为换路。

7-1-2 换路定律

换路使含有储能元件的电路的能量发生变化，但能量变化是个渐变的过程，不能跃变。电容储存的电场能量为 $\frac{1}{2}Cu_c^2$，电场能量不能跃变表现为电容器上的电压 u_c 不能跃变。电感储存的磁场能量为 $\frac{1}{2}Li_L^2$，磁场能量不能跃变表现为电感线圈中的电流 i_L 不能跃变。

设 $t=0$ 为换路瞬间,$t=0_-$ 表示换路前一瞬间,$t=0_+$ 表示换路后一瞬间,换路的时间间隔为零。从 $t=0_-$ 到 $t=0_+$ 瞬间,**电容元件上的电压和电感元件中的电流不能跃变**,表达式为

$$\left.\begin{array}{c} u_C(0_+)=u_C(0_-) \\ i_L(0_+)=i_L(0_-) \end{array}\right\} \tag{7-1}$$

式(7-1)称为**换路定律**。

应当注意,除了电容电压 u_C 和电感电流 i_L 不能跃变,其他的量如电容电流 i_C、电感电压 u_L、电阻电压 u_R 和电阻电流 i_R 均不受此限制。

7-1-3　电压、电流初始值的计算

电路过渡过程初始值的计算按下列步骤进行。

(1)根据换路前的电路求出换路前瞬间,即 $t=0_-$ 时的 $u_C(0_-)$ 和 $i_L(0_-)$。

(2)根据换路定律求出换路后瞬间,即 $t=0_+$ 时的 $u_C(0_+)$ 和 $i_L(0_+)$。

画出 $t=0_+$ 时的等效电路图。若 $u_C(0_+)=0$,用短路线替代;若 $i_L(0_+)=0$,用开路替代。而若 $u_C(0_+)=U_0$,等效为电压源;若 $i_L(0_+)=I_0$,等效为电流源。根据基尔霍夫定律,求该等效电路其他电压和电流在 $t=0_+$ 时的值。

【**例 7-1**】　图 7-2(a)所示电路中,已知 $U_s=10\text{ V}$,$R_1=2\text{ k}\Omega$,$R_2=5\text{ k}\Omega$,开关 S 闭合前,电容两端电压为零。求开关 S 闭合后各元件电压和各支路电流的初始值。

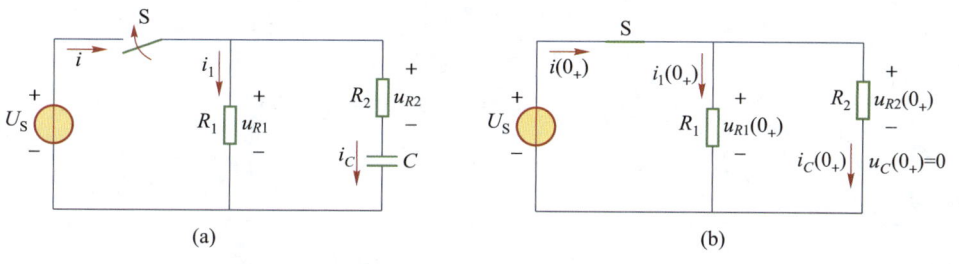

动画
电容充放电
过程

微课
电感与直流
电源接通与
断开

微课
RC 电路充放
电过程

图 7-2　例 7-1 题图

【**解**】　选定相关电流和电压的参考方向,如图 7-2(a)所示,S 闭合前,有

$$u_C(0_-)=0$$

开关闭合后根据换路定律,有

$$u_C(0_+)=u_C(0_-)=0$$

在 $t=0_+$ 时电路如图 7-2(b)所示,应用基尔霍夫定律,有

$$u_{R1}(0_+)=U_s=10\text{ V}$$

$$u_{R2}(0_+)+u_C(0_+)=U_s$$

$$u_{R2}(0_+)=10\text{ V}$$

所以

$$i_1(0_+)=\frac{u_{R1}(0_+)}{R_1}=\frac{10}{2\times10^3}\text{ A}=5\text{ mA}$$

$$i_C(0_+)=\frac{u_{R2}(0_+)}{R_2}=\frac{10}{5\times10^3}\text{ A}=2\text{ mA}$$

则

$$i(0_+)=i_C(0_+)+i_1(0_+)=7\text{ mA}$$

【**例 7-2**】　图 7-3 所示电路中,已知电源电动势 $U_s=120\text{ V}$,$R_1=10\text{ }\Omega$,$R_2=20\text{ }\Omega$,开关 S 闭合前

电路处于稳态。求开关 S 闭合后各电流及电感上电压的初始值。

【解】 选定相关电流和电压的参考方向,如图 7-3(a)所示。

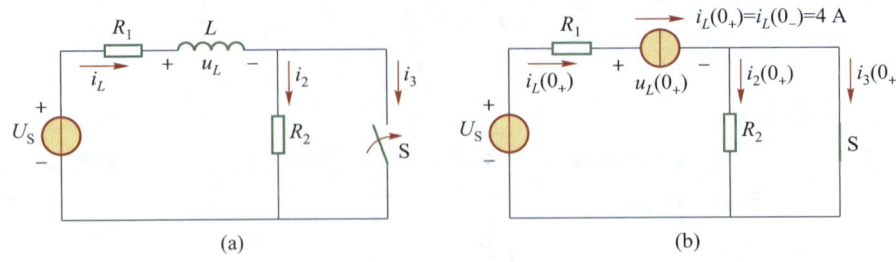

图 7-3 例 7-2 题图

S 闭合前,电路处于稳态,电感相当于短路,则

$$i_L(0_-)= \frac{U_s}{R_1+R_2} = \frac{120}{10+20} \text{ A} = 4 \text{ A}$$

S 闭合后,R_2 被短接,根据换路定律,有

$$i_2(0_+)= 0$$

$$i_L(0_+)= i_L(0_-)= 4 \text{ A}$$

在 $t=0_+$ 时电路如图 7-3(b)所示,应用基尔霍夫定律,有

$$i_L(0_+)= i_2(0_+)+i_3(0_+)$$

$$R_1 i_L(0_+)+u_L(0_+)= U_s$$

所以

$$i_3(0_+)= i_L(0_+)= 4 \text{ A}$$

$$u_L(0_+)= U_s-R_1 i_L(0_+)= (120-10 \times 4) \text{ V} = 80 \text{ V}$$

思考与练习

思考与练习 7-1
解答

7-1-1 什么是电路的动态过程?动态过程产生的原因是什么?

7-1-2 什么是换路定律?在一般情况下,为什么在换路瞬间电容电压、电感电流不能跃变?

7-1-3 如果电容两端有电压,电容中就会有电流,这种说法是否正确?

7-1-4 如果电感线圈两端电压为零,它储存的磁能也一定为零,这种说法是否正确?

7-1-5 画出 $t=0_-$ 时无储能电容的等效电路和直流稳态时电容的等效电路,以及 $t=0_-$ 时无储能电感的等效电路和直流稳态时电感的等效电路。

7-2 一阶电路的响应

演示文稿
一阶电路的响应

在电路分析中,"激励"与"响应"是经常提到的词语。简单地说,施加于电路的信号称为激励,对激励做出的反应称为响应。

在动态电路中,只含有一种储能元件的电路称为一阶电路。这是由于这类电路的数学分析涉及一阶微分方程。一阶电路响应就是研究只含有一种储能元件的电路在激励后所产生的反应。

7-2-1　一阶电路的响应规律

一阶电路的响应规律可以归结为零输入响应、零状态响应、全响应 3 种情况。在图 7-4(a)所示一阶电路中，开关 S 闭合前，电容已储存有能量，设 $u_C(0_-)=U_0$。在 $t=0$ 时 S 闭合，RC 串联电路与直流电源 U_S 接通。在初始状态和输入都不为零的条件下，一阶电路产生的响应称为全响应。若输入激励信号为零，电路仅由储能元件的初始储能所激发的响应，称为零输入响应。 若电路的初始状态为零[$u_C(0_+)=0$ 或 $i_L(0_+)=0$]，电路仅由外加电源作用产生的响应，称为零状态响应。 它们之间的关系可由图 7-4 表明，即全响应=零输入响应+零状态响应。也就是说，全响应包含了零输入响应和零状态响应。零输入响应是全响应在输入激励信号为零时的情况，零状态响应是储能元件无初始储能时的情况。

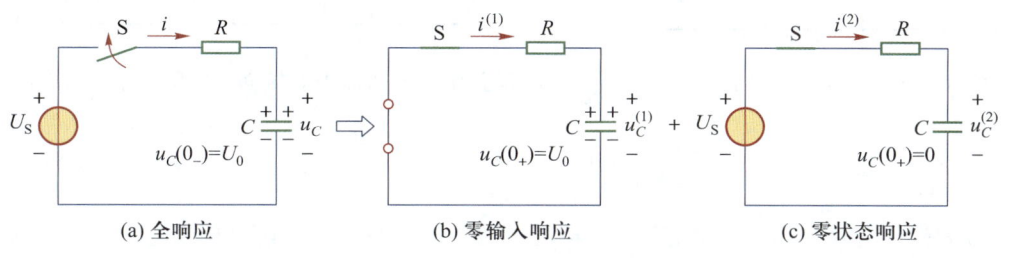

| (a) 全响应 | (b) 零输入响应 | (c) 零状态响应 |

图 7-4　RC 电路的响应

那么，一阶电路的响应规律又如何呢？这里做一个实验，实验电路如图 7-5(a)所示。图中的 $R=100~\text{k}\Omega$，$C=500~\mu\text{F}$，$U_S=10~\text{V}$。合上开关 S 后电流表用来测试电路电流 I_C，电压表用来测试电容电压 U_C，测试过程如下。

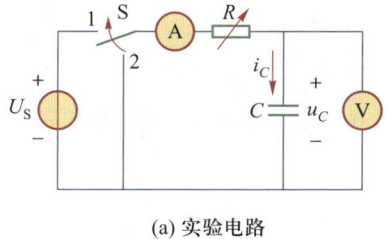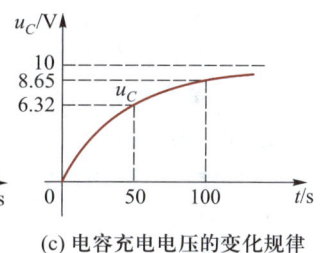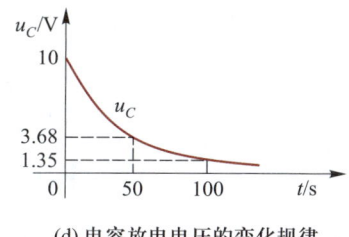

| (a) 实验电路 | (b) 充电电流的变化规律 | (c) 电容充电电压的变化规律 | (d) 电容放电电压的变化规律 |

图 7-5　RC 电路充电电流的变化规律

（1）开关断开已久，电容无储能。先将开关向"1"闭合，观察电流表的变化。记录不同时刻的电流值到表 7-1 中，直到电流为零。

（2）再将开关向"2"闭合，观察电流表的变化。记录不同时刻的电流值到表 7-1 中，直到电流为零。

（3）重复步骤（1）、（2），观察电容电压的变化，记录不同时刻的电压值到表 7-1 中，直到电路稳定。

实验证明，一阶电路的响应电流和响应电压都是按指数规律衰减或增加，如图 7-5(b)~(d)所示，指数衰减值或增长值的情况由表 7-2 给出。

经过以上分析，可以得出下列结论。

（1）RC 电路**电容放电**时的电容电压 u_C 或 RL 电路**电感与直流电源断开**后的电感电流 i_L 的响应规律为

$$f'(t)=f(0_+)\mathrm{e}^{-\frac{t}{\tau}} \qquad (t\geqslant 0_+) \qquad (7-2)$$

式(7-2)是零输入响应规律表达式。即**零输入响应**的 u_C 和 i_L 是按指数规律衰减的。

微课　RC 电路全响应

微课　RC 零输入响应

微课　RC 零状态响应

延伸学习　单片机混合复位电路（电容充电的应用）

表 7-1 *RC* 充放电实验数据

时间 t/s	充电电流 $i_C/\mu A$	放电电流 $i_C/\mu A$	充电电压 u_C/V	放电电压 u_C/V
0	100	−100	0	10
25	60.7	−60.7	3.93	6.07
50	36.8	−36.8	6.32	3.68
100	13.5	−13.5	8.65	1.35
150	5	−5	9.95	0.05
200	1.8	−1.8	9.98	0.02
250	0.7	−0.7	9.99	0.01

表 7-2 不同的时刻指数衰减值或增长值

t	$e^{-\frac{t}{\tau}}$	$\left(1-e^{-\frac{t}{\tau}}\right)$
0	$e^0 = 1$	$(1-e^0) = 0$
τ	$e^{-1} = 0.368$	$(1-e^{-1}) = 0.632$
2τ	$e^{-2} = 0.135$	$(1-e^{-2}) = 0.865$
3τ	$e^{-3} = 0.050$	$(1-e^{-3}) = 0.950$
4τ	$e^{-4} = 0.018$	$(1-e^{-4}) = 0.982$
5τ	$e^{-5} = 0.007$	$(1-e^{-5}) = 0.993$
⋮	⋮	⋮
∞	$e^{-\infty} = 0$	$(1-e^{-\infty}) = 1$

微课
RL 零输入响应

（2）*RC* 电路**电容充电**时的电容电压 u_C 或 *RL* 电路**电感与直流电源接通**后的电感电流 i_L 的响应规律为

$$f''(t) = f(\infty)\left(1-e^{-\frac{t}{\tau}}\right) \qquad (t \geq 0_+) \qquad (7-3)$$

式(7-3)是零状态响应规律表达式，其中，$f(\infty)$ 表示换路后电路稳定时电压、电流的值。可见，**零状态响应的 u_C 和 i_L 是按指数规律增加的。**

微课
RL 零状态响应

（3）一阶电路的全响应为零输入响应加零状态响应，即

$$f(t) = f(0_+)e^{-\frac{t}{\tau}} + f(\infty)\left(1-e^{-\frac{t}{\tau}}\right) \qquad (t \geq 0_+) \qquad (7-4)$$

整理式(7-4)后，得

$$f(t) = f(\infty) + \left[f(0_+) - f(\infty)\right]e^{-\frac{t}{\tau}} \qquad (t \geq 0_+) \qquad (7-5)$$

式(7-5)是一个很重要的公式，它包含了一阶电路响应的各种可能。该表达式中响应 $f(t)$ 主要由初始值 $f(0_+)$、换路后的稳态值 $f(\infty)$、时间常数 τ 三个要素决定，因此称 $f(0_+)$、$f(\infty)$、τ 为一阶电路的三要素。而式(7-5)被称为一阶电路的三要素公式。

7-2-2 时间常数

在前面的分析式中，e 的幂是 $-\dfrac{t}{\tau}$，而这个 τ 又是什么呢？τ 是影响一阶电路电压、电流衰减或增加的速度的参数，称为时间常数。容易证明，τ 值越大，电压、电流衰减或增加的速度就越慢；τ 值越小，电压、电流衰减或增加的速度就越快。 τ 值决定了一阶电路过渡过程的时间长短，因此时间常数 τ 是一个重要的参数。

经过对一阶电路的数学分析，可证明 τ 值取决于一阶电路的结构与电路参数。

对 *RC* 电路，有

$$\tau = RC \qquad (7-6)$$

对 *RL* 电路，有

$$\tau = \frac{L}{R} \qquad (7-7)$$

所以可以通过电路参数的选取改变 τ 值，来控制过渡过程的时间。为了说明问题，可以再次用图 7-5(a)所示电路做充电实验（将电容短路放电后再充电）。经过对电阻的适当调整，可以得到图 7-6

所示的响应曲线。它们是在三种不同 τ 值的情况下测得的。所以,**对响应曲线变化速度的控制确实可以通过电路参数的调整来实现。**

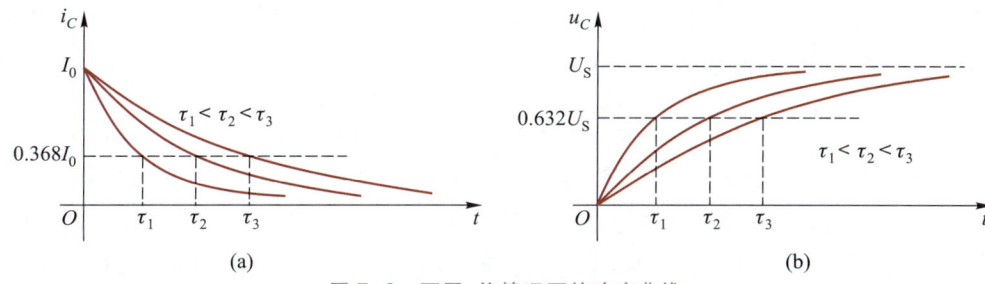

图 7-6　不同 τ 值情况下的响应曲线

应当说明,从理论上讲,只有经过无限长时间,电路响应才衰减到零或增加到稳定值。但实际上,当 $t = 5\tau$ 时,响应已衰减到初始值的 0.7% 或增加到稳态值的 99.3%。工程中,当 $t \geqslant 5\tau$ 时,可以认为过渡过程基本结束。

【例 7-3】　一阶电路如图 7-7 所示,求开关 S 打开时电路的时间常数。

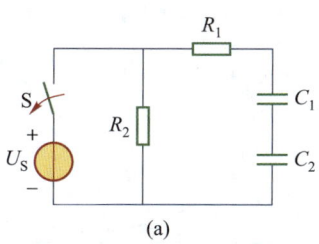

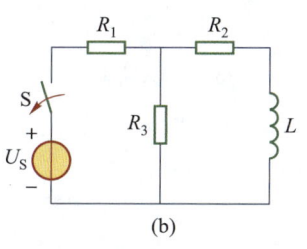

【解】　(1) 图 7-7(a) 所示电路在开关动作后,C_1 与 C_2 串联,则等效电容 $C = \dfrac{C_1 C_2}{C_1 + C_2}$,而从 C 端看过去的等效电阻 R 为 R_1 与 R_2 串联,其值为 $R = R_1 + R_2$。所以,该 RC 电路的时间常数为

$$\tau = RC = (R_1 + R_2)\frac{C_1 C_2}{C_1 + C_2}$$

(2) 图 7-7(b) 所示电路在开关动作后,R_2 与 R_3 串联,等效电阻 $R = R_2 + R_3$。所以,该 RL 电路的时间常数为

$$\tau = \frac{L}{R} = \frac{L}{R_2 + R_3}$$

图 7-7　例 7-3 题图

思考与练习

7-2-1　简述什么是激励,什么是响应,什么是一阶电路的响应。

7-2-2　一阶电路的响应可归结为哪三种? 它们是如何定义的? 它们之间有关系吗?

7-2-3　说明 RC 电路的零输入响应的规律,写出电容电压随时间变化的关系式,并绘出响应曲线。

7-2-4　说明 RL 电路的零状态响应的规律,绘出电感电流的响应曲线。

7-2-5　定性绘出 $\tau_1 < \tau_2 < \tau_3$ 情况下 RC 充电电路的电压响应曲线。

7-2-6　一阶电路如图 7-8 所示,求开关 S 闭合时电路的时间常数。

思考与练习 7-2
解答

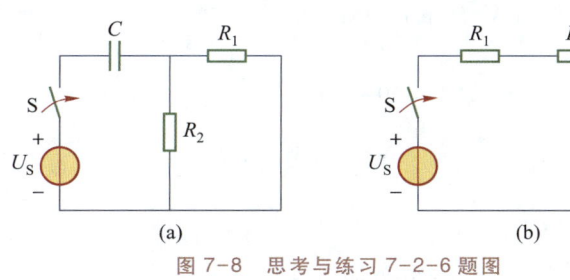

图 7-8　思考与练习 7-2-6 题图

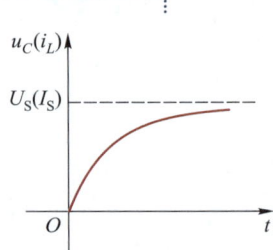

(a) 零状态响应

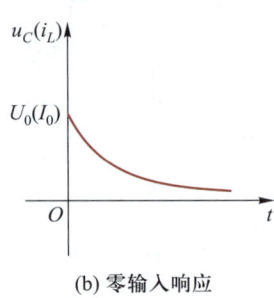

(b) 零输入响应

图 7-9　零状态响应与
零输入响应

7-3　三要素法求解一阶电路

前述提到一阶电路的响应规律可以由 $f(0_+)$、$f(\infty)$、τ 三个要素决定,即

$$f(t)=f(\infty)+[\,f(0_+)-f(\infty)\,]\mathrm{e}^{-\frac{t}{\tau}}\quad(t\geqslant 0_+)$$

三要素公式描述了一阶电路响应的各种可能性。实际上一阶电路响应可以归结为两种趋向——增加或衰减。当某电路变量的稳态值大于初始值,即 $f(\infty)>f(0_+)$ 时,该电路变量按指数规律从 $f(0_+)$ 增加到 $f(\infty)$;当某电路变量的稳态值小于初始值,即 $f(\infty)<f(0_+)$ 时,该电路变量按指数规律从 $f(0_+)$ 衰减到 $f(\infty)$。

作为特例,零状态响应的电容电压 u_C 或电感电流 i_L 的初始值为零,即 $u_C(0_+)=0$ 或 $i_L(0_+)=0$,它们按指数规律从零开始增加到 $f(\infty)$,如图 7-9(a)所示。而零输入响应的电容电压 u_C 或电感电流 i_L 的稳态值为零,即 $u_C(\infty)=0$ 或 $i_L(\infty)=0$,它们按指数规律从 $f(0_+)$ 开始衰减为零,如图 7-9(b)所示。

不管是增加还是衰减,它们都经历从旧稳态值趋于新稳态值的过程。而完成这个过程的速度与时间常数 τ 有关。

理解了上述问题,再加上三要素公式的应用,求解一阶电路就很方便。只要求出一阶电路的三个要素,其响应就可知。三要素法的关键是确定 $f(0_+)$、$f(\infty)$、τ,求解方法如下。

(1)初始值 $f(0_+)$,利用换路定律和 $t=0_+$ 的等效电路求得。

(2)新稳态值 $f(\infty)$,由换路后 $t=\infty$ 的等效电路求得。

(3)时间常数 τ,只与电路的结构和参数有关,RC 电路 $\tau=RC$,RL 电路 $\tau=\dfrac{L}{R}$。其中,电阻 R 是换路后,在动态元件外的戴维南等效电路的内阻。如果电路中有多个电阻,则此时的 R 为换路后,元件 L 或 C 两端的电阻网络的等效电阻。

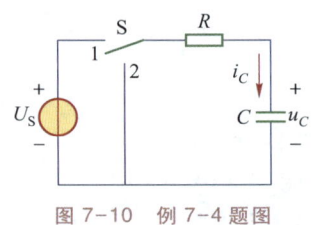

图 7-10　例 7-4 题图

【例 7-4】　在图 7-10 所示的 RC 电路中,已知 $U_s=100\ \mathrm{V}$,$R=1\ \mathrm{M\Omega}$,$C=50\ \mu\mathrm{F}$,并且电容无储能。求开关合向"1"后电流减小到初始值的一半所用时间。

【解】　当开关合向"1"时,电容开始充电,电流的初始值 $i_C(0_+)=\dfrac{U_s}{R}$,稳态后的 $i_C(\infty)=0$,时间

常数 $\tau=RC=50\ \mathrm{s}$,电流从最大值 $\dfrac{U_s}{R}$ 按指数规律衰减,即

$$i_C=\frac{U_s}{R}\mathrm{e}^{-\frac{t}{RC}}=100\mathrm{e}^{-\frac{t}{50}}\ \mu\mathrm{A}$$

$i_C(0_+)$ 的一半为 $\dfrac{U_s}{R}\times 0.5=100\times 0.5\ \mu\mathrm{A}=50\ \mu\mathrm{A}$。则有

$$50=100\mathrm{e}^{-\frac{t}{50}}$$

即

$$\mathrm{e}^{-\frac{t}{50}}=0.5$$

查指数函数表,得 $\dfrac{t}{50}=0.693$,则

$$t=50\times 0.693\ \mathrm{s}\approx 34.7\ \mathrm{s}$$

【例 7-5】　在图 7-11 所示的 RC 电路中,电路参数仍为上例中所给的数值,但是电容已经充满

了电荷,电路也已经稳定下来。此时开关合向"2",求电容电压和电容电流的响应式,并绘出响应曲线。

【解】　当开关合向"2"时,电容开始放电,电压的初始值 $u_c(0_+) = U_s = 100$ V,稳态后 $u_c(\infty) = 0$,而电流的初始值 $i_c(0_+) = -\dfrac{U_s}{R} = -100$ μA,稳态后 $i_c(\infty) = 0$,时间常数仍然为 $\tau = RC = 50$ s,$t = 0_+$ 时的等

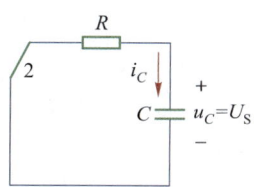

图 7-11　RC 放电电路的
初始状态

效电路如图 7-11 所示。应用三要素公式 $f(t) = f(\infty) + [f(0_+) - f(\infty)]e^{-\frac{t}{\tau}}$ $(t \geqslant 0_+)$,得

$$u_c = U_s e^{-\frac{t}{\tau}} = 100 e^{-\frac{t}{50}} \text{ V}$$

$$i_c = -\frac{U_s}{R} e^{-\frac{t}{\tau}} = -100 e^{-\frac{t}{50}} \text{ μA}$$

电容上的零输入响应电压、电流曲线如图 7-12 所示。

【例 7-6】　电路如图 7-13 所示,$U_s = 15$ V,$R = 5$ Ω,$C = 1$ μF。开关 S 长期位于"2"位置,电容已无储能。在 $t = 0$ 时,开关 S 由"2"合向"1",求换路后的 u_c,并绘出 u_c 的响应曲线。

【解】　开关动作前,电容无储能,即 $u_c(0_+) = 0$。

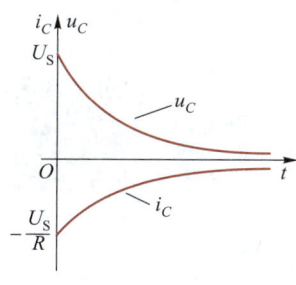

图 7-12　电容上的零输入响应
电压、电流曲线

在 $t = 0$ 时,开关 S 由"2"合向"1",电源开始向电容充电,稳态时 $u_c(\infty) = U_s$。

该电路为 RC 电路的零状态响应。电容电压按指数规律增加,即

$$u_c = U_s(1 - e^{-\frac{t}{RC}})$$

因为　　　　　　　　　$U_s = 15$ V,　$\tau = RC = 5 \times 1 \times 10^{-6}$ s

所以　　　　　　　　　$u_c = 15(1 - e^{-\frac{t}{5 \times 10^{-6}}})$ V

电容上的零状态响应电压曲线如图 7-14 所示。

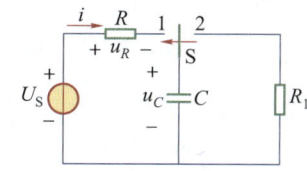

图 7-13　例 7-6 题图

【例 7-7】　图 7-15 中,K 是电阻 $R = 200$ Ω、电感 $L = 20$ H 的继电器,$R_1 = 200$ Ω,电源电压 $U_s = 20$ V,设这种继电器的释放电流为 0.004 A。当开关 S 闭合多长时间后继电器开始释放?

【解】　开关 S 未闭合时,继电器中电流为

$$i_L(0_-) = \frac{U_s}{R_1 + R} = \frac{20}{200 + 200} \text{ A} = 0.05 \text{ A}$$

S 闭合后,继电器所在回路的时间常数为

$$\tau = \frac{L}{R} = \frac{20}{200} \text{ s} = 0.1 \text{ s}$$

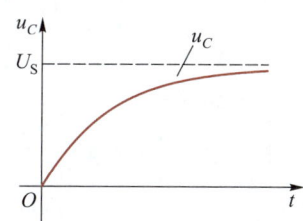

图 7-14　电容上的零状态
响应电压曲线

继电器所在回路的电流为

$$i_L = i_L(0_+) e^{-\frac{t}{\tau}} = 0.05 e^{-10t} \text{ A}$$

当 i_L 等于释放电流时,继电器开始释放,即

$$0.004 = 0.05 e^{-10t}$$

得　　　　　　　　　　　　$t \approx 0.25$ s

即 S 闭合 0.25 s 后,继电器开始释放。

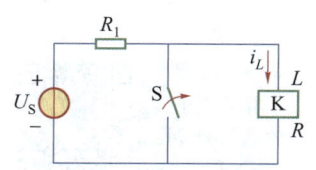

图 7-15　例 7-7 题图

【例 7-8】　电路如图 7-16 所示,已知 $U_s = 6$ V,$R_1 = 1$ kΩ,$R_2 = 2$ kΩ,$C = 300$ μF,开关 S 闭合前电路处于稳定状态,在 $t = 0$ 时 S 闭合。求 $t \geqslant 0$ 时的 u_c、i_c,并绘出 u_c、i_c 的响应曲线。

【解】　用三要素法求解。

(1)求初始值。

由于开关 S 闭合前电路处于稳定状态,电容无储能,根据换路定律 $u_c(0_+) = u_c(0_-) = 0$,即在 $t = 0$

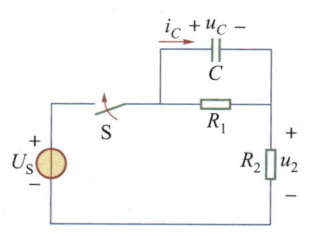

图 7-16　例 7-8 题图

时，电容相当于短路，所以

$$i_C(0_+) = \frac{U_s}{R_2} = \frac{6}{2} \text{ mA} = 3 \text{ mA}$$

（2）求换路后稳态值。

当 $t = \infty$ 时电容相当于开路，所以

$$u_C(\infty) = \frac{R_1}{R_1 + R_2} U_s = \frac{1}{1+2} \times 6 \text{ V} = 2 \text{ V}$$

$$i_C(\infty) = 0$$

（3）求时间常数。

将电压源短路，从电容两端看进去等效电阻为

$$R = R_1 // R_2 = \frac{2}{3} \text{ k}\Omega$$

$$\tau = RC = \frac{2}{3} \times 10^3 \times 300 \times 10^{-6} \text{ s} = 2 \times 10^{-1} \text{ s} = 0.2 \text{ s}$$

将上述三要素代入公式 $f(t) = f(\infty) + [f(0_+) - f(\infty)]e^{-\frac{t}{\tau}}$，可得

$$
\begin{aligned}
u_C &= u_C(\infty) + [u_C(0_+) - u_C(\infty)]e^{-\frac{t}{\tau}} \\
&= 2 + (0-2)e^{-5t} \text{ V} \\
&= 2(1 - e^{-5t}) \text{ V} \quad (t \geq 0_+)
\end{aligned}
$$

$$
\begin{aligned}
i_C &= i_C(\infty) + [i_C(0_+) - i_C(\infty)]e^{-\frac{t}{\tau}} \\
&= 3e^{-5t} \text{ mA} \quad (t \geq 0_+)
\end{aligned}
$$

仿真实验
RL 电路

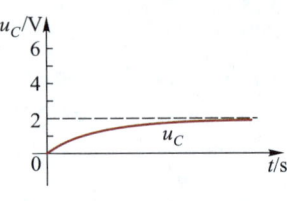
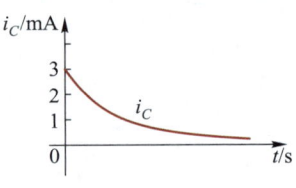

图 7-17 u_C、i_C 的响应曲线

它们的响应曲线如图 7-17 所示。

由例 7-8 可见，电路换路后，电容电压从零上升到 2 V，电容电流从 3 mA 衰减到零。

【例 7-9】 电路如图 7-18 所示，已知 $U_s = 20 \text{ V}$，$R_1 = 2 \text{ }\Omega$，$R_2 = 3 \text{ }\Omega$，$L = 1 \text{ H}$，开关 S 闭合前电路处于稳定状态，在 $t = 0$ 时 S 闭合。求 $t \geq 0$ 时的 i_L。

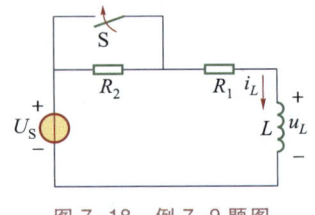

图 7-18 例 7-9 题图

【解】 用三要素法求解。

（1）求初始值。

由于开关 S 闭合前电路处于稳定状态，电感相当于短路，所以

$$i_L(0_-) = \frac{U_s}{R_1 + R_2} = \frac{20}{2+3} \text{ A} = 4 \text{ A}$$

根据换路定律有

$$i_L(0_+) = i_L(0_-) = 4 \text{ A}$$

（2）求换路后稳态值。

开关 S 闭合，R_2 被短路。稳态时，电感相当于短路，所以

$$i_L(\infty) = \frac{U_s}{R_1} = \frac{20}{2} \text{ A} = 10 \text{ A}$$

（3）求时间常数。

换路后的电路，从电感两端看进去的等效电阻为 $R = R_1 = 2 \text{ }\Omega$。所以

$$\tau = \frac{L}{R} = \frac{1}{2} \text{ s} = 0.5 \text{ s}$$

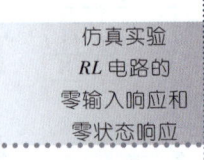

仿真实验
RL 电路的
零输入响应和
零状态响应

代入三要素公式得

$$i_L = i_L(\infty) + [i_L(0_+) - i_L(\infty)] e^{-\frac{t}{\tau}}$$

$$= \left[10 + (4-10) e^{-\frac{t}{0.5}} \right] \text{A}$$

$$= (10 - 6e^{-2t}) \text{A}$$

思考与练习

思考与练习 7-3 解答

7-3-1　什么是一阶电路的三要素？它们所表示的含义是什么？对 RC 电路和 RL 电路，时间常数 τ 分别有什么特点？

7-3-2　在 RL 串联电路中，当其他条件不变时，是否 R 越大，则过渡过程所需要的时间越长？

7-3-3　电路在 $t=0$ 时换路，不管元件有无储能，都可以将电容元件用电压源 $u_C(0_+)$ 代替，将电感元件用电流源 $i_L(0_+)$ 代替，对么？

7-3-4　在直流一阶 RL 电路中，若 $i_L(\infty)=2$ A，时间常数 $\tau=0.25$ s，开关闭合前电感无储能，写出电感电流在 $t \geqslant 0$ 时的表达式。

7-4　一阶电路的典型应用

在电子技术中，RC 电路构成的微分电路与积分电路常用来实现波形的产生和变换。

7-4-1　微分电路

微分电路是指输出电压与输入电压之间成微分关系的电路。微分电路可以由 RC 或 RL 电路构成，下面以 RC 微分电路为例，讨论其电路的构成条件和特点。

最简单的 RC 微分电路如图 7-19（a）所示，其主要作用是：当输入如图 7-19（b）所示的矩形脉冲 u_1 时，输出如图 7-19（c）所示的正、负尖脉冲 u_2。

构成 RC 微分电路的条件是：

（1）RC 串联电路，从电阻 R 输出电压。

（2）输入脉冲的宽度 t_p 要比电路的时间常数 τ 大得多，即 $t_p \gg \tau$。这就是说，在矩形脉冲作用期间，电路的动态过程已经结束。

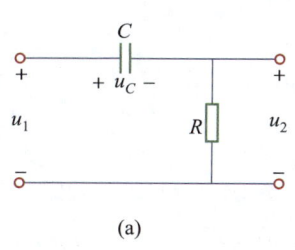
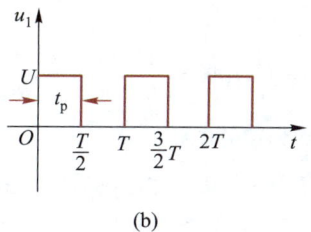
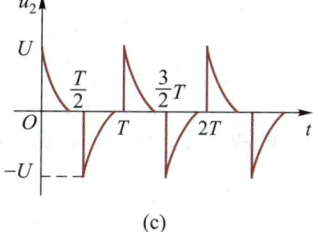

（a）　　　　　　　（b）　　　　　　　（c）

图 7-19　微分电路

在 $0 \leqslant t \leqslant t_p$ 时间内，u_1 的作用相当于一个直流激励，电容经电阻充电，由三要素公式可得

$$u_c = U(1 - e^{-\frac{t}{\tau}})$$

$$u_2 = RC\frac{du_c}{dt} = Ue^{-\frac{t}{\tau}}$$

电路输出正尖脉冲,如图7-19(c)所示。由于 $\tau \ll t_p$,动态过程很快结束,所以可以认为 $u_c \approx u_1$,这样

$$u_2 = RC\frac{du_c}{dt} \approx RC\frac{du_1}{dt} \tag{7-8}$$

输出电压取决于输入电压对时间的导数,故称为微分电路。

在 $t_p \leqslant t \leqslant T$ 时间内,$u_1 = 0$,电容通过电阻很快放电完毕,由三要素公式可知

$$u_c = Ue^{-\frac{t-t_p}{\tau}}$$

$$u_2 = -u_c = -Ue^{-\frac{t-t_p}{\tau}}$$

电路输出负尖脉冲,如图7-19(c)所示。

当第二个矩形脉冲到来时,电路的响应又重复前述过程,所以电路输出正负交替的尖脉冲,常用作脉冲电路的触发信号。

7-4-2 积分电路

积分电路是指输出电压与输入电压之间成积分关系的电路。积分电路也可以由 RC 或 RL 电路构成。最简单的 RC 积分电路如图7-20(a)所示,其主要作用是:当输入如图7-20(b)所示的矩形脉冲 u_1 时,输出如图7-20(c)所示的波形。

构成 RC 积分电路的条件是:

(1) RC 串联电路,从电容 C 输出电压。

(2) 电路的时间常数 τ 要比输入脉冲的宽度 t_p 大得多,即 $\tau \gg t_p$。

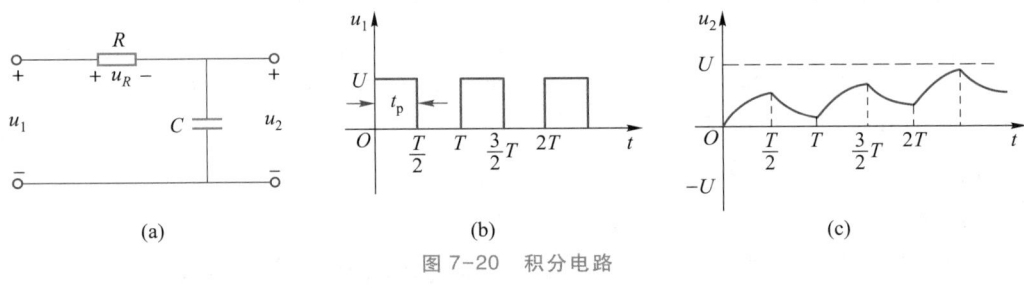

图 7-20 积分电路

由于积分电路的 $\tau \gg t_p$,在矩形脉冲作用的期间内电容远没有充完电,所以可以认为 $u_R \gg u_c$,则 $u_1 \approx u_R$,因此

$$u_2 = u_c = \frac{1}{C}\int i dt = \frac{1}{C}\int\frac{u_R}{R}dt \approx \frac{1}{RC}\int u_1 dt \tag{7-9}$$

输出电压取决于输入电压的积分,故称为积分电路。

由图7-20(b)、(c)所示波形可以看出:在 $0 \leqslant t \leqslant t_p$ 期间,电容充电,输出电压从零开始缓慢上升,当 $t = t_p$ 时,脉冲截止,这时输出电压 u_2 还远未趋近稳定值。在 $t_p \leqslant t \leqslant T$ 期间,电容通过电阻缓慢放电,输出电压也缓慢下降,当 $t = T$ 时,电容电压还远未衰减到零。第二个脉冲到来,电容电压在初始值 $u_c(T)$ 的基础上继续充电。

如果积分电路的输入电压是一个如图7-21(a)所示的矩形脉冲序列,则经过几个周期后,电容充

电时电压的初始值和放电时的初始值稳定在一定的数值上,这时电路输出如图 7-21(b)所示的波形。

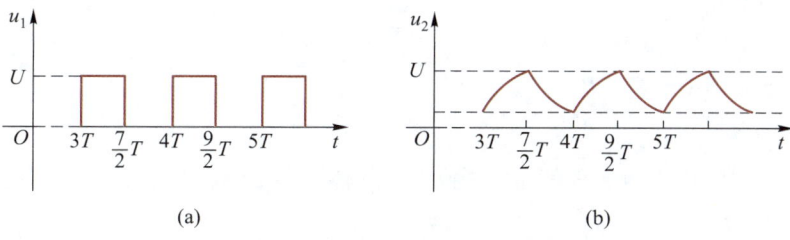

图 7-21　积分电路的输入与输出波形

【例 7-10】　图 7-22(a)为锯齿波发生电路,其中直流电源电压 $U_c = 12$ V,$R_C = 200$ kΩ,$R_s =$ 20 Ω,$C = 0.1$ μF。开关 S 闭合,电路已处于稳态,当 $t = 0$ 时将 S 打开,经过 4 ms 又将 S 闭合,当 $u_c(t) = 0$ 时再将 S 打开,如此重复,$u_c(t)$ 的波形近似为锯齿波,请分析波形的形成过程。

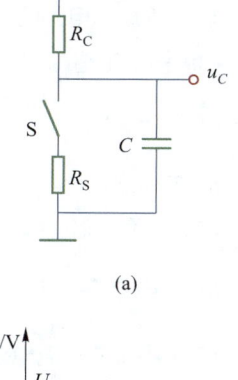

(a)

【解】　(1) 开关 S 打开的过程(称为锯齿波的正程):因为 $R_s \ll R_C$,有

$$u_c(0_+) = u_c(0_-) = \frac{R_s}{R_C + R_s} U_c \approx 0, \quad u_c(\infty) = U_c = 12 \text{ V},$$

$$\tau = R_C C = 200 \times 10^3 \times 0.1 \times 10^{-6} \text{ s} = 20 \text{ ms}$$

$$u_c(t) = 12(1 - e^{-\frac{t}{20 \times 10^{-3}}}) \text{ V}$$

当 $t = 4$ ms 时,有

$$u_c(4 \text{ ms}) = 12(1 - e^{-\frac{4 \times 10^{-3}}{20 \times 10^{-3}}}) \text{ V} = 2.16 \text{ V}$$

(2) 开关 S 闭合后的过程(称为锯齿波的逆程):为书写方便,令 $t' = t - 4$ ms,当 $t = 4$ ms 即 $t' = 0$ 时,S 重新闭合,有

$$u_c(0'_+) = u_c(0'_-) = 2.16 \text{ V}, \quad u_c(\infty) \approx 0$$

$$\tau' = (R_s // R_C)C \approx 20 \times 0.1 \text{ μs} = 2 \text{ μs}$$

$$u_c(t') = 2.16 e^{-\frac{t'}{2 \times 10^{-6}}} \text{ V}$$

当 $t' = 5\tau' = 10$ μs 时,认为 u_c 衰减为零。

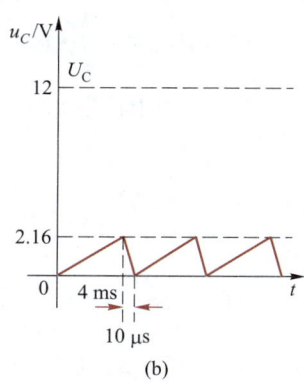

(b)

图 7-22　锯齿波发生电路

逆程时间为 $t' = t - 4$ ms $= 10$ μs。因为正程结束时 $u_c = 2.16$ V $\ll u_c(\infty) = 12$ V,指数函数在这一段接近直线;逆程时间只有 10 μs,即为正程时间的 1/400,$u_c(t)$ 急速下降。因此得到波形近似为锯齿波,如图 7-22(b)所示。

思考与练习

7-4-1　RC 串联电路构成微分电路的条件是什么?

7-4-2　RC 串联电路构成积分电路的条件是什么?

7-4-3　RC 串联电路输入脉冲电压、脉冲宽度和电路参数均不变,若从电阻两端输出电压变为从电容两端输出电压,是否便将微分电路变成了积分电路?

思考与练习 7-4
解答

本章小结

1. 动态过程产生的原因

内因是电路含有储能元件,外因是换路。其实质是能量不能跃变。

2. 换路定律

换路时,若向储能元件提供的能量为有限值,则各储能元件的能量不能跃变。具体表现是电容电压不能跃变,电感电流不能跃变,即

$$\left.\begin{array}{c} u_C(0_+)=u_C(0_-) \\ i_L(0_+)=i_L(0_-) \end{array}\right\}$$

3. 一阶动态电路的响应规律

(1) 一阶电路的零输入响应(输入激励信号为零,仅由储能元件的初始储能所激发的响应):

RC 放电电路 $\qquad u_C=U_0\mathrm{e}^{-\frac{t}{\tau}}$ ($t\geqslant 0_+$)

RL 电路短接 $\qquad i_L=I_s\mathrm{e}^{-\frac{t}{\tau}}$ ($t\geqslant 0_+$)

(2) 一阶电路的零状态响应(储能元件的初始储能为零,仅由外加电源作用产生的响应):

RC 充电电路 $\qquad u_C=U_s(1-\mathrm{e}^{-\frac{t}{\tau}})$ ($t\geqslant 0_+$)

RL 电路接通直流电源 $\qquad i_L=\dfrac{U_s}{R}(1-\mathrm{e}^{-\frac{t}{\tau}})$ ($t\geqslant 0_+$)

(3) 一阶电路的全响应(初始状态和输入都不为零的电路的响应):

$$f(t)=f(0_+)\mathrm{e}^{-\frac{t}{\tau}}+f(\infty)(1-\mathrm{e}^{-\frac{t}{\tau}}) \quad (t\geqslant 0_+)$$
$$\qquad\qquad\uparrow\qquad\qquad\uparrow\qquad\qquad\uparrow$$

全响应=零输入响应+零状态响应

(4) 一阶电路的变化规律是按指数规律衰减或增加。

$f(0_+)>f(\infty)$,$f(t)$ 按 $\mathrm{e}^{-\frac{t}{\tau}}$ 规律衰减。

$f(0_+)<f(\infty)$,$f(t)$ 按 $(1-\mathrm{e}^{-\frac{t}{\tau}})$ 规律增加。

$f(t)$ 衰减或增加的速度与 τ 有关,τ 与电路参数 R、C 或 R、L 有关。

4. 一阶电路的三要素法

直流激励下的三要素公式 $\qquad f(t)=f(\infty)+[f(0_+)-f(\infty)]\mathrm{e}^{-\frac{t}{\tau}}$ ($t\geqslant 0_+$)

三要素法的关键是确定 $f(0_+)$、$f(\infty)$ 和 τ,其求解方法如下。

(1) 初始值 $f(0_+)$,利用换路定律和 $t=0_+$ 的等效电路求得。

(2) 新稳态值 $f(\infty)$,由换路后 $t=\infty$ 的等效电路求得。

(3) 时间常数 τ,只与电路的结构和参数有关。RC 电路的 $\tau=RC$,RL 电路的 $\tau=\dfrac{L}{R}$,其中电阻 R 是换路后动态元件两端戴维南等效电路的内阻。

直流激励下三要素法的解题要点如下。

(1) 由 $t=0_-$ 时的等效电路确定 $u_C(0_-)$、$i_L(0_-)$,如 $t=0_-$ 时电路是稳定的,则电容 C 相当于开路,电感 L 相当于短路。

(2) 根据换路定律,即 $u_C(0_+)=u_C(0_-)$,$i_L(0_+)=i_L(0_-)$,作出 $t=0_+$ 时的等效电路图。等效电路对电容、电感的处理如图 7-23 所示。

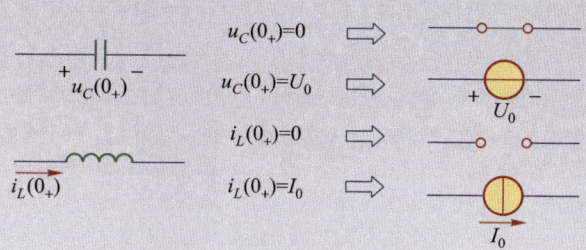

图 7-23　等效电路对电容、电感的处理

（3）稳态值是动态电路换路后，电路达到新的稳定状态时的电压、电流值。此时电容 C 相当于开路，电感 L 相当于短路。

（4）时间常数 τ 是对换路后的电路而言的。RC 电路的 $\tau = RC$，RL 电路的 $\tau = \dfrac{L}{R}$，其中电阻 R 是将电路中所有独立源置零后，从动态元件 C 或 L 两端看进去的等效电阻。

5. 微分电路与积分电路

（1）微分电路 $u_2 \approx RC \dfrac{\mathrm{d}u_1}{\mathrm{d}t}$。构成 RC 微分电路的条件如下。

① RC 串联电路，从电阻 R 输出电压。

② 输入脉冲的宽度 t_p 要比电路的时间常数 τ 大得多，即 $t_\mathrm{p} \gg \tau$。这就是说，在矩形脉冲作用期间，电路的动态过程已经结束。

（2）积分电路 $u_2 \approx \dfrac{1}{RC} \displaystyle\int u_1 \mathrm{d}t$。构成 RC 积分电路的条件如下。

① RC 串联电路，从电容 C 输出电压。

② 电路的时间常数 τ 要比输入脉冲的宽度 t_p 大得多，即 $\tau \gg t_\mathrm{p}$。

6. 电容、电感对偶关系（见表 7-3）

表 7-3　电容、电感对偶关系

动态元件	元件定义	元件的电压、电流关系		元件储能	换路时	两个元件串联	两个元件并联
电容元件	$C = \dfrac{q}{u}$	$i_C = C \dfrac{\mathrm{d}u_C}{\mathrm{d}t}$	$u_C = \dfrac{1}{C} \int i_C \mathrm{d}t$	$W_C = \dfrac{1}{2} C u_C^2$	$u_C(0_+) = u_C(0_-)$	$\dfrac{1}{C} = \dfrac{1}{C_1} + \dfrac{1}{C_2}$	$C = C_1 + C_2$
电感元件	$L = \dfrac{\psi}{i}$	$u_L = L \dfrac{\mathrm{d}i_L}{\mathrm{d}t}$	$i_L = \dfrac{1}{L} \int u_L \mathrm{d}t$	$W_L = \dfrac{1}{2} L i_L^2$	$i_L(0_+) = i_L(0_-)$	$L = L_1 + L_2$	$\dfrac{1}{L} = \dfrac{1}{L_1} + \dfrac{1}{L_2}$

注：这里的电容元件、电感元件参数均是常数。

习题7

7-1　图 7-24 所示电路中，$U_\mathrm{S} = 60\ \mathrm{V}$，$R_1 = 20\ \Omega$，$R_2 = 30\ \Omega$，电路原已稳定。$t = 0$ 时，合上开关 S。求初始值 $i_C(0_+)$、$i_1(0_+)$、$i(0_+)$。

7-2　图 7-25 所示电路中，$U_\mathrm{S} = 20\ \mathrm{V}$，$R_1 = 15\ \Omega$，$R_2 = 5\ \Omega$，电路原已稳定。$t = 0$ 时，合上开关 S。求初始值 $i_1(0_+)$、$i_2(0_+)$、$u_L(0_+)$。

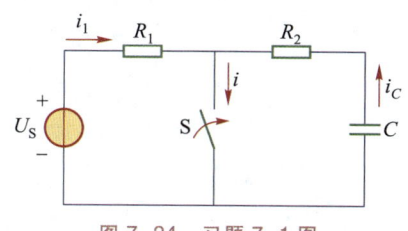

图 7-24　习题 7-1 图

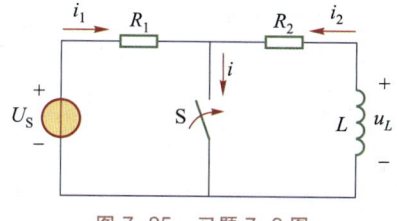

图 7-25　习题 7-2 图

7-3 电路如图 7-26 所示,开关 S 闭合前电感、电容均无储能。试绘出 $t=0_+$ 和 $t=\infty$ 时的等效电路,并求初始值 $i_1(0_+)$、$i_2(0_+)$ 和稳态值 $i_1(\infty)$、$i_2(\infty)$。

7-4 电路如图 7-27 所示,开关 S 闭合前电路无储能,求 S 闭合后初始值 $i_L(0_+)$、$u_L(0_+)$ 和稳态值 $i_L(\infty)$、$u_L(\infty)$。

7-5 电路如图 7-28 所示,开关 S 闭合前电容无储能,求 S 闭合后初始值 $u_C(0_+)$、$i_1(0_+)$、$i_C(0_+)$ 和稳态值 $i_1(\infty)$、$u_C(\infty)$。

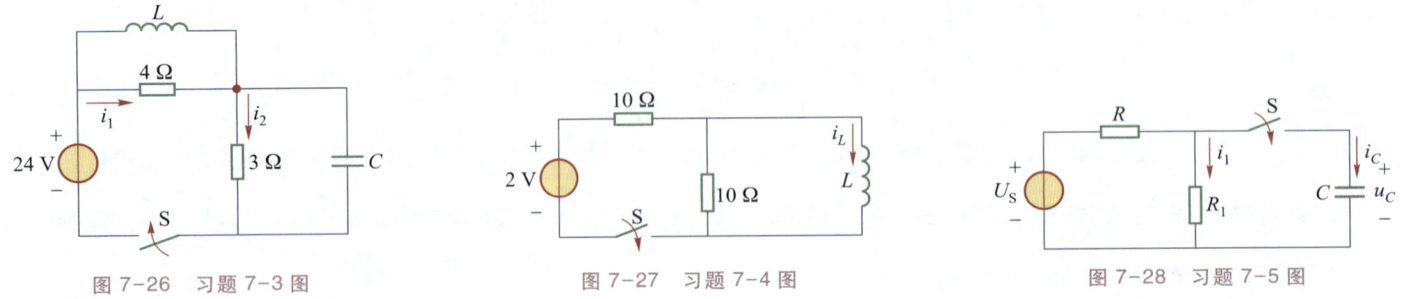

图 7-26 习题 7-3 图   图 7-27 习题 7-4 图   图 7-28 习题 7-5 图

7-6 电路如图 7-29 所示,求换路后的时间常数 τ。

7-7 图 7-30 所示各电路中,$t=0$ 时开关 S 闭合,求电路的时间常数 τ。

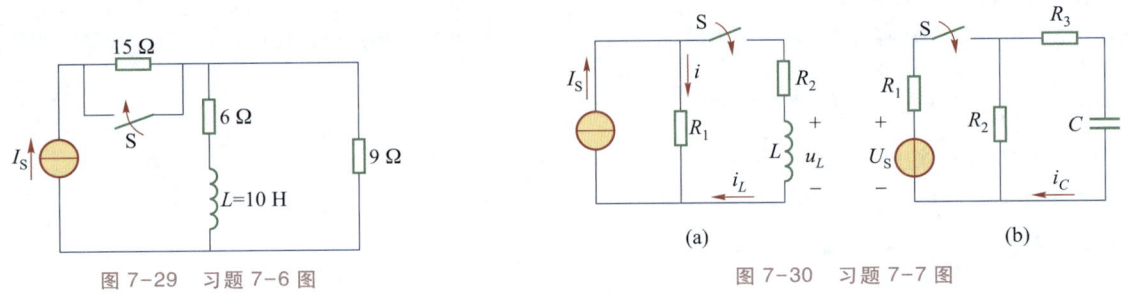

图 7-29 习题 7-6 图   (a)   (b)

图 7-30 习题 7-7 图

7-8 电阻 $R=2\ \text{k}\Omega$ 和电容 $C=500\ \mu\text{F}$ 串联,与 $U_s=100\ \text{V}$ 的直流电源接通。求:(1) 时间常数;(2) 最大充电电流;(3) 接通 0.1 s 时的电流和电容上的电压。

7-9 某电感线圈的电流 $i_L=6\ \text{A}$,$t=0$ 时将电感线圈接向 $R=2\ \Omega$ 的电阻,而 $L=8\ \text{H}$。求电感电流 i_L 表达式。

7-10 电路如图 7-31 所示,开关 S 闭合前,电容有储能,此时 $u_C(0_-)=U$,在 $t=0$ 时 S 闭合。求 $t\geq 0$ 时的电容电压 u_C 和电流 i_C,并绘出它们的响应曲线。

7-11 电路如图 7-32 所示,开关 S 闭合前,电路原已稳定,在 $t=0$ 时 S 闭合。求 $t\geq 0$ 时的电感电流 i_L 和电压 u_L,并绘出它们的响应曲线。

7-12 电路如图 7-33 所示,电路原已稳定,$t=0$ 时,打开开关 S。求开关 S 打开后的初始值 $u_C(0_+)$、$i_C(0_+)$,稳态值 $u_C(\infty)$、$i_C(\infty)$,时间常数 τ。

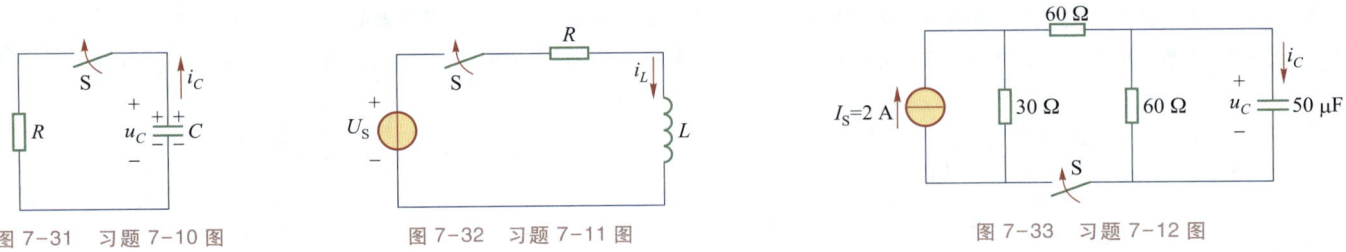

图 7-31 习题 7-10 图   图 7-32 习题 7-11 图   图 7-33 习题 7-12 图

7-13　电路如图 7-34 所示,开关 S 合于"2",且电路已稳定,$t=0$ 时,开关 S 由"2"合向"1"后,电容充电;经过 $t=5\tau$ 后,开关 S 由"1"合向"2"。求:(1) 充、放电过程中 u_c、i 的变化规律并绘出它们的曲线;(2) 放电过程中电阻消耗的能量;(3) 放电时的最大电流。

7-14　电压 $u_s(t)$ 的波形如图 7-35(a)所示,将其输入如图 7-35(b)所示的 RL 电路,其中 $i_L(0_-)=0$,$U_s=10$ V,$R=2$ Ω,$L=2$ H,$t_0=3$ s,试求零状态响应 $i_L(t)$ 并绘出其波形图。

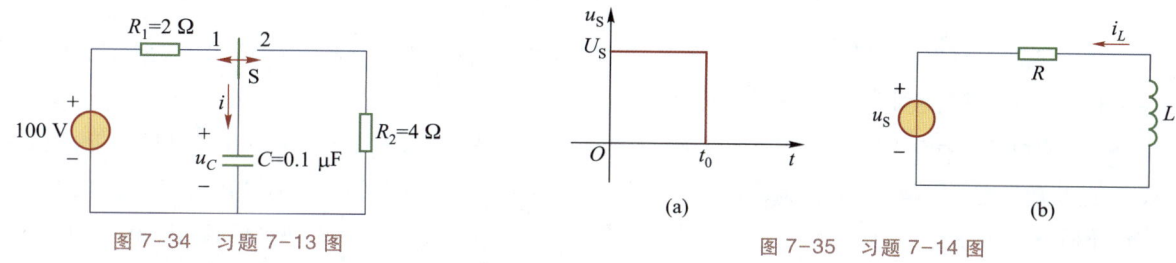

图 7-34　习题 7-13 图　　　　　　　图 7-35　习题 7-14 图

7-15　RC 串联电路中,已知 $R=500$ Ω,$C=2$ μF,外加电压 $U=40$ V,开关合上前,电容已充电到 10 V。求开关合上后 i_c、u_c 的表达式。

7-16　电路如图 7-36 所示,电感线圈无储能,在 $t=0$ 时开关 S 闭合。应用三要素法求电路的响应 $i_L(t)$。

7-17　电路如图 7-37 所示,$U_s=10$ V,$C=1$ F,$R_1=4$ Ω,$R_2=6$ Ω,电路原已稳定,$t=0$ 时合上开关 S。应用三要素法求合上开关后的 $u_c(t)$。

7-18　电路如图 7-38 所示,开关 S 闭合前电路已稳定,$t=0$ 时 S 闭合。求 $t \geqslant 0$ 时的电感电压 u_L 和电流 i_L。

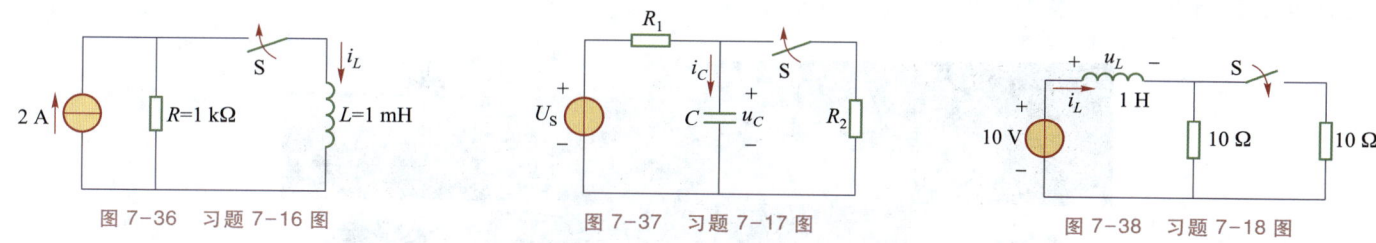

图 7-36　习题 7-16 图　　　　图 7-37　习题 7-17 图　　　　图 7-38　习题 7-18 图

7-19　电路如图 7-39 所示,开关 S 闭合前电容电压为零,$t=0$ 时开关 S 闭合。求电路的响应 $u_c(t)$ 和 $i(t)$。

7-20　电路如图 7-40 所示,开关 S 闭合前电路已稳定,在 $t=0$ 时开关 S 闭合。应用三要素法求电路的全响应 u_c。

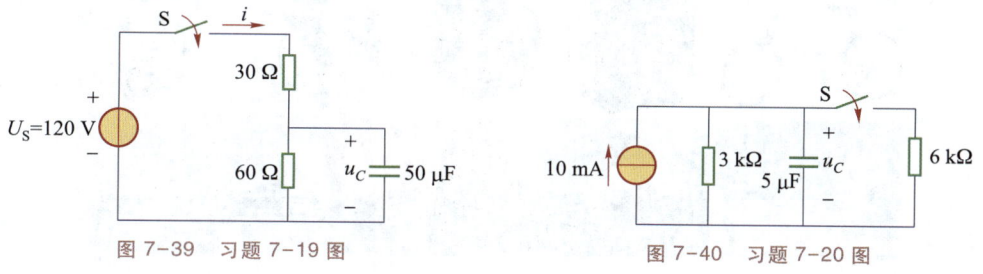

图 7-39　习题 7-19 图　　　　图 7-40　习题 7-20 图

习题 7 详解

超 级 电 容

一个多世纪以来，电池一直都是一项成熟的技术，但是人们需要储能更多、充电更快的"电池"，便开始寻找替代方案。储能领域的技术研究催生出一种新型解决方案，那就是超级电容。

电容储能特性是即使电容与电压源断开，电容两端的电压也能保持不变。这就使电容具有充当电池的可能，高能量密度使电池能够长时间放电，但普通电容不具备电池所具有的高能量密度；然而，电容却具有更高的功率密度，即单位时间内可以释放或储存更多的能量，从而实现更快的充放电周期。超级电容技术融合了电容和电池的优点，使之具有堪比电池的能量密度（W·h/kg）及可与电容匹敌的功率密度（W/kg）。此外，超级电容可以承受 10 万次充电–放电循环，并具有更宽的温度适应范围，更安全、更环保。

应当注意，与电池和普通电容相比，超级电容的额定电压较低。为了实现较高电压，需要将超级电容串联组合，这可能需要附加电路来进行平衡和过压/欠压保护。

随着超级电容技术不断进步，超级电容正在迅速成为电池的补充或替代品，而得到越来越广泛的应用。例如，超级电容在电动汽车、混合燃料汽车、特殊载重汽车、电力、铁路、通信、国防、消费性电子产品、工业物联网设备、航空航天和机器人等众多领域有着巨大的应用价值和市场潜力，如图 7-41 所示，被世界各国广泛关注。

图 7-41　超级电容在各领域的应用

学习内容思维导图

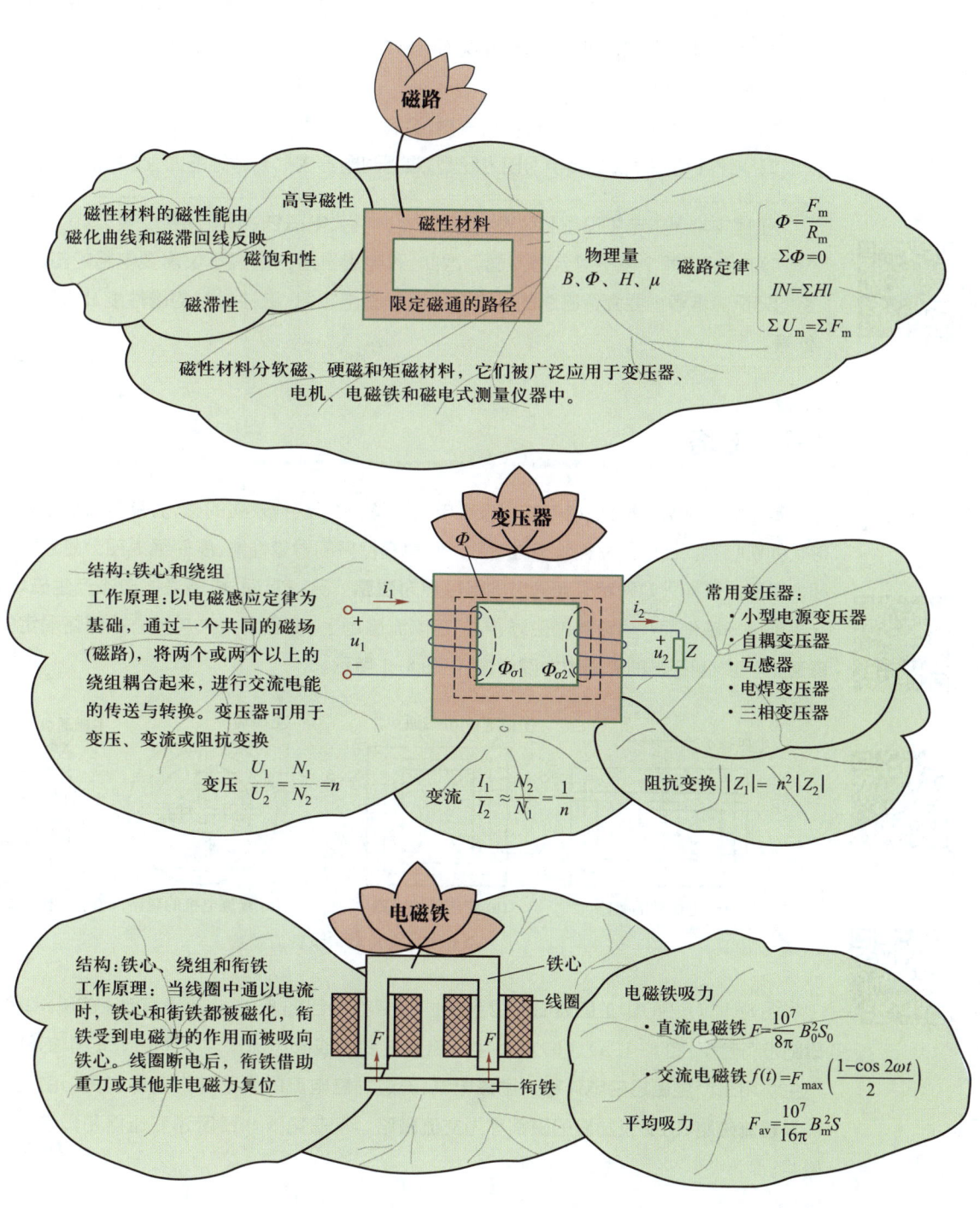

学习目标

1. 知识目标

（1）了解磁路的基本物理量和磁路定律，了解磁性材料的磁性能。

（2）了解变压器、电磁铁的基本构成及作用。

（3）认识自耦变压器、电流/电压互感器、电焊变压器、三相变压器。

2. 能力目标

（1）深刻理解磁感应强度、磁通、磁场强度等概念；会计算简单的磁路。

（2）理解变压器的工作原理；掌握变压器变压、变流及阻抗变换关系，会根据应用需求选择变压器。

（3）会计算直流电磁铁、交流电磁铁的电磁力。

3. 素养目标

（1）学会查阅工程手册，检索所需资料，绘制数据图表。

（2）培养科学素养，认真学习前人经验，遇到问题养成批判思维能力，找出解决问题的方案。

章前絮语

> 工程中常见的电工设备和仪表，如变压器、电机、电磁铁、电工测量仪表，其工作过程同时包含"电"和"磁"这两个密不可分的方面。因此，对电工设备的研究不仅需要电路的知识，而且需要磁路的知识。本章主要介绍磁路的基本物理量和磁路定律、磁性材料的磁性能及应用、变压器、电磁铁等。

演示文稿 磁路

8-1 磁路

微课 磁路

变压器、电机、电磁铁、磁电式仪表等电工设备，为了获得较强的磁场，常常将线圈缠绕在具有一定形状的铁心上。铁心是一种铁磁性材料。它具有良好的导磁性能，能使绝大部分磁通经铁心形成一个闭合通路。这种人为限定磁通通过的路径称为**磁路**。另一方面，线圈通以电流产生磁场，铁心被电流产生的磁场磁化而产生较强的磁场，附加在电流磁场上，使磁场大大加强。被磁路限定的磁通称为**主磁通**，仅与线圈交链的磁通称为**漏磁通**，如图 8-1 所示。

动画 磁路

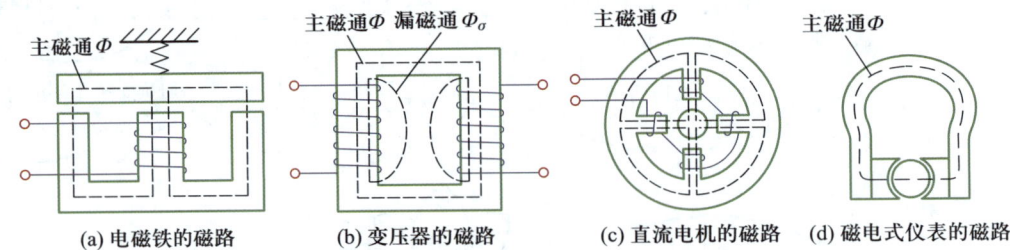

(a) 电磁铁的磁路　(b) 变压器的磁路　(c) 直流电机的磁路　(d) 磁电式仪表的磁路

图 8-1　常用电工设备的磁路

动画 磁通及磁路

图 8-1(a)、(d)中主磁通磁路包含铁心和气隙，而且图 8-1(a)还是有分支的磁路；图 8-1(b)中的磁路没有分支；图 8-1(a)、(b)、(c)中的磁通主要由线圈电流产生；图 8-1(d)中的磁通由永久磁铁产生。用来产生磁通的电流称为**励磁电流**，流过励磁电流的线圈称为**励磁线圈**。由直流励磁的磁路称为**直流磁路**，由交流励磁的磁路称为**交流磁路**。本书第 8、9 章所述变压器和异步电动机都是交流磁路。

8-1-1 磁路的基本物理量

1. 磁感应强度 B 与磁通 Φ

磁感应强度是描述磁场内某点的磁场强弱和方向的物理量,用符号 B 表示,是一个矢量。磁感应强度 B 与电流之间的方向关系可用右手螺旋定则确定。B 的大小为位于该点且与磁场方向垂直的直导体通过单位电流时,在单位有效长度上所受到的电磁力,即

$$B = \frac{F}{I \cdot l} \qquad (8-1)$$

磁场中各点的磁感应强度可用磁感应线(即磁力线)描述,**磁感应线的疏密表示磁感应强度的大小,密强、稀弱;磁感应线各点的切线方向表示该点的磁场方向,如图 8-2 所示。** 如果磁场内各点的磁感应强度的大小相等、方向相同,则这样的磁场称为**均匀磁场**,其磁感应线是方向一致、距离相等的平行线,如图 8-3 所示。

在均匀磁场中,磁感应强度 B 有时也可以用与磁场垂直的单位面积的**磁通**来表示,即

$$B = \frac{\Phi}{S} \quad \text{或} \quad \Phi = BS \qquad (8-2)$$

故 B 又称磁通密度。

在国际单位制中,B 的单位为特[斯拉](T)或韦伯/米^2(Wb/m^2),磁通 Φ 的单位为韦伯(Wb),S 的单位为米^2(m^2)。在电磁制单位中,B 的单位是高斯(Gs),Φ 的单位是麦克斯韦(Mx)。单位换算关系是:$1\ \text{T} = 10^4\ \text{Gs}$、$1\ \text{Wb} = 10^8\ \text{Mx}$。

工程中,磁感应强度 B 可用专用仪器(高斯计)来测量。

2. 磁导率 μ

磁导率是表示物质导磁性能的一个物理量,它反映了介质在磁场中的导磁能力,用 μ 来表示,有

$$\text{磁导率} \qquad \mu = \mu_r \mu_0 \qquad (8-3)$$

在国际单位制中,磁导率 μ 的单位是亨/米(H/m)。

为了比较物质的磁导率,选择真空作为比较基准,测得真空的磁导率为 $\mu_0 = 4\pi \times 10^{-7}\ \text{H/m}$,而其他介质的磁导率用真空磁导率的倍数表示,记作 μ_r,称为**相对磁导率**。μ_r 越大,介质的导磁性能就越好。

自然界中的物质根据 μ_r 的大小可分为**磁性物质**(又称铁磁性物质或磁性材料)和**非磁性物质**两类:前者 $\mu_r \gg 1$,如铁、硅钢片、镍铁合金、坡莫合金及铁氧体等;后者 $\mu_r \approx 1$,如空气、铜、铝、铅、变压器油、石墨等。

变压器、电机、磁电式电工仪表等设备都选用导磁性能好的硅钢片作为铁心材料。这样,只要在线圈中通入不大的电流,就可获得足够强的磁场(即产生足够大的磁感应强度)。

用相对磁导率表示物质的导磁能力很清楚也很方便,并且可以由手册查出。

3. 磁场强度 H

在外磁场(如载流线圈的磁场)作用下,物质会被磁化而产生附加磁场,不同的物质,其附加磁场的大小不同,这给分析带来不便。为了分析电流与磁场的依存关系,引入了一个把电和磁定量沟通起来的辅助量,这个量即为**磁场强度 H**,H 也是矢量。在载流线圈中,H 只与电流的大小及电流分布有关,而与磁介质的性质或磁导率无关。磁感应强度 B 则不然,同一载流导体在不同磁介质中产生磁场的磁感应强度不同。**磁场强度 H 的大小为 B 与 μ 的比值**,即

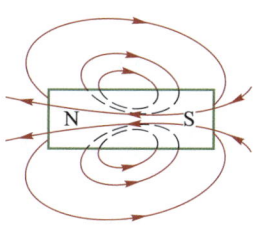

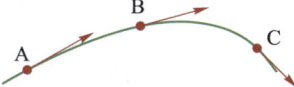

图 8-2　磁感应线描述的磁场

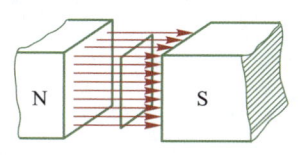

图 8-3　均匀磁场

动画
磁感应强度

$$H = \frac{B}{\mu} \quad 或 \quad B = \mu H \qquad\qquad (8-4)$$

磁场强度 H 的方向与所在点的磁感应强度 B 的方向一致。

在国际单位制中,H 的单位为安/米(A/m)。在电磁单位制中,H 的单位是奥斯特(Oe)。两者的关系是:$1 \ A/m = 4\pi \times 10^{-3} \ Oe$。

8-1-2 磁路定律

1. 磁通势和磁阻

线圈中磁通的多少与线圈通过的电流有关,电流越大,磁通越多。线圈中磁通的多少还与线圈的匝数有关,每匝线圈都要产生磁通,只要线圈绕向一致,每匝线圈的磁通方向就相同,这些磁通就可以相加。可见,线圈的匝数越多,磁通就越多。线圈的匝数及通过线圈的电流决定了线圈中磁通的多少,用**磁通势 F_m** 来表示。**磁通势定义为通过线圈的电流与线圈匝数的乘积**,即

$$F_m = IN \qquad\qquad (8-5)$$

磁通势的单位是安[培],但为了与电流的单位相区别,并根据它是由电流与匝数相乘而得,常把它的单位叫"安匝"。磁通就是由磁通势产生的。

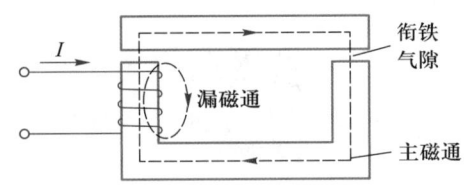

图 8-4 主磁通与漏磁通

各种材料对磁通都有阻碍作用,材料、形状不同,阻碍作用的大小就不同。铁的导磁性强,通过铁心部分的磁通就多;空气的导磁性弱,经空气而闭合的磁通就少。如图 8-4 所示,当线圈中通以电流后,大部分磁感应线沿铁心、衔铁和工作气隙构成回路,这部分磁通称为主磁通;还有一部分磁通,没有经过气隙和衔铁,而是经空气自成回路,这部分磁通称为漏磁通,这部分磁通极少,可以忽略。

磁通经过的闭合路径称为磁路,磁通通过磁路时所受到的阻碍作用称为**磁阻**。磁阻用符号 R_m 表示。

磁路中磁阻的大小与磁路的长度成正比,与磁路的横截面积成反比,还与磁路中所用材料的磁导率有关,可表示为

$$磁阻 \qquad R_m = \frac{l}{\mu S} \qquad\qquad (8-6)$$

式中,l 的单位是米(m);S 的单位是米^2(m^2);μ 的单位是亨/米(H/m);可以导出 R_m 的单位是 1/亨(1/H)。

2. 磁的欧姆定律

由磁通势及磁阻的定义可以得到,**通过磁路的磁通与磁通势成正比,与磁阻成反比**,这一规律称为**磁路的欧姆定律**,可表示为

$$磁路的欧姆定律 \qquad \Phi = \frac{F_m}{R_m} \qquad\qquad (8-7)$$

式中,磁通势 F_m 的单位是 A;磁阻 R_m 的单位是 1/H;磁通 Φ 的单位是 Wb。

磁路的欧姆定律与电路的欧姆定律有很多相似之处,但分析与处理磁路比电路难得多。由于磁性材料的磁导率 μ 不是常数,因此磁路的欧姆定律一般不能直接用来进行磁路计算,只用于定性分析。

【例 8-1】 一空心线圈形成环形闭合回路,横截面积为 10 cm^2,长度为 20 cm,线圈匝数为 660,线圈中的电流为 5 A。求线圈的磁阻、磁通势、磁通。

【解】 $R_m = \dfrac{l}{\mu_0 S} = \dfrac{20 \times 10^{-2}}{4\pi \times 10^{-7} \times 10 \times 10^{-4}} \ H^{-1} \approx 1.6 \times 10^{8} \ H^{-1}$

$$F_m = IN = 5 \times 660 \text{ A} = 3.3 \times 10^3 \text{ A}$$

$$\Phi = \frac{F_m}{R_m} = \frac{3.3 \times 10^3}{1.6 \times 10^8} \text{ Wb} = 2.1 \times 10^{-5} \text{ Wb}$$

【例 8-2】　某一无分支有气隙的铁心线圈磁路,若线圈两端加以直流电压,试分析气隙变大对磁路中的磁阻 R_m、磁通 Φ、磁动势 F_m 的影响。

【解】　直流情况下,线圈中的电流 I 仅取决于外加直流电压和线圈的导线电阻,与气隙大小无关,为恒定值。因此,磁动势 $F_m = IN$ 也是恒定值,与气隙大小无关。但由于空气的磁导率 μ_0 远小于铁心的磁导率 μ,因此气隙的磁阻成为磁路磁阻的主要组成部分。气隙变大,会使磁阻 R_m 显著增大。气隙变大时,F_m 不变,但 R_m 变大,由式(8-7)可知,磁通 Φ 将减小。理解这个问题很重要。

3. 磁路的基尔霍夫第一定律

根据磁通连续性原理,在忽略了漏磁通之后,在磁路的一条支路中,磁通应处处相等,而在磁路的分支处,任取一闭合面 S,如图 8-5 所示,穿进该闭合面的磁通与穿出该闭合面的磁通是相等的,即**穿过闭合面 S 的所有磁通的代数和等于零**。故

$$\sum \Phi = 0 \tag{8-8}$$

式(8-8)就是磁路的基尔霍夫第一定律(对应于电路的基尔霍夫电流定律 $\sum I = 0$)。

若把穿进闭合面的磁通前面取正号,则穿出闭合面的磁通前面取负号,对图 8-5 中的闭合面 S 则有 $\Phi_1 - \Phi_2 - \Phi_3 = 0$。

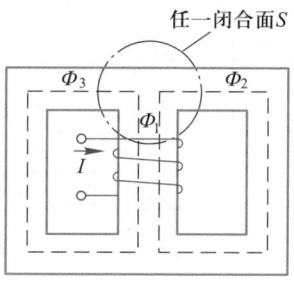

图 8-5　有分支磁路

4. 磁路的基尔霍夫第二定律

磁性材料的 R_m 是随其磁导率 μ 变化的,所以 R_m 在此不是一个常数,这给磁路的分析计算带来了很多不便。但磁场强度 H 是不随 μ 变化的。全电流定律是通过磁场强度 H 来描述磁路规律的又一定律。

在 $\Phi = \dfrac{F_m}{R_m}$ 中代入 $\Phi = BS$、$F_m = IN$、$R_m = \dfrac{l}{\mu S}$,可算出 $B = \dfrac{\mu IN}{l}$,将此式与 $B = \mu H$ 比较,可得到

$$H = \frac{IN}{l} \quad \text{或} \quad Hl = IN \tag{8-9}$$

式中,Hl 称为磁路的磁压(或磁位差),用 U_m 表示,单位是安[培](A)。

磁路往往由多种材料制成,有时在磁路中还包括气隙,即使磁路中的磁感应强度 B 处处相同,由于不同材料的磁导率不同,其磁场强度 H 也不同(因为 $H = B/\mu$);即便是同种材料,但若截面积不同,则其磁感应强度 B 不同(因为 $B = \Phi/S$),也导致磁场强度 H 不同。因此,可对磁压进行分段计算,然后求和,有

$$\sum Hl = H_1 l_1 + H_2 l_2 + \cdots + H_n l_n$$

此时

$$IN = \sum Hl \tag{8-10}$$

前面讲到 IN 是磁路中产生磁通的磁动势 F_m,式(8-9)可改写为

$$\sum U_m = \sum F_m \tag{8-11}$$

式(8-10)或式(8-11)称为磁路的基尔霍夫第二定律(对应于电路的基尔霍夫电压定律 $\sum U = \sum E$)。它的含义为:**磁路中沿任意闭合回路的磁压 U_m 的代数和等于磁动势 F_m 的代数和。**

因此,磁路的欧姆定律式(8-7)也可表示为

$$\Phi = \frac{U_m}{R_m} \tag{8-12}$$

【例 8-3】　一均匀磁场的磁感应强度为 0.1 T,介质是空气,与磁场方向平行的线段长 15 cm。

求这一线段上的磁位差。

【解】 $H = \dfrac{B}{\mu} = \dfrac{B}{\mu_0} = \dfrac{0.1}{4\pi \times 10^{-7}}$ A/m $\approx 7.96 \times 10^4$ A/m

$U_m = Hl = 7.96 \times 10^4 \times 0.15$ A $\approx 1.2 \times 10^4$ A

在学习磁路的过程中，可以发现磁路与电路有很多相似的地方，本书将其总结归纳在表8-1中，以便读者对磁路有更好的理解。

表 8-1　磁路和电路中对应的物理量及其关系式

	图	源	流	阻	欧姆定律	基尔霍夫定律	
						第一定律	第二定律
电路		电动势 E	电压或电位差 $U=IR$	电流 I	电阻 $R=\dfrac{l}{\sigma S}$	$I=\dfrac{E}{R}=\dfrac{U}{R}$	$\sum i = 0$	$\sum u = 0$ $\sum E = \sum IR$
磁路		磁通势 $F_m = IN$	磁压或磁位差 $U_m = Hl$	磁通 Φ	磁阻 $R_m = \dfrac{l}{\mu S}$	$\Phi = \dfrac{F_m}{R_m} = \dfrac{U_m}{R_m}$	$\sum \Phi = 0$	$IN = \sum Hl$ $\sum F_m = \sum U_m$

注：①电导率 σ 是用来描述物质中电荷流动难易程度的参数，单位为西[门子]/米（S/m），其为电阻率 ρ 的倒数。

②磁性材料的磁导率 μ 不是常数，但在某个范围内可以视为常数，这个问题通过磁化曲线来理解。

思考与练习

思考与练习 8-1 解答

8-1-1　什么是磁路、磁感应强度？

8-1-2　什么是磁阻、磁通势？分别写出它们的公式。

8-1-3　有两个同材料的铁心线圈，线圈匝数 $N_1 = N_2$，磁路平均长度 $l_1 = l_2$，励磁电流 $I_1 = I_2$，但截面积 $S_1 > S_2$。比较两铁心中磁场强度 B_1 与 B_2 的大小、磁通 Φ_1 与 Φ_2 的大小。

8-1-4　写出磁路欧姆定律的表达式，说明磁通与磁导体的面积、长度及磁导率的关系。

8-1-5　写出磁路的基尔霍夫第一定律和第二定律的表达式。

8-2　磁性材料的磁性能及应用

演示文稿 磁性材料的 磁性能及应用

8-2-1　磁性材料的磁性能

生活中我们有这样的经验，用铁块在磁铁上摩擦，然后用铁块就可以吸住小铁钉。这是什么道理呢？

1. 磁化与磁畴

使原来没有磁性的物质具有磁性的过程称为**磁化**。铁磁性物质（铁块）内部，可以看作由许多称为磁畴的小磁体所组成。在没有外磁场作用时，各个磁畴取向不同，排列杂乱无章，磁性相互抵消，对外不显磁性,如图 8-6(a)所示;当有外磁场作用时,磁畴将沿着外磁场的方向作取向排列,形成附加磁场,使磁场显著加强变成磁体,如图 8-6(b)所示。这种可被磁化的材料具有**高导磁性**。

当磁体被加热或者被不断敲打时,磁畴之间相互碰撞,磁畴失序,磁体会失去磁性。

2. 磁化曲线

磁性材料可以被磁化,但不同的磁性材料磁化特性不同,由于磁化所产生的附加磁场不会随外加磁场的加强而无限制地增加,其磁化过程可以用它的磁感应强度 B 与磁场强度 H 的关系曲线表示,这条曲线称为**磁化曲线**,如图 8-7 中实线所示。

由于在磁路中,磁场强度 H 与励磁电流 I 成正比;磁通 Φ 与磁感应强度 B 也近似成正比,所以磁化曲线表示的也是 Φ-I 之间的关系。曲线表明,磁性材料 B-H、Φ-I 之间均为非线性关系。

磁性材料工作在交流电流中时,对应的 B 是交变的磁感应强度,磁性材料构成的铁心被反复磁化,在反复磁化的过程中,磁感应强度 B 的变化滞后于磁场强度 H 的变化,形成闭合曲线,称为磁滞回线,如图 8-8 所示。

图 8-8(a)为通过实验测定的某种磁性材料的磁滞回线。

(1) 当 B 随 H 沿起始磁化曲线达到 a 点,**磁饱和**,**B 达到最大值 B_m** 后,此时外磁场强度为 H_m,若逐渐减小 H,则 B 也从 B_m 下降,但并不沿原来的 B-H 曲线下降,而是沿另一条曲线 ab 下降。

(2) 当 $H=0$ 时,$B=B_r \neq 0$(曲线上的 b 点),B_r 称为剩余磁感应强度,简称**剩磁**。永久性磁铁就是利用剩磁很大的磁性材料制成的。

(3) 为消除剩磁,必须加反向磁场。随着反向磁场的增强,磁性材料逐渐退磁,当反向磁场增大到 $H=-H_c$ 时,$B=0$(曲线上的 c 点),剩磁完全消除。消除剩磁所需的反向磁场强度 H_c 称为**矫顽力**。矫顽力的大小反映了磁性材料保存剩磁的能力。

(4) 继续增大反向磁场直到 $H=-H_m$ 时,B 值也相应反向增加至 $-B_m$(曲线上的 d 点)。

(5) 再使 H 返回零(曲线上的 e 点),并又从零增至 H_c(曲线上的 f 点),再逐渐增大正向磁场,B-H 曲线沿 efa 变化,完成一个循环。

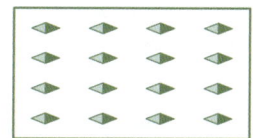

动画　磁化曲线

动画　磁滞回线

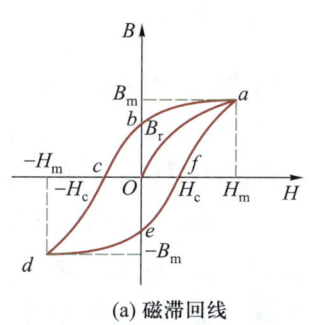

(a) 磁滞回线

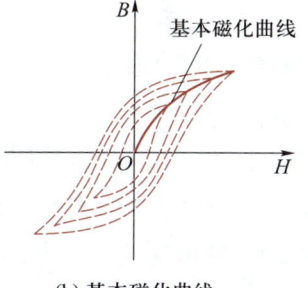

(b) 基本磁化曲线

图 8-8　磁滞回线与基本磁化曲线

从整个过程看,B 的变化总是落后于 H 的变化,这种现象称为**磁滞现象**。经过多次循环,可得到一个封闭的对称于原点的闭合曲线($abcdefa$),称为**磁滞回线**。

经过对磁性材料磁化过程的分析可知,磁性材料具有**高导磁性**、**磁饱和性**和**磁滞性**的特点。

改变交变磁场强度 H 的幅值,可相应得到一系列大小不一的磁滞回线,如图 8-8(b)所示。连接各条磁滞回线的顶点,得到一条磁化曲线,称为**基本磁化曲线**。

用磁滞回线分析计算交流磁路问题是十分复杂的。在工程技术中,通常都是采用具有平均值特点的基本磁化曲线表示磁性材料的 B-H 关系。常用磁性材料的基本磁化曲线可以在工程手册或有关技术资料中查到。

【例8-4】 一个铁心线圈,铁心材料为铸铁,具有闭合磁路,线圈匝数为600,铁心中磁感应强度为0.8 T,磁路的平均长度为50 cm。求线圈中的电流。

【解】 从图8-9所示硅钢片和铸铁的基本磁化曲线中查出磁场强度 H,再根据式(8-9)计算电流值。

$$H = 6\ 000\ \text{A/m}$$

$$I = \frac{Hl}{N} = \frac{6\ 000 \times 0.5}{600}\ \text{A} = 5\ \text{A}$$

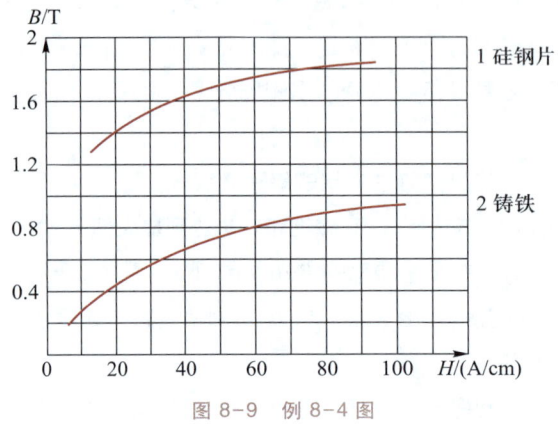

图8-9 例8-4图

磁性材料在交变磁化时,磁畴要来回翻转,在这个过程中,产生了能量损耗,称为**磁滞损耗**。磁滞回线包围的面积越大,磁滞损耗就越大,所以**剩磁**和**矫顽力**越大的磁性材料,磁滞损耗就越大。因此,**磁滞回线的形状常被用来判断磁性材料的性质和作为选择材料的依据。**

8-2-2 磁性材料的分类与应用

1. 磁性材料的分类及应用

不同的磁性材料具有不同的磁滞回线,剩磁和矫顽力也不同。一般将磁性材料分为软磁材料、硬磁材料、矩磁材料三种类型。

软磁材料：软磁性物质的磁滞回线窄而陡,回线包围的面积较小,如图8-10(a)所示,所以软磁材料的磁滞损耗较小,比较容易磁化,撤去外磁场后磁性基本消失,其剩磁与矫顽力都较小。这类材料主要有硅钢、铁镍合金、铸铁和铁氧体等,一般用来制造电机、变压器、互感器、继电器等产品的铁心和各种电感元件的磁心,铁氧体也可做计算机的磁心、磁鼓以及录音录像机的磁带、磁头。

硬磁材料：硬磁性物质的磁滞回线宽而平,回线包围的面积较大,如图8-10(b)所示,所以硬磁材料的磁滞损耗较大,剩磁、矫顽力也较大,需较强的磁场才能使它磁化,撤去外加磁场仍能保留较大的剩磁。硬磁材料适用于制造永久磁铁,被广泛用于磁电式测量仪表、扬声器的永磁发动机及电信装置。常用的材料有钨钢、铬钢、钴钢和钡铁氧体等。

矩磁材料：矩磁性物质的磁滞回线接近矩形,如图8-10(c)所示,其具有较小的矫顽力和较大的剩磁。矩磁材料的特点是只需很小的外加磁场就能使之达到磁饱和,撤去外磁场时,磁感应强度(剩磁)与饱和时一样。计算机中的存储元件就用到矩磁材料。常用的材料有锰镁铁氧体和锂锰铁氧体等。

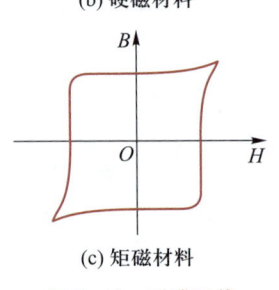

图8-10 磁滞回线

2. 铁损与磁屏蔽

交流铁心线圈在工作时,除了线圈上有功率损耗外,铁心中也会有功率损耗。线圈上的功率损耗 I^2R 称为铜损;铁心中的功率损耗称为铁损,铁损包括磁滞损耗和涡流损耗两部分。

磁滞损耗:铁磁性材料的磁滞现象所产生的损耗称为磁滞损耗。它是由铁磁性材料内部磁畴反复转向,磁畴间相互摩擦引起铁心发热而造成的损耗,与磁滞回线所包围的面积成正比。

涡流损耗:将导线绕在金属块上,当导线中通入变化的电流时,穿过金属块的磁通发生变化,金属块内部会产生闭合涡旋状感应电流,这种感应电流称为涡流。

涡流的用途很多,主要有**电磁阻尼作用**、**电磁驱动作用**和**热效应**等。

在冶金工业上,利用涡流的热效应制成高频感应炉来冶炼金属,如图 8-11 所示。由于可以把高频感应炉等放在真空中加热,既避免金属受污染,又不会使金属在高温下氧化,因此高频感应炉广泛应用于冶炼特种钢、提纯半导体材料等工艺中。

在日常生活中,电磁炉是一种比传统灶具更节能、更安全、更环保的灶具,它是利用涡流来实现对食物加热的,其工作原理如图 8-12 所示。

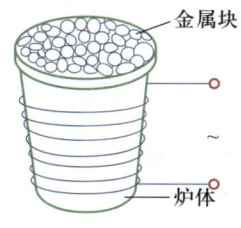

图 8-11 高频感应炉

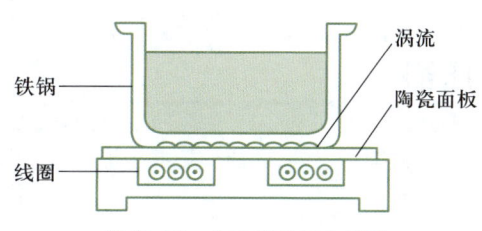

图 8-12 电磁炉的工作原理

接通电源,置于炉内的电子电路产生振荡频率只有 20~30 kHz 的交变磁场(对人体无害),当铁质锅具底部与炉面接触时,即在锅具底部金属部分产生涡流,涡流使锅具铁分子高速无规则运动,分子互相碰撞、摩擦而产生热能,使锅具本身自行快速发热来加热食物。由于电磁炉煮食的热源来自于锅具底部而不是电磁炉本身发热传导给锅具,所以热效率要比其他炊具高出近 1 倍。

但是涡流也有其不利的方面。当电动机、变压器的线圈中有交流电通过时,所引起的涡流导致能量损耗,称为涡流损耗。为了减小涡流和涡流损耗,铁心常采用涂有氧化膜或绝缘漆的硅钢片叠压而成,并使硅钢片平面与磁感应线平行,以尽量减小涡流,如图 8-13 所示。

磁屏蔽:磁场在传播过程中,总是选择导磁性能好的材料作为自己的路径,利用此原理可对某些设备进行磁屏蔽。如图 8-14(a)所示为由高导磁材料做成的壳体,将其放入磁场内,壳内空间没有磁场。

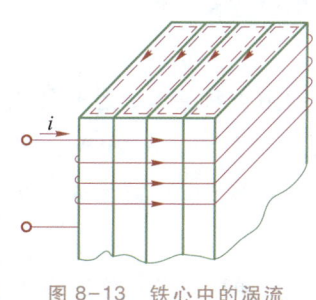

图 8-13 铁心中的涡流

(a) 磁屏蔽示意图　　(b) 屏蔽电感器

图 8-14 磁屏蔽

提示

静电屏蔽与磁屏蔽的区别
静电屏蔽是用屏蔽罩把电力线中断,即电力线不能进入屏蔽罩。磁屏蔽是用屏蔽层把磁感应线旁路,即让磁感应线从屏蔽罩的侧壁通过。两者的屏蔽原理是不同的。

延伸学习
铁磁性物质的充磁与消磁

在电子技术中,为了避免电磁干扰影响电子产品性能,把某些元器件或线圈放在磁性材料做成的屏蔽罩内,如图8-14(b)所示。由于磁性材料的磁导率比空气的磁导率大几千倍,因此屏蔽罩的磁阻比空气磁阻小很多,外磁场的磁通沿磁阻小的空腔两侧屏蔽罩通过,进入空腔的磁通很少,从而起到**磁屏蔽**的作用。

为了更好地达到磁屏蔽的目的,常常采用多层屏蔽罩屏蔽的办法。对高频变化的磁场,常常用铜或铝等导电性能良好的金属制成屏蔽罩,交变的磁场在金属屏蔽罩上产生很大的涡流,利用涡流的去磁作用来达到磁屏蔽的目的。

思考与练习

思考与练习8-2
解答

8-2-1　什么是磁滞现象?磁滞损耗与磁滞回线有什么关系?

8-2-2　磁性材料分为哪三类?各有什么作用?

8-2-3　磁滞损耗和涡流损耗是什么原因引起的?它们的大小与哪些因素有关?

8-3　变压器

演示文稿
变压器

变压器除了变换电压之外,还具有变换电流、变换阻抗的作用,并在电工测量、电子技术、电力传输系统领域有广泛应用。

8-3-1　变压器的基本结构

小知识
变压器的类型
　变压器的类型很多,按照用途分为用于输、配电的电力变压器,用于测量技术的仪用互感器,用于电子整流电路的整流变压器等;按照变换电能相数的不同,分为单相变压器和三相变压器;根据工作频率不同,分为高频变压器、中频变压器、低频变压器和脉冲变压器。例如,收音机中的磁性天线是一种高频变压器,用在收音机中频放大级的中频变压器俗称"中周",低频变压器则有电源变压器、输入变压器、输出变压器和线间变压器。尽管变压器的类型很多,它们的基本结构和工作原理是相同的。

变压器由铁心和绕在铁心上的线圈(又称绕组)组成。

铁心的作用是构成变压器的磁路。为了减小涡流损耗和磁滞损耗,铁心采用硅钢片交错叠装或卷绕而成。

根据铁心结构形式的不同,变压器分为心式和壳式两种。图8-15(a)所示是心式变压器,特点是线圈包围铁心。功率较大的变压器多采用心式结构,以减小铁心体积,节省材料。壳式变压器则是铁心包围线圈,如图8-15(b)所示,其特点是可以省去专门的保护包装外壳。

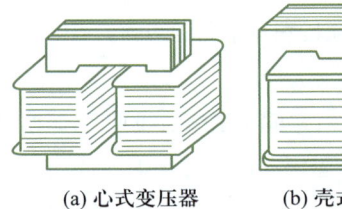

(a) 心式变压器　　(b) 壳式变压器
图8-15　变压器结构

8-3-2　变压器的工作原理

变压器的工作原理是以电磁感应定律为基础,通过一个共同的磁场(磁路),将两个或两个以上的绕组耦合起来,进行交流电能的传送与转换。

图8-16(a)所示为变压器原理示意图,与电源相连的称为一次绕组(又称初级绕组或原边),与负载相连的称为二次绕组(又称次级绕组或副边)。一次、二次绕组的匝数分别为 N_1 和 N_2。图中规定 Φ、Φ_σ 的参考方向和 i 的参考方向符合右手螺旋定则,感应电动势 e 的参考方向和磁通 Φ 的参考方向也符合右手螺旋定则。

当一次绕组接上交流电压 u_1 时,便有电流 i_1 通过。由一次绕组磁通势 $N_1 i_1$ 产生的磁通绝大部分通过铁心而闭合,从而在二次绕组中感应出电动势 e_2,接负载后就有电流 i_2 通过。二次绕组磁通

实物图
变压器

势 $N_2 i_2$ 产生的磁通绝大部分也通过铁心而闭合。因此,铁心中的磁通由一次、二次绕组磁通势共同产生,这个磁通称为主磁通 Φ。由于主磁通既交链于一次绕组,又交链于二次绕组,因此在两个绕组中感应出的电动势分别为 e_1 和 e_2 $\left(e_1 = -N_1 \dfrac{\mathrm{d}\Phi}{\mathrm{d}t}, e_2 = -N_2 \dfrac{\mathrm{d}\Phi}{\mathrm{d}t}\right)$。此外,这两个磁通势又分别产生只交链于本绕组的漏磁通 $\Phi_{\sigma 1}$ 和 $\Phi_{\sigma 2}$,从而在各自绕组中分别感应出漏磁感应电动势 $e_{\sigma 1}$ 和 $e_{\sigma 2}$ $\left(e_{\sigma 1} = -L_{\sigma 1} \dfrac{\mathrm{d}i_1}{\mathrm{d}t}, e_{\sigma 2} = -L_{\sigma 2} \dfrac{\mathrm{d}i_2}{\mathrm{d}t}\right)$,它们间的电磁关系如图 8-16(b)所示。

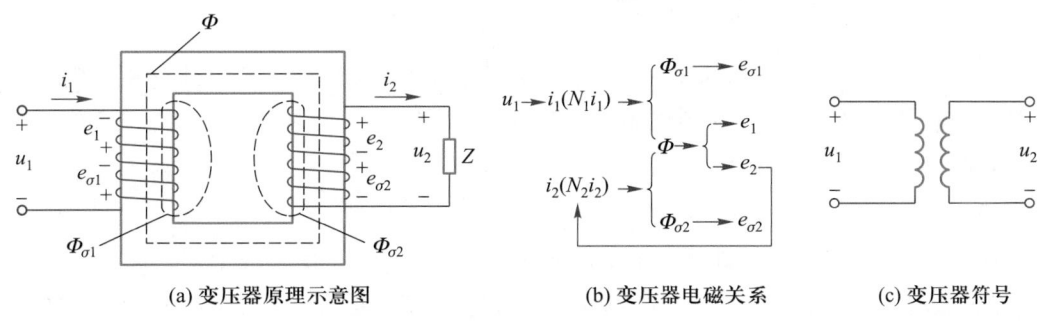

(a) 变压器原理示意图　　　　(b) 变压器电磁关系　　　　(c) 变压器符号

图 8-16　变压器

再考虑到两个绕组各自的损耗电阻 r_1 和 r_2,根据基尔霍夫电压定律列出一次、二次回路的电压方程为

$$\left. \begin{array}{l} u_1 = r_1 i_1 + (-e_{\sigma 1}) + (-e_1) \\ u_2 = -r_2 i_2 + e_{\sigma 2} + e_2 \end{array} \right\} \tag{8-13}$$

下面分别讨论变压器的电压变换、电流变换和阻抗变换作用。

1. 电压变换作用

设想如果变压器既没有导线的损耗(r_1、r_2 为零),也没有漏磁通($\Phi_{\sigma 1}$、$\Phi_{\sigma 2}$ 为零),也就是说变压器是近乎理想的,从式(8-13)可以得到

$$\left. \begin{array}{ll} u_1 \approx -e_1 & \text{或} \quad \dot{U}_1 \approx -\dot{E}_1 \\ u_2 \approx e_2 & \text{或} \quad \dot{U}_2 \approx \dot{E}_2 \end{array} \right\} \tag{8-14}$$

设主磁通 $\Phi = \Phi_\mathrm{m} \sin \omega t$,则

$$\begin{aligned} e_1 &= -N_1 \frac{\mathrm{d}(\Phi_\mathrm{m} \sin \omega t)}{\mathrm{d}t} \\ &= -\omega N_1 \Phi_\mathrm{m} \sin \left(\omega t + \frac{\pi}{2} \right) \\ &= -E_{1\mathrm{m}} \sin \left(\omega t + \frac{\pi}{2} \right) \end{aligned}$$

式中,$E_{1\mathrm{m}} = \omega N_1 \Phi_\mathrm{m}$,因为是正弦量,一般用有效值。所以,一次绕组感应电动势的有效值为

$$E_1 = \frac{E_{1\mathrm{m}}}{\sqrt{2}} = \frac{\omega N_1 \Phi_\mathrm{m}}{\sqrt{2}} = \frac{2\pi f N_1 \Phi_\mathrm{m}}{\sqrt{2}} = 4.44 f N_1 \Phi_\mathrm{m} \tag{8-15}$$

由式(8-15)可知

$$E_1 = 4.44 f N_1 \Phi_\mathrm{m}, \quad U_1 \approx 4.44 f N_1 \Phi_\mathrm{m} \tag{8-16}$$

式(8-16)是分析交流铁心线圈和铁心变压器常用的重要公式。该式说明,当电源频率 f 和线圈匝

数 N 一定时,若忽略线圈内阻 r 和漏磁通 Φ_σ,交流铁心线圈磁路中的磁通最大值 Φ_m 与线圈外加电压的有效值 U(或 E)成正比,而与铁心的材料及尺寸无关。

同样,二次绕组感应电动势与电压的有效值为

$$E_2 = 4.44fN_2\Phi_m , \quad U_2 \approx 4.44fN_2\Phi_m \qquad (8-17)$$

由于一次、二次绕组匝数不同,感应电动势也就不同,因此输出电压与电源电压也就不相等,一次、二次绕组的电压比为

电压变换关系 $\qquad \dfrac{U_1}{U_2} \approx \dfrac{E_1}{E_2} = \dfrac{N_1}{N_2} = n \qquad (8-18)$

式中,n 为一次、二次绕组匝数比,称为变压器的变比。可见,当电源电压 U_1 一定时,只要改变匝数比,就可得到不同的输出电压 U_2。在一定的输出电压范围内,从二次绕组上抽头,可以输出不同的电压,得到多输出变压器。

2. 电流变换关系

由 $U_1 \approx E_1 = 4.44fN_1\Phi_m$ 可知,U_1 和 f 不变时,E_1 和 Φ_m 也基本不变。因此,变压器二次绕组接有负载时产生主磁通的一次、二次绕组的合成磁通势 $(i_1N_1 + i_2N_2)$ 和变压器二次绕组开路时(或称空载时)产生主磁通的一次绕组的磁通势 i_0N_1 基本相等,即

$$i_1N_1 + i_2N_2 = i_0N_1 \quad 或 \quad \dot{I}_1N_1 + \dot{I}_2N_2 = \dot{I}_0N_1 \qquad (8-19)$$

而空载电流 i_0 很小,可忽略不计,则

$$i_1N_1 \approx -i_2N_2 \quad 或 \quad \dot{I}_1N_1 \approx -\dot{I}_2N_2 \qquad (8-20)$$

由此可知,一次、二次绕组的电流关系为

电流变换关系 $\qquad \dfrac{I_1}{I_2} \approx \dfrac{N_2}{N_1} = \dfrac{1}{n} \qquad (8-21)$

上式表明,理想变压器一次、二次绕组电流之比,近似等于它们的匝数比的倒数。可见,变压器中的电流虽然由负载的大小决定,但一次、二次绕组电流的比值是基本不变的。

【例 8-5】 某理想变压器的电压为 220 V/36 V,二次绕组接有一盏 36 V、100 W 的白炽灯。(1)若变压器一次绕组的匝数是 880 匝,求二次绕组的匝数。(2)二次绕组的白炽灯点亮时,求变压器一次、二次绕组中的电流。

【解】 (1)由式(8-18)得二次绕组匝数 N_2 为

$$N_2 = N_1 \frac{U_2}{U_1} = 880 \times \frac{36}{220} 匝 = 144 匝$$

(2)白炽灯点亮时,变压器二次绕组电流为

$$I_2 = \frac{P}{U_2} = \frac{100}{36} A = 2.78 A$$

由式(8-21)计算一次绕组电流为

$$I_1 = I_2 \frac{N_2}{N_1} = 2.78 \times \frac{144}{880} A = 0.455 A$$

3. 阻抗变换作用

在电子设备中,为了获得较大的输出功率,往往对负载的阻抗有一定要求。然而负载阻抗是给定的,不能随便改变。为了使电源和负载之间配合得更好,常采用变压器来获得所需要的等效阻抗。变压器的这种作用称为阻抗变换。

提示
变压器匝数比 n 大于 1 时,变压器为降压变压器,即一次绕组的电压高于二次绕组的电压,而一次绕组的电流小于二次绕组的电流;匝数比 n 小于 1 时,变压器为升压变压器,即一次绕组的电压低于二次绕组的电压,而一次绕组的电流大于二次绕组的电流。

理想变压器的阻抗变换可由图 8-17 来说明。图 8-17(a)中，负载阻抗 Z_2 接在变压器的二次绕组上。它与变压器一起作为电源的负载来等效替代一次绕组的阻抗 Z_1，如图 8-17(b)所示。

所谓等效，就是图 8-17(a)、(b)中输入电路的电压、电流和功率不变。也就是说，直接接在电源上的阻抗 Z_1 和直接接在变压器二次绕组上的负载阻抗 Z_2 是等效的。为了使问题简单，仅考虑阻抗的值，由于

$$|Z_1| = \frac{U_1}{I_1}, \quad |Z_2| = \frac{U_2}{I_2}$$

根据式(8-18)和式(8-21)，可得

$$\frac{U_1}{I_1} = \frac{nU_2}{I_2/n} = n^2 \frac{U_2}{I_2}$$

所以有

阻抗变换关系 $\qquad |Z_1| = n^2 |Z_2| \qquad$ (8-22)

由式(8-22)可见，负载阻抗 Z_2 通过变压器变换后的等效阻抗 Z_1 的大小，由变压器的变比 n 决定。因此，通过选择适当的变比，可以获得所匹配的阻抗。

【例 8-6】 交流电压源 $U_s = 36$ V，内阻 $R_s = 192$ Ω，负载是电阻 $R_L = 8$ Ω 的扬声器。试求：(1) 如果将 R_L 直接与电压源连接，电压源输出的功率和扬声器获得的功率分别是多少？(2) 如果通过变压器实现阻抗匹配（即 $R_1 = R_s$），电压源输出的功率、扬声器获得的功率及变压器的匝数比是多少？

【解】 (1) 负载电阻 R_L 直接与电压源连接，电路如图 8-18(a)所示，电流为

$$I = \frac{U_s}{R_s + R_L} = \frac{36}{192 + 8} \text{ A} = 0.18 \text{ A} = 180 \text{ mA}$$

电压源输出的功率为 $\qquad P_{U_s} = U_s I = 36 \times 0.18 \text{ W} = 6.48 \text{ W}$

扬声器获得的功率为 $\qquad P_L = I^2 R_L = 0.18^2 \times 8 \text{ W} = 0.259\ 2 \text{ W} = 259.2 \text{ mW}$

(2) 如果通过变压器实现阻抗匹配（即 $R_1 = R_s$），电路如图 8-18(b)、(c)所示，电流为

$$I_1 = \frac{U_s}{R_s + R_1} = \frac{36}{192 + 192} \text{ A} = 0.093\ 75 \text{ A} = 93.75 \text{ mA}$$

电压源输出的功率为 $\qquad P_{U_s} = U_s I_1 = 36 \times 93.75 \text{ mW} = 3.375 \text{ W}$

扬声器获得的功率为 $\qquad P_L = I_1^2 R_1 = 0.093\ 75^2 \times 192 \text{ W} = 1.688 \text{ W}$

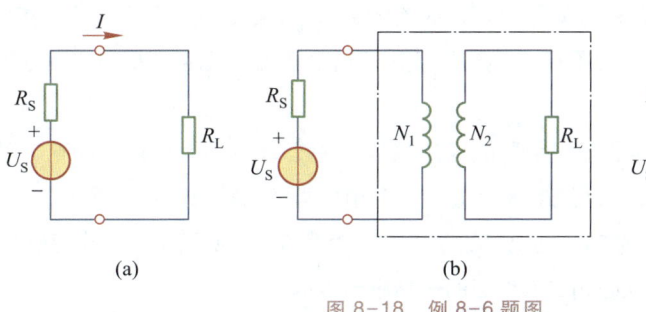

图 8-18 例 8-6 题图

变压器的匝数比可以根据式(8-22)求得，有

$$n = \sqrt{\frac{R_1}{R_L}} = \sqrt{\frac{192}{8}} = 4.899$$

比较(1)、(2)两种情况的计算结果可见，变压器实现阻抗匹配前后，电压源输出的功率由 6.48 W

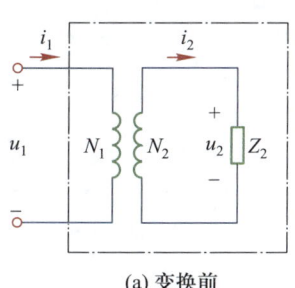

图 8-17 理想变压器的阻抗变换

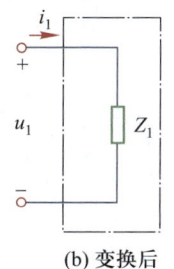

(a) 变换前

(b) 变换后

动画
空心变压器

动画
铁心变压器

延伸学习
变压器的
功率、损耗和
额定值

下降至 3.375 W；负载获得的功率由 0.259 2 W 上升至 1.688 W。前者负载获得的功率占电压源输出功率的 4%；后者负载获得的功率占电压源输出功率的 50%。利用变压器进行阻抗匹配后，实现了增大扬声器功率至 6.5 倍的效果。

8-3-3 常用变压器

1. 小型电源变压器

小型电源变压器广泛应用在工业生产和日常用电中，一般输入 220 V 的交流电，通过二次侧多个抽头，可得到 3 V、6 V、12 V、24 V、36 V 等不同的输出电压，如机床电路中用到的 36 V 安全电压和 12 V 照明电压。

2. 自耦变压器

自耦变压器是一种常用的实验室设备。自耦变压器二次侧上安装了一个滑动抽头，调节手柄可获得所需的输出电压，使用起来非常方便，如图 8-19 所示。

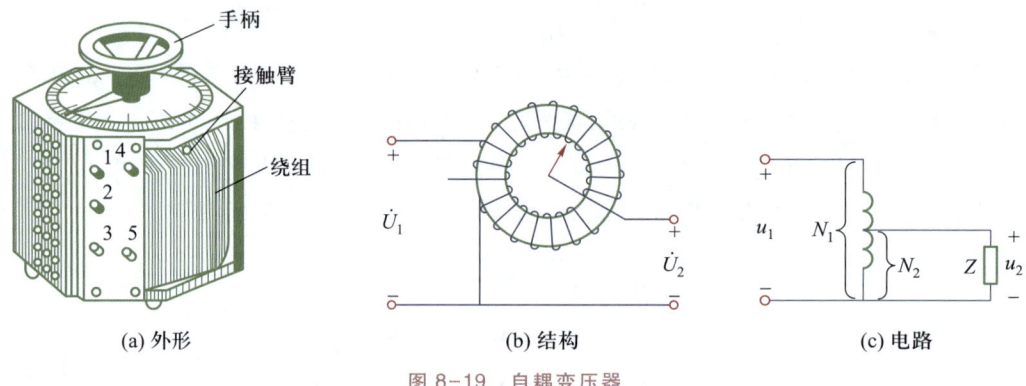

(a) 外形　　　　　　　(b) 结构　　　　　　　(c) 电路

图 8-19　自耦变压器

自耦变压器的二次绕组是一次绕组的一部分，故其最大特点是一次、二次绕组间不仅有磁的耦合，还有电的联系，如图 8-19 所示。它的工作原理与普通双绕组变压器相同。一次、二次绕组电压之比和电流之比分别是

$$\frac{U_1}{U_2} = \frac{N_1}{N_2} = n \qquad \frac{I_1}{I_2} \approx \frac{N_2}{N_1} = \frac{1}{n}$$

自耦变压器具有结构简单、节省用铜量、效率较高的优点。它的缺点是一次、二次侧的电路直接连在一起，高压侧的故障会波及低压侧，很不安全。因此，使用自耦变压器时，必须正确接线，外壳必须接地。

3. 互感器

对于高电压、大电流的交流电路，使用变压器降压或减流可以隔离危险环境。而高电压、大电流的测量则使用测量变压器或称互感器，互感器按用途可分为电压互感器和电流互感器。

电压互感器和电流互感器测量电压和电流的连接电路如图 8-20 所示。为防止互感器一次、二次绕组之间绝缘损坏时造成危险，**铁心和二次绕组的一端应当接地**。

（1）电流互感器

电流互感器的作用是将交流电路中的大电流变换为小电流，用来扩大交流电流表的量程，并使测量仪表与高压电路隔开，以确保人身和设备的安全。

电流互感器的一次绕组线径较粗，匝数很少（常为一匝或几匝），串联在被测电路中；二次绕组线径较细，匝数很多，与相串联的测量仪表（如电流表、功率表、电度表、继电器的电流线圈）连成一个闭合电

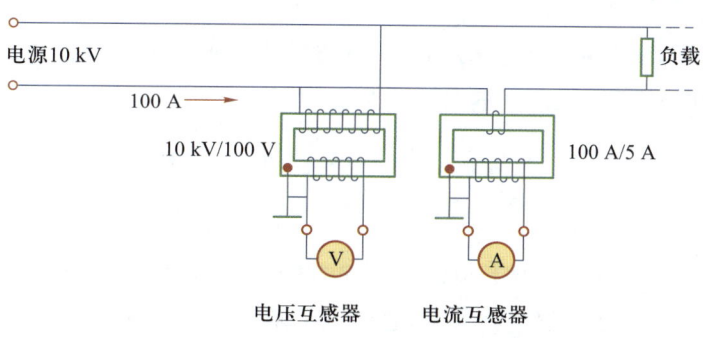

图 8-20　互感器连接电路

路。**使用时二次侧不允许开路。**

　　根据变压器变换电流的作用原理,有

$$\frac{I_1}{I_2} \approx \frac{N_2}{N_1} = \frac{1}{n} = K_i \quad 或 \quad I_1 = K_i I_2 \tag{8-23}$$

　　可见,利用电流互感器可将大电流变换为小电流。式(8-23)中,K_i 是电流互感器的变换系数,标示在它的铭牌上。实际测量时,只需读出电流表的数值 I_2,就可以用 I_2 乘上变换系数 K_i 得到被测电流 I_1 的数值。

　　通常电流互感器的额定电流规定为 5 A 或 1 A,只需改变电流变换系数,即可改变电流表量程。如某标有 100/5 的电流互感器,若电流表的读数为 3 A,则有

$$I_1 = \frac{100 \times 3}{5} \text{ A} = 60 \text{ A}$$

　　利用电流互感器原理可以制作便携式钳形电流表,其外形如图 8-21 所示。它的闭合铁心可以张开,将被测载流导线钳入铁心窗口中,这根导线相当于匝数为 1 的电流互感器一次绕组。铁心上绕有二次绕组,与测量仪表连接,可直接读出被测电流的数值。用钳形电流表测量电流时不用断开电路,使用非常方便。

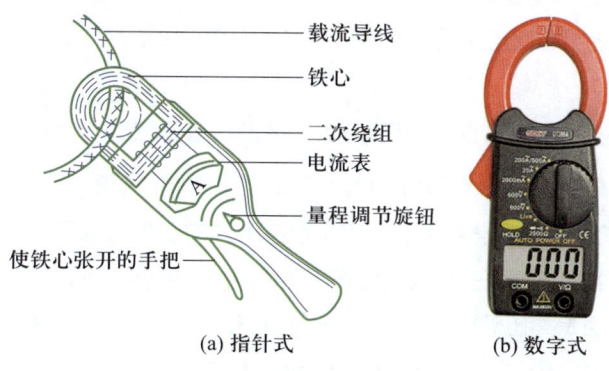

(a) 指针式　　(b) 数字式

图 8-21　便携式钳形电流表

(2)电压互感器

　　电压互感器的一次绕组匝数很多,并联于待测电路两端;二次绕组匝数较少,与电压表、电度表、功率表、继电器的电压线圈并联。电压互感器用于将高电压变换成低电压。**使用时二次侧不允许短路。**

　　使用时,一次侧接高压电源,二次侧接低压电压表,满足的关系式为

$$\frac{U_1}{U_2} = \frac{N_1}{N_2} = K_u \quad 或 \quad U_1 = K_u U_2 \tag{8-24}$$

只要读出电压表的读数 U_2，就可得到待测高压。

实际使用时，电压互感器的额定电压为 100 V，需要根据供电线路的电压来选择电压互感器。如电压互感器标有 10 000/100，若电压表的读数为 78 V，则

$$U_1 = K_u U_2 = \frac{10\ 000 \times 78}{100}\ V = 7\ 800\ V = 7.8\ kV$$

* 4. 电焊变压器

电弧焊接是在焊条与焊件之间燃起电弧，用电弧的高温使金属熔化进行焊接。电焊变压器就是为满足电弧焊接的需要而设计制造的特殊的变压器，其工作原理如图 8-22 所示。

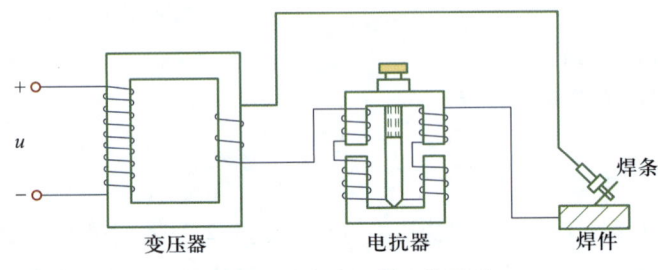

图 8-22　电焊变压器工作原理

为了起弧较容易，电焊变压器的空载电压一般为 60~80 V。当电弧起燃后，焊接电流通过电抗器产生电压降。调节电抗器上的旋柄可改变电抗的大小，以控制焊接电流及焊接电压。维持电弧的工作电压一般为 25~30 V。

* 5. 三相变压器

现代交流供电系统都是以三相交流电的形式产生、输送和使用的。三相变压器能够把某电压值的三相交流电变换为同频率的另一电压值的三相交流电。三相变压器的工作原理与单相变压器基本相同，如图 8-23 所示。

三相变压器具有容量大、电压高的特点，因此用于电力传输系统。

三相变压器的高压绕组和低压绕组都有星形和三角形两种接法，所以可以形成不同组合形式。下面为其中常用的三种。

（1）Y/Y₀联结即高压侧为星形联结，低压侧也为星形联结，且带中性线，如图 8-24（a）所示。这种接法的特点是高压侧的相电压只是线电压的 $1/\sqrt{3}$，降低了对每相绕组的绝缘要求。低压侧则提供线电压、相电压两种电压。线电压一般是 400 V，适用于容量不大的三相配电变压器，供给动力和照明混合负载。这时，电动机等动力设备接在线电压上，而照明灯具、家用电器等接在相电压上。

（2）Y/△联结的特点是高压侧接成星形，低压侧接成三角形，如图 8-24（b）所示。三角形联结的相电流只是线电流的 $1/\sqrt{3}$，因而绕组导线的截面积可以缩小。大容量的变压器多采用这种接法。

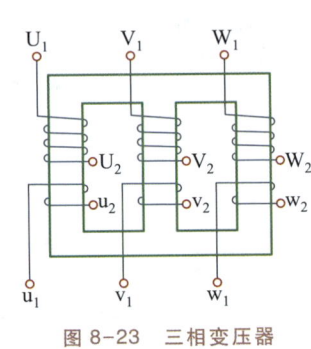

图 8-23　三相变压器

延伸学习
变压器的
功率和铭牌

阅读
我国高铁
供电方式

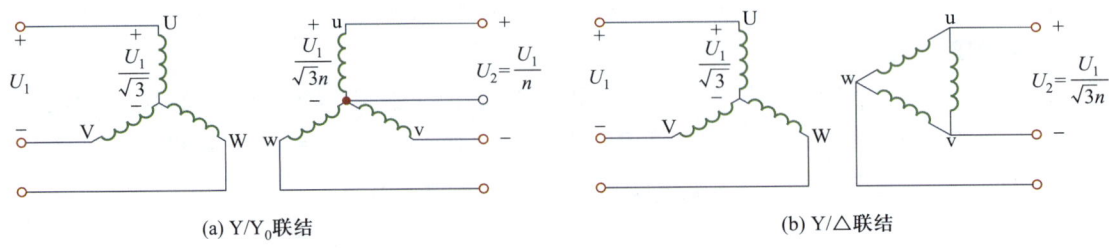

(a) Y/Y₀联结　　　　　　　　　　　　(b) Y/△联结

图 8-24　三相变压器的两种接法及电压的变换关系

（3）$Y_0/\triangle$ 联结主要用在输电线路上。它提供了高压侧电网接地的可能。

思考与练习

思考与练习 8-3
解答

> 8-3-1　分别写出变压器电压变换、电流变换、阻抗变换的变比关系。
>
> 8-3-2　某小型电源变压器的一次绕组匝数为 $N_1 = 660$ 匝，接电源电压 $U_1 = 220$ V。它的两个二次绕组开路电压分别为 $U_{20} = 24$ V，$U_{30} = 8$ V。计算两个二次绕组的匝数 N_2 和 N_3。
>
> *8-3-3　常用变压器有哪些？

8-4　电磁铁

演示文稿
电磁铁

电磁铁是利用通电的铁心线圈对磁性材料产生电磁吸收力的电气设备。电磁铁一般由励磁线圈、铁心、衔铁三部分组成，如图 8-25 所示。电磁铁的应用很广泛，如继电器、接触器、电磁阀、起重电磁铁（这种电磁铁无衔铁，而是以被起重的钢铁等工作物体作为被吸收体）、制动电磁铁。

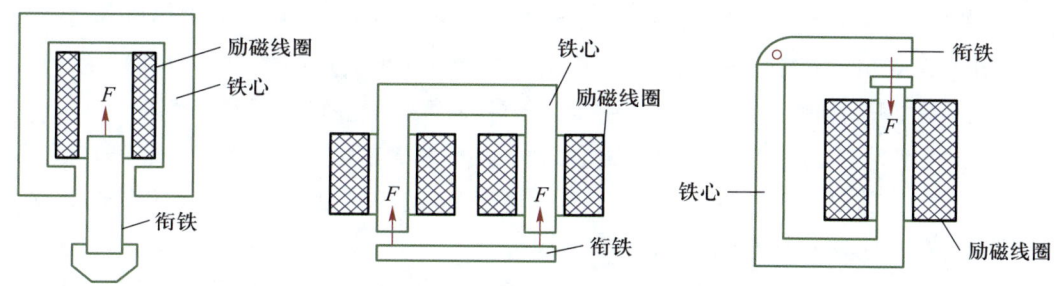

图 8-25　电磁铁的几种形式

电磁铁的工作原理：励磁线圈中通以电流时，铁心和衔铁都被磁化，衔铁受到电磁力的作用而被吸向铁心。励磁线圈断电后，衔铁借助重力或其他非电磁力复位。

电磁铁分为直流电磁铁和交流电磁铁两种。

8-4-1　直流电磁铁

直流电磁铁是指通入励磁线圈中的电流为直流电流的电磁铁。电磁铁吸引衔铁的吸力是它的主要参数之一，吸力的大小与气隙的截面积 S_0 及气隙中磁感应强度 B_0 的平方成正比，即

$$F = \frac{10^7}{8\pi} B_0^2 S_0 \qquad (8-25)$$

式（8-25）是直流电磁铁的吸力计算式。式中，B_0 的单位是 T；S_0 的单位是 m^2；F 的单位是 N。

在直流电磁铁中，线圈中的励磁电流 I 仅取决于电源电压 U 和线圈电阻 R，而与磁路的磁阻无关。当 U 和 R 一定时，I 恒定不变，磁动势 IN 也不变。但是磁通 Φ 和磁感应强度 B 是与磁阻相关的，若空气隙大，则磁阻增加，磁通 Φ 和磁感应强度 B 会减小，吸力会明显下降。

8-4-2　交流电磁铁

交流电磁铁是指通入励磁线圈中的电流为交流电流的电磁铁。这是交流铁心线圈的具体应用。

在交流电磁铁中,磁通和磁感应强度都是随时间而变化的,所以吸力也会随时间而变化,若不计磁饱和的影响,并设正弦交流电磁铁中磁感应强度为 $B(t) = B_m \sin \omega t$,则由式(8-25)可得吸力的瞬时值表达式为

$$f(t) = \frac{B_m^2 \sin^2 \omega t}{2\mu_0} S = \frac{B_m^2}{2\mu_0} S \left(\frac{1 - \cos 2\omega t}{2} \right) = F_{max} \left(\frac{1 - \cos 2\omega t}{2} \right) \qquad (8-26)$$

式(8-26)是交流电磁铁的吸力计算式。式中,$F_{max} = \frac{B_m^2}{2\mu_0} S = \frac{10^7}{8\pi} B_m^2 S$ 是吸力的最大值。瞬时吸力 $f(t)$ 的曲线如图 8-26 所示。

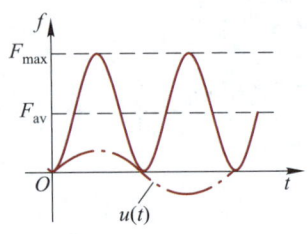
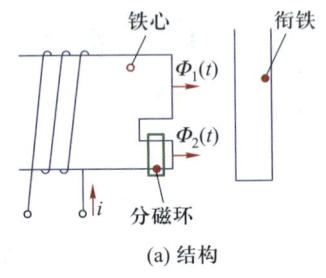

平均吸力为

$$F_{av} = \frac{1}{T} \int_0^T f(t)\,\mathrm{d}t = \frac{1}{2} F_{max} = \frac{B_m^2}{4\mu_0} S = \frac{10^7}{16\pi} B_m^2 S \quad \text{或} \quad \boxed{F_{av} = \frac{10^7}{16\pi} B_m^2 S} \qquad (8-27)$$

式中,B 是空气隙中磁感应强度的有效值。式(8-27)表明,交流电磁铁的平均吸力为最大吸力的一半。通常所说的交流电磁铁的吸力都是指平均吸力。

由图 8-26 可以看出,在电源的一个周期内,吸力 f 有两次经过零值。这意味着衔铁以电源频率的两倍振动而产生噪声和机械损伤。为了消除这种现象,常在交流电磁铁的铁心端面上装嵌一个铜质分磁环(也叫短路环),如图 8-27(a)所示。在交变磁通的作用下,分磁环中会产生感应电流,起阻碍磁通变化的作用。这将使铁心中的两部分磁通 Φ_1 和 Φ_2 之间产生一个相位差,如图 8-27(b)所示。Φ_1 和 Φ_2 不会同时到达零值,也就不会有吸力为零的情况发生,从而减弱了衔铁的振动和噪声。

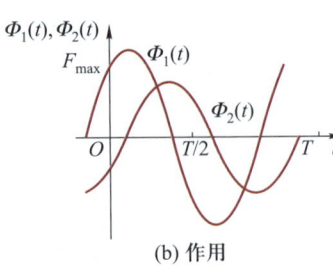

图 8-26 交流电磁铁的吸力

图 8-27 分磁环的作用

当交流电磁铁所接正弦电压一定时,磁路中的 Φ_m、B_m 也就随之而定,在衔铁吸合过程中平均吸力 F_{av} 基本不变,而与气隙大小无关。但在吸合过程中,随着气隙的减小,磁阻减小,要维持同样的磁通 Φ_m 所需的磁动势和电流减小,也就是说,在衔铁吸合过程中,开始时所需电流最大,之后将慢慢减小。因此,若接通电源后交流电磁铁因故障不能顺利吸合,应尽快切断电源,检查排除故障,以免电流长时间过大而烧毁线圈。

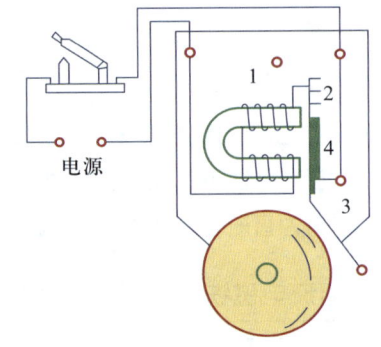

1—电磁铁;2—弹性片;3—螺钉;4—衔铁

图 8-28 电铃的工作原理

电磁铁的应用很广,比如学校用的电铃就是应用电磁铁原理工作的。电铃的工作原理如图 8-28 所示。通电时,电磁铁有电流通过,产生了磁性,把小锤下方的弹性片吸过来,使小锤打击电铃发出声音,同时电路断开,电磁铁失去了磁性,小锤又被弹回,电路闭合,不断重复,电铃便发出连续击打声了。

思考与练习 8-4 解答

思考与练习

8-4-1 交、直流电磁铁有哪些区别?

8-4-2 写出直流电磁铁吸力、交流电磁铁平均吸力的表达式。

8-4-3 在直流电磁铁和交流电磁铁吸合过程中,它们磁路的磁阻、磁通、线圈中的电流以及吸力都有哪些变化?

8-4-4 分磁环的作用是什么?

本章小结

1. 磁路的物理量与基本定律

（1）磁通被限定的闭合路径称为磁路。

（2）物理量：磁感应强度 B，磁通 $\Phi=BS$，磁场强度 $H=\dfrac{B}{\mu}\left(\text{或} H=\dfrac{IN}{l}\right)$，相对磁导率 $\mu_r=\dfrac{\mu}{\mu_0}$。

（3）磁路定律

① 磁路的基尔霍夫第一定律：$\sum\Phi=0$。

② 磁路的基尔霍夫第二定律：$IN=\sum Hl$。

③ 磁路的欧姆定律：$\Phi=\dfrac{F_m}{R_m}$，$U_m=\Phi R_m$，其中 $U_m=Hl$，$R_m=\dfrac{l}{\mu S}$。

2. 磁性材料的磁性能及应用

（1）磁性材料的磁性能：高导磁性、磁饱和性、磁滞性。

（2）软磁、硬磁、矩磁材料的特点、应用以及所对应的磁滞回线。磁滞回线常用来判断磁性材料的性质和作为选择材料的依据。

3. 变压器

（1）变压器的原理，电压与磁通的关系：$U=4.44fN\Phi_m$。

（2）变压器的电压变换、电流变换和阻抗变换关系：

$$\frac{U_1}{U_2}\approx\frac{N_1}{N_2}=n \qquad \frac{I_1}{I_2}\approx\frac{N_2}{N_1}=\frac{1}{n} \qquad |Z_1|=n^2|Z_2|$$

（3）小型电源变压器、自耦变压器、电流互感器、电压互感器、电焊变压器、三相变压器的原理和应用。

*（4）变压器的功率与损耗：

① 输入功率 $P_1=U_1I_1\cos\varphi_1$；输出功率 $P_2=U_2I_2\cos\varphi_2$。

② 损耗功率 $\Delta P=P_{Fe}+P_{Cu}$，其中 $P_{Cu}=I^2r$，$P_{Fe}=P_h+P_e$，而 $P_h=K_hfB_m^nV$，$P_e=K_ef^2B_m^2V$。

③ 功率关系：$P_1=P_2+\Delta P$。

④ 变压器的效率：$\eta=\dfrac{P_2}{P_1}\times100\%$。

⑤ 变压器的额定值：额定容量、额定电压、额定电流及额定频率。

4. 电磁铁

（1）电磁铁按励磁电流的不同可分成两类：直流电磁铁和交流电磁铁。

（2）直流电磁铁吸力：$F=\dfrac{B_0^2}{2\mu_0}S_0=\dfrac{10^7}{8\pi}B_0^2S_0$。

直流电磁铁在吸合过程中，I 和 F_m 均不变，但 Φ 和 B_0 会随气隙的减小而迅速增大，吸力 F 也显著增大。

（3）交流电磁铁的平均吸力：$F_{av}=\dfrac{B_m^2}{4\mu_0}S=\dfrac{10^7}{16\pi}B_m^2S$。

交流电磁铁在吸合过程中，Φ_m、B_m 是恒定的，所以平均吸力 F_{av} 也恒定，但随着气隙的减小，励磁电流是逐渐减小的。因此，若通电后交流电磁铁不能顺利吸合，将会因励磁电流长时间过大而烧毁线圈。

习题8

8-1　一个环形线圈的截面积为 0.01 m^2,等效周长为 0.8 m,匝数为 1 000,电流为 2 A。分别求介质为空气、铸铁、硅钢片时的磁场强度和磁感应强度。

8-2　一螺旋线圈的长度为 100 cm,半径为 20 mm,在空气中的磁通为 5×10^{-5} Wb。求它的磁通势。

8-3　一线圈匝数为 1 000,铁心为铸铁的,铁心截面积为 20 cm^2,长度为 50 cm。当铁心中磁通为 0.001 6 Wb 时,求线圈中通过的电流。

8-4　有一交流铁心线圈,接在频率为 50 Hz、220 V 的正弦交流电源上,铁心中磁通的最大值 $\Phi_m = 2.48 \times 10^{-3}$ Wb。在铁心上再绕一个匝数为 65 的线圈,求此线圈开路时的端电压。

8-5　一台变压器的一次绕组匝数为 1 200 匝,电压为 380 V。要在二次绕组上获得 36 V 机床安全照明电压,求二次绕组匝数。

8-6　一小型电源变压器的一次绕组为 550 匝,电源电压为 220 V。二次绕组为纯阻性负载,有两个,一个电压为 36 V,负载为 36 W;另一个电压为 12 V,负载为 24 W。求两个二次绕组的匝数和电流。

8-7　有一台变压器,一次绕组电压 $U_1 = 3\,000$ V,二次绕组电压 $U_2 = 220$ V。如果负载是一台 220 V、26 kW 的电阻炉,求变压器一次、二次绕组的电流。

8-8　把电阻 $R = 8$ Ω 的扬声器接在输出变压器的二次侧,设变压器的一次绕组 $N_1 = 500$ 匝,二次绕组 $N_2 = 100$ 匝。(1)求扬声器折合到一次侧的等效电阻;(2)如果变压器的一次绕组接上信号源 $U_s = 12$ V,信号源内阻 $R_0 = 200$ Ω,求输出到扬声器的功率;(3)若不经过变压器,直接把扬声器接上信号源 $U_s = 12$ V,信号源内阻 $R_0 = 200$ Ω,求输出到扬声器上的功率。

*8-9　一交流铁心线圈,若外接正弦交流电源电压不变,当频率增大为 2 倍时,磁滞损耗和涡流损耗分别为原来的多少倍?若电源频率不变,电压减小一半时又怎样?(取 $n = 2$)?

8-10　电流互感器的电流比为 300/5,若电流表的读数为 4.8 A,求供电线路(一次侧)中的电流。

8-11　电压互感器的电压比为 10 000/100,若电压表的读数为 68 V,求供电线路的电压。

8-12　使用电压比为 6 000/100 的电压互感器和电流比为 100/5 的电流互感器测量电路时,电压表的读数为 96 V,电流表的读数为 3.5 A。求被测电路的实际电压和电流。

8-13　一直流电磁铁,接通电源后,衔铁和铁心之间的气隙中 $B_0 = 1.2$ T,衔铁和磁极相对的有效面积为 6 cm^2。求电磁吸力。

8-14　一交流电磁铁如图 8-29 所示。铁心材料由硅钢片叠成,铁心和衔铁的横截面积均为 1 cm^2。现把线圈接在 220 V、50 Hz 的交流电源上,若需在最大气隙为 1 cm(平均值)时对衔铁产生 50 N 的吸力,求该铁心线圈的匝数和此时的电流值(忽略漏磁通)。

习题 8 详解

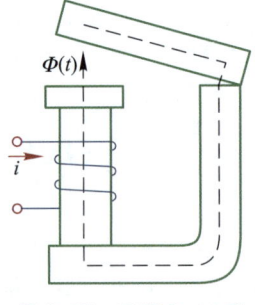

图 8-29　习题 8-14 图

电路新视界8

电 磁 炮

党的二十大报告中提出,实现建军一百年奋斗目标,开创国防和军队现代化新局面。报告指出:"如期实现建军一百年奋斗目标,加快把人民军队建成世界一流军队,是全面建设社会主义现代化国家的战略要求。"报告中还提出"加快军事理论现代化、军队组织形态现代化、军事人员现代化、**武器装备现代化**"。

这里将武器装备现代化作为关注点,介绍一下电磁炮这个话题。

电磁炮是指以电磁力发射超高速炮弹并以其巨大动能毁伤目标的新型动能武器系统。传统火炮利用火药燃气压力等化学能,推动抛射弹丸。电磁炮与之相比,利用的是电磁力而非化学能,因此具有以下很多优点。

超高速:弹丸速度高可缩短交战时间,增加对付快速目标的有效性,减小横向脱靶距离,从而提高命中率。大动能:大大增强了对目标的毁伤能力。精准易控:电磁炮弹丸的初速和射程可通过改变电流强度的大小来控制。隐蔽性:射击时无声响、无烟雾、无炮口火焰,利于隐蔽作战。效费比高:电磁炮几乎全部发射重量都是有效载荷,发射能量转换率相对较高,使得单位能量成本较低,加上弹丸价格便宜,因而整个系统的效费比较高。

电磁炮按照原理可分为线圈炮、轨道炮和重接炮。这里就轨道炮的工作原理进行说明,如图 8-30 所示。

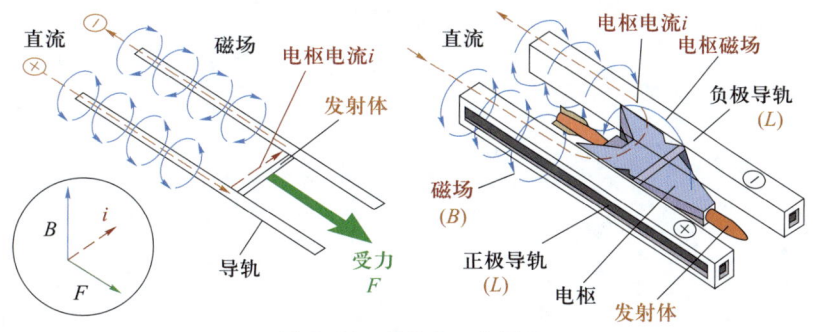

图 8-30　轨道炮工作原理

轨道炮中有两条导电的轨道以及一枚中间至少有一段结构为良导体的弹丸。白色为导电导轨,左边接正极,右边接负极,电流方向如图所示。

① 通电导线产生磁场。用右手螺旋定则判定出磁场方向,即大拇指指向电流方向,从图来看,两根导线通电时产生的整体磁感应线方向是从下向上。

② 通电导体在磁场中运动。根据左手定则,手指指向电流方向,磁感应线垂直穿过掌心,大拇指的方向就是导体(弹头)运动方向。

通电的轨道相当于单匝线圈,根据毕奥-萨伐尔定律和安培定律可以推算出,炮弹受到的电磁场的作用力与电流强度的平方成正比,因此要想获得高速弹丸,必须供给轨道强大的电流。通常该电流的数值能达到兆安级甚至更高,而电流的脉冲宽度则在毫秒级。

电磁弹射的主要技术难点有储能技术、直线电机技术、弹射控制技术等。体积和重量是电磁炮武器化和战术应用的主要障碍之一,能源小型化有利于解决这个问题,如开发高能量密度和高功率密度材料以研制小型轻质脉冲功率源,开发高能量密度电池等。另外,新材料的使用,如超导材料的电流密度和储能密度极高,储能效率达 60%～90%,将其用于储能线圈、发电机、磁体和开关等,不仅有利于电磁炮小型化,提高射速,而且可减小能量损失,大大提高系统效率。

我国的科研工作者为了强军强国,致力于新型武器装备的研究,为我国的国防建设做出贡献。有研究团队提出集成电磁能武器和核能综合电力系统的新型海上攻防一体作战系统的超能舰构想,如图 8-31 所示。超能舰上装备有电磁轨道炮、电磁线圈炮、电磁火箭炮、激光武器、高功率微波等新型电磁能武器,并与全电舰船技术集成,将舰船平台能量智能高效地转换为高能武器所需的电磁能,使单艘舰船同时具备防空、反潜、反导和对海、对陆的精确打击能力,大幅提升舰船持续作战能力,从而保证单艘全能舰遂行传统舰艇编队的作战任务,这将彻底颠覆一百多年来的海上编队作战方式。

图 8-31 超能舰构想

学习内容思维导图

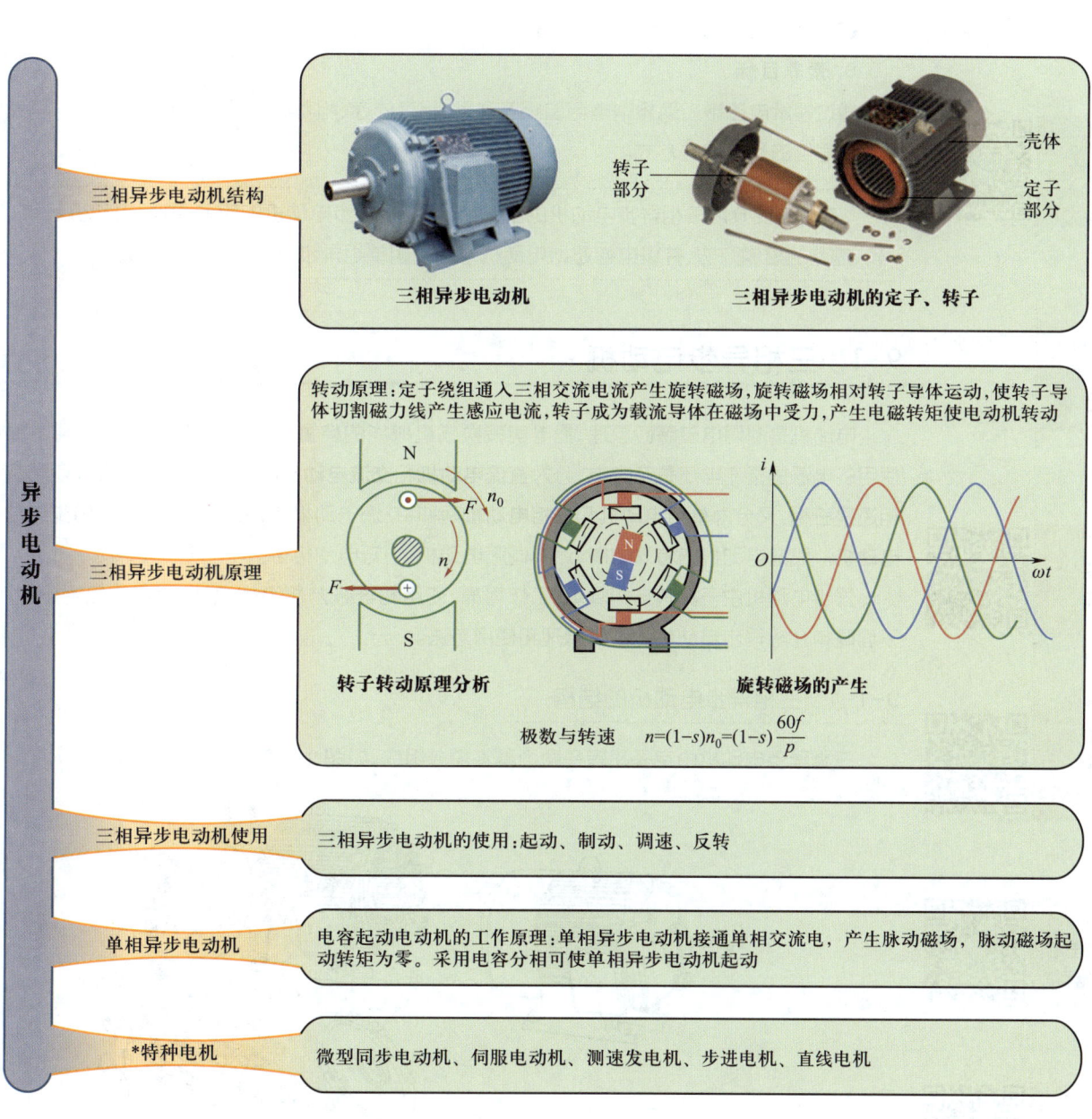

三相异步电动机结构

三相异步电动机　　　　　**三相异步电动机的定子、转子**

壳体
转子部分
定子部分

异步电动机

三相异步电动机原理

转动原理:定子绕组通入三相交流电流产生旋转磁场,旋转磁场相对转子导体运动,使转子导体切割磁力线产生感应电流,转子成为载流导体在磁场中受力,产生电磁转矩使电动机转动

转子转动原理分析　　　　　**旋转磁场的产生**

极数与转速　　$n = (1-s)n_0 = (1-s)\dfrac{60f}{p}$

三相异步电动机使用

三相异步电动机的使用:起动、制动、调速、反转

单相异步电动机

电容起动电动机的工作原理:单相异步电动机接通单相交流电,产生脉动磁场,脉动磁场起动转矩为零。采用电容分相可使单相异步电动机起动

*特种电机

微型同步电动机、伺服电动机、测速发电机、步进电机、直线电机

学习目标

1. 知识目标

（1）了解三相异步电动机的基本结构。

（2）理解三相异步电动机的转动原理、单相异步电动机的工作原理。

*（3）了解特种电机。

2. 能力目标

（1）学会正确使用三相异步电动机，如起动、调速、反转、制动等。

（2）掌握电动机的起动、调速、反转、制动等控制方法。

3. 素养目标

通过理解电磁感应现象中电与磁相互联系、相互依存、相互作用的统一体，深刻领悟马克思主义哲学辩证思维的科学思维方式。

> 本章主要介绍三相异步电动机的基本结构，三相异步电动机的转动原理，电动机起动、调速、反转、制动的控制方法，并以电容起动电动机为例说明单相异步电动机的工作原理。

章前絮语

9-1　三相异步电动机

电动机是利用电磁感应原理，把电能转换成机械能的装置。电动机的种类繁多，通常根据电动机使用的电源是直流电还是交流电，分为**直流电动机**和**交流电动机**两类。交流电动机按使用的电源是单相还是三相，又分为**单相电动机**和**三相电动机**两种；交流电动机按转动原理，又分为**同步电动机**和**异步电动机**。根据电动机的特殊功能，还有伺服电动机、力矩电动机等。

异步电动机由于具有结构简单、工作可靠、使用和维修方便等优点，所以广泛应用于生产和生活。下面简单介绍异步电动机的工作原理和使用方法。

9-1-1　三相异步电动机的结构

三相异步电动机由定子和转子两个基本部分组成，如图 9-1 所示。

实物图
电动机

动画
三相异步
电动机外形

微课
三相异步电动
机结构（笼型）

动画
三相异步电动
机的结构

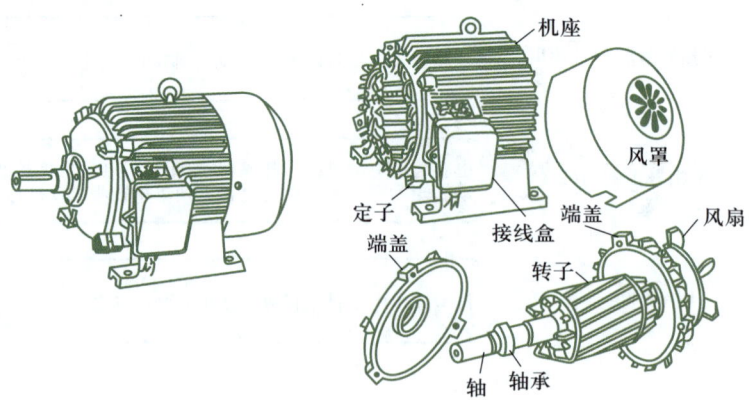

图 9-1　三相异步电动机的结构

三相异步电动机的定子由机座、圆筒形铁心、定子绕组组成。机座通常用铸铁或铸钢制成，用来固定铁心和定子绕组,并由前后两个端盖支撑转子轴。它的外表面铸有散热筋,以增加散热面积,提高散热效果。定子铁心是电动机的磁路部分。铁心固定在机座内,它由表面绝缘的硅钢片叠压而成。硅钢片的内圆上冲制有均匀分布的槽口,用来嵌放对称的三相定子绕组。定子绕组是电动机的电路部分,它由三相对称绕组组成。三相绕组按照一定的空间分布依次嵌放在定子槽内,并与铁心绝缘。

三相绕组共有 6 个出线端引出机壳外,接在机座的接线盒中。每相绕组的首末端用符号U_1-U_2、V_1-V_2、W_1-W_2 标记,而接线方式要按照电动机铭牌上的说明,接成星形或三角形。图 9-2(a)、(b)所示分别是定子绕组的星形和三角形联结。

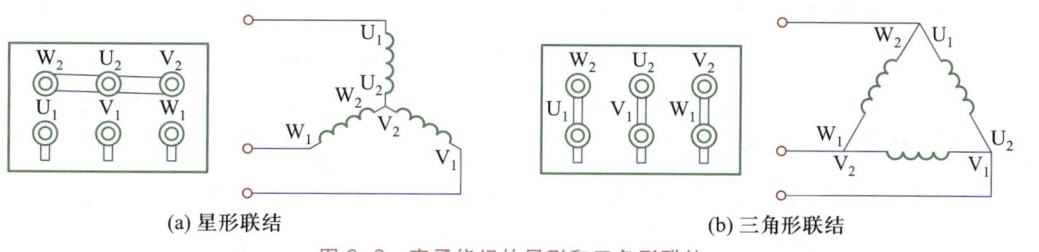

(a) 星形联结　　　　(b) 三角形联结

图 9-2　定子绕组的星形和三角形联结

转子是异步电动机的转动部分,由转轴、转子铁心、转子绕组三部分组成。它的作用是输出机械转矩。转子铁心是把相互绝缘的硅钢片压装在转子轴上的圆柱体。在硅钢片外圆上冲有均匀的沟槽,供嵌装转子绕组用,称为导线槽。转子绕组根据构造的不同分为两种形式:笼型和绕线型。笼型是在转子导线槽内嵌放铜条或铝条,并在两端用金属环焊接而成,形似笼子。绕线型转子绕组与定子绕组相似,在转子铁心导线槽内嵌放对称三相绕组。图 9-3 所示分别为笼型和绕线型转子绕组。笼型与绕线型只是在转子的构造上不同,它们的工作原理相同。

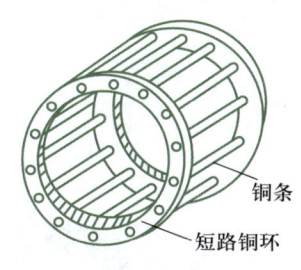

铜条
短路铜环

(a) 笼型

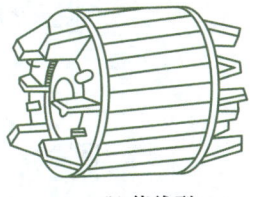

(b) 绕线型

图 9-3　转子绕组的两种形式

9-1-2　三相异步电动机的转动原理

三相异步电动机接上电源就会转动。这是什么道理呢? 为了说明这个道理,先来做个演示。

如图 9-4 所示,一个装有手柄的马蹄形磁铁,磁极间放有一个可以自由转动的、由铜条和铜环组成的笼型转子。磁极和转子之间没有机械联系。当摇动磁极时,发现转子跟着磁极一起转动。摇得快,转子转得也快;摇得慢,转子转得也慢;反向摇动,转子马上反转。

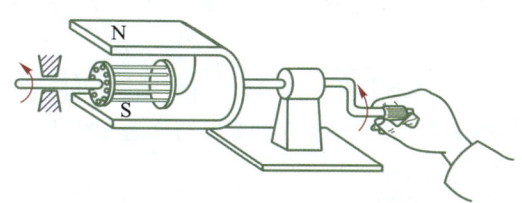

图 9-4　异步电动机转子转动的演示

异步电动机转子的转动原理与上述演示实验相似。如图 9-4 所示,当磁极沿顺时针方向旋转时,磁极的磁感线切割转子铜条(相当于转子铜条反向切割磁感线),铜条中就感应出电动势。电动势的方向由右手螺旋定则确定。

在电动势的作用下,闭合的铜条中就有电流,成为载流导体,在磁场中受到电磁力 F。电磁力产生电磁转矩,转子就转动起来。电磁力的方向可以应用左手螺旋定则来确定,如图 9-5 所示。可见,转子转动的方向和磁极旋转的方向相同。

9-1-3　旋转磁场的产生

实际的异步电动机中,转子之所以会转动,也是由于旋转磁场的作用。实践和理论分析证明,对称三相交流电通入在空间彼此相差 120°的三个相同的线圈时,就能产生旋转磁场。异步电动机就是根据

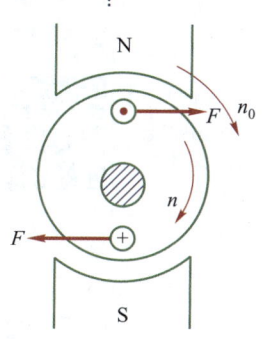

图 9-5　转子转动原理分析

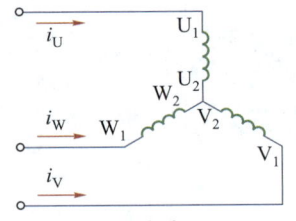

(a) 电路

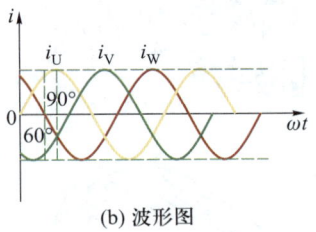

(b) 波形图

图 9-6 对称三相电流

动画
旋转磁场的
产生

微课
三相电流产生
旋转磁场实验

这一原理而工作的。下面介绍旋转磁的产生。

设对称三相电流为

$$
\begin{aligned}
i_{\mathrm{U}} &= I_{\mathrm{m}} \sin \omega t \\
i_{\mathrm{V}} &= I_{\mathrm{m}} \sin (\omega t - 120°) \\
i_{\mathrm{W}} &= I_{\mathrm{m}} \sin (\omega t + 120°)
\end{aligned}
$$

对称三相电流

其电路和波形图如图 9-6 所示。

设电流的参考方向从绕组的始端流入为正,在电流的正半周时,其值为正,实际方向与参考方向相同;在电流的负半周时,其值为负,实际方向与参考方向相反。

在 $\omega t = 0$ 时,定子绕组中的电流方向如图 9-7(a) 所示。此时 $i_{\mathrm{U}} = 0$,i_{V} 为负,其方向与参考方向相反,即从 V_2 到 V_1;i_{W} 为正,其方向与参考方向相同,即从 W_1 到 W_2。根据右手螺旋定则可以确定三个线圈电流的合成磁场方向。在图 9-7(a) 中,合成磁场轴线的方向是自上而下的。

在 $\omega t = 60°$ 时,定子绕组中的电流方向及三个线圈电流的合成磁场方向如图 9-7(b) 所示。此时合成磁场已在空间转过了 60°。

同理可得,在 $\omega t = 90°$ 时,三个线圈电流的合成磁场比 $\omega t = 60°$ 时的合成磁场在空间又转过了 30°,如图 9-7(c) 所示。

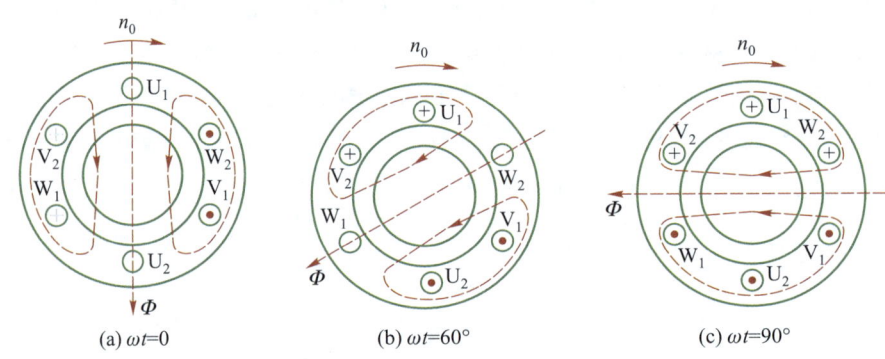

(a) $\omega t = 0$ (b) $\omega t = 60°$ (c) $\omega t = 90°$

图 9-7 三相电流产生的旋转磁场

由以上分析可知,当定子绕组中通入三相交流电流后,它们共同产生的合成磁场是随电流的交变而在空间不断地旋转着,这就是旋转磁场。这种旋转磁场同磁极在空间旋转(如图 9-5 所示)所起的作用是一样的。

需要说明的一点是,异步电动机的转速 n 必须小于旋转磁场的转速 n_0,这样旋转磁场与静止的转子绕组之间才有相对运动,转子导体才切割磁感线,产生感应电流。转子成为载流导体在磁场中受力,电磁转矩使电动机转动。

应当指出,旋转磁场的方向与相序有关。顺相序时,旋转磁场顺时针旋转;逆相序时,旋转磁场逆时针旋转。通常相序的改变可以通过任意对调两根电源线来实现。

9-1-4 三相异步电动机的磁极对数与转速

微课
三相电流与
旋转磁场

三相异步电动机的磁极对数就是旋转磁场的磁极对数,和三相绕组的安排有关。图 9-7 所示的情况是每相绕组只有一个线圈,绕组的始端之间相隔 120°,产生的旋转磁场具有 1 对磁极,若用 p 表示磁极对数,则 $p = 1$。如定子绕组每相有两个线圈串联,线圈的始端之间相隔 60°,则产生的旋转磁场具有 2 对磁极,即 $p = 2$。同理,如要产生 3 对磁极,即 $p = 3$ 的旋转磁场,则每相绕组必须有均匀安排在空间的串联的 3 个线圈,线圈的始端之间相隔 $\left(\dfrac{120°}{p}\right)$ 空间角。

由演示实验可知,三相异步电动机的转速与旋转磁场的转速有关,而旋转磁场的转速取决于磁场的磁极对数。在 1 对磁极的情况下,由图 9-7 可知,当电流从 $\omega t = 0$ 到 $\omega t = 60°$ 变化了 $60°$ 时,磁场在空间也旋转了 $60°$。当电流变化了一个周期时,磁场恰好在空间旋转了一转(圈)。设交流电的频率为 f,则旋转磁场的转速为 $n_0 = 60f$。在旋转磁场具有 2 对磁极的情况下,电流变化一个周期,磁场仅旋转半转(圈),比 $p=1$ 情况下的转速慢了一半,即 $n_0 = \dfrac{60f}{2}$。同理,在 3 对磁极的情况下,电流变化一个周期,磁场仅旋转 1/3 转,即 $n_0 = \dfrac{60f}{3}$。以此类推,当旋转磁场具有 p 对磁极时,磁场的转速为

$$n_0 = \frac{60f}{p} \tag{9-1}$$

因此,旋转磁场的转速取决于三相交流电磁场的频率和磁极对数,而磁极对数又取决于三相绕组的安排情况。对某一异步电动机来讲,f 和 p 通常是一定的,所以磁场的转速 n_0 是一个常数。

前面提到,电动机的转速 n 小于旋转磁场的转速 n_0。用转差率 s 来表示电动机转速 n 与旋转磁场转速 n_0 相差的程度,即

转差率　　　　$$s = \frac{n_0 - n}{n_0} \times 100\% \tag{9-2}$$

或

$$n = (1-s)n_0 \tag{9-3}$$

转差率是异步电动机的一个重要参数。因为三相异步电动机的额定转速与旋转磁场转速很相近,所以它的转差率很小。通常异步电动机在额定负载时的转差率为 $1\% \sim 9\%$。

【例 9-1】　一台三相异步电动机,磁极对数为 3,接工频(50 Hz)电源,其额定转速 $n = 960\ \text{r/min}$。求电动机额定负载时的转差率。

【解】　旋转磁场的转速可以由式(9-1)求出,有

$$n_0 = \frac{60f}{p} = \frac{60 \times 50}{3}\ \text{r/min} = 1\ 000\ \text{r/min}$$

电动机的转差率可以由式(9-2)求出,有

$$s = \frac{n_0 - n}{n_0} \times 100\% = \frac{1\ 000 - 960}{1\ 000} \times 100\% = 4\%$$

9-1-5　三相异步电动机的铭牌

要正确使用电动机,必须先看懂电动机铭牌的含义。这里以 Y132M-4 型电动机为例,说明铭牌上各个数据的意义,见图 9-8。

(1)型号　为了适应不同用途和不同工作环境的需要,电动机制成不同的系列,每种系列用各种型号表示。

(2)电压　铭牌上所标的电压值是指电动机在额定运行时定子绕组上应加的线电压值。一般规定电动机的电压不应高于或低于额定值的 5%。

(3)电流　铭牌上所标的电流值是指电动机在额定运行时定子绕组的线电流值。

(4)功率和效率　铭牌上所标的功率值是指电动机在额定运行时轴上输出的机械功率值。输出

三相异步电动机					
型号	Y132M-4	功率	7.5 kW	频率	50 Hz
电压	380 V	电流	15.4 A	$\cos\varphi = 0.85$	
接法	△	转速	1 440 r/min	绝缘等级 B	
工作方式	连续				
		年　月　编号××××		××电机厂	

(a)

三相异步电动机 ┐　　Y132　　M－4
机座中心高度 ┘　　　　　└ 磁极对数
　　　　　　　　　　　　　└ 机座长度代号
(S——短机座;M——中机座;L——长机座)

(b)

图 9-8　三相异步电动机的铭牌数据

功率与输入功率不等,其差值等于电动机本身的损耗功率,包括铜损、铁损和机械损耗等。输出功率与输入功率的比值就是电动机的效率。图 9-8 中的电动机的效率可以通过以下方式计算。

输入功率　　　　　　$P_1 = \sqrt{3}\, U_1 I_1 \cos\varphi = \sqrt{3} \times 380 \times 15.4 \times 0.85 \text{ W} \approx 8.6 \text{ kW}$

输出功率　　　　　　　　　　$P_2 = 7.5 \text{ kW}$

效率　　　　　　　　$\eta = \dfrac{P_2}{P_1} \times 100\% = \dfrac{7.5}{8.6} \times 100\% \approx 87\%$

一般笼型电动机在额定运行时的效率为 72%~93%。

(5)功率因数　因为电动机是电感性负载,定子相电流比相电压滞后一个 φ 角,$\lambda = \cos\varphi$ 就是电动机的功率因数。三相异步电动机的功率因数较低,在额定负载时为 0.7~0.9,而在轻载和空载时则更低。因此,必须正确选择电动机的容量,防止"大马拉小车",并力求缩短空载的时间。

(6)绝缘等级　绝缘等级是按电动机绕组所用的绝缘材料在使用时容许的极限温度来划分的。所谓极限温度,是指电动机绝缘结构中最热点的最高容许温度。一般分为三级:A 级的极限温度为 105 ℃,E 级的极限温度为 120 ℃,B 级的极限温度为 130 ℃。

(7)接法　指定子三相绕组的接法。若铭牌上的电压为 380 V,接法为△时,表明电动机定子每相绕组的额定电压是 380 V,当电源线电压为 380 V 时,定子绕组应接成△形;若铭牌上的电压为 380 V/220 V,接法为 Y/△时,表明电动机定子每相绕组的额定电压是 220 V,所以,当电源线电压为 380 V 时,定子绕组应接成 Y 形,当电源线电压为 220 V 时,定子绕组应接成△形。

(8)工作方式　指电动机的运行状态,通常分为连续、短时、断续 3 种。

思考与练习

思考与练习 9-1 解答

9-1-1　三相异步电动机的结构和各部分作用是什么?

9-1-2　三相异步电动机的旋转磁场的转速由什么决定?对于工频下的 1、2、3、4、5、6 对磁极的电动机,其旋转磁场的转速各为多少?列表说明。

9-1-3　铭牌上所标的电压、电流值是指电动机在额定运行时定子绕组上的相电压值。这种说法对吗?

9-1-4　某电动机铭牌上的电压为 380 V,接法为 Y,表明电动机定子每相绕组的额定电压是 380 V。这种说法对吗?

9-2　三相异步电动机的使用

9-2-1　三相异步电动机的起动

　　电动机的起动就是将它开动起来。在起动瞬间,转子尚处于静态,而旋转磁场已经以 n_0 的速度开始转动。此时,磁感线切割转子导体的速度很快,产生的转子电流很大,导致定子电流相应增大。一般中小型笼型电动机的定子起动电流(指线电流)可达额定电流的 5~7 倍。

　　电动机的起动电流对线路有影响。过大的起动电流在短时间内会在线路上造成较大的电压降,而使负载端的电压降低,影响邻近负载的正常工作。此外,起动电流过大,则发出的热量会增多。当起动频繁时,热量的积累可使电动机过热,影响电动机的寿命。

　　为了减小起动电流,需要采用适当的起动方法。笼型电动机的起动有直接起动和降压起动两种方法。线绕型电动机采用加接起动电阻的方式起动。这里介绍直接起动和降压起动两种方法。

1. 直接起动

　　直接起动就是利用刀开关或接触器将电动机直接接到具有额定电压的电源上。这种方法虽然简单,但起动电流较大,将使线路电压下降,影响负载正常工作。所以功率小于二三十千瓦的异步电动机才采用直接起动方式。

2. 降压起动

　　如果电动机直接起动时引起的线路电压较大,必须采用降压起动,就是在起动时降低加在电动机定子绕组上的电压,以减小起动电流。笼型电动机的降压起动常用串电阻降压起动、星形-三角形(Y-△)换接起动和自耦降压起动等方法,现简单介绍如下。

　　(1) 串电阻降压起动是在电动机起动时将电阻串联在定子绕组与电源之间的起动方法,如图 9-9 所示。先合上电源开关 QS_1,因为定子绕组中串联了电阻,起到分压作用,所以这时定子绕组上所承受的电压不是额定电压,而是额定电压的一部分,这样就限制了起动电流;当电动机的转速接近额定转速时,立即合上 QS_2,这时电阻被 QS_2 短接,定子绕组上的电压便上升到额定工作电压,电动机正常运转。

　　(2) Y-△换接起动是在电动机起动时把定子绕组连成星形,等到转速接近额定值时再换接成三角形的起动方法。这样,降压起动时的电流仅为直接起动时的 1/3(分析从略)。但这种方法只适合于正常运行时定子绕组为三角形联结的电动机。

　　Y-△换接起动可采用星形-三角形起动器来实现。图 9-10 所示是一种星形-三角形起动器的接线简图。在起动时将手柄向右扳,使右边一排动触点与静触点相连,电动机就连成星形。等电动机接近额定转速时,将手柄向左扳,则使左边一排动触点与静触点相连,电动机就换接成三角形。

　　(3) 自耦降压起动是利用三相自耦变压器将电动机在起动过程中的端电压降低的起动方法,其接线图如图 9-11 所示。起动时,先把开关 QS_2 扳到"起动"位置,当转速接近额定值时,将 QS_2 扳回"工作"位置,切除自耦变压器。

　　自耦降压起动适用于容量较大的星形联结运行的笼型异步电动机。

动画
刀开关安装

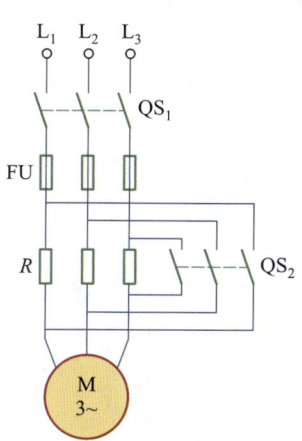

图 9-9　串电阻降压起动

动画
熔断器外形

动画
熔断器的结构

仿真实验
电动机启停
控制电路

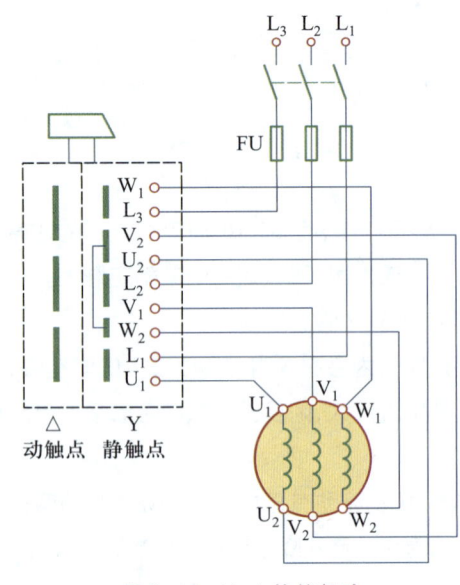

图 9-10 Y-△换接起动

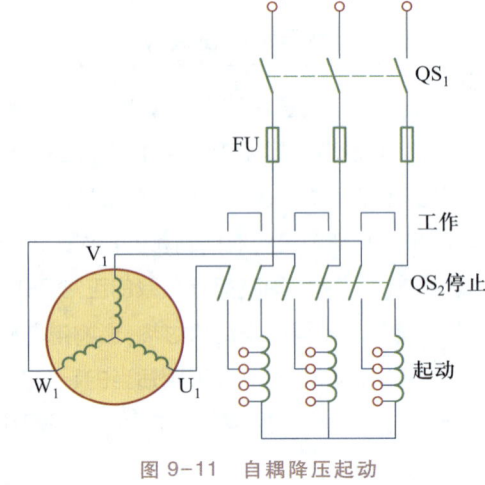

图 9-11 自耦降压起动

9-2-2 三相异步电动机的制动

因为电动机的转动部分有惯性,所以把电源切断后,电动机还会继续转动一定时间才停止。为了安全和效率起见,往往要求电动机迅速停车,这就需要对电动机制动。对电动机制动是使其转矩与转子的转动方向相反。常用的方法有反接制动和能耗制动两种。

1. 反接制动

在电动机停车时,可将接到电源的三根导线中的任意两根的一端对调位置,使旋转磁场反向转动。而转子由于惯性仍然在按原方向转动。这时的转矩方向与电动机的转动方向相反,因而起到制动的作用。当转速接近零时,利用某种控制电器将电源自动切断,使电动机停转。如果不能及时切断电源就会使电动机反转。

另外,反接制动时旋转磁场与转子的相对速度(n_0+n)很大,因而电流较大。为了限制电流,对功率较大的电动机进行制动时,必须在定子电路(笼型)或转子电路(绕线型)中接入电阻。

2. 能耗制动

能耗制动方法是在切断三相电源的同时,接通直流电源,使直流电流通入定子绕组,如图 9-12 所示。

能耗制动原理示意图中的磁场是固定不动的,而转子由于惯性继续在原方向转动,根据电磁感应原理可知,在转子电路中要产生感应电流,其方向可由右手螺旋定则确定,而感应电流一旦产生,马上要受到直流电磁场的作用,作用力的方向可用左手螺旋定则确定。此时转子电流与直流电磁场相互作用产生的转矩方向恰好与电动机转动的方向相反,因而起到制动的作用。因为这种方法是用消耗转子动能(转化为电能)来制动的,所以称为能耗制动。

9-2-3 三相异步电动机的调速

调速是在同一负载下得到不同的转速,以满足生产过程的要求。由转差率公式得

$$n = (1-s)n_0 = (1-s)\frac{60f}{p} \tag{9-4}$$

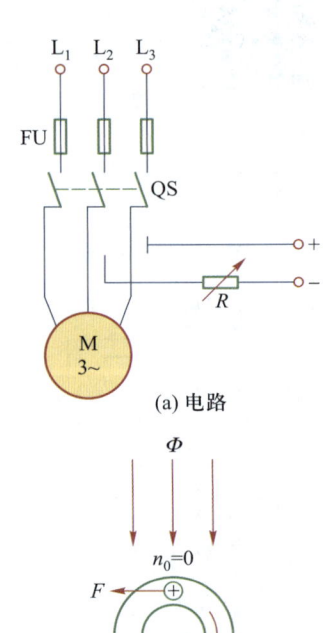

(a) 电路

(b) 制动原理

图 9-12 电动机的能耗制动
原理示意图

上式表明调速的方法有改变磁极对数、改变转差率、改变频率三种,分别称为变极调速、变转差率调速、变频调速。

1. 变极调速

在制造电动机时,设计了不同的磁极对数。根据工作的需要,只要改变定子绕组的连接方式,就能改变磁极对数,使电动机得到不同的转速。由于磁极对数与电动机转速成反比,所以磁极对数越多,转速越慢,并且此种调速是有极的不平滑调速。

2. 变转差率调速

笼型电动机的转差率是不易改变的,所以这种调速方法只适用于绕线型电动机。只要在绕线型电动机的转子电路中接入一个调速电阻,改变电阻的大小,就可以得到平滑的调速。虽然这种调整方法的优点是设备简单,但其能耗较大,效率较低。

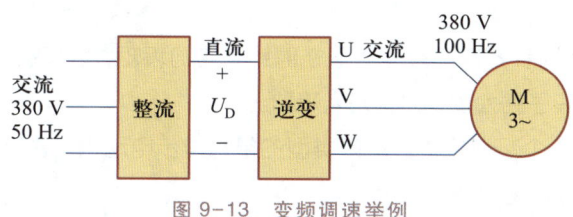

图 9-13　变频调速举例

3. 变频调速

变频调速是以变频器向交流电动机供电并构成调速系统。目前应用最为广泛的是交-直-交变频器,其基本结构如图 9-13 所示。

变频调速的工作过程:先将交流电经整流电路变成直流电,再由逆变电路把直流电"逆变"成任意可调的交流电。

与其他调速方法比较,因为频率能连续调节,所以变频调速可在较大范围内平滑调速,其调速性能最好,节能效果明显。变频调速技术应用广泛。

仿真实验
电动机正反
转控制电路

9-2-4　三相异步电动机的反转

异步电动机的旋转方向与旋转磁场的旋转方向一致,而磁场的旋转方向又与三相电源的相序一致。因此,要使电动机反转,只需要使旋转磁场反转,为此只要将三根相线中的任意两根对调即可。

图 9-14 所示是电动机正、反转控制的原理图。当开关 QS₂ 向上接通时,通入电动机定子绕组的三相电源相序是 U-V-W,电动机正转;当开关 QS₂ 向下接通时,通入电动机定子绕组的三相电源相序是 U-W-V,电动机反转。应当注意,当电动机处于正转状态时,要使它反转,一般应当先断开 QS₂,切断电源,使电动机停转,然后将开关 QS₂ 向下接通,使电动机反转。因为,突然的反接会使电动机定子绕组中产生较大的电流,易使电动机定子绕组因过热而损坏。

然而,在异步电动机的继电-接触器控制电路中,有时也允许电动机直接反转。

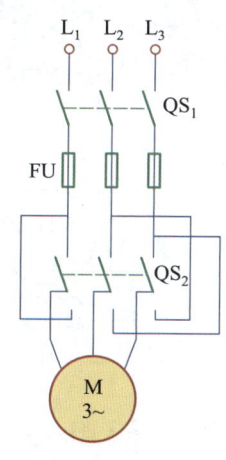

图 9-14　电动机
正、反转控制原理图

思考与练习

9-2-1　三相异步电动机有几种起动方法?不同的方法适用于什么情况?

9-2-2　三相异步电动机有几种调速方法?什么方法是平滑调速?什么方法调速性能最好?

9-2-3　三相异步电动机有几种制动方法?不同的方法适用于什么情况?

思考与练习9-2
解答

9-3　单相异步电动机

采用单相交流电源供电的异步电动机称为单相异步电动机,它被广泛应用于生产、生活中,如水

演示文稿
单相异步
电动机

泵、手电钻、电风扇、洗衣机、电冰箱及一些医疗器械中。单相异步电动机的功率较小，一般为几瓦至几百瓦。其结构与三相异步电动机相似，也由定子和转子两部分组成。

9-3-1 单相异步电动机的起动转矩

三相异步电动机定子绕组通入三相交流电流后，会产生旋转磁场。在旋转磁场的作用下，转子获得起动转矩而自行起动。单相异步电动机的定子绕组通入单相电流后，只会产生脉动磁场，磁场的强度和方向按正弦规律变化。当电流在正半周时，磁场的方向垂直向上；当电流在负半周时，磁场的方向垂直向下。所以，称它是一个脉动磁场。

这个脉动磁场可以认为是由两个大小相等、转速相同但转向相反的旋转磁场合成的。当转子静止时，两个旋转磁场分别在转子上产生两个转矩，其大小相等、方向相反，合成转矩为零。所以，转子不能自行起动。

如果用外力使转子顺时针转动一下，这时顺时针方向的转矩大于逆时针方向的转矩，转子就会按顺时针方向转动起来。同理，逆时针推动转子，转子就会按逆时针方向转动。

这说明单相异步电动机转动的关键是产生一个起动转矩。不同类型的单相异步电动机产生起动转矩的方法也不同。下面以典型的电容起动电动机为例进行说明。

9-3-2 电容起动电动机的工作原理

动画
单相异步电动
机工作原理

电容起动电动机是利用电容分相产生旋转磁场的。在电动机的定子上有两个绕组，一个称为工作绕组，另一个称为起动绕组，两个绕组在定子铁心上空间位置相隔 90°。起动绕组中串联一个适当的电容，以使工作绕组中的电流 i_1 和起动绕组中的电流 i_2 的相位差 90°。图 9-15 所示为电容起动电动机结构示意图，其中的开关为离心开关。

单相电源同时向两个绕组供电。由于起动绕组中串联了电容，i_2 超前 i_1，当电容选择适当就可以使相位差为 90°。设工作绕组的电流 i_1 的初相位为零，则起动绕组的电流 i_2 的初相位为 90°，即

$$i_1 = I_{m1} \sin \omega t$$

$$i_2 = I_{m2} \sin (\omega t + 90°)$$

仿照三相电动机旋转磁场的分析方法，绘出 i_1 和 i_2 的波形图，如图 9-16 所示。相位差为 90° 的电流 i_1 和 i_2，流过空间相隔 90° 的两个绕组，能产生一个旋转磁场，如图 9-17 所示。在旋转磁场的作用下，单相异步电动机转子得到起动转矩而转动。

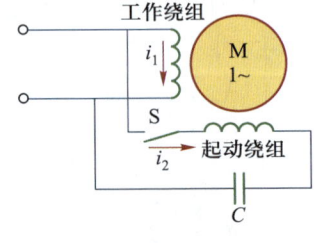

图 9-15 电容起动电动机
结构示意图

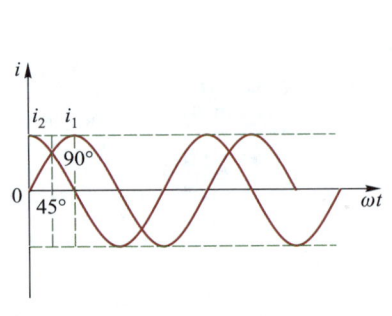

图 9-16 电流的波形图

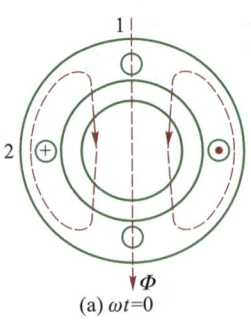

(a) $\omega t = 0$

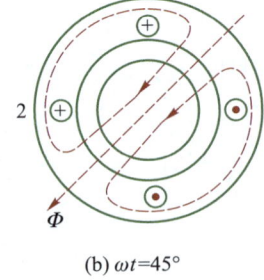

(b) $\omega t = 45°$

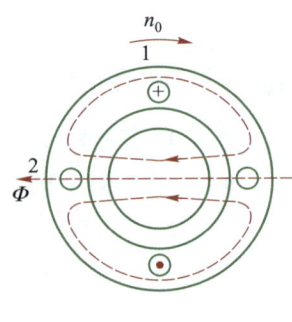

(c) $\omega t = 90°$

图 9-17 旋转磁场

电动机的转子转动起来后,在接近额定转速时,借助离心力的作用把开关 S 断开(在起动时是靠弹簧使其闭合的),以切断起动绕组。

除用电容器来分相外,也可以在起动绕组中串联适当的电阻,达到分相的目的。

另外,还有罩极式单相异步电动机、直流电动机、特种电动机等,限于篇幅就不在这里介绍了。

延伸学习
特种电机

思考与练习

9-3-1　脉动磁场与旋转磁场最大的不同是什么?

9-3-2　怎样证明相位差为 90°的电流 i_1 和 i_2,流过空间相隔 90°的两个绕组,能产生一个旋转磁场?

思考与练习 9-3
解答

本章小结

(1)**电动机是利用电磁感应原理,把电能转换成机械能的装置。**电动机的种类繁多,其中异步电动机最为典型。电动机由定子和转子两个基本部分组成。三相异步电动机的定子由机座、圆筒形铁心、定子绕组组成,定子绕组是电动机的电路部分,它的作用是产生旋转磁场;转子是电动机的转动部分,由转轴、转子铁心、转子绕组三部分组成,它的作用是输出机械转矩。

(2)三相异步电动机**旋转磁场的转速取决于交流电的频率和磁极对数**,即

$$n_0 = \frac{60f}{p}$$

而磁极对数又取决于三相绕组的排列。

(3)异步电动机工作的必要条件:电动机的转速略小于旋转磁场的转速,它们之间的相差程度用**转差率**表示,即

$$s = \frac{n_0 - n}{n_0} \times 100\%$$

或

$$n = (1-s)n_0$$

(4)电动机的使用:起动、制动、调速、反转。

(5)**单相异步电动机接通单相交流电时产生脉动磁场,起动转矩为零。**采用电容分相可使单相异步电动机起动。

*(6)特种电机:微型同步电动机、伺服电动机、测速发电机、步进电机、直线电机等。

习题9

9-1　一台三相异步电动机,磁极对数为 4,接工频(50 Hz)电源,额定转速 $n = 705$ r/min。求电动机额定负载时的转差率。

9-2　一台三相异步电动机,磁极对数为 3,接工频(50 Hz)电源,额定转差率为 3%。求电动机的额定转速。

*9-3　一台额定电压为 380 V 的三相异步电动机带负载运行。已知输入功率为 4 kW,线电流为 10 A。(1)求此时电动机的功率因数;(2)若此时测得输出功率为 3.2 kW,求电动机的效率。

*9-4　有一台三相电动机,其额定功率为 3.2 kW,效率 $\eta = 0.8$,功率因数 $\cos\varphi = 0.82$。若该电动机接在 $U_L = 380$ V 的电源上,求电动机的线电流。

*9-5　有一台三相电动机,它的额定输出功率为 10 kW,额定电压为 380 V,效率为 0.875,功率因数 $\cos\varphi = 0.88$。问在额定功率下,取用电源的电流是多少?

习题 9 详解

9-6　在电源电压不变的情况下,如果电动机的三角形联结错接成星形,或者星形联结错接成三角形,会有什么后果?

电路新视界9

直线电动机

人们对电动机转动能够理解,对电动机直线运动或有疑惑? 这里以图 9-18 为例进行简要说明。

图 9-18(a)表示一台旋转的感应电动机,设想将它沿径向剖开,并将定、转子圆周展成直线,如图 9-18(b)所示,这就得到了最简单的平板形直线感应电动机。旋转电动机中转子是绕轴做旋转运动的,如图 9-18(a)中箭头所示;在直线电动机中动子是做直线运动的,如图 9-18(b)中箭头所示。此时疑惑便解开了。

直线电动机能直接产生直线运动,它不但省去了旋转电动机与直线工作机构之间的机械传动装置(如曲柄连杆或蜗轮蜗杆等),而且可因地制宜地将直线电动机安放在适当的位置直接作为机械运动的一部分,使整个装置紧凑合理,降低成本并提高效率。尤其在一些特殊的场合,其作用是旋转电动机所不能替代的。

磁悬浮列车是采用磁力悬浮车体、利用直线电动机驱动的高速列车。我国的磁悬浮列车发展迅速,2020 年世界首套速度达 600 km/h 的高速磁悬浮交通系统在青岛投入运行,如图 9-19 所示。

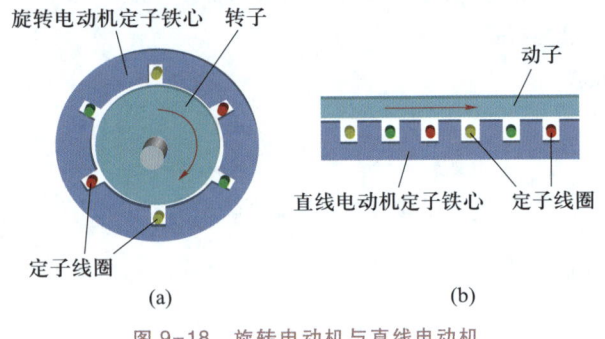

图 9-18　旋转电动机与直线电动机

图 9-19　磁悬浮列车

2022 年又有报道,某电工先进电磁驱动技术研究院重大创新项目"世界首个电磁驱动地面超高速试验设施——电磁橇"阶段性建成并成功运行。它可以将吨级及以上物体最高加速到 1 030 km/h,创造了大质量超高速电磁推进技术的世界最高速度纪录。同时,高速大推力直线电动机、百兆瓦级宽频、变频供电等五大关键核心技术均已达到世界领先水平。该项目将为先进材料、高速空气动力学、冲击与碰撞力学等民用前沿基础科学探索研究提供测试保障条件,也可以为制导、引信、惯性导航、救生等前沿装备研制提供新一代高性能试验测试环境。

直线电动机由于不需要任何中间转换机构就能产生直线运动,所以使整个装置或系统结构简单、运行可靠、精度高、效率高等,是近年来国内外积极研究开发的电动机之一。

直线电动机的类型很多,从原理上讲,每一种旋转电动机都有与之相对应的直线电动机。直线电动机按其工作原理分为直线感应电动机、直线直流电动机等。

第 10 章　电路基础实验

学习目标

1. 知识目标

（1）掌握电路的基本概念和基本定律：欧姆定律、基尔霍夫定律、叠加定理。理解等效电源定理和最大功率传输定理。掌握分压、分流公式及应用。

（2）熟悉电阻、电感、电容的特性。掌握正弦量的三要素及其表示方法。正确分析计算正弦交流电路的电压、电流、阻抗及功率等。掌握提高功率因数的方法。

（3）掌握电源及负载的连接方式，掌握对称三相电的线、相电压和线、相电流的关系。会计算三相电路的功率。

＊（4）理解互感耦合电路的概念。了解变压器的工作原理，能够用电压变换、电流变换和阻抗变换关系解决实际问题。

（5）掌握电路谐振的概念、条件、特征和应用；了解选择性与通频带的关系。掌握高通、低通和带通滤波器的电路结构和工作原理。

（6）掌握换路定律及一阶电路的响应规律。

2. 能力目标

（1）能读懂一般直流、交流电路原理图，会按照电路图搭接电路；能对照简单实际电路绘制电路原理图。

（2）会使用直流稳压电源和交流信号源，会使用常用电工仪器仪表测量电压、电流、功率等基本参数。

（3）会根据测试数据情况设计制作表格，准确测试各量数值，正确记录，分析数据规律，归纳总结实验结论。

（4）掌握信号源、示波器的使用方法，能进行电容、电感电路及 RC、RL 电路的分析与测试；能根据观察的现象、测试的数据总结相关规律。

（5）会使用万用表、电压表、电流表测试三相电路的线、相电压，线、相电流。会使用功率表测量三相电路的功率。

3. 素养目标

（1）培养守时守则、遵守制度和规范的良好品行，安排自己的时间完成任务。

（2）培养细致严谨的工作作风和精益求精的工匠精神。

（3）培养努力钻研的学习精神，培养分析和解决问题的能力。

（4）提高动手能力和工程实践能力，提高项目实施能力。

（5）培养环境保护、节能意识，增强安全生产意识。

学生实验守则

一、实验室规则

（1）进入实验室的一切人员，必须严格遵守实验室的各项规章制度和安全操作规范。

（2）在实验室进行实验，必须根据实验教学要求，经实验指导教师统一安排后方可进行。

（3）实验过程中，学生不得随意进出实验室，不能擅自动用与本次实验无关的实验设备。

（4）使用实验仪器仪表和设备工具，要严格遵守操作规程，避免发生事故。

（5）实验时，因操作不当发生故障或事故，应立即停止实验，并及时报告实验指导教师或其他实验室工作人员，防止发生更大的问题。

（6）要保持实验室整洁美观，不做与实验无关的活动。实验结束后，整理好实验设备，断开设备电源，打扫实验场地，经实验指导教师同意后方能离开。

（7）要严格遵守安全、防火等各项制度。

二、学生实验守则

（1）遵守实验室纪律，不迟到、不早退、不无故缺席。

（2）衣冠不整不得进入实验室，不准将与实验无关的物品带进实验室。

（3）实验室内保持安静、整洁，不得高声喧哗和打闹，不得将零食、饮料带入其中，不准吸烟、随地吐痰、乱丢纸屑和杂物。

（4）实验前必须认真预习实验指导书及有关理论，做好相关准备。

（5）实验时，认真听实验指导教师对电路工作原理的讲解，掌握仪器仪表、设备工具的正确使用方法及实验注意事项。

（6）实验时必须注意人身安全，并做到节约用电。

（7）实验进行时必须严格遵守仪器仪表、设备工具的操作规程，服从实验指导教师的指导，认真、仔细地观察和记录实验数据。

（8）遵守"先接线后合电源，先断电源后拆线"的操作程序。严禁带电拆线、接线，不接触带电部分。

（9）接通电源之前，必须请实验指导教师检查线路，不得擅自接通电源，防止因错接线路而发生故障。

（10）对于操作过程中不慎损坏实验仪器仪表、设备工具的，应及时向实验指导教师报告。发现异常现象（声响、发热、焦臭等）时，应立即断开电源，并立刻报告实验指导教师，待查明原因或排除故障后，方可继续实验项目。

（11）实验完毕后，需经实验指导教师检验实验数据是否正确，实验设备和线路是否正常。若结果正确，则该实验任务完成，此时可切断电源，拆线并将设备整理好，将所用仪器仪表、设备工具等进行清点和归还，然后有序离开实验室。

实验一 直流电路的测量

一、实验目的

1. 了解实验环境,掌握实验操作规程。

2. 初步掌握直流稳压电源、直流电压表、直流电流表、万用表等仪器仪表的使用方法。

3. 会测量电路的电压、电流。

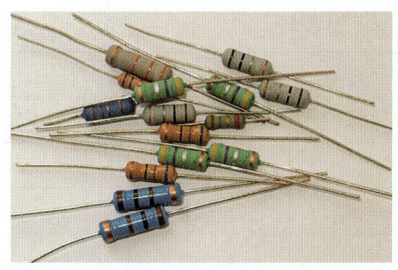

图 10-1 各种电阻元件

二、实验设备

1. 直流稳压电源 1 台。

2. 万用表 1 只。

3. 直流电压表、直流电流表各 1 只。

4. 电阻(图 10-1)若干,电阻箱 1 台。

5. 直流单臂电桥 1 只。

6. 拾音插座(在面包板上搭接电路可以不用)若干。

章前絮语

阅读
培养现代
工匠精神

阅读
实验基本要求

实物图
常用工具

阅读
面包板的使用

技能训练
电阻的串联

三、实验原理与说明

1. 熟悉实验室的电源配置和实验环境,了解实验室规则和实验操作规程,掌握安全用电常识。

2. 使用直流仪表测量电压或电流时,需要注意表的极性。

电流表应串接在被测电流支路中。接入直流电路时,必须使电流从电流表"+"端流入,从"−"端流出,不得反接。

电压表一般使用表笔并接在被测电压两端。直流电压表接入直流电路时,红表笔接"+"端,黑表笔接"−"端;测量时,红表笔接被测电压正极,黑表笔接负极。

四、实验步骤

(一)串联电路电压、电流的测量

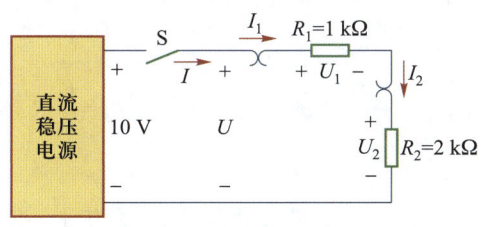

图 10-2 串联电路

1. 按图 10-2 接线(图中X处表示电流表接入点)。

2. 检查电路连接无误后,将电源调到 10 V,接入电路。

3. 记录电流表的数值 I、I_1、I_2,并用万用表(图 10-3)或直流电压表测量 U_1、U_2,记入表 10-1。

4. 由欧姆定律计算等效电阻 R。

(二)混联电路电压、电流的测量

1. 按图 10-4 接线。

2. 检查电路连接无误后,将电源调到 10 V,接入电路。

3. 记录电流表的数值 I、I_1、I_2,并用万用表或直流电压表测量 U_1、U_2、U_3,记入表 10-2。

4. 计算等效电阻 R_{12}。

图 10-3　某型指针式万用表

表 10-1　串联电路电压、电流的测量数据

$R_1 = 1\ \text{k}\Omega$　　$R_2 = 2\ \text{k}\Omega$

项目	实验数据						
	I/mA	I_1/mA	I_2/mA	U/V	U_1/V	U_2/V	$R/\text{k}\Omega$
测量值							
计算值							
相对误差							

表 10-2　混联电路电压、电流的测量数据

$R_1 = 1\ \text{k}\Omega$　　$R_2 = 3\ \text{k}\Omega$　　$R_3 = 2\ \text{k}\Omega$

项目	实验数据							
	I/mA	I_1/mA	I_2/mA	U/V	U_1/V	U_2/V	U_3/V	R_{12}/Ω
测量值								
计算值								
相对误差								

技能训练
万用表的
使用方法

技能训练
电阻的混联

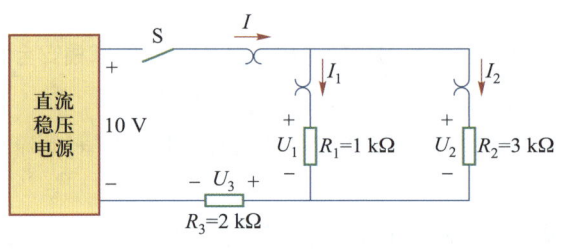

图 10-4　混联电路

（三）电阻的测量

1. 万用表法。

将万用表置于欧姆挡,注意选择合适的量程(倍率)。短接表笔调零后,测量中值电阻,并将实验数据记入表 10-3。

2. 直流单臂电桥法(常用于精密电阻的测量)。

工作原理:如图 10-5 所示,R_A、R_B 是电桥的比例臂,R 是电桥的比较臂,R_X 是被测电阻,G 是高灵敏度检流计。当 $R_X = \dfrac{R_A}{R_B} R$ 条件满足时,电桥平衡,检流计指示为零。

使用方法:在接通电源以前,先观察检流计的指针是否指零。如果不指零,调节检流计上的旋钮,使指针指在零刻度线上。先用万用表粗测 R_X 值,然后根据 R_X 值选取电桥电压和倍率。将 R_X 接入电桥,锁上开关 SB,轻按按钮 SG,观察检流计指针偏转方向。如果指针正偏则增大比较臂电阻,如果指针反偏则减小比较臂电阻,直到指针指在零位。

例如,某电阻用万用表粗测阻值为 360 Ω。选择倍率 0.1,电源电压 4.5 V,比较臂位置先放在 3(×1 000)、6(×100)、0(×10)、0(×1)。轻按按钮 SG 后,调整比较臂位置为 3(×1 000)、7(×100)、6(×10)、4(×1),则电阻值 $R_X = 3\ 764 \times 0.1\ \Omega = 376.4\ \Omega$。

表 10-3 电阻测量实验数据

测量方法	碳膜电阻或线绕电阻			变压器 高压侧线圈
	R_1/Ω	R_2/Ω	R_3/Ω	
万用表(欧姆挡)法				
直流单臂电桥法				

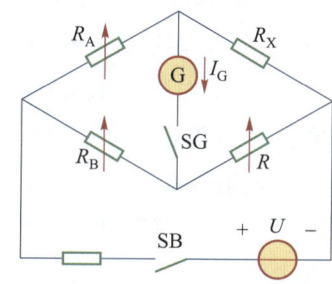

图 10-5 直流单臂电桥测电阻

五、思考题

1. 总结直流稳压电源和万用表的使用要点。

2. 填写测试数据表格。分析串联电路、并联电路的电压、电流关系。

实验二 电位测量与基尔霍夫定律实验

一、实验目的

1. 学会判断电位高低、电压和电流的实际方向。

2. 加深对基尔霍夫定律的理解。

3. 进一步掌握直流稳压电源、直流仪表、万用表等的使用方法。

二、实验设备

1. 双路直流稳压电源 1 台。

2. 万用表(图 10-6)1 只。

3. 直流电压表、直流电流表各 1 只。

4. 电阻若干,电阻箱(或固定电阻)3 台。

5. 拾音插座若干。

三、实验原理与说明

1. 在电路中任意选定一个参考点,令参考点的电位为零。某一点的电位,就是这一点与参考点之间的电压。选定参考点以后,各点的电位具有唯一确定的值,这样就能比较电路中各点电位的高低。参考点不同,各点的电位也就不同。

2. 基尔霍夫电流定律指出:任一瞬时,流入电路任一结点的各个支路电流的代数和恒等于零,即 $\sum I = 0$。

3. 基尔霍夫电压定律指出:任一瞬时,沿电路中任一闭合回路绕行一周,各段电压的代数和恒等于零,即 $\sum U = 0$。

四、实验步骤

1. 按图 10-7 接线。

图 10-6 某型数字式万用表

2. 检查线路连接无误后,将电源调到 10 V,接入线路。

3. 按表 10-4 中要求,测量各段电路的电压。例如,测量 U_{AB} 时,红表笔接 A 端,黑表笔接 B 端,依次类推。

4. 按表 10-5 中要求,测量各点电位。将黑表笔固定在参考点位置,红表笔分别在 A、B、C、D 等点测量。测量中如遇表针反偏,则调换表笔,并在测量值前加负号(数字式表则直接显示负值)。

5. 用 3 台电阻箱(或固定电阻)和 3 个拾音插座,按图 10-8 接线。

6. 将电源 U_{S1} 调整为 10 V,分别测量 I_1、I_2、I_3、U_{AB}、U_{BC}、U_{CO}、U_{BO}、U_{OA},并记入表 10-6。将电源 U_{S1} 调整为 5 V,按表 10-6 的要求分别测量上述电流、电压,并验证基尔霍夫定律。

技能训练
电位的测量

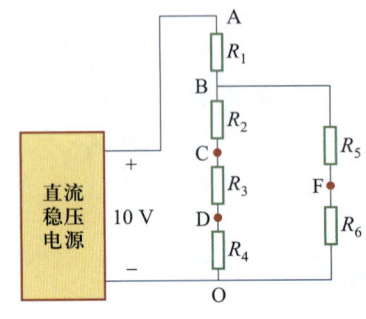

图 10-7 电压与电位的测量

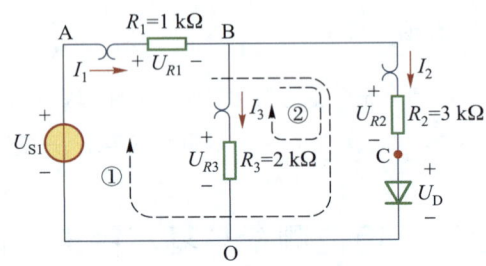

图 10-8 电压、电流的测量与验证基尔霍夫定律

表 10-4 电压测量数据

$R_1 = 1\ \text{k}\Omega$ $R_2 = 5.1\ \text{k}\Omega$ $R_3 = 3\ \text{k}\Omega$ $R_4 = 2\ \text{k}\Omega$ $R_5 = 10\ \text{k}\Omega$ $R_6 = 15\ \text{k}\Omega$

U_{AB}	U_{BC}	U_{CA}	U_{DC}	U_{CO}	U_{DO}	U_{FB}	U_{FO}	U_{BO}

表 10-5 电位测量数据

$R_1 = 1\ \text{k}\Omega$ $R_2 = 5.1\ \text{k}\Omega$ $R_3 = 3\ \text{k}\Omega$ $R_4 = 2\ \text{k}\Omega$ $R_5 = 10\ \text{k}\Omega$ $R_6 = 15\ \text{k}\Omega$

参考点	V_A	V_B	V_C	V_D	V_F	V_O
O 点						
F 点						

表 10-6 电流、电压测量与验证基尔霍夫定律数据

$R_1 = 1\ \text{k}\Omega$ $R_2 = 3\ \text{k}\Omega$ $R_3 = 2\ \text{k}\Omega$ $U_{S1} = 10\ \text{V}$ 和 $U_{S1} = 5\ \text{V}$

验证 KCL				验证 KVL						
I_1/mA	I_2/mA	I_3/mA	$\sum I = 0$	U_{AB} (U_{R1})/V	U_{BC} (U_{R2})/V	U_{CO} (U_D)/V	U_{BO} (U_{R3})/V	U_{OA} ($-U_{S1}$)/V	回路① $\sum U = 0$	回路② $\sum U = 0$
								−10		
								−5		

五、思考题

技能训练
验证基尔
霍夫定律

1. 电位与电压有什么区别? 选择不同的参考点对电压和电位有什么影响?

2. 图 10-7 中,将 U_{AB}、U_{BC}、U_{CO} 相加,检验结果是否等于 10 V?

3. 图 10-8 中,根据实验数据计算 ABCOA 回路电压,即验证 $\sum U = 0$。

实验三 叠加定理实验

一、实验目的

1. 提高测量多支路电压、电流的能力。
2. 加深对叠加定理的理解。

二、实验设备

1. 双路直流稳压电源（图 10-9）1 台。
2. 万用表 1 只。
3. 直流电压表、直流电流表各 1 只。
4. 电阻若干，电阻箱（或固定电阻）3 台。
5. 拾音插座、开关等若干。

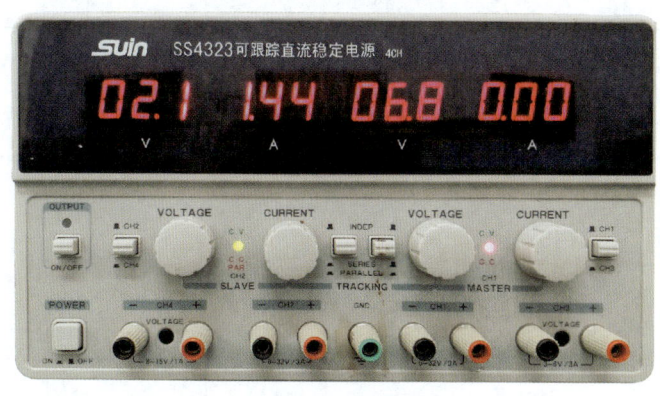

图 10-9　某型直流稳压电源

三、实验原理与说明

叠加定理表明，在任意一个线性网络中，多个电源共同作用时，各支路的电流（或电压）等于各电源分别单独作用时，在该支路产生电流（或电压）的代数和。当电压源 U_s 不作用，即 $U_s = 0$ 时，在 U_s 处用短路线代替，如图 10-10（a）、（b）所示；当电流源 I_s 不作用，即 $I_s = 0$ 时，在 I_s 处用开路代替，而电源的内阻连接不变。

四、实验步骤

1. 按图 10-10 接线。$R_1 = 1\ \text{k}\Omega$，$R_2 = 2.2\ \text{k}\Omega$，$R_3 = 3.3\ \text{k}\Omega$。
2. U_{S1} 调到 12 V，U_{S2} 调到 12 V，以备随时调用。
3. 当 U_{S1} 单独作用时，按图 10-10（a）接线，测量数据，记入表 10-7 第 1 行。
4. 当 U_{S2} 单独作用时，按图 10-10（b）接线，测量数据，记入表 10-7 第 2 行。
5. 当 U_{S1}、U_{S2} 共同作用时，按图 10-10（c）接线，测量数据，记入表 10-7 第 3 行。

技能训练
叠加定理实验

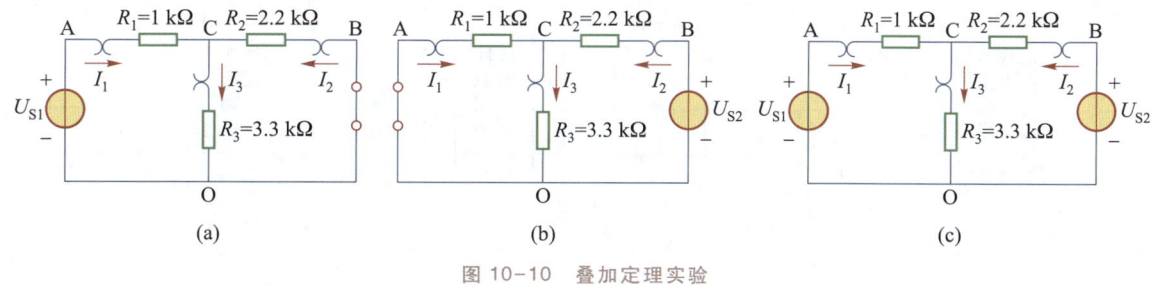

图 10-10　叠加定理实验

五、思考题

1. 根据表 10-7 的 3 行数据，验证叠加定理，同一列前两行数据相加是否等于第 3 行？分析产生误差的原因。
2. 怎样理解电压源为零？实验中怎样将电压源置零？

表 10-7 叠加定理实验数据

$R_1 = 1 \text{ k}\Omega$ $R_2 = 2.2 \text{ k}\Omega$ $R_3 = 3.3 \text{ k}\Omega$

序号	U_{S1}/V	U_{S2}/V	U_{AO}/V	U_{BO}/V	U_{CO}/V	U_{AC}/V	U_{CB}/V	U_{AB}/V	I_1/mA	I_2/mA	I_3/mA
1	12	0									
2	0	12									
3	12	12									

实验四　戴维南定理实验

一、实验目的

1. 学会测量戴维南等效电路的参数。

2. 加深对戴维南定理的理解。

二、实验设备

1. 双路可调直流稳压电源 1 台。

2. 万用表(图 10-11)1 只。

3. 直流电压表、直流电流表各 1 只。

4. 电阻若干,电阻箱(或固定电阻)3 台。

5. 拾音插座若干。

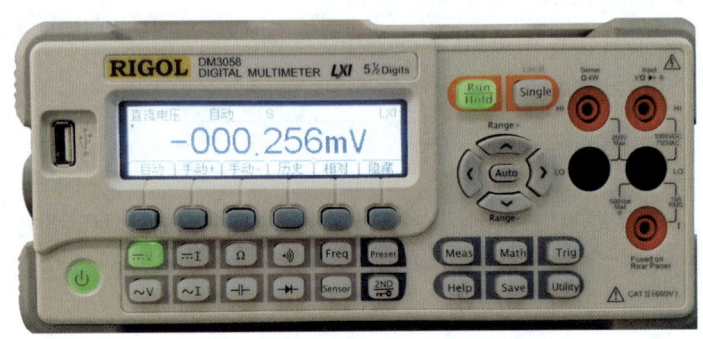

图 10-11　某型台式数字式万用表

三、实验原理与说明

1. 戴维南定理指出,任何一个线性有源二端网络,对外电路来说,总可以用一个电压源与电阻相串联的支路来代替(等效电压源替代原二端网络),如图 10-12 所示。电压源的电压等于有源二端网络的开路电压 U_{oc},其电阻等于该网络除去电源(所有独立电压源由短路线代替;所有独立电流源由开路代替)后的等效电阻 R_0,如图 10-13 所示。

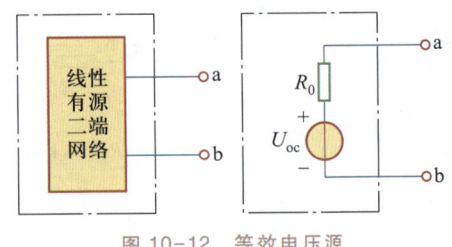

图 10-12　等效电压源

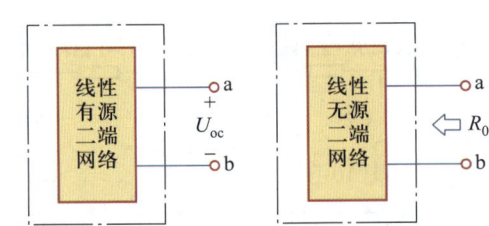

图 10-13　有源二端网络的开路电压和入端等效电阻

2. 实践中,通常采用测量的方法得到戴维南等效电路参数。在一般情况下,测量等效电源电阻最实用的方法是开路短路法。具体方法是通过测量有源二端网络的开路电压 U_{oc} 和短路电流 I_{sc},由 $R_0 = \dfrac{U_{oc}}{I_{sc}}$ 计算出二端网络的等效电阻。

四、实验步骤

1. 按图 10-14 接线,$U_{S1} = 10 \text{ V}$,$U_{S2} = 6 \text{ V}$,$R_1 = 510 \text{ }\Omega$,$R_2 = 300 \text{ }\Omega$,$R_3 = 100 \text{ }\Omega$,I_3 处用 50 mA 电流表。当开关 S 断开时,测量 a、b

端电压,即为开路电压,记入表10-8。

2. 将 R_3 调整到 0 Ω,闭合开关 S,此时电流表指示数即为短路电流,记入表 10-8。

3. 将 R_3 调整到 100 Ω,开关 S 仍闭合,此时电流表指示数即为负载电流 I_3,记入表 10-8。

4. 根据开路电压 U_{ab} 和短路电流 I_3',计算等效电源内阻 R_0,$R_0 = \dfrac{U_{ab}}{I_3'}$。

5. 按公式 $I_3 = \dfrac{U_{ab}}{R_0 + R_3}$ 求出电流值 I_3,并与实测值进行比较。

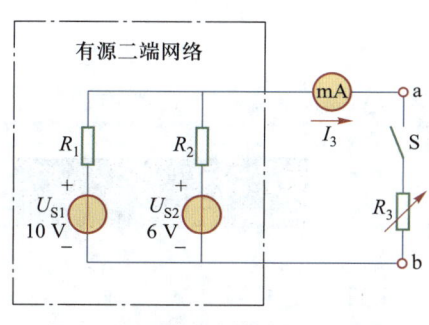

图 10-14　戴维南等效参数的测量

表 10-8　验证戴维南定理实验数据

$R_1 = 510\ \Omega$　　$R_2 = 300\ \Omega$　　$R_3 = 100\ \Omega$

项目	开路电压 U_{ab}/V	短路电流 I_3'/mA	负载电流 I_3/mA	等效电阻 R_0/Ω	计算值 I_3/mA
戴维南等效 参数的测量					

五、思考题

1. 等效电源是对哪一部分电路等效?

2. 绘出一个等效电路。

技能训练
戴维南定理实验

实验五　交流信号的观察与测量

一、实验目的

1. 熟悉信号发生器各旋钮、开关的作用和使用方法。

2. 初步掌握用示波器观察电信号波形,定量测出正弦波信号和方波脉冲信号波形参数的方法。

3. 初步掌握示波器、信号发生器的使用方法。

二、实验设备

1. 函数信号发生器 1 台。

2. 0~600 V 交流毫伏表(图 10-15)1 台。

3. 双踪示波器(图 10-16)1 台。

技能训练
数字式示波器
的使用

三、实验原理与说明

1. 信号发生器是一种频率可调节的交流电源设备,按频率特点分为低频、高频、扫频信号发生器等,按波形分为正弦、方波、三角波、脉冲信号发生器等。在电路实验中主要应用低频(正弦)信号发生器,由于这类仪器的频率多出现在音频,所以也称为音频信号发生器。

2. 毫伏表是测量正弦交流电压有效值的电子仪器。与一般交流电压表相比,毫伏表的量程多,频率范围宽,灵敏度高,适用范围广;毫伏表的输入阻抗高,输入电容小,对被测电路影响小。因此,在电子电路的测量中,毫伏表得到了广泛的应用。

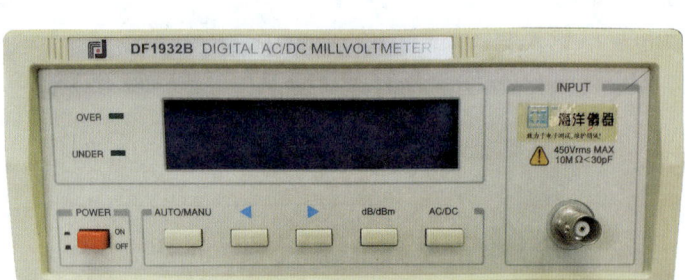

图 10-15　某型毫伏表

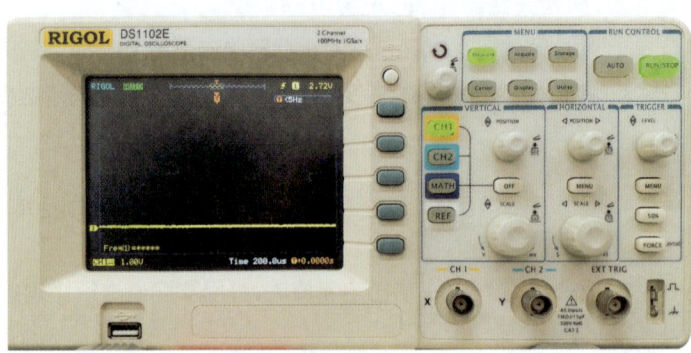

图 10-16　某型双踪示波器

3. 示波器是常用的电子仪器。它可以用来观察各种电信号的波形,如正弦波、方波、三角波;还能用来测量电信号的波形参数,如频率(周期)、幅值(峰-峰值)。双踪示波器还可以测量两个同频率波形的相位差等。示波器的类型很多,功能和使用方法也各异,可以根据具体设备类型练习使用方法。

四、实验步骤

（一）双踪示波器的使用方法

使用双踪示波器前一般需要校准。例如,将信号源的"标准信号"通过示波器专用同轴电缆接到双踪示波器的 Y 轴输入插口 Y_A 或 Y_B 端,然后开启示波器电源,指示灯亮。稍后,调节示波器面板(图 10-17)上的"辉度""聚焦""辅助聚焦""X 轴位移""Y 轴位移"等旋钮,使荧光屏的中心部分显示出线条细而清晰、亮度适中的方波波形;选择幅度和扫描速度,并将它们的微调旋钮旋到"校准"位置,从荧光屏上读出该"标准信号"的幅值与频率,并与标称值(1 V,1 kHz)比较。如果相差较大,请实验指导教师协助校准。

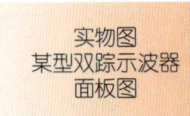

实物图
某型双踪示波器
面板图

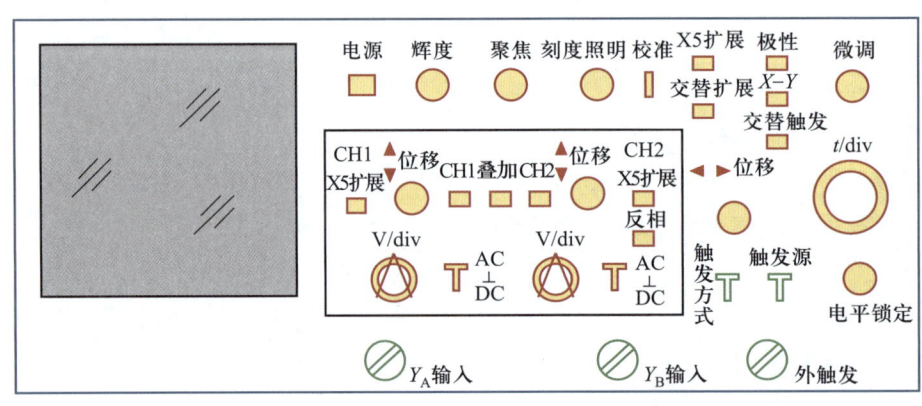

图 10-17　某型双踪示波器面板图

（二）正弦波信号的观测

1. 将示波器的幅度和扫描速度微调旋钮旋到"校准"位置。

2. 通过电缆线,将信号发生器的正弦波输出口与示波器的 Y_A 输入插口相连。

3. 接通信号发生器的电源,选择正弦波信号输出。按表 10-9 调出输出频率,调节示波器 Y 轴和 X 轴的偏转灵敏度到合适的位置,从荧光屏上读得周期,记入表 10-9。

表 10-9 频率测量练习

示波器读数所测项目	正弦波信号频率的测定		
	500 Hz	1 000 Hz	2 000 Hz
示波器"t/div"旋钮位置	0.5 ms	1 ms	0.1 ms
一个周期占有的格数			
信号周期/ms			
计算所得频率/Hz			

4. 按表 10-10 调出输出幅值(由交流毫伏表读得),调节示波器 Y 轴和 X 轴的偏转灵敏度到合适的位置,从荧光屏上读得幅值和周期,记入表 10-10。

表 10-10 幅值和周期测量练习

交流毫伏表读数所测项目	正弦波信号幅值的测定		
	0.6 V	1 V	4 V
示波器"V/div"旋钮位置			
峰-峰值波形格数			
峰-峰值			
计算所得有效值			

（三）方波脉冲信号的观测

1. 将电缆插头换接在脉冲信号的输出插口上,选择方波信号输出。

2. 方波的输出幅度约为 1.8 V(峰-峰值,用示波器测定),分别观测 200 Hz 和 3 kHz 方波信号。

3. 使信号频率保持在 3 kHz,选择不同的幅度和脉宽,观测波形参数的变化。

五、思考题

1. 整理实验中显示的各种波形,绘出有代表性的波形。

2. 用示波器测出的电压和频率与信号发生器输出的是否一致？ 如果不一致,分析产生误差的原因,并进行调整。

3. 如果用示波器观察正弦信号时,荧光屏上出现图 10-18 所示的各种情况,试说明示波器哪些旋钮的位置不对,应该怎么调节。

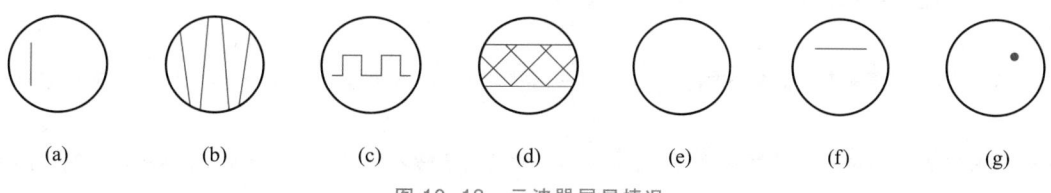

(a)　　(b)　　(c)　　(d)　　(e)　　(f)　　(g)

图 10-18 示波器屏显情况

4. 归纳示波器、低频信号发生器、毫伏表的使用要点。

实验六　　*RL*、*RC* 串联电路

一、实验目的

1. 学习信号发生器、示波器、毫伏表的使用方法。

2. 掌握 *RL*、*RC* 串联电路中电压、电流的幅度关系、相位关系。

二、实验设备

1. 低频信号发生器 1 台。

2. 毫伏表 1 只。

3. 双踪示波器 1 台。

4. 固定电阻 2 只,电阻箱 1 台。

5. 电感(180 mH)1 只,空心电感线圈(3 000 匝、0.52 H、67 Ω、0.5 A)1 只。图 10-19 为各种电感元件。

6. 电容(1 μF/0.22 μF、400 V)各 1 只。图 10-20 为各种电容元件。

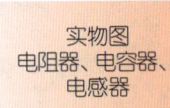

图 10-19　各种电感元件

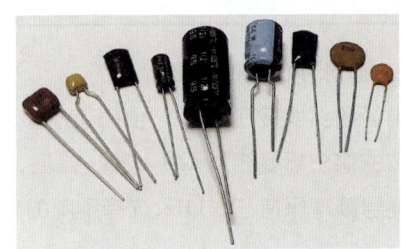

图 10-20　各种电容元件

三、实验原理与说明

1. *RL* 串联电路的端电压 $U = \sqrt{U_R^2 + U_L^2}$,电压与电流的相位差 $\varphi = \arctan \dfrac{U_L}{U_R}$,$|Z| = \dfrac{U}{I}$。

2. *RC* 串联电路的端电压 $U = \sqrt{U_R^2 + U_C^2}$,电压与电流的相位差 $\varphi = \arctan \dfrac{-U_C}{U_R}$,$|Z| = \dfrac{U}{I}$。

3. *RL* 串联电路中总电压 u 超前电流 i 为 φ 角,$\varphi = \arctan \dfrac{X_L}{R}$,可以用示波器观察电流 i 与总电压 u 之间的相位差。

4. *RC* 串联电路中电流 i 超前总电压 u 为 φ 角,$\varphi = \arctan \dfrac{X_C}{R}$,可以用示波器观察电流 i 与总电压 u 之间的相位差。

四、实验步骤

方案一:信号发生器和毫伏表

(一)*RL* 串联电路

1. 按图 10-21 接线。

2. 接入正弦信号发生器,调节频率 *f* = 200 Hz,输出电压 *U* = 4 V,测量电压 U_R、U_L、*I*,并计算

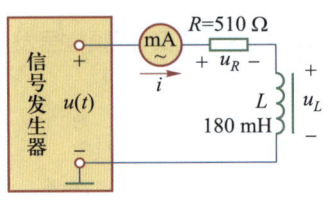

图 10-21　*RL* 串联电路

X_L ,记入表 10-11。

3. 分别调节信号发生器频率 $f = 350$ Hz 和 $f = 500$ Hz, $U = 4$ V,重测 U_R、U_L、I,并计算 X_L ,记入表 10-11。用公式 $U = \sqrt{U_R^2 + U_L^2}$ 验证三者之间的关系。

4. 从表 10-11 中可以看出,频率 f 增大时,电流减小,感抗 X_L 增大。

表 10-11　RL 串联电路实验数据

$R = 510\ \Omega$　$L = 180$ mH

序号	f/Hz	U/V	U_R/V	U_L/V	I/mA	X_L/Ω
1	200	4				
2	350	4				
3	500	4				

（二）RC 串联电路

1. 按图 10-22 接线。

2. 接入正弦信号发生器,调节频率 $f = 200$ Hz,输出电压 $U = 4$ V,测量电压 U_R、U_C、I,并计算 X_C ,记入表 10-12。

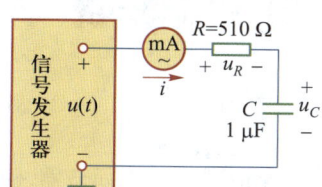

图 10-22　RC 串联电路

3. 分别调节信号发生器频率 $f = 350$ Hz 和 $f = 500$ Hz, $U = 4$ V,重测 U_R、U_C、I,并计算 X_C ,记入表 10-12。用公式 $U = \sqrt{U_R^2 + U_C^2}$ 验证三者之间的关系。

4. 从表 10-12 中可以看出,频率 f 增大时,电流增大,容抗 X_C 减小。

表 10-12　RC 串联电路实验数据

$R = 510\ \Omega$　$C = 1\ \mu$F

序号	f/Hz	U/V	U_R/V	U_C/V	I/mA	X_C/Ω
1	200	4				
2	350	4				
3	500	4				

方案二：信号发生器和示波器

（一）RL 串联电路

1. RL 串联电路如图 10-23 所示。当电流 i 和电压 u 的参考方向关联时,电阻上的电压 u_R 与电流 i 同相位,而电感上的电压 u_L 超前电流 i 的相位为 $\pi/2$。因此,RL 串联电路中总电压 u 超前电流 i 为 φ 角,$\varphi = \arctan \dfrac{X_L}{R}$,可以用示波器观察电流 i 与总电压 u 之间的相位差。Y_A 观察的是总电压的波形,Y_B 观察的是电流的波形(实际上是 u_R 的波形)。

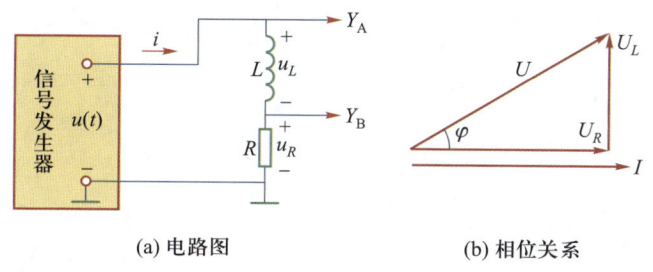

(a) 电路图　　　　　　(b) 相位关系

图 10-23　示波器测量 RL 电路

技能训练
RL低通滤波
电路的测试

2. 相位测量:调整示波器,使一个正弦周期为 8 格。因为一个周期为 360°,所以每格为 45°。在示波器上可以观察到 Y_A 超前 Y_B。

（二）RC 串联电路

1. RC 串联电路如图 10-24 所示。当电流 i 和电压 u 的参考方向关联时,电阻上的电压 u_R 与电流 i 同相位,而电容上的电压 u_c 滞后电流 i 的相位为 $\pi/2$。因此,RC 串联电路中电流 i 超前总电压 u 为 φ 角,$\varphi = \arctan \dfrac{X_c}{R}$,同样可以用示波器观察电流 i 与总电压 u 之间的相位差。Y_A 观察的是总电压的波形,Y_B 观察的是电流的波形(实际上是 u_R 的波形)。

技能训练
RC高通滤波
电路的测试

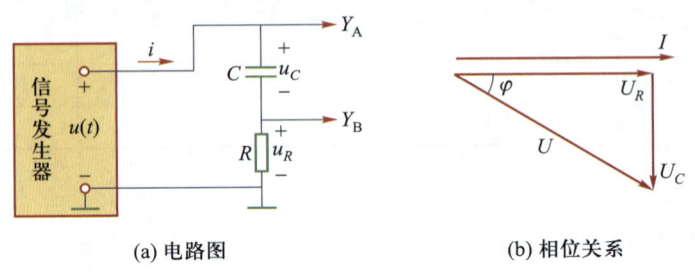

图 10-24　示波器测量 RC 电路

2. 相位测量:调整示波器,使一个正弦周期为 8 格。因为一个周期为 360°,所以每格为 45°。在示波器上可以观察到 Y_A 滞后 Y_B。当 U_c 等于 U_R 时,两者相差 45°。

五、思考题

1. 根据表 10-11、表 10-12 中的数据计算感抗、容抗。

2. 为什么交流串联电路中的电压有效值 $U \neq U_1 + U_2 + \cdots + U_N$?

3. 使用示波器观察波形时,应该调节哪些旋钮、开关,才能使示波器达到下列要求?

(1) 波形清晰;(2) 波形大小适中;(3) 周期完整。

实验七　感性负载功率因数的提高

一、实验目的

1. 理解提高功率因数的意义。

2. 掌握荧光灯电路的接线方法。

3. 练习使用功率表和功率因数表。

二、实验设备

1. 单相功率表 1 只。

2. 功率因数表(D26-cos φ)1 只。

3. 万用表 1 只。

4. 交流电流表 1 只。

5. 电容箱 1 台。

6. 荧光灯实验板 1 块。

三、实验原理与说明

（一）荧光灯电路的结构

荧光灯电路由灯管、镇流器、辉光启动器三部分组成，电路如图 10-25（a）所示。

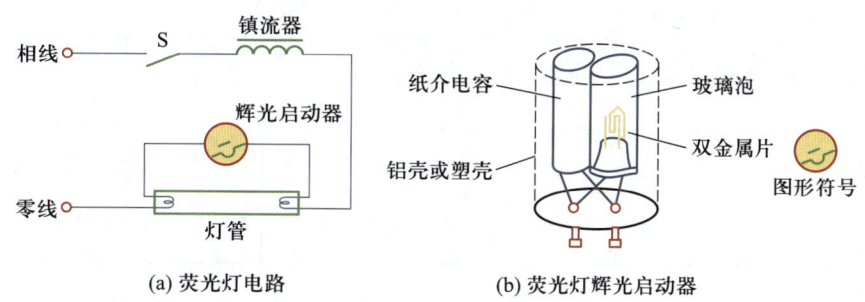

图 10-25 　荧光灯电路

玻璃灯管内壁涂有一层荧光粉，管内充有少量水银蒸汽和惰性气体，两端装有受热后容易发射电子的灯丝。

辉光启动器如图 10-25（b）所示，内有一个充有氖气的玻璃泡，并装有两个电极。其中一个电极由受热后容易弯曲的双金属片制成。

镇流器是一个铁心线圈，相当于感性负载。

（二）荧光灯的工作原理

刚接通电源时，由于灯管没有点燃，辉光启动器的两电极间因承受 220 V 的电压而辉光放电，使双金属片受热弯曲，两电极接触，电流通过镇流器、灯管两端的灯丝、辉光启动器构成回路。灯丝因有电流（称为启辉电流）通过被加热而发射电子。同时辉光启动器的两个电极接触后，辉光放电结束，双金属片变冷，恢复原状，使电路突然断开。在此瞬间，镇流器产生较高感应电势，与电源电压一起（400～600 V）加在灯管两极之间，迫使灯管放电而发光。灯管被点亮后，镇流器的限流作用使灯管两端的电压较低（约 90 V）。因为辉光启动器与灯管并联，较低的电压不能使辉光启动器再次动作。

（三）感性负载提高功率因数

荧光灯电路可以等效为电阻与电感的串联（即感性负载），整个电路的功率因数较低，约为 0.5。如果将适当容量的电容器并联到感性负载两端，可以提高电路的功率因数。

四、实验步骤

1. 按图 10-26 接线，开关 S1、S2、S3 置于断开位置，$C_1 = 1\ \mu F$。C_2 为 2～10 μF，视所接灯管大小而变：如果用 8 W 灯管，C_2 可用 2 μF；如果用 20 W 灯管，C_2 为 3～8 μF。

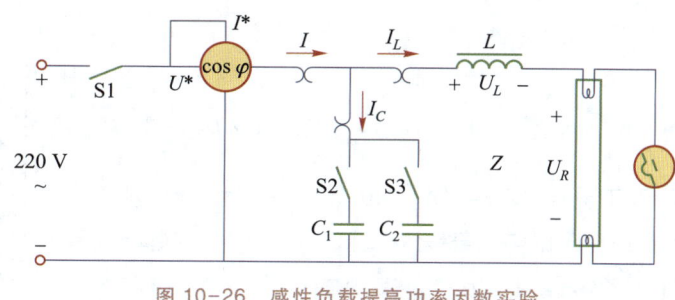

图 10-26 　感性负载提高功率因数实验

2. 检查无误后接入 220 V 电源，闭合 S1，荧光灯发光，读出电流数值 I、I_L、I_C，记入表 10-13，然后用万用表测量输入电压 U、镇流

器端电压 U_L、灯管两端电压 U_R、cos φ 的值,记入表 10-13。

3. 分别测量开关 S2、S3 不同组合状态下的 I、I_L、I_C、U、U_L、U_R、cos φ 的值,记入表 10-13。

4. 切断电源,将功率因数表换成功率表(接法同功率因数表),闭合 S1 后使荧光灯发光,重复步骤 2、3,将功率表数值记入表 10-13。

表 10-13　感性负载提高功率因数实验数据

开关状态	I/mA	I_L/mA	I_C/mA	U/V	U_L/V	U_R/V	cos φ	电路性质	P/W
S2、S3 断开									
S2 闭合,S3 断开									
S2 断开,S3 闭合									
S2、S3 闭合									

五、思考题

1. 线路的总电流怎么变化?

2. 并联电容后,电路的有功功率怎么变化?

3. 提高功率因数的意义是什么?

实验八　串联谐振电路

一、实验目的

1. 熟练低频信号发生器、毫伏表的使用方法,熟练电路测量的技能。

2. 学会测定谐振电路的频率,绘出电流谐振曲线。

二、实验设备

1. 低频信号发生器 1 台。

2. 毫伏表 1 台。

3. 空心电感线圈(3 000 匝、0.52 H、67 Ω、0.5 A 和 500 匝、0.026 H、14 Ω、0.5 A)各 1 只。

4. 电容器(0.047 μF、400 V)1 只。

5. 电阻箱 2 台。

三、实验原理与说明

1. 由线性电阻、电感、电容组成的串联电路如图 10-27 所示。当电路中 $\omega L = \dfrac{1}{\omega C}$ 时,电路发生串联谐振,此时 $\omega = \omega_0$。要使电路发生串联谐振,可改变 L、C 或 $\omega(\omega = 2\pi f)$ 来实现。本实验改变电源频率 f,使电路达到谐振,此时电路中电流最大。因此,实验中测定谐振频率时,可寻找电流最大时的电源频率,即为谐振频率 f_0,电流为谐振电流 I_0。

2. 电路中的电流需要用毫伏表测量 R 上的电压降后求得。在 L、C 不变的条件下,改变 R 的值,即可得到品质因数 Q 不同的电流谐振曲线。为便于比较具有不同 Q 值的电流

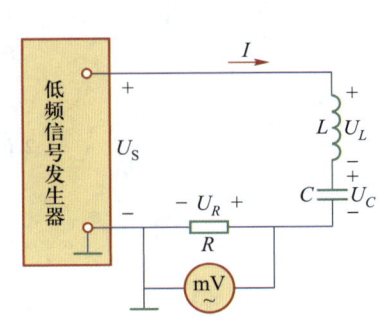

图 10-27　*RLC* 串联谐振电路实验

谐振曲线，本实验测试的电流谐振曲线以 $\dfrac{I}{I_0}$ 为纵坐标，以 f 为横坐标绘制。这条曲线也称为通用电

流谐振曲线，有

$$\frac{I}{I_0} = \frac{1}{\sqrt{1 + Q^2 \left(\dfrac{\omega}{\omega_0} - \dfrac{\omega_0}{\omega} \right)^2}}$$

技能训练
串联谐振电路
仿真实验

四、实验步骤

1. 寻找谐振频率 f_0。按图 10-27 接线，R 值使用电阻箱取 500 Ω，保持信号发生器输出电压为 5 V，调节其频率，使毫伏表所示 U_R 达到最大值（即达到串联谐振状态）。测量电路的电压，并读取这时的谐振频率 f_0，记入表 10-14。

表 10-14　RLC 串联谐振电路测试（1）

$U_s = 5$ V　$R = 500$ Ω　$L = 0.52$ H（$r = 67$ Ω）　$C = 0.047$ μF

测量值				计算值	
U_{R0}/V	U_{L0}/V	U_{C0}/V	f_0/Hz	$I_0 = \dfrac{U_{R0}}{R}/\text{mA}$	Q

2. 保持电压和电路各参数不变，调节电源频率。在 300~4 000 Hz 之间，分别测取各频率点的 U_R 值，记入表 10-15（在步骤 1 的谐振点附近多测几点，便于绘制谐振曲线）。

3. 改变线路中电阻 R 为 2 kΩ，重复步骤 2 的测试，记入表 10-15。

表 10-15　RLC 串联谐振电路测试（2）

$U_s = 5$ V　$R = 500$ Ω 和 $R = 2$ kΩ　$L = 0.52$ H（$r = 67$ Ω）　$C = 0.047$ μF

f/Hz		300						f_0			2 000	4 000	Q
$R = 500$ Ω	U_R/mV												
	I/mA												
	$\dfrac{I}{I_0}$												
$R = 2$ kΩ	U_R/mV												
	I/mA												
	$\dfrac{I}{I_0}$												

五、思考题

计算表 10-15 中各品质因数，并用坐标纸在同一坐标系中绘出各品质因数的通用电流谐振曲线 $\dfrac{I}{I_0}(f)$。

实验九　三相电路

技能训练
三相交流电路
电压、电流的
测量

一、实验目的

1. 学会三相交流负载的星形和三角形联结。
2. 学会测定三相电路的线/相电压、线/相电流。
3. 学会三相负载功率的测量方法。
4. 理解三相四线制星形联结电路的中性线的作用。

二、实验设备

1. 交流电压表、交流电流表各 1 只。
2. 交流功率表 1 只。
3. 三相实验用灯组 1 块。
4. 电流插头 6 只。

三、实验原理与说明

三相负载实验用灯组如图 10-28 所示。将每相灯组的尾端 U2、V2、W2 连接在一起接成中性点 N'，首端 U1、V1、W1 分别与三相电源相连，称为星形联结，如图 10-29（a）所示。分别将灯组的端子 U2 与 V1、V2 与 W1、W2 与 U1 连接成 U'、V'、W'三点，再用导线分别将它们与三相电源相连，称为三角形联结，如图 10-29（b）所示。

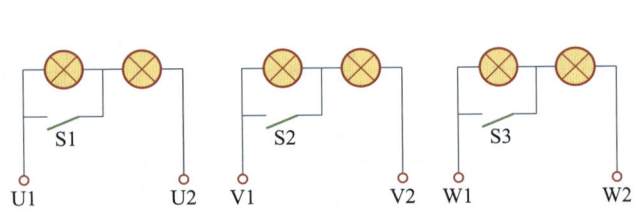

图 10-28　三相负载实验用灯组

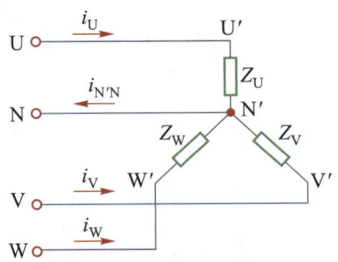
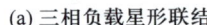

（a）三相负载星形联结

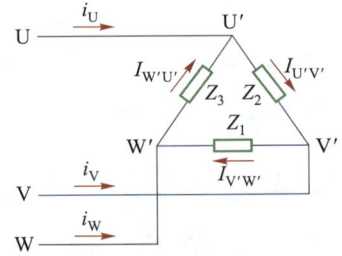

（b）三相负载三角形联结

图 10-29　三相负载

（一）三相星形负载

三相负载星形联结电路如图 10-29（a）所示。

当三相星形负载对称时，它的线电压与相电压之间的关系为 $U_l = \sqrt{3}\,U_p$。线电流等于相电流，即 $I_l = I_p$。这时中性线电流 $I_{N'N} = 0$，没有电流通过，因此可以不用中性线。

当三相星形负载不对称时，如果采用三相四线制，$U_{N'N} = 0$。负载各相电压就为电源对应的各相电压，因此是对称的，但因为负载各相阻抗不相等，所以各相电流不对称，中性线电流 $I_{N'N} \neq 0$。如果采用三相三线制，即没有中性线时，负载中性点 N' 与电源中性点 N 间出现了电位差，$U_{N'N} \neq 0$，即产生负载中性点位移。这时负载各相电压也不对称，造成负载中有的相电压过高，有的相电压过低，结果会使整个三相电路不能正常工作，甚至造成事故。因此，对于不对称星形负载，必须使用中性线。这时中

仿真实验
三相负载的
星形联结

性线的作用是:使三相不对称星形联结保持负载中性点 N′ 与电源中性点 N 处于等电位,以保证负载三相电压的对称。

(二)三相三角形负载

三相负载三角形联结电路如图 10-29(b)所示。

当三相三角形负载对称时,线电压等于相电压,$U_l = U_p$。线电流与相电流之间的关系为 $I_l = \sqrt{3} I_p$。

如果 Z_1、Z_2、Z_3 中有一个不相同,线电压仍然等于相电压。但是,线电流与相电流不满足关系 $I_l = \sqrt{3} I_p$。

四、实验步骤

(一)三相星形负载

1. 按图 10-30 接线。合上开关 S、S1~S3,测量各线电压、相电压、线(相)电流、中性线电流,记入表 10-16。

2. 断开开关 S(无中性线),测量各线电压、相电压、线(相)电流、中性点位移电压,记入表 10-16。

3. 断开 U 相开关 S1,其余开关都闭合,测量各线电压、相电压、线(相)电流、中性线电流,记入表 10-16。

4. 断开开关 S(无中性线),测量各线电压、相电压、线(相)电流、中性点位移电压,记入表 10-16。

表 10-16 三相星形负载的电压、电流

分类		线电压/V			相电压/V			线(相)电流/A			中性线电流 $I_{N'N}$/A	中性点位移电压 $U_{N'N}$/V
		U_{UV}	U_{VW}	U_{WV}	$U_{U'N}$	$U_{V'N}$	$U_{W'N}$	I_U	I_V	I_W		
对称负载	有中性线											
	无中性线											
不对称负载	有中性线											
	无中性线											

(二)三相三角形负载

1. 按图 10-31 接线,开关 S1~S3 都闭合,测量各线(相)电压、线电流、相电流,记入表 10-17。

2. U′V′相开关 S1 断开,S2、S3 闭合,测量各线(相)电压、线电流、相电流,记入表 10-17。

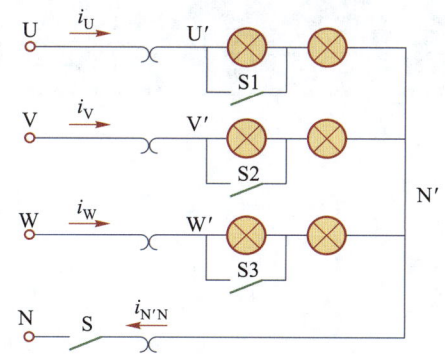

图 10-30 三相负载星形联结时电压、电流测量

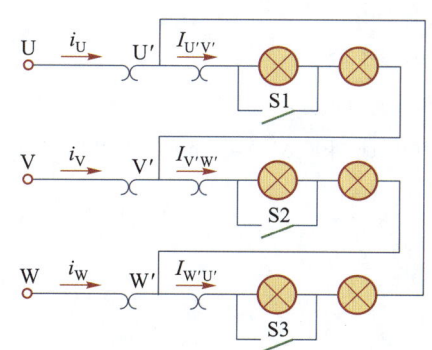

图 10-31 三相负载三角形联结时电压、电流测量

3. 用二瓦特计法测量三相电路的有功功率,记入表 10-17。

表 10-17　三相三角形负载的电压、电流、功率

分类	线（相）电压/V			线电流/A			相电流/A			三相负载功率/W	
	$U_{U'V'}$	$U_{V'W'}$	$U_{W'U'}$	I_U	I_V	I_W	$I_{U'V'}$	$I_{V'W'}$	$I_{W'U'}$	P_1	P_2
对称负载											
不对称负载											

五、思考题

1. 根据表 10-16 中的实验数据展开分析。

（1）分析三相对称负载星形联结时，相电压与线电压的关系、相电流与线电流的关系、线电流与中性线电流的关系，并得出实验结论。

（2）比较三相不对称负载的 Y_0 联结和 Y 联结，说明中性线的作用。

2. 根据表 10-17 中的实验数据展开分析。

（1）分析三相对称负载三角形联结时，线电流与相电流的关系、相电压与线电压的关系，并得出实验结论。

（2）说明三相不对称负载三角形联结时电路的情况。

实验十　一阶动态电路响应

一、实验目的

1. 掌握 RC 电路时间常数的测量方法。
2. 掌握用示波器观察 RC 电路过渡过程的方法。

二、实验设备

1. 方波发生器（或实验台）（图 10-32）1 台。

2. 双踪示波器 1 台。

3. 直流稳压电源 1 台。

4. 微安表（50 μA）1 只。

5. 电容器（100 μF、400 V、0.01 μF、400 V、0.02 μF、400 V）各 1 只。

6. 电阻箱 2 台。

7. 秒表 1 只。

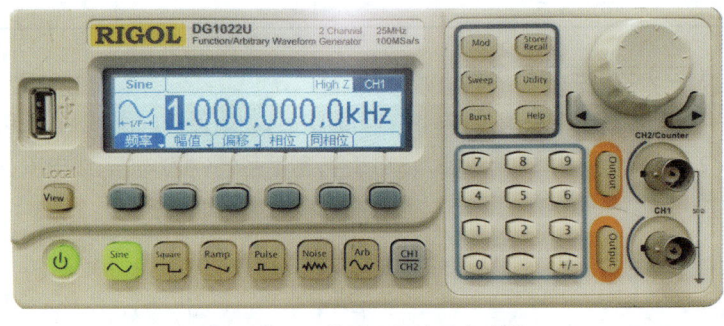

图 10-32　某型函数信号发生器

三、实验原理与说明

（一）电路时间常数 τ 的测定方法

电路时间常数 τ 的大小决定过渡过程的快慢。当电路过渡过程持续时间 $t=(3\sim5)\tau$ 时，可以认为过渡过程基本结束。因此，可以通过响应曲线求得时间常数 τ。

对 RC 电路，如果电路的时间常数足够大（几秒以上），过渡过程进行得比较缓慢，就可以利用秒表和微安表来记录电流随时间变化的过程，从而绘出电流的响应曲线。

本实验测定 RC 放电过程电流曲线,电路如图 10-33 所示。先将开关 S 合向 1,给电容充电,保持一段时间,使 $U_c = U_s$。再将开关 S 合向 2,同时按下秒表,$t = 0$,读取微安表数值,即 $I_0 = \dfrac{U_s}{R}$,让微安表指针指到某个预定电流值时,按停秒表,读取秒表指示值,得到一组数据 (t_1 , i_1),如图 10-34 电流曲线上的①点;重新给电容充电,使 $U_c = U_s$ 后,再测第二组数据 (t_2 , i_2),如图 10-34 电流曲线上的②点。依次类推,测取 7~8 点,即可作出 RC 电路的放电电流曲线 i。时间常数 τ 可由曲线求得,有两种方法。

1. 放电时,由 $i = I_0 e^{-\frac{t}{\tau}}$ 可知,当 $t = \tau$ 时,$i(\tau) = e^{-1} I_0 = 0.368 I_0$。在曲线上取 $0.368 I_0$,对应的横坐标就是 τ,如图 10-34 所示。

2. 在曲线上任选两点,如图 10-34 中①、②点,由两个电流的比值,即 $\dfrac{i_1}{i_2} = e^{-\frac{t_1 - t_2}{\tau}}$,得

$$\tau = \frac{t_2 - t_1}{\ln \dfrac{i_1}{i_2}}$$

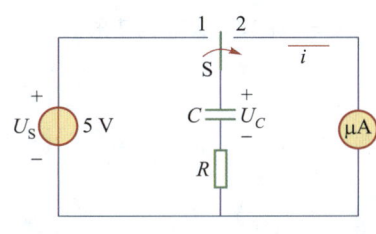

图 10-33　RC 放电实验电路

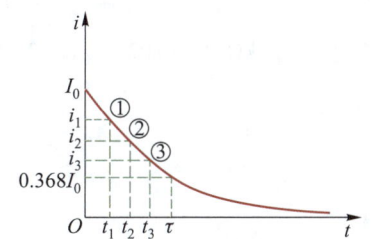

图 10-34　绘制响应曲线并测定时间常数 τ

（二）RC 串联电路过渡过程的观测

当电路的过渡过程很快时,要应用上述方法来记录电流的变化过程就比较困难。这时可以使用示波器来观测电路的响应。

电路如图 10-35(a)所示。电源是一个方波发生器,它的输出电压波形如图 10-35(b)所示。t 为 $0 \sim \dfrac{1}{2}T$ 时,输出直流电压 U,相当于给电容充电;t 为 $\dfrac{1}{2}T \sim T$ 时,输出电压为零,相当于短路放电。t 为 $T \sim \dfrac{3}{2}T$ 时,情况同 t 为 $0 \sim \dfrac{1}{2}T$;t 为 $\dfrac{3}{2}T \sim 2T$ 时,情况同 t 为 $\dfrac{1}{2}T \sim T$。如此不断重复。方波发生器输出电压 u 加到 RC 串联电路,采用双踪示波器观测 RC 电路充放电压波形。

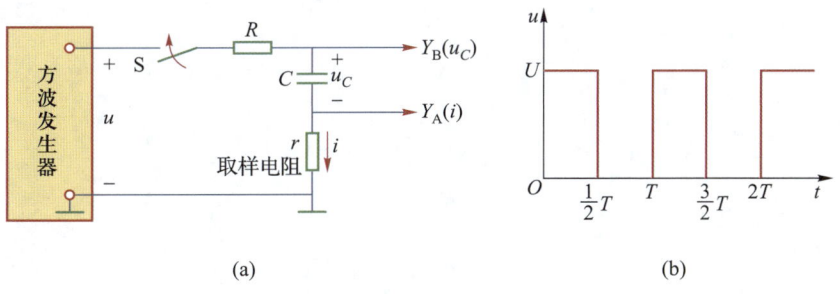

(a)　　　　　　　　　　　　　(b)

图 10-35　RC 串联电路过渡过程的观测

四、实验步骤

1. 测定电路的时间常数 τ。如图 10-33 所示,$R = 100\ \text{k}\Omega$、$C = 100\ \mu\text{F}$,调节直流稳压电源输出电压 5 V 左右,短接电容 C 使电容无储能,开关 S 合向电源,电流 $I_0 = 50\ \mu\text{A}$。按实验原理（一）的方法,用秒表和微安表测定 RC 放电电流曲线和时间常数。测量数

据记入表 10-18。

表 10-18 测定 RC 放电电流曲线

$R = 100 \text{ k}\Omega \quad C = 100 \text{ μF} \quad U_s = 5 \text{ V}$

$I/\text{μA}$	50.0						5.00	$\tau = $ _____ s
t/s								

2. 用示波器观察 RC 电路的过渡过程。实验线路如图 10-35(a)所示,$R = 5 \text{ k}\Omega$、$C = 0.02 \text{ μF}$,取样电阻 $r = 100 \text{ Ω}$。调节方波发生器输出电压 5 V,频率 1 kHz,则 $\tau = RC = 5 \times 10^3 \times 0.02 \times 10^{-6} \text{ s} = 10^{-4} \text{ s}$。方波电压的周期 $T = 10^{-3} \text{ s}$,则 $T = 10 \tau$,因此可以观察到完整的 RC 充放电波形。用双踪示波器探头 Y_B 观测电容 u_C 的波形,探头 Y_A 观测取样电阻 r 的电压波形(实际上是观测电流 i_C 的波形)。

3. 保持 $\tau = 10^{-4} \text{ s}$ 不变,R 调为 10 kΩ、$C = 0.01 \text{ μF}$,观察电路参数的改变对充放电波形的影响。

五、思考题

1. 根据表 10-18 中的数据,绘制 RC 放电电流 $i = f(t)$ 的曲线。计算时间常数,并与理论值比较。

2. 定性地绘出 RC(① $R = 5 \text{ k}\Omega$、$C = 0.02 \text{ μF}$;② $R = 10 \text{ k}\Omega$、$C = 0.01 \text{ μF}$)充放电时的电压、电流波形。

名称	设备	用途
直流电桥	直流单臂电桥/ 惠斯通电桥　　直流双臂电桥/ 开尔文电桥	直流单臂电桥:测量精密电阻的阻值 直流双臂电桥:测量1Ω以下小电阻的阻值
电阻器	电阻箱　　滑线变阻器	电阻箱:通过调节旋钮得到所需阻值的可变电阻器 滑线变阻器:用于保护电路和控制被测导体两端的电压(起分压器的作用)
直流电表	直流电压表　　直流电流表	直流电压表:测量直流电压 直流电流表:测量直流电流
交流电表	交流电压表　　交流电流表　　钳形电流表	交流电压表:测量交流电压 交流电流表:测量交流电流 钳形电流表:在不断电的情况下,测量交流大电流
功率表	单相功率表　　功率因数表	功率表:测量交流电路有功功率,有瓦和千瓦量级等 功率因数表:测量交流电路的功率因数
万用表	指针式万用表　　数字式万用表	测量电流、电压、电阻,有的还可以测量三极管的放大倍数、频率、电容值、逻辑电位、分贝值等

续表

名称	设备	用途
直流稳压电源	单路直流稳压电源　　双路直流稳压电源	输出可调的直流电压或直流电流
信号发生器	低频信号发生器　　高频信号发生器	提供各种频率、波形的电信号
双踪示波器		观察各种信号的波形，测量信号的幅值、频率、相位差和周期等
互感器	电流互感器　　电压互感器	电流互感器：将大电流按一定比例转换为小电流，以便于测量和保护 电压互感器：将高电压按一定比例转换为低电压，以便于测量和保护
兆欧表	兆欧表/摇表　　数字兆欧表	测量电气线路和各种电气设备的绝缘电阻

［1］ 邱关源,罗先觉.电路[M].6 版.北京:高等教育出版社,2022.

［2］ 李瀚荪.电路分析基础[M].5 版.北京:高等教育出版社,2017.

［3］ 哈尔滨工业大学电工学教研室,秦曾煌,姜三勇.电工学(上册)电工技术[M].8 版.北京:高等教育出版社,2023.

［4］ 李树燕.电路基础[M].2 版.北京:高等教育出版社,1994.

［5］ 张洪让.电工基础[M].北京:高等教育出版社,1990.

读者意见反馈

为收集对教材的意见建议,进一步完善教材编写并做好服务工作,读者可将对本教材的意见建议通过如下渠道反馈至我社。

咨询电话　400-810-0598

反馈邮箱　gjdzfwb@pub.hep.cn

通信地址　北京市朝阳区惠新东街4号富盛大厦1座

　　　　　高等教育出版社总编辑办公室

邮政编码　100029

资源服务提示

授课教师如需本书配套教辅资源,请登录"高等教育出版社产品信息检索系统"(https://xuanshu.hep.com.cn/)搜索下载,首次使用本系统的用户,请先进行注册并完成教师资格认证。

高教社高职工科分社电板块教材服务中心:gzdz@pub.hep.cn